マリタイムカレッジシリーズ

これ一冊で船舶工学入門

商船高専キャリア教育研究会 編

KAIBUNDO

<執筆者一覧>

CHAPTER 1　鎌田　功一（鳥羽商船高等専門学校）
CHAPTER 2　遠藤　　真（富山高等専門学校）
CHAPTER 3　向瀬紀一郎（富山高等専門学校）
CHAPTER 4　岩崎　寛希（大島商船高等専門学校）
　　　　　　向瀬紀一郎
CHAPTER 5　湯田　紀男（弓削商船高等専門学校）
CHAPTER 6　木村　安宏（大島商船高等専門学校）
CHAPTER 7　木下　恵介（広島商船高等専門学校）
　　　　　　向瀬紀一郎
CHAPTER 8　遠藤　　真
　　　　　　湯田　紀男

<編集幹事>

湯田　紀男

まえがき

　地球の表面積の7割が海で占められている。陸は3割ほどということになる。また，陸は7大陸（大陸の数には諸説さまざまある）に分割されている。北アメリカ大陸，南アメリカ大陸，南極大陸，アフリカ大陸，ヨーロッパ大陸，アジア大陸，オーストラリア大陸である。その大陸のなかで全人口の6割を占めているのがアジア大陸である。近年，アジア圏の国々の経済成長率は高く，日本の1～2％に比べて，中国，インド，インドネシア，ベトナム，マレーシアなどは，2017年の予測値が5～10％とされている。今後，アジアの新興国における個人所得が拡大し，世帯可処分所得5,000～35,000ドルの中間所得者層と呼ばれる人たちの拡大が見込まれている。まさに今後，世界の経済活動の中核を担うのがアジア圏であるといっても過言ではない状況にある。

　現在に至るまで，日本は安い労働者を求め，アジア圏に工場を置き，安い製品を製造して利益を上げてきた。しかし今後，このアジア圏は，日本にとって工場ではなく，市場として生まれ変わろうとしているのである。

　現在の日本経済は，高齢化社会となり医療費や年金などの社会保障費が増大し，労働者数の減少傾向が続いている。消費をする人口の減少も今後予想される。日本国内だけを見ると日本の経済は上昇していくとは考えられない。

　日本は資源のない国である。資源を輸入し，国内で高品質の製品を生産して，その製品を輸出することで経済成長を成し遂げてきた。日本は製品を主に欧米向けに輸出してきた。1990年代においては，日本からの総輸出額のうち約30％がアメリカ向けであった。しかし，2000年になりアメリカ向けは30％を切り，2010年代においては約15％と落ち込んできているのである。これに対して，中国，韓国，香港，シンガポール向けの総輸出額は，1990年代においては約20％，2000年代に30％を超え，2010年代では約40％となってきている。

　これからの時代，日本はアジア圏各国を相手に商売をしていかなければならない。それが日本経済を支えることになるであろう。

　このような状況下で，今後の日本の海運はどうなるのだろうか。日本は，資源・原料・燃料を輸入し，アジア圏に対して日本製品の輸出拡大を計っていくことになるだろう。輸送手段は，やはり船となる。いや，船しか考えられない。一度に多量に安く運ぶ輸送手段は船舶以外にないからである。日本の海運界は，この地域と日本の経済活動に多大に貢献していくはずである。

　しかしながら，海運界には懸念がある。それは船を運航する船員の問題である。外航船の日本人船員の数は，1974年に約57,000人だったのに対して，2003年には約3,300人と大幅に減少している。1974年のニクソンショック，1985年のプラザ合意，そして急激な円高ドル安の進行により，外航海運各社は国際競争力を保持するために，日本籍船を外国籍船へと替え，日本人船員を安価な外国人船員に置き替えてきたのである。いまや，2000隻といわれる日本の外航商船隊の約95％は外国船籍となり，約4万人いる乗組員の約95％が外国人である。国際情勢（戦争など）や経済動向が変化した場合，この外国籍船や外国人船員が日本の製品を運んでくれるのであろうか。日本の海運は，安全かつ安定的に継続可能だろうか。日本のライフラインを外国人に任せておいてよいのだろうか。また近年，海運各社は，優秀な外国人船員の他社への流出を防ぐために，高い給与を支払って雇い入れている状況にある。では，内航船員はどうだろうか。団塊の世代といわれる船員が退職し，海運会社は船員不足に頭を悩ませている。運ぶ貨物はあるが，明らかに運航要員が足りないのである。

　今後，優秀な日本人船員が必要であり，増員することが将来の日本経済に寄与することになる。これからの時代，商船系高等専門学校（以下，商船高専）を卒業した優秀な若手船員が活躍できる場が外航および内航共に広がっていくであろう。

　商船高専は日本に5校ある。その商船学科は，日本において最も若い年齢で三級海技士の資格が取得できる教育機関であり，毎年優秀な海技士を海運界（外航・内航）に送り込んでいる。これからも優秀な船員養成を心掛けて教育指導

を行っていく。入学志願者数は現在，増加傾向にある。これは，各校が中学生に対して，オープンキャンパス，出前授業，多種イベントを通して海上職に関するPR活動，キャリア教育などを行ってきた結果であり，加えて，日本船主協会の協力のもとに「商船系高専5校合同進学ガイダンス」を全国的に実施し，中学生やその保護者に海上職（船員）への理解とPRを行ってきたことが大きな要因であると考える。

　本書は，5商船高専の教員7名で執筆した。これまでは商船系大学の先生が執筆した教科書を使用することが多かった。しかしながら，そのような図書は理論に対する証明が多く，商船高専の学生にとって難解なものになりつつある。とくに船舶工学に関する図書は，造船系大学の先生が執筆したものもあり，商船高専の学生向けの教科書として適しているとはいえない。船舶工学という科目は，航海系および機関系の学生が必修科目として学ぶ，共通の専門科目である。加えて，造船技術者においても船舶工学の内容は大学などで学ぶものであり，乗り手と造り手に共通の専門科目ともいえる。船舶工学は船に係る技術者・運航者の共通の専門科目なのである。本書は，船に係る技術者たちをつなぐ図書として，商船学科の学生が自学自習できる，わかりやすい教科書を目指して執筆を行った。

　本書は8つのCHAPTERから構成されている。CHAPTER 1は「船の基礎知識」として，海技士として知っておかなければならない知識を取り上げている。CHAPTER 2は「船の歴史」を取り上げ，船の起源から現代の船への進化を解説している。CHAPTER 3は船舶工学を学ぶ上で必要な「船を学ぶための工学基礎」として，数学・物理に関する基礎知識を示している。数学や力学系の基礎を身につけたい学生は，この章をしっかり学習してほしい。CHAPTER 4は「船舶算法と復原力」である。上級の海技試験合格を目指す学生は，この章の内容を確実に理解してほしい。CHAPTER 5〜7では，それぞれ「船の抵抗」「船の推進」「船の構造と強度」を取り上げた。これらの章の内容は，造船系技術者が詳しく学ぶ範囲でもあり，造船系と商船系に共通する基礎知識として理解に努めてほしい。CHAPTER 8には参考資料を掲載した。

　今後も，商船高専の教員が協力し，マリタイムカレッジシリーズとして商船高専レベルの教科書を充実させていきたいと考えている。本書が，船員を目指す商船高専の学生が自学自習し，優秀な海技技術者となる助けになれば幸いである。

　最後に，出版に際して，多くの同志に支えていただいた。とくに，本書のCHAPTER 2を執筆していただいた国立富山高等専門学校名誉教授の遠藤真先生には，全般にわたってご指摘ご指導をいただき深く感謝申し上げる。また，編集・製作を担当していただいた海文堂出版編集部の岩本登志雄氏に厚く御礼申し上げる。

編集幹事
湯田紀男（国立弓削商船高等専門学校）

目　次

執筆者一覧　ii
まえがき　iii

CHAPTER 1　船の基礎知識 …………………1
1.1　船・海運の役割と特徴　1
　　1.1.1　海運の役割　1
　　1.1.2　船の活躍　1
1.2　船の分類　2
　　1.2.1　用途による分類　2
　　1.2.2　航走状態による分類　4
1.3　船の主要目と基本用語　5
　　1.3.1　主要目表　5
　　1.3.2　船型　5
　　1.3.3　長さ　7
　　1.3.4　幅　7
　　1.3.5　深さ　8
　　1.3.6　排水量　9
　　1.3.7　肥せき係数　9
　　1.3.8　載貨能力　11
　　1.3.9　トン数　12
　　1.3.10　機関　13
　　1.3.11　速力　14
　　1.3.12　船体各所に関する名称　14
1.4　船に関わる法律　16
　　1.4.1　国際海事機関（IMO）　16
　　1.4.2　海上における人命の安全のための国際条約（SOLAS条約）　17
　　1.4.3　船舶による汚染の防止のための国際条約（MARPOL条約）　18
　　1.4.4　満載喫水線に関する国際条約（LL条約）　18
　　1.4.5　船舶のトン数の測度に関する国際条約（TONNAGE条約）　19
　　1.4.6　船員の訓練及び資格証明並びに当直の基準に関する国際条約（STCW条約）　19
　　1.4.7　国内法　19
　　1.4.8　船級協会（Classification Society）　20

まとめ　20
参考文献　21
練習問題　21

CHAPTER 2　船の歴史 ………………………23
2.1　船の始まり　23
2.2　帆船の誕生と進化　24
　　2.2.1　エジプトの船　24
　　2.2.2　フェニキアの船　24
　　2.2.3　古代ギリシャの船　24
　　2.2.4　ローマ帝国の船　25
　　2.2.5　バイキングの船　25
　　2.2.6　ヴェネティア共和国の船　26
　　2.2.7　ハンザ同盟の船　26
2.3　大航海時代　26
　　2.3.1　新航路と新大陸の発見　26
　　2.3.2　コロンブスの船隊　27
　　2.3.3　ガレオン船　28
2.4　高速帆走商船の活躍と終焉　28
2.5　汽船の誕生と進歩　29
　　2.5.1　蒸気船の誕生　30
　　2.5.2　外輪蒸気船の大洋航海　30
　　2.5.3　スクリュープロペラの発明　30
　　2.5.4　鉄船の誕生　31
　　2.5.5　蒸気タービン船，ディーゼル船の誕生　31
　　2.5.6　定期客船の活躍　32
　　2.5.7　現代の船　33
2.6　安全な航海を目指して　33
　　2.6.1　損害保険の始まり：「冒険貸借」　34
　　2.6.2　海上保険と船級協会　34
　　2.6.3　大規模な海難，重大油流出事故の発生　34
　　2.6.4　船の安全規制の国際化と強化　35

まとめ　36
参考文献　38
練習問題　38

CHAPTER 3　船を学ぶための工学基礎　．．．．．39
3.1　数学基礎　39
　　3.1.1　三角関数　39
　　3.1.2　ベクトル　41
　　3.1.3　微積分法　44
　　3.1.4　補間法　47
3.2　力学基礎　49
　　3.2.1　力とモーメント　49
　　3.2.2　力の合成と分解　53
　　3.2.3　仕事と仕事率　57
　　3.2.4　重心と慣性モーメント　60
3.3　材料力学基礎　64
　　3.3.1　応力とひずみ　64
　　3.3.2　材料の強度　67
　　3.3.3　曲げモーメント　68
3.4　流体力学基礎　75
　　3.4.1　圧力と浮力　75
　　3.4.2　流速とベルヌーイの定理　77
　　3.4.3　粘性　80
まとめ　81
練習問題　81

CHAPTER 4　船舶算法と復原力　．．．．．．．．．．．83
4.1　船体の形状　83
　　4.1.1　船体形状の線図　83
　　4.1.2　排水量等曲線図　85
4.2　排水量等計算　88
　　4.2.1　断面積の計算　88
　　4.2.2　排水容積と排水量の計算　89
　　4.2.3　表面積の計算　90
　　4.2.4　水線面積と浮面心の計算　91
　　4.2.5　浮心位置の計算　92
　　4.2.6　メタセンタ位置の計算　93
4.3　重心移動　96
　　4.3.1　重心位置　96
　　4.3.2　重量物の船内移動による重心移動　100
　　4.3.3　重量物の積載による重心移動　102
4.4　復原力　104
　　4.4.1　外力による傾斜と復原力　104
　　4.4.2　初期復原力　105
　　4.4.3　復原力曲線と大傾斜時の復原力　110

4.5　重心移動による横傾斜（ヒール）　111
　　4.5.1　重量物の船内移動による横傾斜　111
　　4.5.2　重量物の積載による横傾斜　113
　　4.5.3　傾斜試験　114
4.6　重心移動による縦傾斜（トリム）　115
　　4.6.1　トリムと船首尾喫水　115
　　4.6.2　重量物の船内移動による縦傾斜　117
　　4.6.3　重量物の積載による縦傾斜　118
4.7　船舶運航・管理でよく使う船舶算法公式と例題　122
　　4.7.1　船舶算法公式集　123
　　4.7.2　横傾斜の例題　127
　　4.7.3　縦傾斜の例題　130
まとめ　133
練習問題　133

CHAPTER 5　船の抵抗　．．．．．．．．．．．．．．．．．．．．．135
5.1　船体に働く抵抗　135
　　5.1.1　抵抗　135
　　5.1.2　船体の抵抗と仕事率　136
5.2　抵抗の概要と模型船試験の相似則　138
　　5.2.1　摩擦抵抗の発生原因　138
　　5.2.2　圧力抵抗の発生原因　139
　　5.2.3　船の抵抗について　140
　　5.2.4　次元解析　140
　　5.2.5　粘性抵抗と造波抵抗との分離　143
5.3　抵抗成分の構成　143
　　5.3.1　粘性抵抗（Viscous resistance）：R_V　144
　　5.3.2　造波抵抗（Wave making resistance）：R_W　149
5.4　抵抗および有効馬力の推定　152
　　5.4.1　2次元外挿法による計算　152
　　5.4.2　3次元外挿法による計算　153
　　5.4.3　各係数の推定　153
　　5.4.4　机上で可能な船体抵抗推定法　154
　　5.4.5　有効出力の推定　156
まとめ　157
参考文献　157
練習問題　157

CHAPTER 6　船の推進 159

- 6.1　船の推進方法　*159*
  - 6.1.1　スクリュープロペラと関連する推進器　*159*
  - 6.1.2　その他の推進器　*163*
- 6.2　船の出力と効率　*164*
  - 6.2.1　出力　*165*
  - 6.2.2　効率　*166*
  - 6.2.3　船体とプロペラの相互作用　*167*
- 6.3　スクリュープロペラ，単独効率とキャビテーション　*171*
  - 6.3.1　プロペラ基礎理論　*171*
  - 6.3.2　プロペラの形状と基礎用語　*175*
  - 6.3.3　単独プロペラ効率　*179*
  - 6.3.4　キャビテーション　*182*
- 6.4　推進効率と自航要素　*185*
  - 6.4.1　推進効率　*185*
  - 6.4.2　自航要素　*186*
- 6.5　プロペラ主要目の推定　*188*
  - 6.5.1　船舶の抵抗，推進に関わる初期計画の概要　*188*
  - 6.5.2　プロペラ主要目などの推定方法　*189*
  - 6.5.3　現代のプロペラ設計法　*195*
- まとめ　*196*
- 参考文献　*196*
- 練習問題　*197*

CHAPTER 7　船の構造と強度 199

- 7.1　船体材料　*199*
  - 7.1.1　化学組成による鉄鋼材料の分類　*199*
  - 7.1.2　成形法による鉄鋼材料の分類　*200*
  - 7.1.3　鉄鋼材料の記号分類　*200*
  - 7.1.4　鉄鋼材料の腐食　*201*
- 7.2　船体強度　*203*
  - 7.2.1　船体の横強度　*203*
  - 7.2.2　船体の縦強度　*203*
  - 7.2.3　船体の断面と強度　*206*
- 7.3　船体構造　*209*
  - 7.3.1　外板　*209*
  - 7.3.2　甲板　*210*
  - 7.3.3　隔壁　*210*
  - 7.3.4　船底構造　*212*
  - 7.3.5　船側構造　*213*
  - 7.3.6　二重船殻構造　*213*
  - 7.3.7　船体構造方式　*214*
- 7.4　船体構造図の見方　*216*
  - 7.4.1　船体構造図　*216*
  - 7.4.2　基準線　*217*
  - 7.4.3　モールドライン　*217*
  - 7.4.4　図面の約束事　*218*
- まとめ　*219*
- 参考文献　*219*
- 練習問題　*219*

CHAPTER 8　参考資料 221

- 8.1　山県の図表　*221*
- 8.2　プロペラ参考図表　*222*
  - 8.2.1　プロペラ単独性能　*223*
  - 8.2.2　B_P-δ 型式プロペラ設計図　*224*
  - 8.2.3　バリルのキャビテーション図　*227*
- 8.3　記号と略語　*227*
- 8.4　SI 単位系と工学単位系　*232*
  - 8.4.1　SI 単位と工学単位の差異　*232*
  - 8.4.2　SI 単位と工学単位の換算法　*233*

練習問題の解答　*235*
索引　*245*

CHAPTER 1

船の基礎知識

　船は私たちの生活に欠かすことができず，海外との貿易量のほぼすべてが船による海上輸送により運ばれている。この章では船の基礎知識として，船の特徴や分類を知るとともに，船の大きさと能力を示す主要目表を紹介し，その内容を解説する。また，船の建造や運航に必要な国際的なルールも紹介する。

1.1　船・海運の役割と特徴

　私たちが日常的に利用したり，使用したりしている物やエネルギーの多くは海外から運ばれており，それらの船による輸送の割合は重量比で99.6％となっている。また，船は一度に大量の貨物を効率よく輸送することができる特徴がある。この節では，海技士が知っておかなければならない船および海運の役割と特徴について学ぶ。

1.1.1　海運の役割

　日本における衣食住は，その多くは海外から輸入されたものが原料や材料およびエネルギーとなっている。たとえば，私たちが着ている衣類の材料である綿花・羊毛はその100％が海外から輸入されており，ナイロン繊維などの化繊も輸入された原油からつくられる。そして，うどんやパンなどの食品の材料である小麦だけでなく，住宅に使用される木材や，風呂を沸かすためのガスといったエネルギーのほとんどが海外から輸入されている。

　このように，資源の乏しい日本は，産業に欠かすことのできない原油や天然ガスなどのエネルギー資源や鉄鉱石などの原材料の多くを輸入に頼っているだけでなく，私たちの暮らしに欠くことのできない穀物をはじめとする多くの生活物資も海外からの輸入に頼っている（図1.1）。

　また，四面を海に囲まれた日本は，海で世界中とつながり，海外からの貿易量の約99.6％が船による海上輸送により輸出入されており（図1.2），私たちの現在の生活は海上輸送なしには成り立たないことがわかる。

　船は，大量の物や人の輸送手段として紀元前から現在まで広く利用され，世界の経済的・社会的な発展に大きく貢献してきた。そして，現在においても世界の海上輸送量は右肩上がりで増加するとともに，船腹量も海上輸送量に比例して増加しており，海運はさらに発展していくと考えられる。

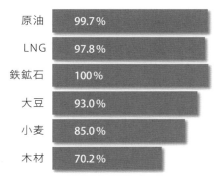

図1.1　日本の主な資源対外依存度
〔出典：エネルギー白書2016，鉱物資源マテリアルフロー2015，食料需給表平成27年度，平成26年木材需給表〕

図1.2　日本の貿易量における海上輸送の割合
〔出典：SHIPPING NOW 2016-2017〕

1.1.2　船の活躍

　船は非常に効率の良い輸送手段となっている。輸送時のエネルギー効率を表す指標として，貨物1[tw]を1[km]運んだときの燃料消費量が使用されており，この指標が小さいほどエネルギー効率が高く，輸送時に排出するCO_2の量も少なくなる。図1.3から低燃費な大型ディーゼルエンジンを搭載する船による輸送は，さまざまな輸送手段のなかで最もエネルギー効率が高く，輸送時のCO_2排出量が低減

されていることがわかる。

　船の輸送効率が良いのは低燃費な大型ディーゼルエンジンを搭載しているだけではなく，船が水に浮くという特徴を利用しているからである。船体は水圧によって浮力が生じ水面に浮くことができるとともに，水深に応じた均一な水圧を船体に受けるため，船体を水圧に耐えられるように強固にすれば大きな船体となり大量の貨物を積載することができる。また，浮体が低速で水面を移動する場合，水から受ける抵抗は小さく，船もその重量に比べて非常に小さな力で移動することができる。だからこそ，船は世界最大の移動体であり，私たちに欠かすことのできない，効率の良い輸送手段として世界の海で日々活躍しているのである。

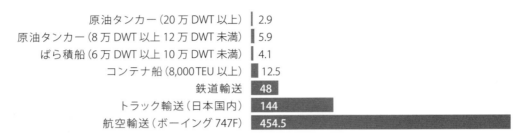

図 1.3　1 [tw] の貨物を 1 [km] 運ぶときの CO_2 排出量 [g]

〔出典：Second IMO GHG Study 2009〕

1.2　船の分類

　現在，さまざまな種類の船が就航しているが，船の種類を説明するとき，用途，航行区域，積載貨物，航走状態，推進方法，船体の材質などにより分類することができる。ここでは，用途および航走状態による分類を紹介する。

1.2.1　用途による分類

　船の区別は用途による分類が最もわかりやすく，大きく分けると表 1.1 のように分類できる。商船は貨物や旅客を運ぶことにより運賃収入を得ることを目的とした船であり，現在はさまざまな貨物に特化した専用船が多く活躍している。専用船は産業や社会構造の変化に応じて生じる貨物や輸送システムにより変化している。代表的な専用船を以下に示す。

表 1.1　船の用途による分類

商船	ばら積貨物	ばら積貨物船，鉱石運搬船，石炭運搬船，セメント船，チップ運搬船
	ユニット貨物	コンテナ船，ロールオン・ロールオフ船，重量物船，冷凍船
	液体貨物	オイルタンカー，プロダクトキャリア，ケミカルタンカー，LNG 船，LPG 船
	旅客	客船，クルーズ船，フェリー
	自動車	自動車専用船，フェリー
	その他	一般貨物船，多目的運搬船
作業船		タグボート，浚渫船，起重機船，ケーブル敷設船
特殊船		調査船，練習船，巡視船，パイロットボート
艦艇		航空母艦，駆逐艦，護衛艦，掃海艇
漁船		トロール漁船，延縄漁船，底引き網漁船，漁業調査船
プレジャーボート		モーターボート，クルーザー，ヨット

（1）コンテナ船

　コンテナを専用に積載する船を**コンテナ船**という（図 1.4）。コンテナの大きさは幅 8 [ft]，高さ 8～9.5 [ft]，長さ 20 [ft] または 40 [ft] と国際的な規格で定められており，一般貨物を積むドライコンテナの他，冷凍貨物を積む冷凍コン

テナや液体貨物を積む液体コンテナなど，さまざまなコンテナの種類がある。コンテナ船の積載能力は 20 [ft] コンテナを何個積載することができるかで表し，単位は **TEU**（Twenty footer equivalent unit）であり，15,000 TEU 以上の大型コンテナ船が就航している。日用品や電化製品などの輸出入品はほとんどコンテナ船により輸送されている。

（2）タンカー

原油などの液体貨物を輸送するために船倉がタンクになっている船を**タンカー**という（図 1.5）。海上輸送量のうちタンカーの占める割合は大きく，一度に大量の原油を運ぶことのできる大型の原油タンカーが多く就航している。タンカーは積載可能重量を表す**載貨重量**（DW，次の 1.3 節で解説）の大きさにより次のように区別されている。DW 300,000 [tw] 以上の原油タンカーを ULCC（Ultra large crude oil carrier）といい，DW 200,000〜300,000 [tw] の原油タンカーを VLCC（Very large crude oil carrier）という。

図 1.4　14,000 TEU 型メガコンテナ船〔提供：川崎汽船〕

図 1.5　300,000 トン型 VLCC〔提供：川崎汽船〕

（3）LNG 船

液化した天然ガスを輸送する船を **LNG 船**という（図 1.6）。天然ガスは液化することにより容積が約 1/600 となるが，−162 [℃] という低温でなければ液化しないため，LNG 船には特殊なタンクや荷役設備が必要となる。球形のタンクを採用した MOSS 型と，メンブレン方式のタンクを採用した LNG 船が就航している。

（4）自動車専用船

完成した自動車を専用に運ぶ船を**自動車専用船**（PCC：Pure car carrier）という（図 1.7）。自動車は容積の割に重量が少ない特殊な貨物のため，積載台数を多くすると積載する甲板が多くなるため水線上の乾舷が大きくなる特徴があり，風の影響を受けやすい。6,000 台以上の車を積載できる自動車専用船が就航している。

図 1.6　165,000 m³ Moss 型 LNG 船〔提供：川崎汽船〕

図 1.7　7,500 台積み自動車専用船〔提供：川崎汽船〕

(5) ばら積貨物船

大豆やトウモロコシなどの穀物や鉄鉱石などの貨物をばら積貨物と呼び，それらを積載する船を**ばら積貨物船**（Bulk carrier）という（図1.8）。ばら積貨物を積載する船倉は荷崩れ防止のため，両舷船側上部と下部に傾斜を持った形状となっている。DW 70,000 [tw] 以上のばら積船は荷役装置を持たず，荷役は陸上の設備によって行うことが多い。

図1.8　209,000トン型ケープサイズばら積貨物船〔提供：川崎汽船〕

1.2.2　航走状態による分類

船が航走するときの航走状態により，次のように分類することができる。

(1) 排水量型

停止時と航走時の**喫水**（船の沈み込みの深さ）がほとんど変わらないのが排水量型であり，ほとんどの商船は排水量型となっている。排水量型では船の重量は浮力により支持される。

排水量型の船の場合，後にCHAPTER 5で学ぶように，高速で航行すると船体が起こす航走波は大きくなり，船体抵抗のうち造波抵抗が占める割合が大きくなる。ゆえに排水量型の船の速力には限界がある。そのため船体による造波抵抗を減らすことを目的として，下記（2）や（3）に示すような航走状態が採用されることがある。

しかし排水量型の船の浮力はそれ自体が大きく，多大な積載能力を有する。また，船の重量変化に対して自動的な喫水調整により対応する浮力を得ている。下記（2）や（3）の航走状態の船の積載能力自体が少なく，重量変化には圧力増や揚力増などで能動的に対応せざるをえないことと比較すると，排水量型の船の積載能力の大きさと自動的な浮力調整は商船としての大きなメリットとなっている。

(2) 水中翼型

船底に水中翼を付け，航走時には水中翼による揚力で船体を浮き上がらせて造波抵抗を減らし，40 [k't] 以上の高速で航行が可能である。水中翼型では航走中，船の重量は揚力によって支持され，船の重量が変化する場合は水中翼を制御することによって揚力を調整し船体を一定に浮上させている（図1.9）。

水中翼型の船は船体を軽くする必要があり，アルミ合金でつくられることが多い。

図1.9　水中翼船「すいせい」〔提供：佐渡汽船〕

図1.10　エアクッション船「LCAC」
〔出典：海上自衛隊ホームページ，http://www.mod.go.jp/msdf/formal/gallery/ships/airc/lcac/lcac.html〕

（3）エアクッション型

船体の下に空間を設け，空気を吹き込み，空気圧力による揚力で船体を浮き上がらせて造波抵抗を減らす。エアクッション型では航走中，空気圧力により船体重量を支持している。空中プロペラで推進するエアクッション型の船の場合は浅い水域や陸上でも航走可能である（図1.10）。

1.3 船の主要目と基本用語

自動車の性能や大きさは，その自動車のカタログを調べることにより知ることができる。船の性能や大きさは，その船の主要目表から知ることができる。この節では船の主要目表を示し，船の大きさや性能などの項目や用語を学ぶ。

1.3.1 主要目表

主要目表はその船に関する最も重要で基本的な項目である船の種類，大きさおよび速力などの基本的な性能を示しており，この表からその船の概要を知ることができる（表1.2）。次項より，この表に記載された用語の解説を示す。

表1.2 ばら積貨物船主要目表例

船型	船尾船橋，船尾機関室型平甲板船	軽荷重量	8,850 [tw]	
船級	NK（日本海事協会）	載貨重量	45,000 [tw]	
全長	195.50 [m]	貨物倉容積	60,400 [m^3]	
垂線間長	186.00 [m]	総トン数	29,100 [T]	
型幅	31.00 [m]	機関	型式 × 台数	ディーゼル × 1
型深さ	17.20 [m]		連続最大出力 × 回転数	7,800 [kW] × 106.0 [rpm]
計画満載喫水（型）	11.20 [m]		常用出力 × 回転数	7,000 [kW] × 102.2 [rpm]
方形係数	0.822		航海速力	15.0 [k't]（常用出力，15％シーマージン）
満載排水量	53,850 [tw]		消費燃料	32.0 [tw/day]（常用出力）

1.3.2 船型

主要目表中の船型（Type of ship）の項目は，以下の分類に従って船の形状を説明するものである。

（1）船楼の位置による船型の種類

上甲板の構造物のうち，上部に甲板があり両端が船側に達するものを**船楼**といい，船側に達しないものを**甲板室**（Deck house）という。船楼は設けられる場所により名称と役割が異なる。

- 船首楼（Forecastle）
    船首に設けられる船楼であり，波の打ち込みの防止や，予備浮力の確保に役立つ。
- 船橋楼（Bridge）
    船橋部分に設けられる船楼であり，機関室口の保護に役立つ。
- 船尾楼（Poop）
    船尾部分に設けられる船楼であり，操舵装置保護や，追い波の打ち込み防止に役立つ。

この船楼の位置や有無により，次のように船型を分けることができる（図1.11）。

① 平甲板船（Flush deck vessel）
上甲板上に船楼のない船型で，甲板への波の打ち込みが少ない大型タンカーなどに多く採用される。

② 船首楼付平甲板船（Flush deck vessel with forecastle）
船首楼により甲板への波の打ち込みを防げるため，中小型船に採用される。

③ 船首尾楼付平甲板船（Flush deck vessel with forecastle and poop）
　船首楼と船尾楼により甲板への波の打ち込みを防げるため，小型船に採用される。

④ 全通楼船（Complete superstructure vessel）
　船首から船尾まで全通する船楼があり，フェリーや自動車専用船（PCC）などに採用される。

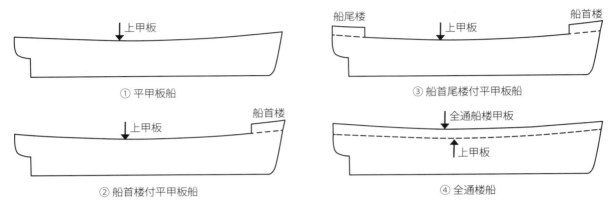

図 1.11　船楼の位置による船型の種類

（2）船橋および機関室の位置による船型の種類

　船橋と機関室の位置により，次のように船型を分けることができる（図 1.12）。

① 船尾船橋，船尾機関室型（Aft bridge, aft engine type）
　低速船で船尾の幅が広いタンカーなどに採用される。

② 中央船橋，中央機関室型（Midship bridge, midship engine type）
　船尾の幅が狭い高速船などや，全長 350 [m] を超えるメガコンテナ船（図 1.4）では船橋からの視界を確保するために採用されている。

③ 準船尾船橋，準船尾機関室型（Semi-aft bridge, semi-aft engine type）
　高速船で船尾の幅が狭いコンテナ船などに採用される。

④ 船首船橋，船尾機関室型（Forward bridge, aft engine type）
　船尾から貨物を積載する重量物船などに採用される。

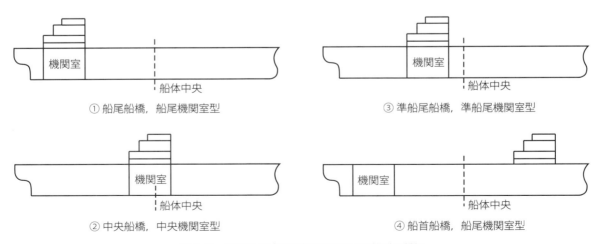

図 1.12　船橋および機関室の位置による船型の種類

1.3.3 長さ

船の船首船尾方向の長さには，さまざまな測り方がある（図 1.13）。以下（1）〜（4）に示す長さだけでなく，船舶構造規則，船舶のトン数の測度に関する法律施行規則などの規則で定められた「船の長さ」もある。

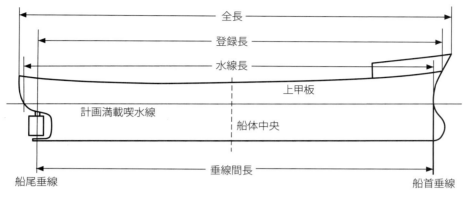

図 1.13　船の長さ

（1）全長（L_{OA}：Length overall）

船首の最先端から船尾の最後端までの水平距離を**全長**という。全長は運河の通過や狭い港内での操船の際に考慮する必要がある。

（2）垂線間長（L_{PP}：Length between perpendiculars）

船首垂線（F.P.：Fore perpendicular）と**船尾垂線**（A.P.：Aft perpendicular）間の水平距離を**垂線間長**という。垂線間長は船の長さの代表的なものであり，主要寸法や船の基本計画などで用いられる。

船首垂線 F.P. は計画満載喫水線（1.3.5 項の（2）参照）と船首材前面（船首外板内面）の交点を通る垂直線であり，船尾垂線 A.P. は，舵頭材の中心または舵柱の後端を通る垂直線となる。

F.P. と A.P. の中点を**船体中央**（Midship）と呼び，⦻で表す。

（3）登録長（L_R：Registered length）

上甲板の下面における船首材の前面より船尾垂線までの水平距離を**登録長**という。舵のない船舶では上甲板の下面における船首材の前面より船尾外板の後面までの水平距離の 90％ の長さとなる。登録長は船舶国籍証書に記載される。

（4）水線長（L_{WL}：Length of waterline）

計画満載喫水線上で測った船首前端から船尾後端までの距離を**水線長**という。水線長は船の抵抗を計算する際などに用いられる。

1.3.4　幅

船の左右方向の幅にも，さまざまな測り方がある（図 1.14）。

（1）型幅（B_{MLD}：Molded breadth）

船体の幅の最も広い部分の，相対する外板の内面間の水平距離を**型幅**という。船の幅の代表的なもので，型幅の中心が**船体中心線**（CL：Center line）となる。

型幅などの「型」は鋳型（Mold）から由来し，船の外板の厚みを除いた寸法であることを示している。これは，船が

建造されるとき，初期の設計段階では外板の厚さは決められておらず，外板の内側の寸法により設計が行われているためである。

（2）全幅（B_{EXT}，B_{MAX}：Extreme breadth）

船体の幅の最も広い部分の，相対する外板の外面間の水平距離を**全幅**という。

1.3.5 深さ

船の上下方向の深さに関する値には，船の器としての深さを表す型深さや，船の沈み込む深さを表す喫水などがある（図 1.14）。

（1）型深さ（D_{MLD}：Molded depth）

船体中央において，**基線**（キールの上面）（BL：Base line）から船体外板の内側と上甲板下面の交点での垂直距離を**型深さ**といい，船の深さの代表的なものである。

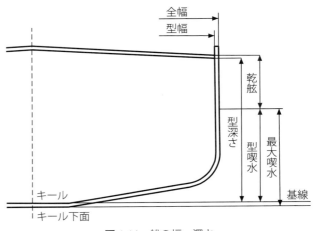

図 1.14 船の幅・深さ

（2）喫水

海上の船における，水面から下の深さを**喫水**といい，水面の位置を喫水線という。

① 満載喫水（Load draft）

船舶が十分な予備浮力を持ち安全に航海できる限度の許容積載量での喫水を満載喫水といい，満載喫水での喫水線を**満載喫水線**（Load waterline）という。満載喫水は船体の形状や強度から定められ，航行する海域や季節によって異なる。

② 型喫水（d_{MLD}：Molded draft）

船体中央において，基線から満載喫水線までの垂直距離を型喫水という。

③ 最大喫水（d_{EXT}，d_{MAX}：Extreme draft）

型喫水にキールの厚みを加えたものを最大喫水という。

（3）満載喫水標（Freeboard mark）

船舶は満載喫水を示すために，船体中央の両舷の外板に**満載喫水標**（図 1.15）を標示しなければならない。満載喫水標は 1.4.4 項で解説するように国際条約で規定されており，上甲板の上面を表す甲板線と**満載喫水線標識**および水域や季節毎の満載喫水線から構成されている。

季節と水域毎の喫水線は次のようなものがあり，満載喫水線標識には夏季満載喫水線が示されている。

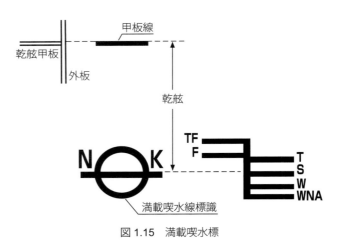

図 1.15 満載喫水標

　TF：Tropical fresh water load line（熱帯淡水満載喫水線）
　F：Fresh water load line（夏季淡水満載喫水線）
　T：Tropical load line（熱帯満載喫水線）
　S：Summer load line（夏季満載喫水線）
　W：Winter load line（冬季満載喫水線）

WNA：Winter North Atlantic load line（冬季北大西洋満載喫水線）

（4）喫水標（Draft mark）

船舶の喫水は，船首垂線，船尾垂線および船体中央の両舷に標示された，喫水標（図 1.16）から読み取ることができる。喫水標には 20 [cm] 毎に 10 [cm] の大きさで船底最低部から測られた値が示されている。

（5）乾舷（Freeboard）

船体中央において，上甲板での船側での上面（船体中央側面に甲板線として標示）から満載喫水線までの垂直距離を**乾舷**という。乾舷は十分な**予備浮力**（図 1.17）が確保できるように，1.4.4 項で示す「満載喫水線に関する国際条約（LL 条約）」で算出方法が決められている。

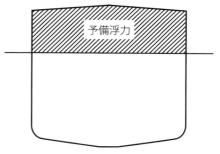

図 1.16　船の喫水標

1.3.6　排水量

満載喫水の状態で船が浮かぶ際に排除する標準海水の重さ（比重量 1.025 [tw/m³]）を**満載排水量**（Full load displacement：Δ）といい，船が満載状態での全重量を表す。排水量は船の設計や，船の運動を計算する場合に用いる。

満載喫水より下の船体外板の内側の容積（**型排水容積**：∇）に海水比重を掛けたものを**型排水量**（Molded displacement）といい，これに外板，舵，プロペラなどの付加物排水量を加算したものが満載排水量となる。

図 1.17　予備浮力

1.3.7　肥せき係数

船の水線下の形状や水線面が，どの程度肥えていたり，やせていたりするかを示す係数の総称を**肥せき係数**（Finess coefficient）といい，船の推進性能に関係がある。肥せき係数は L_{PP} ＝ 垂線間長，B_{MLD} ＝ 型幅，d_{MLD} ＝ 型喫水，∇ ＝ 型排水容積，A_M ＝ 中央断面積，A_W ＝ 水線面積 とすると次のように定義される。

（1）方形係数（C_B：Block coefficient）

$$C_B = \frac{\nabla}{L_{PP} \times B_{MLD} \times d_{MLD}}$$

船体の水線下の容積の肥せき度合いを示す係数（図 1.18）。船の排水容積と，船の垂線間長・型幅・型喫水からなる直方体容積との比を表す。C_B は肥った船ほど大きく，やせた船では小さくなり，コンテナ船やフェリーなどの高速船で 0.5～0.65，タンカーなどの大型の低速船で 0.77～0.85 程度の値となる。

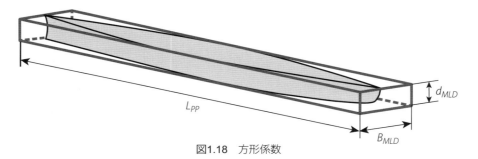

図1.18　方形係数

(2) 柱形係数（C_P : Prismatic coefficient）

$$C_P = \frac{\nabla}{L_{PP} \times A_M}$$

船体の水線下の船首尾部の容積の肥せき度合いを示す係数（図 1.19）。船の排水容積と，船の中央断面積と垂線間長からなる柱状体容積との比を表す。C_P は造波抵抗に影響し，肥った船ほど大きく，やせた船では小さくなり，高速船で 0.56〜0.62，中速船で 0.66〜0.76，大型の低速船で 0.78〜0.86 程度となる。

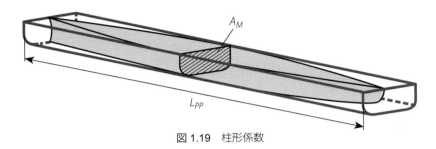

図 1.19　柱形係数

(3) たて柱形係数（C_V : Vertical prismatic coefficient）

$$C_V = \frac{\nabla}{A_W \times d_{MLD}}$$

船体のフレーム形状の肥せき度合いを示す係数（図 1.20）。船の排水容積と，その水線面積と型喫水からなる鉛直柱状体の容積との比を表す。

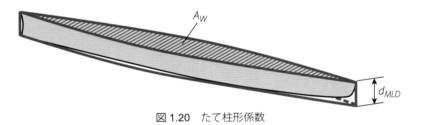

図 1.20　たて柱形係数

(4) 中央断面係数（C_M : Midship section coefficient）

$$C_M = \frac{A_M}{B_{MLD} \times d_{MLD}}$$

船体中央における水線下の中央横断面積の肥せき度合いを示す係数（図 1.21）。船体中央における喫水線下の横断面積と，船の幅と喫水からなる長方形の面積との比を表す。C_M は高速船で 0.85〜0.97，中速船で 0.98〜0.99，大型の低速船で 0.995 程度となる。

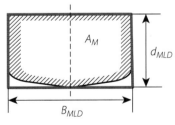

図 1.21　中央断面係数

(5) 水線面積係数（C_W : Waterplane area coefficient）

$$C_W = \frac{A_W}{L_{PP} \times B_{MLD}}$$

船体の水線面の肥せき度合いを示す係数（図 1.22）。満載喫水における水線面積と，船の垂線間長・型幅からなる長方形の面積との比を表す。C_W は高速船で 0.68〜0.78，中速船で 0.80〜0.85，中・大型の低速船で 0.86〜0.92 程度となる。

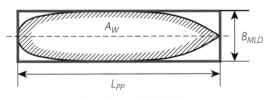

図 1.22　水線面積係数

（6）肥せき係数の相互関係

肥せき係数には次のような相互関係がある。

$$C_B = C_P \times C_M$$
$$C_B = C_W \times C_V$$

例題 1-1 垂線間長 100.0 [m]，型幅 12.0 [m] の船が海水中（標準海水比重 1.025）で，型喫水 3.2 [m] で浮いているとき，以下の係数などを求めよ。

① 型排水量が 2,800 [tw] のとき，方形係数（C_B）を求めよ。
② 柱形係数（C_P）が 0.764 のとき，船体中央断面積（A_M）を求めよ。
③ 水線面積（A_W）が 1,176.0 [m^2] のとき，水線面積係数（C_W）を求めよ。
④ 縦柱形係数（C_V）を求めよ。

解 ① 型排水量を標準海水の比重量 1.025 [tw/m^3] で割り排水容積を求める。

$$\nabla = \Delta/1.025 = 2800/1.025 = 2731.7\,[\text{m}^3]$$
$$C_B = \nabla/(L_{PP} \times B_{MLD} \times d_{MLD}) = 2731.7/(100 \times 12 \times 3.2) = 0.712$$

② $C_P = \nabla/(L_{PP} \times A_M)$ なので

$$A_M = \nabla/(L_{PP} \times C_P) = 2731.7/(100 \times 0.764) = 35.8\,[\text{m}^2]$$

③ $C_W = A_W/(L_{PP} \times B_{MLD}) = 1176/(100 \times 12) = 0.980$

④ $C_B = C_W \times C_V$ なので

$$C_V = C_B/C_W = 0.712/0.98 = 0.727$$

1.3.8 載貨能力

船舶には容積としての載貨能力と重量としての載貨能力がある。

（1）貨物倉容積（Cargo hold capacity）

貨物倉内で貨物を積載できる場所の総容積，すなわち容積としての貨物積載能力を示し，油，木材チップなどの軽い貨物を積載する船でよく用いられている。貨物倉内はフレーム，ビームなどの部材による突起が多いため，貨物の形態により積載可能な容積が異なる。

① グレーン（Grain）

穀物状の貨物の場合は，船体外板内側までの容積で示す。ばら積貨物船の貨物倉容積はグレーンのみで示される。

② ベール（Bale）

梱包状の貨物の場合は，貨物倉内の部材による突起内側までの容積で示す。

（2）載貨重量（Deadweight）

船の自重を**軽荷重量**（Lightweight）といい，満載排水量と軽荷重量の差が**載貨重量**となる。満載排水量は貨物の他に燃料，水などの重量を含んでいるため，載貨重量から燃料や水などを差し引いたものが積載可能な貨物の重量となる。鉄鉱石などの重い貨物を積載する船でよく用いられている。

自動車専用船では積載可能な自動車の台数，コンテナ船では積載可能なコンテナ数（TEU）が載貨能力として使われてもいる。

1.3.9 トン数

船の大きさを表すためにトン数が用いられる。トン数には容積を表す容積トン数と，重量を表す重量トン数がある。

(1) 容積トン数

容積トン数には総トン数，純トン数，載貨容積トン数があり，容積トンの単位は [T] が用いられ，重量の 1 [tw] と区別している。

① 総トン数

船の内側の容積に決められた係数をかけて表した容積トン数を総トン数といい，国際的に統一された国際総トン数と，日本国内において用いられる総トン数がある。

- 国際総トン数（GT，GT ICT：International gross tonnage）

  国際航海に従事する長さ 24 [m] 以上の船舶の大きさを表し，1.4.5 項で示す国際条約（ICT：International Convention Tonnage Measurement of Ship 1969）により求め方が決められている。国際トン数証書に記載され，この国際総トン数により，船舶に適用される国際条約の規則が決められる。

> 国際総トン数（GT）$= K_1 \times V$
> V：船舶のすべての閉囲場所の合計容積 [m^3]
> K_1：係数　　$K_1 = 0.2 + 0.02 \times \log_{10} V_C$
> V_C：貨物場所の合計容積 [m^3]

- 総トン数（gt：Gross tonnage）

  日本国内において船の大きさを表す総トン数で，国際総トン数（GT）4,000 [T] 以上の一層甲板船では国際総トン数と等しくなる。船舶国籍証書に記載され，税金や関連法規の適用の基準となる。

> 総トン数（gt）= 国際総トン数（GT）$\times k_1 \times k_2$
> $k_1 = 0.6 +$ 国際総トン数（GT）$/10000$
> 　　（$k_1 < 1$ のときは $k_1 = 1$ とする）
> $k_2 = 1 + (30 -$ 国際総トン数（GT））$/180$
> 　　（$k_2 > 1$ のときは $k_2 = 1$ とする）

② 純トン数（NT：Net tonnage）

貨物および旅客を積載する場所を表す容積トン数を純トン数という。国際トン数証書に記載され，運河の通行料や外国の港に入る際の税の適用に用いられる。

> 純トン数 $= K_2 \times V_C \times (4d/3D)^2 + K_3 \times (N_1 + N_2/10)$
> V_C：貨物積載場所の容積 [m^3]
> K_2：係数　　$K_2 = 0.2 + 0.02 \times \log_{10} V_C$
> K_3：係数　　$K_3 = 1.25 \times$（国際総トン数（GT）$+ 10000)/10000$
> D：船の長さの中央における型深さ [m]
> d：船の長さの中央における型深さの下端から基準喫水線までの垂直距離 [m]
> N_1：寝台数 8 以下の寝室の旅客数
> N_2：その他の旅客数

ただし

- $N_1 + N_2 < 13$ の場合，$N_1 = N_2 = 0$ とする。
- $(4d/3D)^2$ は 1 より大きくしてはならない。
- $K_2 \times V_C \times (4d/3D)^2$ は国際総トン数（GT）の 0.25 倍より小さくしてはならない。
- NT は国際総トン数（GT）の 0.3 倍より小さくしてはならない。

③ **載貨容積トン数**（Measurement tonnage）

船倉内の貨物が積載可能な容積を表す容積トン数を載貨容積トン数という。載貨容積トン数は $1.133\,[\mathrm{m}^3]$（$40\,[\mathrm{ft}^3]$）を $1\,[\mathrm{T}]$ として表している。

（2）重量トン数

重量トン数には満載排水量トン数，軽荷重量トン数，載貨重量トン数があり，$1,000\,[\mathrm{kgw}]$ を $1\,[\mathrm{tw}]$ として表す。

① **満載排水量トン数**（Δ：Full load displacement tonnage）

満載喫水時の船舶の重量である。貨物を積載しない艦艇などのトン数として用いられている。

② **軽荷重量トン数**（LW：Lightweight tonnage）

船舶が貨物を積載しない，船体のみ（正確には積載物が定義されている）の重量を軽荷重量トン数という。

③ **載貨重量トン数**（DW：Deadweight tonnage）

満載状態の排水量から船の軽荷重量を引いた重量（$DW = \Delta - LW$）を表す重量トン数を載貨重量トン数という。載貨重量トン数は船に積載可能な貨物，燃料，水などの重量の合計であり，貨物船やタンカーの貨物積載能力を表すトン数として用いられる。

例題 1-2 A 丸のすべての閉囲場所の合計容積が $55,000\,[\mathrm{m}^3]$ であり，貨物場所の合計容積が $50,000\,[\mathrm{m}^3]$ のとき，国際総トン数を求めよ。

解 国際総トン数 $(GT) = V \times (0.2 + 0.02 \times \log_{10} V_C) = 55000 \times (0.2 + 0.02 \times \log_{10} 50000) = 16169\,[\mathrm{T}]$

1.3.10 機関

船の推進力は主機関にて生み出される。船で使用される主機関にはディーゼル機関，蒸気タービン，ガスタービンなどの種類があり，一般の商船には燃料消費量などのコストの点から低速または中速のディーゼル機関（図 1.23）が用いられることが多く，LNG 船では蒸気タービン（図 1.24）が用いられることがある。

図 1.23 川崎汽船所有船機関室概観
〔主機：MES MAN B&W 9K98ME，提供：三井造船〕

図 1.24 川崎汽船所有船搭載低圧タービン
〔MS40-2 型タービン，提供：三菱重工舶用機械エンジン〕

(1) 出力の単位

主機出力の単位は SI 単位を用い [kW] で表す。1 [W] は 1 [Nm/s] で定義される仕事率であり，1 [PS]（馬力）は 0.735 [kW] に相当する。

(2) 連続最大出力（MCR：Maximum continuous rating or output）

機関が安全に連続使用できる最大の出力であり，この出力で機関の強度が決められる。主機の出力は連続最大出力（MCR）における出力を表す。自動車の出力もこの連続最大出力（MCR）を示している。

(3) 常用出力（NOR：Normal rating or service continuous output）

航海時に常用される出力で，主機関の効率や保守の点から最も経済的な出力である。常用出力（NOR）は連続最大出力の 85〜90 % となる。

1.3.11 速力

いわゆる速度の大きさのことを，船では**速力**と呼ぶことが多い。速力は機関の出力に応じて変化する（図 1.25）。

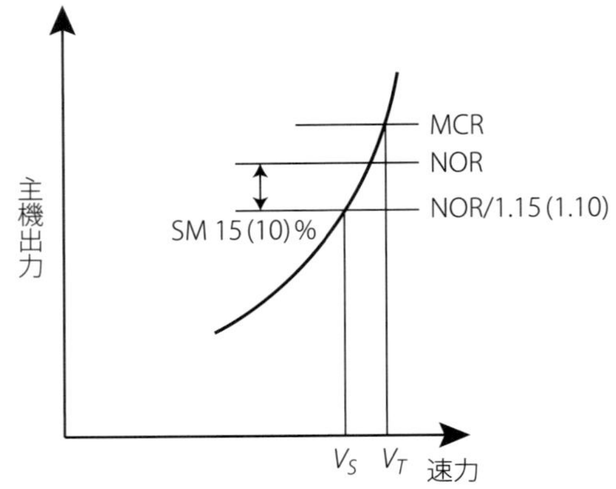

(1) 速力の単位

船の速力はノット [k't] で表される。1 [k't] は 1 時間に 1 [M]（M：海里 = 1852 [m]）を航走する速さであり，1 [M] は緯度の 1 [']（'：分 = 1/60 [°]）に相当する。

(2) 航海速力（V_S：Service speed）

航海速力は，計画満載喫水で機関が常用出力（NOR）で運転したときの速力である。実航海ではさまざまな気象海象状態に遭遇したり，船底の汚損などが加わったりするため，航海速力にある程度の余裕を見ておく必要がある。この余裕量を**シーマージン**（Sea margin：SM）といい，この量を 10 % または 15 % とするのが一般的である。

$$シーマージン = \frac{NOR - P_1}{P_1} \times 100 \, [\%]$$

ここで P_1 は船体の汚損がない状態で，気象海象の影響がなく水深の十分にある海域で航海速力を出すのに必要な出力である。

図 1.25 出力・速力曲線

(3) 試運転速力（V_T：Trial speed）

船が建造されたときに，海上で試運転を行う。試運転は満載状態で行い，連続最大出力（MCR）で航走したときの速力が**試運転速力**となる。

1.3.12 船体各所に関する名称

船体各所の細かな部位や形状についても，それぞれ名称がある。とくに重要なものをここで紹介する。

(1) 船体の部位の名称

船体を大きく区切った場合，各部位は図 1.26 のように呼ばれる。

① 船首・船尾

船の前端部周辺を船首（Bow：バウ）といい，後端部周辺を船尾（Stern：スターン）という。

② 右舷・左舷

船の中心線から右側を右舷（Starboard：スターボード）といい，左側を左舷（Port：ポート）という。

③ 前部・後部

船の長さ方向の中心から前方を前部（Forward：フォワード）といい，後方を後部（Aft：アフト）という。

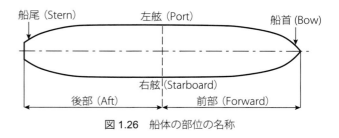

図 1.26　船体の部位の名称

（2）船体各所の形状に関する名称

船体各所の反りや丸み（図 1.27，図 1.28）について，以下のような名称がある。

① 舷弧（Sheer）

上甲板の舷側線は船首尾方向に反り返しが付いており，船体中央で最も低く，船首船尾で高くなっている。この舷側線の反りを舷弧という。舷弧は航行中に波が甲板上に打ち込むことを防ぎ凌波性を高めるとともに，船首尾部分に予備浮力を与えるために設けられている。凌波性を上げるために，波を受ける船首側の反りが大きく，船首舷弧が船尾舷弧よりも大きくなっている。

標準舷弧は満載喫水線規則第 21 条で定められており，船首舷弧は船尾舷弧の 2 倍が標準となり，標準舷弧は次の値となる。

$$船首舷弧 = 50 \times \left(\frac{L}{3} + 10\right) \text{[mm]}$$

$$船尾舷弧 = 25 \times \left(\frac{L}{3} + 10\right) \text{[mm]}$$

（L = 船の長さを [m] 単位で表した数）

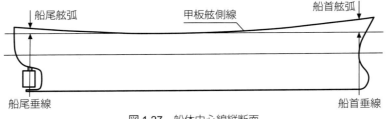

図 1.27　船体中心線縦断面

② 梁矢（Camber）

甲板は船体中心で最も高くなるような丸みが付いており，これを梁矢という。梁矢は甲板の水はけを良くし，甲板の強度を増すために設けられており，船体中央の盛り上がりの量で表される。

標準的な梁矢は船の幅の 1/50 となる。

③ 船底勾配（Rise of floor）

船底は船体中心から船側に向かって上向きに傾斜があり，これを船底勾配という。船底勾配は船底傾斜線の延長線と船側線の延長線の交点から基線（キールの上面）までの量で表す。船底勾配は高速船では大きく，低速船では小さくなる。

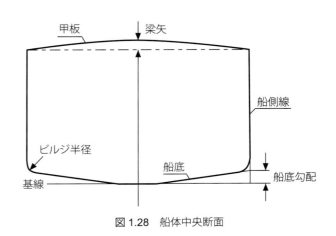

図 1.28　船体中央断面

④　ビルジ半径（Bilge radius）

　船側線の下部と船底傾斜線を結ぶ円を**ビルジサークル**（Bilge circle）といい，ビルジサークルの半径をビルジ半径という。ビルジ半径は高速船では大きく，低速船では小さくなる。

1.4　船に関わる法律

　船舶は長期間にわたり世界中を積荷や乗客を積載し航海する。航海中の安全を確保するためには，船舶の船体構造や設備に関して十分な安全性が確認された基準が必要となり，さらに海洋環境汚染防止のための設備に関する基準も必要となる。このような基準には国際的な統一が必要なため，国際海事機関（IMO）において国際条約として定められている。各国はIMOの国際条約に準拠するように法律を定め，詳細に関してはこの条約の主旨に沿って各国の規則を定めている。

1.4.1　国際海事機関（IMO）

　船舶の安全および船舶からの海洋汚染の防止など，海事問題に関する国際協力を促進するための国連の専門機関として，1958年に政府間海事協議機関（Intergovernmental Maritime Consultative Organization：IMCO）が設立され，その後1982年に**国際海事機関**（International Maritime Organization：IMO）に改称された。IMOの本部はロンドンにあり，2016年現在の加盟国は171か国となっている。

　IMOでは船舶の安全性の確立，海運技術の向上，海難事故発生時の適切な対応，効率的な物流の確保などのさまざまな観点から，船舶の船体構造や設備などの安全基準，積載限度に係る技術要件，船舶からの油，有害物質，排ガスなどの排出規制などに関する条約，基準などの作成や改訂を随時行っている。

　IMOで作成された船体構造関係の主な条約には以下のものがある。

- 海上における人命の安全のための国際条約
- 船舶による汚染の防止のための国際条約
- 満載喫水線に関する国際条約
- 船舶のトン数の測度に関する国際条約
- 海上における衝突の予防のための国際規則に関する条約

　IMOの組織は総会（Assembly：A，全加盟国により構成，2年に1度開催），理事会（Council：C，40か国により構成，任期2年），5つの委員会，小委員会および事務局により構成されている。

【委員会】
- 海上安全委員会（MSC：Maritime Safety Committee）
- 海洋環境保護委員会（MEPC：Marine Environment Protection Committee）
- 法律委員会（LEG：Legal Committee）
- 技術協力委員会（TC：Technical Cooperation Committee）
- 簡易化委員会（FAL：Facilitation Committee）

【小委員会】
- 貨物輸送小委員会（CCC：Carriage of Cargoes and Containers）
- 人的因子訓練当直小委員会（HTW：Human Element, Training and Watchkeeping）
- IMO規則実施小委員会（III：Implementation of IMO Instruments）
- 航行安全・無線通信・捜索救助小委員会（NCSR：Navigation, Communications and Search and Rescue）
- 汚染防止・対応委員会（PPR：Pollution Prevention and Response）

- 船舶設計・建造小委員会（SDC：Ship Design and Construction）
- 船舶設備小委員会（SSE：Ship Systems and Equipment）

　船舶の構造，設備に関する条約や勧告などは小委員会や作業部会で原案が作成され，海上安全委員会（MSC），海洋環境保護委員会（MEPC）での審議を経て，総会で承認され採択される。条約は採択された後に各国で批准され発効となり，IMO加盟国の船舶に適用する義務が生じる。

1.4.2　海上における人命の安全のための国際条約（SOLAS条約）

　1912年4月に「タイタニック（TAITANIC）」が北大西洋にて氷山と衝突し，約1,500人という多数の犠牲者が出た海難事故を契機として，1914年にロンドンで国際会議が開かれ，乗組員および乗客の人命の安全確保のため救命艇や無線装置の装備などの規則を定める「海上における人命の安全のための国際条約（International Convention for the Safety of Life at Sea：SOLAS条約）」が採択された。この条約は第1次世界大戦の影響で発効には至らなかったが，造船技術の発展などに対応した新たな安全規制を追加し修正を加えた条約が1929年に再び国際会議で採択され，1933年に発効した。その後1948年，1960年および1974年に改正条約が結ばれ，その後もさまざまな問題に対応するために改正を経ている。

　この条約は国際航海に従事する旅客船（12人を超える旅客を運送する船舶）および500国際総トン数（GT）以上のすべての商船に適用される。

　SOLAS条約は次のように構成されている。

【条約本文】
　発効要件，改正手続き，署名・受諾など
【附属書】
　第I章　　一般規定：適用，定義，検査，条約証書，PSCなど
　第II-1章　構造（構造，区画及び復原性並びに機関及び電気設備）
　第II-2章　構造（防火並びに火災探知及び消火）
　第III章　 救命設備：救命設備の要件，乗組員の配置・訓練など
　第IV章　 無線通信：無線設備の設置要件，技術要件，保守要件など
　第V章　　航行の安全：航海計器，操舵装置など
　第VI章　 貨物及び燃料油の運送：貨物の積付けおよび固定などの要件，復原性の計算
　第VII章　危険物の運送：危険物の積付け要件および構造，設備など
　第VIII章　原子力船
　第IX章　 船舶の安全運航の管理
　第X章　　高速船の安全措置
　第XI-1章　海上の安全性を高めるための特別措置
　第XI-2章　海上の保安を高めるための特別措置
　第XII章　ばら積み貨物船のための追加的安全措置

　また，条約本文から設備や機能毎にまとめられたコードには次のようなものがある。火災試験方法コード（FTPコード），火災安全設備コード（FSSコード），国際救命設備コード（LSAコード），国際バルクケミカルコード（IBCコード），国際ガスキャリアコード（IGCコード），国際海上固体ばら積み貨物コード（IMSBCコード），国際安全管理コード（ISMコード），高速船コード（HSCコード）など。

1.4.3 船舶による汚染の防止のための国際条約（MARPOL条約）

MARPOL条約は船舶の航行や事故による海洋汚染を防止することを目的とし，1954年の「油による海水汚濁の防止のための国際条約（OILPOL条約）」をもとに，1973年に船舶からの海洋環境汚染を防止するための包括的な規則として，「船舶による汚染の防止のための国際条約（International Convention for the Prevention of Pollution from Ships：MARPOL条約）」が採択された。その後，米国沿岸で相次いで発生したタンカーの座礁事故を契機に，米国よりタンカーの規制強化に関する提案が行われ，1978年，1973年条約に修正および追加を行った上で同条約を実施することを内容とした「1973年の船舶による汚染の防止のための国際条約に関する1978年の議定書（MARPOL 73/78）」が採択された。この議定書の附属書Ⅰには，タンカーからの油流出防止として船体の二重船殻構造が義務化されている。MARPOL条約は次のように構成されている。

【条約本文】
　一般的義務，適用，条約の改正手続きおよび発効要件など

【議定書】
　Ⅰ　有害物質に係る事件の通報に関する規則：事故などにより条約で規制する物質の排出が行われた場合の通報義務，その手続きなど
　Ⅱ　紛争解決のための仲裁に関する規定

【附属書】
　Ⅰ　油による汚染の防止のための規則：船舶の運航に伴う油の排出を規制するための排出方法および設備基準ならびにタンカー事故による油の流出を最小に抑えるための緊急措置および構造基準を定め，これらに係る検査および証書について規定，1983年発効
　Ⅱ　ばら積みの有害液体物質による汚染の規制のための規則：有害液体物質をばら積輸送する船舶の貨物タンクの洗浄方法，洗浄水などの排出方法およびこれに係る設備の要件ならびに事故時の汚染を最小にするための構造要件などを定め，これらに係る検査および証書について規定，1987年発効。ケミカルタンカーの事故時における有害液体物質の流出を最小に抑えるための緊急措置に関する規定が追加され，2001年発効
　Ⅲ　容器に収納した状態で海上において運送される有害物質による汚染の防止のための規則：容器などに収納されて運送される有害物質の包装方法，容器の表示，積付け方法などについて規定，1992年発効
　Ⅳ　船舶からの汚水による汚染の防止のための規則：船舶の運航中に発生する汚水の排出方法，検査，証書の発給などについて規定，未発効
　Ⅴ　船舶からの廃物による汚染の防止のための規則：船舶の運航中に発生するゴミの処分方法などについて規定，1988年発効
　Ⅵ　船舶からの大気汚染の防止のための規則（1997年議定書として追加）：船舶の機関から発生する窒素・硫黄酸化物などの排出規制，船上焼却装置に関する規制，検査，証書の発給などについて規定，未発効

1.4.4 満載喫水線に関する国際条約（LL条約）

1920年代，貨物の過載に起因する事故が頻発した。これに対処するため1930年にロンドンにおいて国際会議が開催され「満載喫水線に関する国際条約（International Convention of Load Lines：LL条約）」が採択された。その後の船舶の大型化や水中翼船などの新型船舶の出現，鋼製ハッチカバーの採用など造船技術の発展などに伴い，1966年に改正された「満載喫水線に関する国際条約（LL 1966）」が採択された。この条約は長さ24[m]以上の国際航海に従事する船舶に適用される。その後，各条約間における検査の種類や証書の発給の時期などの調和を図るとともに，技術要件の改正を簡易にするため，1988年議定書が採択され2000年に発効している。LL条約は次のように構成されている。

> 【条約本文】
>   一般的義務，適用，条約の改正手続きおよび発効要件などについて規定するとともに，満載喫水線の表示，満載喫水線の水没の不可，検査の種類，実施時期および内容ならびに証書の発行について規定
> 【附属書】
>   I　満載喫水線を決定するための規則
>   第1章　総則：満載喫水線標識などの形態および標識の検証などについて規定
>   第2章　フリーボードの指定の条件：船体の風雨密性を保持するための要件および船員の転落防止設備について規定
>   第3章　フリーボード：フリーボードの計算方法について規定
>   第4章　木材フリーボードを指定される船舶に対する特別の要件：木材を甲板上に積載することにより小さいフリーボードが指定される場合の船舶の構造，積付けおよびフリーボードの計算方法について規定
>   II　帯域，区域及び季節期間：世界の海域を海面の波浪状態を考慮して，冬期，夏期および熱帯に分類
>   III　証書：国際満載喫水線証書および国際満載喫水線免除証書

1.4.5　船舶のトン数の測度に関する国際条約（TONNAGE条約）

　船舶のトン数は船舶の大きさや稼働能力を表すだけでなく，適用される法律や規則の基準や税金，諸手数料の基準となり非常に大切な指標であるため，世界的に統一する必要がある。1969年に国際航海に従事する船舶のトン数（国際総トン数，純トン数）の算定に関し統一的な規定を設定することを目的とし「船舶のトン数の測度に関する国際条約（International Convention on Tonnage Measurement of Ships：TONNAGE条約）」が採択された。この条約は長さ（測度長）24 [m] 以上の国際航海に従事する船舶に適用される。

1.4.6　船員の訓練及び資格証明並びに当直の基準に関する国際条約（STCW条約）

　船舶運航に従事する船員は，国際的に統一された基準の資格を保有することが必要となる。この船員の資格に関する国際基準は，STCW条約「1978年の船員の訓練及び資格証明並びに当直の基準に関する国際条約（International Convention on Standards of Training, Certification and Watchkeeping for Seafarers, 1978）」に規定されている。STCW条約では，船員の最低限の能力要件達成を義務づけ，それに基づき条約加盟国が船員の教育機関を監督し，能力証明を行い資格証明書の発給を行うこととなっている。日本においては「船舶職員及び小型船舶操縦者法」などの関連法令に基づき，STCW条約は実施されている。

1.4.7　国内法

日本国内における船舶設計に関する重要な法律には次のものがある。

- 船舶安全法
- 船舶のトン数の測度に関する法律
- 海上衝突予防法
- 海洋汚染等及び海上災害の防止に関する法律
- 電波法

船舶安全法は日本国内におけるSOLAS条約を実施するための措置として公布され，船舶の堪航性および人命の安全を保持するために，船舶の構造や設備の用件を定め，第2条に各船体項目を規定し，これに対応する規則を次のように定めている。

> 1 船体：船舶構造規則，船舶防火構造規則，船舶区画規程
> 2 機関：船舶機関規則
> 3 帆装：船舶設備規程
> 4 排水設備：船舶構造規則，船舶機関規則，船舶区画規程
> 5 操舵，繋船及び揚錨の設備：船舶設備規程
> 6 救命及び消防の設備：船舶救命設備規程，船舶消防設備規則
> 7 居住設備：船舶設備規程
> 8 衛生設備：船舶設備規程
> 9 航海用具：船舶設備規程
> 10 危険物その他の特殊貨物の積付設備：危険物船舶運送及び貯蔵規則，特殊貨物船舶運送規則
> 11 荷役その他の作業の設備：船舶設備規程
> 12 電気設備：船舶設備規程

1.4.8 船級協会（Classification Society）

船級協会とは世界の主要な海運国や造船国に設けられたその国の政府が認めた民間組織であり，船体の材料，構造工作法および機関，電気などの艤装品について詳細な規則を定め，規則どおりに建造されているかどうかを建造中および竣工後，定期的に検査し，それらすべてが一定の基準に合格した船舶に対し一定の**船級**（Class）を与える組織である。船舶が船級を取得することにより，海上保険事業者や荷主に船舶の性能を証明することができる。また，船舶安全法では定められた船級協会の船級を取得した旅客船以外の船舶は国による検査に合格したものとみなされ，船舶安全法による検査は行われない。

各船級協会は検査の品質を高め，国際的に統一するために，国際船級協会連合（International Association of Classification Societies：IACS）のガイドラインに基づき規則の改正を行っている。主な船級協会とその設立年および本部の所在地は次のとおりである。

- 日本海事協会（Nippon Kaiji Kyokai：NK），1899 年，東京
- ロイド船級協会（Lloyd's Register of Shipping：LR），1760 年，ロンドン
- アメリカ船級協会（American Bureau of Shipping：ABS），1862 年，ヒューストン
- DNV GL 船級協会（DNV GL），2013 年，オスロ
- ビューロー・ベリタス（Bureau Veritas：BV），1828 年，パリ
- イタリア船級協会（Registro Italiano Navale：RI），1861 年，ジェノヴァ

なお，船級協会の歴史は 2.6.2 項で示す。

まとめ

この章では，船および海運の重要性を理解し，船の分類方法やその種類，主要目表から船の大きさや能力および船に関する用語・名称を学ぶと共に，船の建造や運航に国際条約が基になっていることを理解した。これらの知識は，以後の章での学習に必要なだけでなく，船の安全な運航や管理の基礎知識として非常に重要であり，しっかりと身につける必要がある。

参考文献

1. 野澤和男, 船 この巨大で力強い輸送システム, 大阪大学出版会, 2006
2. 日本海事広報協会, 日本の海運 SHIPPING NOW 2016–2017, 2016
3. 造船テキスト研究会, 商船設計の基礎知識（改訂版）, 成山堂書店, 2001
4. 野原威男・庄司邦昭, 航海造船学（二訂版）, 海文堂出版, 2005
5. 鳥羽商船高専ナビゲーション技術研究会編, 航海学概論, 成山堂書店, 2007
6. 関西造船協会編, 造船設計便覧（第4版）, 海文堂出版, 1983

練習問題

問 1-1 垂線間長 186.0 [m], 型幅 31.0 [m] の船が海水中（標準海水比重 1.025）で，型喫水 17.2 [m] で浮いているとき，以下の係数などを求めよ。

① 型排水量が 79,300 [tw] のとき，方形係数（C_B）を求めよ。
② 柱形係数（C_P）が 0.785 のとき，船体中央断面積（A_M）を求めよ。
③ 水線面積（A_W）が 5,650.7 [m^2] のとき，水線面積係数（C_W）を求めよ。
④ 縦柱形係数（C_V）を求めよ。

問 1-2 肥せき係数の高速・低速船分布から，垂線間長 350.0 [m], 型幅 45.6 [m], 型喫水 22.5 [m] のコンテナ船のおおよその満載排水量 Δ [tw] を求めよ。

問 1-3 満載喫水線標に WNA がある。この正式名称を記せ。また，なぜ最も浅い喫水となっているかを考察し，説明せよ。

問 1-4 ある船のすべての閉囲場所の合計容積が 120,000 [m^3] であり，貨物場所の合計容積が 100,000 [m^3] のとき，国際総トン数を求めよ。

問 1-5 図 1.29 はある船の機関出力・速力曲線である。この船の MCR が 55,000 [PS], NOR が 47,000 [PS], SM が 15% のとき，試運転速力と航海速力を求めよ。

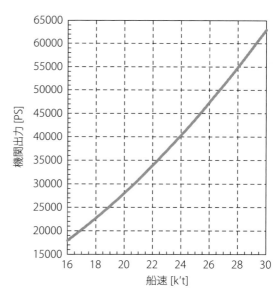

図 1.29 機関出力・速力曲線

CHAPTER 2
船の歴史

　船を安全に動かし，効率よく活用するには，「船とは何か？」を理解しておくことが必要である。

　「船とは何か？」を少しでも調べると，小さな手漕ぎボートから 400 [m] を超える巨大な船まで多種多様な船があり，船は私たちが生まれるずっと以前から存在し，活用されて来たことに気づかされる。船の存在を当然とする人は多いが，船がどのようなしくみで動いているのか，船はどのようにつくるのか，船は何に活用され，どのように私たちの営みや社会に関係しているのかなどを簡潔に説明できる人は少ない。

　古くから存在し，多種多様で，多くの変革を繰り返して現代につながっている知識・技術の概要を理解するには，その歩みや歴史を学ぶことが効果的であるといわれている。本章は，船と船に関わる技術の歩みの概略を紹介することにより，「船とは何か？」を理解する際の道標とする。

2.1　船の始まり

　船の始まりはいつ頃でどのようなものであったかを考えるには，どのような状況で船が必要とされ，生まれたのかを考えればこたえが得られる。有史以前の先史時代の人々が川や湖を渡ろうとしたとき，木が浮いて流れている様子を見て，木につかまり，泳ぎながら渡ったことが想像される。流木につかまるものから，やがて，濡れずに乗る形の舟になっていったと思われ，紀元前 5000 年頃には舟が使われていたことが知られている。メソポタミア，エジプト，インダス，黄河の四大文明は大河の流域にあり，農耕に川の水を利用するのみならず，川を渡る要求が生まれたのも必然である。初期の舟は，図 2.1 に示すように，木を束ねた筏，木をくりぬいた丸木舟，葦（パピルス）を束ねた葦舟，竹を束ねた竹舟，羊などの獣皮をふくらませた浮袋を用いた獣皮舟などのさまざまな形として，世界各地で生まれ，遺構として残っている舟もある。やがて，人の力を使って進むための道具である櫂（オール）が生まれ，より多くの人や物を運ぶために舟が大きくなっていった。

　水の上を移動する舟が生まれた大きな物理的な要因は"人や物を支えられる均一で大きな浮力が生まれること"と"小さな力でゆっくりと動くことができること"である。巨大で高速な現代の船も同じであり，輸送効率の際だった高さが舟や船の持つ最大の長所となっており，7,000 年後の現在においても，舟や船が存在し，活用されている理由である。

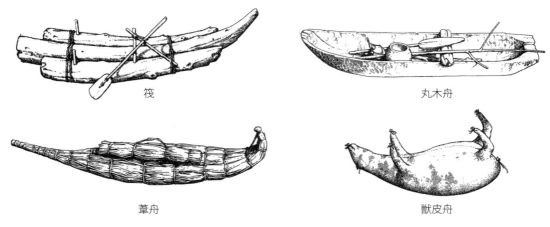

図 2.1　人類が最初につくった船〔ビョールン・ランドストローム『星と舵の航跡』（ノーベル書房）p.10 の図から作図〕

2.2 帆船の誕生と進化

初期の舟を使って川や湖を渡ることができるようになると，次に，人の力に頼らなくても進むことや，川や湖のみならず，海を渡ることへの欲求が生まれた。沿岸域の海を航行する帆船の誕生である。

2.2.1 エジプトの船

エジプトにおいて，紀元前 2600 年頃の 45 [m] を超える巨大な木船（クフ王の「太陽の船」）が出土しており，「船体の一部にはインドにしか産出しない木材が使用されていたという。そのことからして，紀元前 27 世紀という昔に，すでに人間はエジプトからインドまで，あの荒れ狂うインド洋を横断して，自由に航海していたに違いないという観測が成り立つ」（NHK編，船，NHK出版）。近隣の地と交易していた当時のエジプトの航洋帆船の姿は，紀元前 1300 年頃の王墓埋葬品として出土した船の模型（図 2.2）から推察できる。直進性と凌波性を高め，抵抗を減らすために船首尾は細く，高くなり，帆走するための大きな横帆を船央に，船尾両舷に舵取櫂が設置されている。風がないときや離着岸時には，両舷に設置された櫂が使われたことが同時代の他の遺構から明らかとなっている。航洋帆船は交易，戦いに活用されることで発展した。

図 2.2　エジプト王墓から出土した模型船（BC 1300）
〔© Science Museum/SSPL〕

2.2.2 フェニキアの船

紀元前 12 世紀頃には地中海域の交易に活躍する海運国家フェニキアが生まれ，地中海沿岸に多くの植民市を建設し，海上交易を発展させ，多くの帆船が交易品とともに，アルファベットを生むなど，文明の交流を進めた。軍用の 2 段櫂ガレー船を発達させ，植民市建設のための海上の戦い，輸送を支えた。ガレー船（図 2.3）は船首に相手船に衝突させるための衝角を，船央に横帆を，船尾両舷に舵取櫂を，船体の主要部に奴隷などに漕がせる 2，3 段の櫂を設置した軍船であり，帆走軍艦が出現する 16 世紀まで多くの国で軍船として活躍した。

2.2.3 古代ギリシャの船

紀元前 9 世紀頃になると，アテネやスパルタなどからなる都市国家である古代ギリシャが，地中海沿岸に多くの植民市を領有し，紀元前 338 年にアレキサンダー大王のマケドニア王国に敗れるまで，地中海の海上交易を支配した。紀元前 5 世紀頃の古代ギリシャの絵皿（図 2.4）が，軍船は 2，3 段櫂ガレー船であり，商船は，ガレー船から衝角と櫂を除いた，1 枚の横帆による帆走を主とした船であることを示している。紀元前 480 年のサラミスの海戦（ギリシャとペルシャ）におけ

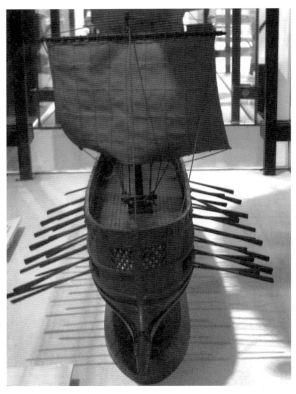

図 2.3　フェニキアの 2 段櫂ガレー船（BC 700）
〔© 2010 Deror avi & National Maritime Museum, Israel〕

るギリシャ艦隊の主力の3段櫂ガレー船（図2.5）が170名の漕ぎ手，全長45 [m] であったことが歴史書に残されている。

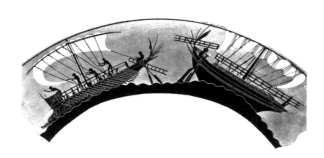

図2.4 古代ギリシャのガレー船（左）と商船（右）が描かれた絵皿（BC 500）〔©Science Museum/SSPL〕

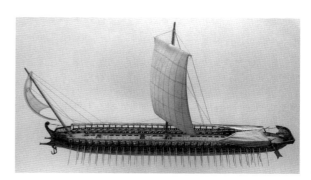

図2.5 古代ギリシャの3段櫂ガレー船〔©Deutsches Museum, Munich〕

2.2.4 ローマ帝国の船

紀元前2世紀頃，ローマ帝国がギリシャ，マケドニアを領有し，地中海全域を征服した。4世紀の東西ローマ帝国への分裂まで地中海全域を治め，15世紀の東ローマ（ビザンツ）帝国の滅亡まで地中海に君臨した。ローマ艦隊の主力は3段櫂ガレー船隊であり，150人の兵士と300人の乗組員を載せた5段櫂の大型ガレー船もあった。

軍船で培われた造船技術が商船建造にも適用され，2世紀頃のローマの商船（図2.6）は十分な貨物槽を持ち，全長は30 [m] を超え，船尾両舷に舵取櫂を備え，船央の主マストにメインセール（横帆）とトップセール（三角帆），船首のスパーにヘッドセール（角帆）の3枚の帆を持つ速力と直進性の良い帆船となっていた。ローマの商船は，大量の穀物を植民地から本国へ運ぶ必要性から，何世紀にもわたって地中海の交易を担い，海上交易を躍動させた。

図2.6 ローマ帝国の商船（AD 200）

2.2.5 バイキングの船

8世紀から11世紀にかけて，スカンジナビアに住んでいたバイキングは，海を渡って，西ヨーロッパの沿海部を侵略した。バイキングはロングシップ（図2.7）と呼ばれる喫水の浅く，細長い舟をつくり，航海した。出土した**バイキング船**（ゴクスタッド）は全長24 [m]，船幅5.1 [m] であり，両舷に32本の長さ5.4 [m] の櫂，右舷船尾に1枚の舵取り板，船央に横帆を備え，風上にも帆走できた。右舷のみに舵取り板（Steer board）が設置され，左舷のみが港（Port）の岸壁に接舷できることから，右舷をSteer board side，左舷をPort sideと呼び，やがて，現在の右舷と左舷の呼称であるStarboardとPortにつながったといわれている。

図2.7 バイキング船（AD 900），右舷船尾に舵取り板を装備〔©2006 Softeis〕

2.2.6　ヴェネティア共和国の船

7世紀末に，ヴェネティア（ベニス）共和国が東ローマ帝国の一部として誕生し，東地中海での貿易，十字軍の海上輸送の請負などにより繁栄し，増強した海軍力を背景に，14世紀末には地中海の覇権を得るに至った。ヴェネティアの国力は地中海貿易と造船により生みだされ，風上航に適した新しい大三角帆（ラテンセール）を装備した帆走性能の良い商船（図2.8）が生まれた。

2.2.7　ハンザ同盟の船

12世紀に，北ドイツを核としたハンザ同盟（国際的な都市間交易の同盟）が設立され，15世紀には200を超える都市が加盟し，バルト海沿岸地域の貿易を独占し，ヨーロッパ北部の経済圏を支配した。バルト海の海上貿易を担ったハンザ同盟の帆走商船がコグ船であり，船尾舵を初めて採用した船といわれ，ハンザ同盟の交易圏であるオランダ，イギリスにおいても，船尾舵を装備した船（図2.9）が生まれた。

両舷に舵取り櫂を備えた船が誕生してから，13世紀に船尾舵が発明，装備されるまで，約4,500年を要したことになる。

図2.8　ヴェネティア共和国のラテンセールを装備した船（AD 1300）
〔ビョールン・ランドストローム『星と舵の航跡』（ノーベル書房）p.86 の図から作図〕

2.3　大航海時代

数十世紀を超える沿岸航海の経験などが造船技術と航海技術の向上を促し，人の知る世界が船により拡大し，大陸と大洋の存在が認識されるようになった。

香辛料などのアジアの産物がヨーロッパに陸路でもたらされ，マルコ・ポーロの「東方見聞録」などの冒険家の言葉がアジアへの興味を掻き立て，アジアの産物を海路により手に入れるための新航路の開発が求められていた。

図2.9　船尾舵を装備したコグ船に似たイギリスの船（AD 1426）〔© Science Museum/SSPL〕

2.3.1　新航路と新大陸の発見

14世紀には中国で発明された方位磁石が発達した航海用羅針盤と羅針儀海図の発明が航海技術を向上させ，北ヨーロッパと地中海の交流が造船技術を向上させ，大洋を渡るための技術が熟し始めていた。

15世紀初めのポルトガルのエンリケ航海王子の支援による探検航海が**大航海時代**の幕を開き，15世紀後半にはスペインとポルトガルによる新航路や新大陸の「発見」が続いた。

- 1487年：バーソロミュー・ディアスが喜望峰を超え，アジアへの東回り航路の可能性を示唆した。
- 1492年：クリストファー・コロンブスは図2.10のトスカネリの海図を信じ，スペインから西に進めばジパング（日本），カタイ（中国）とインドに到達すると考え，パロスの港を出発し，アメリカ大陸を「発見」するに至った。
- 1498年：バスコダ・ガマは喜望峰経由でインドのカリカットに達し，翌年，香辛料をポルトガルに持ち帰った。
- 1519年：フェルディナンド・マゼランは史上初の世界一周を成し遂げた。

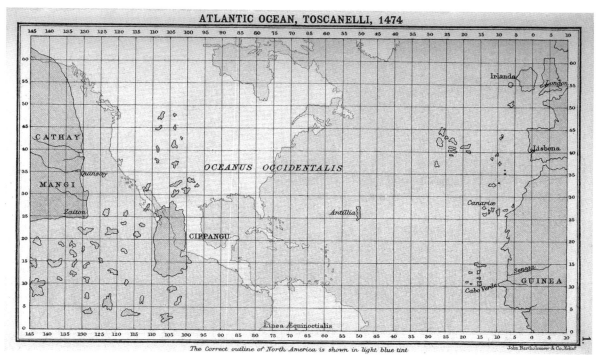

図 2.10　アメリカ大陸（図には薄く示されている）が存在しない代わりに CIPPANGU（日本）が描かれたトスカネリの海図（AD 1474）

　コロンブスの業績はアメリカ大陸の「発見」だけではなく，ヨーロッパになかった新大陸の食料，物品，習慣をヨーロッパに，新大陸になかったヨーロッパの食料，物品，習慣を新大陸に紹介し，歴史上の重大で革新的な文化交流をもたらしたことである．

　コロンブスが運び，ヨーロッパに紹介した代表的なものはゴム，トウモロコシ，ドイツの主食となっているジャガイモ，トマト，イチゴ，唐辛子，落花生，アボカド，パイナップル，西洋料理に不可欠なインゲン豆，チョコレートの原料のカカオ，バニラ香料の元のバニラ，いまでもマラリア治療に用いられるキニーネの元であるキナ，新大陸の住民が寝るのに使っていたハンモック，巻いた葉に火をつけ，その煙を鼻から吸い込んでいたタバコなどである．

　現在，世界中に普及しているこれらの食材や習慣はコロンブスがもたらしたものであり，1492 年以降のヨーロッパ，アジアなどの旧大陸と南北アメリカの新大陸との間の植物，動物，習慣などの交流を**コロンブス交換**と呼んでいる．

2.3.2　コロンブスの船隊

　コロンブスの船隊（図 2.11）は全長 29 [m] のカラック船の旗艦「サンタ・マリア」（図 2.12），全長 25 [m] のカラベル船「ピンタ」と全長 24 [m] のカラベル船「ニーナ」の 3 隻であった．

　カラック船は人と物を積んで大洋を航海するために開発された帆船である．大西洋の長い航海に必要な安定性と輸送力を確保するための長さ，幅，船首楼と船尾楼を有し，3，4 本のマストと横帆・縦帆を組み合わせた帆装を持ち，高い帆走性能を示した．

　カラベル船はポルトガルが開発した帆船であり，地中海用の大三角帆（ラテンセール）を備え，帆の操作性，船体の操縦性に優れた船で，この時代の最も優れた帆船形式の 1 つとなった．

　大洋航海に適した**カラック船**や，**カラベル船**などの新しい形式の帆船を開発した 15 世紀の造船技術が大航海時代の発見を支えていた．

図 2.11　コロンブス船隊：「ピンタ」（左），「サンタ・マリア」（中），「ニーナ」（右）が描かれた記念切手

図 2.12　「サンタ・マリア」（AD 1492）の復元船
〔© 2005 Dietrich Bartel〕

2.3.3　ガレオン船

　ポルトガルとスペインは積極的に海洋進出し，新大陸の植民地化やアジア貿易により利益を得，16 世紀には，スペインはヨーロッパの最強国となっていた。

　ポルトガル，スペインに遅れをとっていたが，イギリスも世界の海に進出した。イギリスのフランシス・ドレークは，1577～1580 年に，**ガレオン船**の「ゴールデンハインド」を旗艦とする 5 隻の艦隊で，西回りの世界一周に成功した。1588 年には，ガレオン船の軍艦の戦いとなったスペインとの「アルマダ海戦」に勝利し，海上権を握り，1600 年に東インド会社を設立し，海外進出と植民地化を推し進めた。

　ガレオン船は，16 世紀中頃にカラック船を改良して開発された帆船で，カラック船よりも長く，船尾楼は大きく，速力は速く，4 または 5 本のマストと 1 または 2 列の砲列も備えていた。探検，貿易，移民などに使われるとともに，植民地や貿易利権を求めたイギリス，フランス，オランダの各国間戦争における帆走軍艦としても使われ，砲 50 門を備えた全長 55 [m] の船もあった。

　1620 年にイギリスからアメリカに清教徒を運んだ移民船「メイフラワー」（図 2.13）もガレオン船である。

　ガレオン船を原型とした帆走軍艦（戦列艦）は，1805 年のイギリスとナポレオン（フランス）の「トラファルガーの海戦」などで活躍し，蒸気機関の軍艦に取って代わられる 19 世紀中頃まで使用された。

図 2.13　ガレオン船「メイフラワー」（AD 1620）が描かれた記念切手

2.4　高速帆走商船の活躍と終焉

　17～18 世紀に，イギリス，オランダ，フランスなどのヨーロッパ列強諸国は植民地を拡大し，東インド会社によるアジア貿易を行い，西インド会社による南北アメリカやオーストラリアなどの新世界との貿易も行うようになった。

　ヨーロッパ・インド間の胡椒，香辛料，紅茶，綿織物などの貿易が盛んとなり，商船による輸送の重要性と需要が高くなった。丸い地球の海表面を安全に航海するための技術も飛躍的に向上した。

　地球と天体の観測と知識集約が進み，**メルカトル図法海図**の整備や**航海暦**の出版も行われるようになった。北半球において北極星の高度が観測地点の緯度となることなどから，船上における天体の高度測定法が求められ，1730 年の

ジョン・ハドリー（イギリス）による**八分儀**の発明が船上における正確な高度や緯度の測定を可能にした。経度の異なる2地点において，太陽などの天体南中時の時刻差（時角）が経度差となることなどから，長期間，船上でも正確に時を刻み続ける時計が求められ，1735年のジョン・ハリソン（イギリス）による**クロノメータ**の発明が観測地における経度推定を可能とした。

このように，メルカトル図法海図と航海暦の整備，八分儀とクロノメータの発明などにより，航海技術は高い輸送需要に応えうるレベルに達し始めていた。

19世紀にはヨーロッパ・中国間の茶などの貿易が盛んとなり，より速く輸送できる高速な商船が求められ，15 [k't] を超える速力で帆走する「**クリッパー**」と呼ばれる高速帆走商船が誕生し，新世界との貿易にも使われた。

① カルフォルニア・クリッパー

ニューヨークからケープホーン経由でゴールドラッシュのサンフランシスコまで客を運んだ。

② ティー・クリッパー

阿片をインドから中国に，中国茶をイギリスに運んだ。

③ ウール・クリッパー

羊毛をオーストラリアからヨーロッパに運んだ。

クリッパーは，ガレオン船を原型として発達した大型帆走軍艦（戦列艦）とは異なり，スクーナーという沿岸用の小型快速帆船を前身として，アメリカのボルチモアで開発された船であり，ボルチモア・クリッパーとも呼ばれた。細く長い船体，鋭い船首，3，4本のマストと多数の高い帆を備えた快速，高性能の帆走商船であり，全長70〜80 [m] で20 [k't] を超える速力で快走したクリッパーもあった。

スエズ運河が開通した1869年に，全長86 [m] の最新鋭ティー・クリッパー「カティー・サーク」（図2.14）が進水した。中国の新茶をイギリスに届ける輸送競争（ティーレース）に勝つためにつくられた花形クリッパーであったが，スエズ運河経由で航程が大幅に短くなったアジア・ヨーロッパ航路に蒸気機関の商船が投入されると，すぐに高速帆船クリッパーの時代は終わりを告げ，十分に活躍する機会も与えられずに最後のクリッパーとなった。

紀元前2600年から続いた海上輸送の主役としての帆船の時代は終わりを迎えた。

図2.14 イギリスのグリニッジで復元，公開されている「カティー・サーク」

2.5 汽船の誕生と進歩

1776年にジェームス・ワット（イギリス）が世界で初めて開発した石炭燃料の複動式蒸気機関は，全産業の動力源をそれまでの人，馬，水力から蒸気機関に置換し，世界の産業革命・工業化の直接の引き金となるとともに，工業用燃料も薪，木炭から石炭に変換した。

ジョージ・スティーブンソン（イギリス）は蒸気機関車の実用化に成功し，1825年にストックトン・ダーリントン間に開通した世界最初の公共鉄道用の蒸気機関車を製作した。

2.5.1 蒸気船の誕生

蒸気機関による汽船の実用化は多くの人々により試みられた。

ジュフロワ・ダバン（フランス）は，1783年に外輪蒸気船「ピロスカーフ」を開発し，ソーヌ川で試運転に成功した。

ジョン・フィッチ（アメリカ）は，1787年に12本の櫂を動かして推力を得るユニークな蒸気船「パーシヴィアランス」（図2.15）を開発し，デラウェア川で試運転に成功した。

ロバート・フルトン（アメリカ）は，1807年に**外輪蒸気船「クラーモント」**（図2.16）を開発し，ハドソン川で実験航海に成功すると，すぐにニューヨーク・オルバニー間の営業航海を始め，商業的にも成功した。

図2.15 ジョン・フィッチの蒸気船「パーシヴィアランス」（AD1787）〔©FCIT〕

図2.16 ロバート・フルトンの外輪蒸気船「クラーモント」（AD1807）

2.5.2 外輪蒸気船の大洋航海

河川航行する外輪蒸気船「クラーモント」の成功は海を渡る商船を刺激し，大洋を航海する外輪蒸気船もつくられた。

アメリカの「サバンナ」は，1819年に帆走と汽走を併用しながらイギリスのリバプールに到着し，大西洋を横断した最初の外輪蒸気船となった。

イギリスの外輪蒸気船「シリウス」が，1838年に汽走のみで大西洋を横断することに成功し，蒸気船による大西洋定期航路を開いた。

2.5.3 スクリュープロペラの発明

外輪蒸気船による大西洋定期航路が開設された頃，外輪に換わる推進器「**スクリュープロペラ**」が開発された。

1837年にスウェーデン人のジョン・エリクソンは二重になって逆に反転するスクリュープロペラ（二重反転プロペラ）を発明し，まったく同じ年に，イギリス人のフランシス・ペティ・スミスもネジ式のスクリュープロペラ（図2.17）を発明した。

スミスのスクリュープロペラはイギリス海軍に採択され，改良を重ね，スクリュープロペラを装備した汽船が増加していった。

1843年，スクリュープロペラが大西洋を横断する全長98[m]の鉄造蒸気客船「グレート・ブリテン」に装備された。

1845年，イギリス海軍はスクリューと外輪の性能差を確認するために，同形同出力のスクリュー船と外輪船の綱引き実験（図2.18）を行い，スクリュー船が外輪船を引きずる結果となった。スクリュープロペラの性能の良さが明らかとなり，この実験以降，汽船の推進器はスクリュープロペラとなっていった。

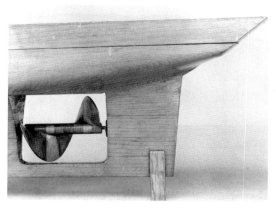
図 2.17 フランシス・ペティ・スミスのネジ式スクリュープロペラ（AD 1837）〔©Science Museum/SSPL〕

図 2.18 イギリス海軍のスクリュー船「ラトラー」と外輪船「アレクト」の綱引き実験（AD 1845）

2.5.4 鉄船の誕生

19 世紀になると大洋を航海する大型の船をつくる要求が生まれ，船体は木造船から木鉄交造船，鉄船，そして鋼船へと進歩していった。

世界初の鉄造外輪蒸気船「アーロン・マンビー」が，1822 年にイギリスで建造された。全長は 36.6 [m] で，英仏海峡を渡り，セーヌ河で使用された。

全長 98 [m] の大西洋横断スクリュー旅客蒸気船「グレート・ブリテン」は，完全な鉄船として，1843 年にイギリスでつくられた。

全長 210 [m]，幅 25.2 [m]，喫水 9.1 [m] の巨大な大西洋横断スクリュー旅客蒸気船「グレート・イースタン」が，1858 年にイギリスにおいて，鉄でつくられた。

航洋船として最初の鋼船「ロトマハナ」（1,777 GT）が，1879 年につくられた。

「ロトマハナ」以降，鋼船の建造は急増し，20 世紀初めには，新造船はすべて鋼船となっていた。鉄船，鋼船の船体を構成する部材の組み立てはリベット（鋲）で行われていたが，1920 年にイギリスにおいて，航洋汽船「フラガー」の全船体が電気溶接により組み立てられ，初めての全溶接船が生まれ，第 2 次世界大戦中の軍艦，商船の大量建造への適用を経て，現在の全溶接鋼船への道が拓かれた。

2.5.5 蒸気タービン船，ディーゼル船の誕生

大西洋定期航路では大型化と高速化が求められ，最速船に与えられる「ブルーリボン賞」が設けられると，大西洋横断最短航海競争は激しさを増し，低抵抗の船体と高出力の機関の開発に拍車がかかった。

(1) 水槽試験の始まり

1871 年，後に造船学の父と呼ばれるイギリスのウィリアム・フルードが相似模型船の水槽試験を初めて行い，5.2 節で紹介する造船学の基盤であるフルードの相似則，水槽試験による船舶抵抗性能推定法などを開発した。これ以降，船体抵抗の低減を求めて，相似模型船の水槽試験をしてから造船工程に進むようになった。

(2) 蒸気タービン船の誕生

1897 年，イギリスのチャールズ・パーソンズは初めての蒸気タービン船「タービニア」（図 2.19）を開発し，ヴィクトリア女王の観艦式でデモンストレーションを行った。全長 33 [m] の「タービニア」の最大速力は 35 [k't] にも達し，この新しい蒸気機関である蒸気タービンはすぐに海軍に採用されることとなった。

当時，往復動蒸気機関（レシプロ）の高出力化が頂点に達し始めており，**蒸気タービン機関**は往復動蒸気機関よりも小型で高馬力であり，高出力機関を求めていた船舶機関に瞬く間に採用され，20世紀後半まで大型船の主機関の主流となった。

(3) ディーゼル船の誕生

1897年，ドイツのルドルフ・ディーゼルは重油を燃料とする内燃機関（ディーゼル機関）の実用化に成功した。

デンマークの航洋ディーゼル船「シェランディア」が，1912年に大洋を最初に渡った。全長113 [m]，ディーゼル機関出力2,480 [PS]（8気筒4サイクル×2基）で航海速力11 [k't] の性能を示した。

ディーゼル機関は蒸気タービン機関よりも小型で熱効率も良いが，当時，大型のディーゼル機関をつくる工作技術がなく，高出力ディーゼル機関を実現できず，高出力が必要な大型船の機関の主流は蒸気タービン機関であった。

第2次世界大戦後に，高い出力と経済性を実現する**低速大型ディーゼル機関**が開発されると，大型船の主機関は蒸気タービン機関に取って代わり，**ディーゼル船**の全盛時代となった。

図2.19 チャールズ・パーソンズの蒸気タービン船「タービニア」（AD 1897）

2.5.6 定期客船の活躍

大陸間の唯一の輸送手段であった船の大型化と高速化が進められ，とくに20世紀初頭から大西洋定期航路の客船（図2.20）は大きさ，豪華さと速さ（ブルーリボン賞）を激しく競う造船ラッシュが始まり，定期客船の黄金時代を迎えるに至った。この時代には多くの大きく速い豪華客船（表2.1）が建造された。

1927年，チャールズ・リンドバーグ（アメリカ）が愛機「スプリットオブセントルイス」で大西洋無着陸飛行に成功すると，旅客の航空輸送時代の幕が開き，第2次世界大戦後には大陸間の旅客輸送の主役は旅客機に換わり，定期客船の時代は終焉を迎えた。

図2.20 大西洋航路の花形豪華客船「クイーン・エリザベス」（AD 1940）〔© 1966 Roland Godefroy〕

表2.1 定期客船の黄金時代を飾った代表的な豪華客船

年	船名	国	全長 [m]	総トン数 GT	主機関・出力 [PS]	速力 [k't]
1907	モレタニア，ルシタニア	英	240	32,000	蒸気タービン 70,000	25.0
1912	タイタニック，オリンピック，ブリタニック	英	260	46,000	蒸気機関 50,000	21.0
1929	ブレーメン	独	274	52,000	蒸気タービン 96,000	27.0
1935	ノルマンディ	仏	299	79,280	蒸気タービン電気推進 160,000	29.0
1940	クイーン・エリザベス，クイーン・メリー	英	300	83,670	蒸気タービン 160,000	29.0
1952	ユナイテッド・ステーツ	米	302	53,329	蒸気タービン 158,000	29.0
1962	フランス	仏	316	66,348	蒸気タービン 160,000	30.0
1969	クイーン・エリザベス二世	英	294	67,103	蒸気タービン 110,000	28.5

2.5.7 現代の船

船の始まりから 7,000 年の時を経過し，多くの造船上，航海技術上の進展を得て，現代の船が存在する。とくに，スエズ運河とパナマ運河の開通，定期客船の黄金時代，2 つの大きな世界大戦などを経て，造船と航海に関わる技術は飛躍的に進歩した。

(1) 技術発展の歴史

1871 年の相似模型船による水槽試験法，1894 年の蒸気タービン船，1920 年の全溶接鋼船，定期客船黄金時代の大型高速客船，第 2 次世界大戦後の高出力低速ディーゼル機関，大型化を進めた VLCC（Very large crude oil carrier），コンテナ船，LNG 船などの新しい専用船などの発明・開発は造船技術を大きく飛躍させた。また，1895 年の無線電信，1902 年の無線電話，1904 年のレーダー，1908 年のジャイロコンパスの発明や，1993 年の GPS の民間運用開始などは船員も含めた航海技術全体の革新につながった。

21 世紀を迎えた現代の船は 6.1.1 項で紹介されている二重反転プロペラ推進やポッド推進などの新しい技術が開発・導入され，いまも改善と革新を繰り返しながら進化している。

経済安全運航は昔から変わらない商船運航の命題である。現代の船も同様であり，技術の進展が船舶自体の安全性を向上させ，さらに省エネルギーと輸送効率の向上などの経済性向上が強く求められている。二重反転プロペラ推進，ポッド推進などの新しい省エネルギー技術が開発・導入され，輸送効率の向上を目指した専用船化，高速化と大型化が進められている。

(2) 代表的な船種

船舶の技術革新はコンテナ船，LNG 船などの新しい船種も生みだした。

① コンテナ船

高速かつ大型な専用船であるコンテナ船は現代の船を代表する船種である。陸上輸送の規格コンテナを使用した輸送単位の共通化による荷役時間の短縮と船倉積載効率の向上，航海速力の高速化による輸送時間の短縮により，船舶の貨物輸送効率を飛躍的に向上させ，国際貨物の海陸一貫輸送という大変革をもたらした。アメリカのトラック運送会社オーナーのマルコム・マクリーンが考案し，1957 年に最初のコンテナ船が就航した。世界中の海運会社がコンテナ荷役設備の充実したシンガポール，台湾，韓国，北米，ヨーロッパの定期航路に，多くのコンテナ船を就航させている。

② LNG 船

技術革新によって，従来は運べなかった貨物を運べるようにした船の代表例が LNG 船（液化天然ガス船：Liquefied natural gas carrier）である。天然ガスの沸点は -161.5 [℃] であり，常圧下では気体であるため，パイプライン以外での輸送は不可能であった。天然ガスを -162 [℃] 以下に加圧・冷却することで，容積が約 1/600 の LNG（液化天然ガス）を海上輸送することが可能となった。天然ガスは環境に優しいクリーンなエネルギーであることから，石油の代替エネルギーとしての需要が増大し，世界中で LNG 船が就航している。

2.6 安全な航海を目指して

船の歴史は海の上で起こる事故，災害との戦いでもあった。

古代の船が地中海において，中世ヨーロッパの船がバルト海沿岸などで，沈船として見つかっており，暴風雨や座礁などの海難によるものと推定されている。当時最高の造船と航海の技術を駆使して，安全な航海の成就を目指したが，夥しい数の海難が発生し，数え切れない人命と船が失われることで教訓を残し，後世の造船と航海の技術向上の礎となった。

商船の使命は経済安全運航であり，冒険であった古代の航海も，情報化時代となった現代の航海も，その目的は変わらない。古代から安全な航海を担保する手段が求められており，造船と航海の技術開発のみならず，船の損害を補償する保険制度を生みだし，船の安全性を評価する船級や，船の事故防止のための国際的な法規制なども行われきた。

2.6.1　損害保険の始まり：「冒険貸借」

古代の船は異国の地にたどりつき，物資を積んで帰港できれば大きな栄誉と莫大な財産を手にすることができたが，多くの船は帰れなかった。その航海は冒険と呼ぶべきものであるが，帰港できなかった場合の損失の補填を求めるしくみが生まれた。

紀元前 2000 年頃に，船による航海の危険を担保するしくみとして「**冒険貸借**」が生まれ，紀元前 4 世紀頃の古代ギリシャ時代の地中海商人によって発展し，広まった。金融業者からの借金で海上貿易を行い，海難などにより船と積荷が消失した場合には借金を返済せず，無事に航海が成就したときには借りた金額に利子を乗せて返却するというものである。当時の人たちの海への冒険を支えた制度であり，損害保険制度は海から生まれたのである。

2.6.2　海上保険と船級協会

14 世紀頃のルネサンス時代のイタリアにおいて，**海上保険**（船舶に関する損害保険）に相当する損害補償制度が始まった。

冒険貸借に代わり，商人が積荷を金融業者に売って手数料（損害保険料に相当する）を払うという方法が考案された。無事に航海が成就したときには手数料が金融業者の利益となり，海難などにより船と積荷が消失した場合には金融業者が積荷の代金を支払うというものである。

18 世紀のイギリスにおいて近代的保険制度として整備され，海上保険制度が確立した。ロンドンのエドワード・ロイドのコーヒー店に保険取引情報を交換するために保険引受人が集まるようになり，ロイドが船舶や海運の情報を載せた新聞「ロイズ」（Lloyd's News）を発行した。保険取引情報を交換するために保険引受人が集まる機能が充実し，会員組織の保険組合が結成され，現在の世界最大の保険市場「ロイズ」に発展した。さらに，国，船主，荷主，海運業者から独立して保険の対象となる船舶と装備品の安全性を評価・検査するために，最初の船級協会である「**ロイド船級協会**」が設立され，ロイドが発行した新聞にならって，各船舶の安全性を評価・分類した船舶登録簿を発行することとなった。

船級協会が船の安全性を客観的に査定することは船の安全性の確保と標準化を大きく進めた。現在の外航船舶は必ずどこかの船級を有しており，船舶と船荷は船級に基づく海上保険で担保されている。

2.6.3　大規模な海難，重大油流出事故の発生

20 世紀初頭からの船舶輸送の興隆は海上交通の輻輳化を生み，船舶同士の衝突などの新たな海難が発生し，高速化と大型化が進められた船舶の海難は，必然的に規模の拡大を伴うこととなった。

大規模で悲惨な海難事故として忘れてはいけないのが，史上最大の惨事となった「**タイタニック**」（図 2.21）の遭難・沈没である。

1912 年，イギリスの「タイタニック」は処女航海で氷山に衝突，沈没し，犠牲者が 1,500 人を超える大惨事となった。二重底構造の船底，16 の水密区画に仕切られた船体から，当時，不沈船と呼ばれたにもかかわらず，あっけなく沈んだ。また，乗員と乗客を合わせて 2,200 人に対し，その 1/3 の

図 2.21　1912 年の処女航海で氷山に衝突・沈没した「タイタニック」

収容力の救命艇しか装備されておらず，犠牲者を増やすことになった．

20世紀後半になると大型タンカーの重大油流出事故が相次いで発生するようになった．

1967年，リベリア籍の大型タンカー「トリーキャニオン」（118,285 DWT）はイギリス南西部のシリー島とランズエンドの間の浅瀬に座礁し，119,000 [tw] の油を流出し，イギリスとフランスの海岸300 [km] を汚染した．

1989年，アメリカ・エクソン社のVLCC「エクソン・バルディーズ」（214,861 DWT）はアラスカのプリンス・ウィリアム湾で座礁し，原油約40,000 [tw] を流出し，アラスカの海岸線2,400 [km] を汚染した．

2.6.4 船の安全規制の国際化と強化

人と物の国際輸送を担う大型船の度重なる大規模海難と重大油流出事故の発生が起因となって，船の安全性確保のために政府間海事協議機関（IMCO：Inter-Government Maritime Consulative Organization），現在の**国際海事機関**（IMO：International Maritime Organization）が設立され，国を超えた法的規制の制定と強化が行われた．

(1) SOLAS条約

1912年の「タイタニック」の悲惨な衝突，沈没事故を契機として，船体の構造，救命設備，無線設備などの船舶の安全性確保について，条約の形で国際的に取り決める気運が高まり，1914年に，1.4.2項に示す"最大搭載人員を満たす救命艇の装備"や"無線電信による遭難信号の24時間聴取"などの安全対策が義務付けられたSOLAS条約（海上における人命の安全のための国際条約：International Convention for the Safety of Life at Sea）が締結された．その後，度重なる改正が行われ，"旅客船の区画配置，防火構造などの要件の強化"，"レーダーと自動衝突予防援助装置の装備義務"，"VHF無線電話，GMDSS（海上における遭難及び安全に関する世界的な制度：Global maritime distress and safety system）の装備義務"，"ISMコード（国際安全管理コード：International Safety Management Code）の適用義務とPSC（寄港国政府による船舶安全に関する立入検査：Port state control）の実施"，"AIS（自動船舶識別装置：Automatic identification system）とECDIS（電子海図表示システム：Electric chart display and information system）の装備義務"などの技術革新と安全管理に対応した項目が加えられている．

図2.22はシンガポール海峡通航時のECDISの表示例である．ECDISは電子海図とレーダーのデータ（AISを含む）を重畳表示することによって航海情報を整理してわかりやすく提供するもので，国際航海に従事する船舶への装備が義務付けられており，運航の安全向上に寄与する新しい技術となっている．

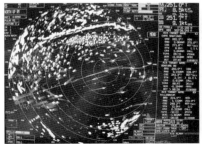
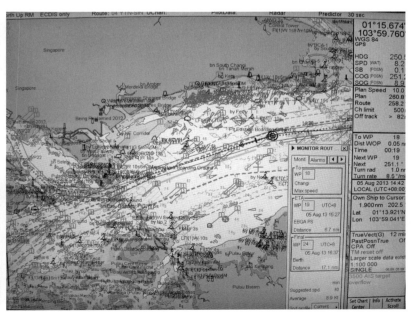

図2.22 シンガポール海峡通航時の紙海図（左上），レーダー（左下）とECDIS（右）の表示例

(2) MARPOL 条約

甚大な海洋汚染を引き起こした1967年の「トリーキャニオン」の油流出事故は，国際海事機関（IMO）において，タンカー事故時の油流出量の抑制策を検討する契機となり，1973年に1.4.3項に示すMARPOL条約（船舶による汚染の防止のための国際条約：International Convention for the Prevention of Pollution from Ships）が締結された。

(3) タンカーの二重船殻構造化

1989年の「エクソン・バルディーズ」の原油流出事故は大規模な環境汚染を発生した。国際海事機関（IMO）において，タンカーの油流出事故の再発防止対策が検討され，1992年にMARPOL条約が改正され，タンカーの**二重船殻構造**（図2.23）が強制化された。

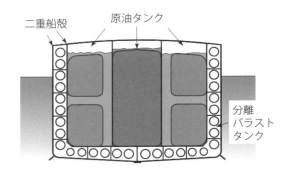

図2.23 タンカーに義務付けられた二重船殻（ダブルハル：Double hull）構造
〔©2008 Tosaka〕

(4) STCW 条約

ヒューマンエラーに起因する事故が多発したことから，船員の技能に関する国際基準の必要性が高まり，1978年に国際海事機関（IMO）において，1.4.6項に示すSTCW条約（船員の訓練及び資格証明並びに当直の基準に関する国際条約：International Convention on Standards of Training, Certification and Watchkeeping for Seafarers）が採択されるに至った。2010年の改定ではECDISの講習・訓練が義務（強制項目）となり，ブリッジおよびエンジンルームリソースマネージメントが要件となった。図2.24に示す船橋・機関室シミュレータ訓練はSTCWの強制項目となってはいないが，欧米では導入・実施されている。

図2.24 船橋シミュレータ（左）と機関室シミュレータ（右）の例

まとめ

造船学（船舶工学）は総合工学といわれ，機械工学，電気工学などの多岐にわたる技術を活用し，総合的に船舶を形づくることに昇華する学問である。多岐にわたる学問をすべて修めるのは困難であることから，総合工学を学ぶには関連する技術の歴史を学ぶことが良いとされ，勧められている。本書に本章「船の歴史」が記されている理由でもある。船の歴史を学び，関連する技術の有機的なつながりを把握してほしい。

図2.25は船に関わる主な技術の変遷を簡便な歴史表としてまとめたものである。新たな技術の誕生はそれまでに多くの失敗があったことを意味し，船の技術変遷はより経済的で安全な船と運航を目指した先人たちの格闘の歴史であ

り，現代の船はこの技術の歴史に支えられて存在していることが確認できる。

船の歴史とは船をつくり，運航する技術の歴史であり，先人たちの造船と航海の軌跡であり，後世のあなたがたへの教訓の連なりでもある。素直に受け止め，謙虚に学び，船の運用上の貴重な知識や疑似体験として，有効に活用することを切望する。

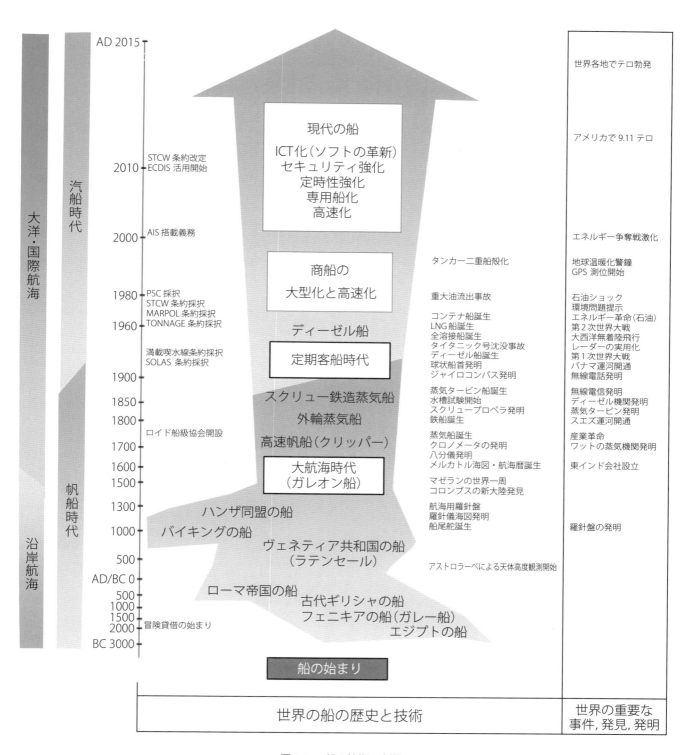

図2.25 船の技術の変遷

参考文献

1. 岸上格之助，造船と船級検査，海文堂出版，1953
2. 東京海上火災保険株式会社編，新損害保険実務講座，有斐閣，1965
3. ビョールン・ランドストローム，星と舵の航跡，ノーベル書房，1968
4. 上野喜一郎，船の歴史（上，中，下），舵社，1980
5. NHK編，人間は何をつくってきたか―交通博物館の世界―船，NHK出版，1980
6. 平田寛，図説 科学・技術の歴史（上，下），朝倉書店，1985
7. 福島弘，新海難論，成山堂書店，1991
8. Richard Woodman, The History of the ship, Conway Maritime Press, 1997
9. 中丸明，海の世界史，講談社，1999
10. 杉浦昭典・塚本勝巳監修，海と船 なるほど豆辞典，日本海事広報協会，2002
11. 大内健二，海難の世界史，成山堂書店，2002
12. 野澤和男，船 この巨大で力強い輸送システム，大阪大学出版会，2006
13. 山崎祐介，海事一般がわかる本，成山堂書店，2006
14. 新星出版社，徹底図解 船のしくみ，2008
15. 池田良穂，船のすべてがわかる本，ナツメ社，2009

練習問題

問 2-1 船舶に関連する条約にSOLAS条約がある。SOLAS条約の正式名称，目的，採択のきっかけとなった海難事故について，CHAPTER 1も参照して，簡潔に説明せよ。

問 2-2 現在の船舶の推進器にはスクリュープロペラが採用されている。イギリス海軍では外輪推進器とスクリュー推進器の性能差を確認するための有名な実験を行い，以降スクリュープロペラを採用することとなった。この実験とは如何なる実験であったか説明せよ。

問 2-3 19世紀末の船舶は往復動蒸気機関を採用していたが，高出力化が限界に達しており，新しい高出力蒸気機関が求められていた。高出力が可能な新しい蒸気機関の船が開発され，女王の観閲式でデモンストレーションが行われ，以降の大型船主機関の主流となった。この新しい蒸気機関，それを搭載した船と開発者の名称を記せ。

問 2-4 船舶に関連するMARPOL条約の正式名称と目的，その改定によるタンカーの二重船殻構造化のきっかけとなった海難事故について，CHAPTER 1も参照して，簡潔に説明せよ。

問 2-5 コロンブスが発見したカリブ海の島々が，現在，西インド諸島と呼ばれているのはなぜか。コロンブスが使ったであろう当時の地図を参考にして簡潔に説明せよ。

CHAPTER 3

船を学ぶための工学基礎

　工学とは，自然界の物質や現象を巧みに利用して，船や橋やコンピュータなど，人類に有益な工作物を創造する学問である。その創造の過程においては，しばしば物理学が応用される。物理学は，自然界の現象を支配する法則を発見する学問である。その法則の表現においては，しばしば数学が応用される。

　いまから約 300 年前，イギリスの科学者アイザック・ニュートンは，微積分法という数学的技法を応用することによって，万物の運動を支配する物理法則の定式化を成し遂げた。その法則を表現する方程式は，地上のリンゴの運動も，天上の月の運動も，そして洋上の船舶の運動も表現することができ，現代の工学にとって不可欠なものとなっている。

　本章では，船舶工学の学習に必要な，基礎的な数学的技法や物理法則について学ぶ。

3.1　数学基礎

　本節では，船を学ぶための基礎となる，有用な数学的技法を学ぶ。三角関数は，船の傾斜を計算する場面などで役立つ。ベクトルは，船に作用する力の向きや大きさを計算する場面などで役立つ。微積分法と補間法は，船の面積や体積を計算する場面などで役立つ。いずれも次節以降において大いに活用される。

3.1.1　三角関数

　三角形にはさまざまな形状のものがあるが，もし 2 つの角の大きさがわかれば，残りの 1 つの角度も定まるとともに，3 つの辺の長さの比が定まる（三角形の相似条件）。図 3.1 のような，1 つの角が直角である三角形（直角三角形）に限れば，1 つの鋭角の大きさ θ がわかるだけで，辺の長さの比 $a : b : r$ が定まる。このときの，角度を変数として辺の比を定める関数は，**三角関数**と呼ばれる。三角関数には 6 種類あるが，とくに代表的なものは次式に示す**正弦**（サイン，sine）関数 $\sin\theta$，**余弦**（コサイン，cosine）関数 $\cos\theta$，および**正接**（タンジェント，tangent）関数 $\tan\theta$ の 3 種類である。

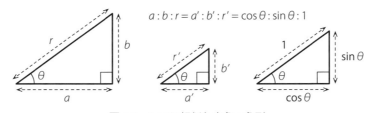

図 3.1　互いに相似な直角三角形

$$\sin\theta = \frac{b}{r} = \frac{b'}{r'}, \quad \cos\theta = \frac{a}{r} = \frac{a'}{r'}, \quad \tan\theta = \frac{b}{a} = \frac{b'}{a'} \tag{3.1}$$

これらの間には，次式のような相互関係がある。なお，$\sin^2\theta = (\sin\theta)^2$，$\cos^2\theta = (\cos\theta)^2$ である。

$$\sin^2\theta + \cos^2\theta = 1, \quad \tan\theta = \frac{\sin\theta}{\cos\theta} \tag{3.2}$$

三角関数の値を計算するときは，特別な角度における有名な値（たとえば $\sin(30°) = 0.5$ など）を除き，一般的には関数電卓や数表を使うことになる．三角関数を用いれば，次式のように，直角三角形の 1 つの鋭角の大きさと 1 つの辺の長さから，残りの 2 つの辺の長さを計算することができる．

$$b = r\sin\theta = a\tan\theta, \quad a = r\cos\theta = \frac{b}{\tan\theta}, \quad r = \frac{b}{\sin\theta} = \frac{a}{\cos\theta} \tag{3.3}$$

一方で，三角関数の逆関数，すなわち辺の比を変数として角度を定める関数は，**逆三角関数**と呼ばれる．逆三角関数を用いれば，直角三角形の 2 つの辺の長さから，鋭角の大きさを計算することができる．代表的な逆三角関数は，次式に示す**アークサイン関数** $\sin^{-1}(x)$，**アークコサイン関数** $\cos^{-1}(x)$，**アークタンジェント関数** $\tan^{-1}(x)$ の 3 種類である．

$$\sin^{-1}\left(\frac{b}{r}\right) = \cos^{-1}\left(\frac{a}{r}\right) = \tan^{-1}\left(\frac{b}{a}\right) = \theta \tag{3.4}$$

なお，逆三角関数の表記において右肩に書かれる「-1」の記号は累乗の指数を意味するものではなく，たとえば $\sin^{-1}(x)$ は $(1/\sin x)$ を意味するものではない．

三角関数を，鋭角に限らず，鈍角や負の角度なども含む，さまざまな角度を変数とする関数へと，拡張することもできる．一般に，x–y 平面上の原点を端点として，x 軸の正方向から y 軸の正方向へと角度 θ だけ回転した方向に延びる半直線（動径）と，原点を中心とした半径 1 の円（単位円）との交点の，x 座標は $\cos\theta$ に等しく，y 座標は $\sin\theta$ に等しい（図 3.2）．この関係は，θ が 90 [°] 以上でも 0 [°] 以下でも成立し，たとえば $\sin(150°) = 0.5$，$\sin(-30°) = -0.5$ となる．このとき拡張された三角関数の逆関数は，1 つの変数に対して複数の値を定めるものとなる．

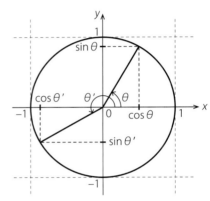

図 3.2 単位円と三角関数

さて，距離を表す単位に [m] や [M]（海里）などがあるように，角度を表す単位にも複数のものがある．一周を 360 分割して角度を表す方法は**度数法**（Degree measure）と呼ばれ，その単位は [°] である．一方で半径 1 の弧の長さによって角度を表す方法もあり，**弧度法**（Radian measure）と呼ばれ，その単位は [rad]（ラジアン）である．距離を 1 [M] = 1852 [m] として換算できるように，角度も 1 [rad] = $(180/\pi)$ [°]（およそ 57.3 [°]）として換算することができる（図 3.3）．

図 3.3 度数法と弧度法の換算

弧度法では，半径 r の円のうち角度 θ の部分の弧の長さは $r\theta$ と表される．たとえば，度数法で 45 [°] の角度を換算すると弧度法で $45 \times (\pi/180) = \pi/4 \fallingdotseq 0.7854$ [rad] であるから，中心角が 45 [°] で半径が 6 [m] の扇形の弧の長さは，$6 \times 0.7854 = 4.712$ [m] と求められる．

また弧度法では，微小な角度 θ について，次式のような便利な近似式が成り立つ．たとえば，度数法で 2 [°] の角度を換算すると弧度法で $2 \times (\pi/180) \fallingdotseq 0.0349$ [rad] であるから，$\sin(2°) \fallingdotseq 0.0349$，$\tan(2°) \fallingdotseq 0.0349$ と近似することが可能である．

$$\sin\theta \fallingdotseq \theta, \quad \tan\theta \fallingdotseq \theta \quad (|\theta| \ll 1 \text{ のとき}) \tag{3.5}$$

例題 3-1 図 3.4 のように，横幅 32.0 [mm] の直方体の容器を水面に浮かべ，容器のなかに石を入れたところ，左右の傾斜が生じた．容器の左側の側面は水に 11.8 [mm] だけ浸かった状態となり，容器の右側の側面は水に 12.2 [mm] だけ浸かった状態となった．容器の傾斜の角度を，有効数字 2 桁で求めよ．

解 求めるべき角度は図 3.5 に示す θ である。図中の影で示された直角三角形において，$\tan\theta = (12.2 - 11.8)/32.0 = 0.0125$ が成り立っている。ゆえに $\theta = \tan^{-1}(0.0125) = 0.72\,[°]$ と求まる。

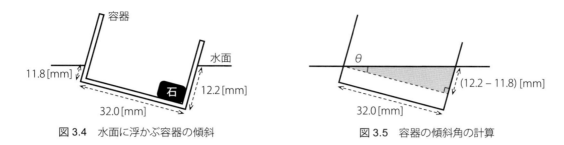

図 3.4　水面に浮かぶ容器の傾斜　　　　　図 3.5　容器の傾斜角の計算

3.1.2 ベクトル

ベクトル（Vector）は，さまざまな向きと大きさを表現することのできる量である。たとえばタンカーをタグボートで引いて動かすとき，その引く力がタンカーに与える影響は，力の大きさ（強いか弱いか）によって異なり，また力の向き（右へ引くか前へ引くか）によっても異なる。したがって，力の関係する物理現象について計算する場面では，その力をベクトルによって表現すると便利である。ベクトルの変数は数式中において，$\vec{A}$ や $\vec{B}$ のように，矢印付きの記号で表記される。

ベクトルは，図中で矢印によって表示されることも多い。その場合，矢印の向きによってベクトルの向きを表現し，矢印の長さによってベクトルの大きさを表現することになる。図 3.6 の $\vec{A}$ と $\vec{B}$ は，向きも大きさも異なるベクトルである。$\vec{A}$ と $\vec{C}$ は，向きは等しいが大きさの異なるベクトルである。$\vec{A}$ と $\vec{D}$ は，向きは異なるが大きさの等しいベクトルである。そして $\vec{A}$ と $\vec{E}$ は，向きも大きさも等しいため，互いに等しいベクトルであると言え，数式中において $\vec{A} = \vec{E}$ と表記される。

ベクトルを，複数の実数（正負の区別と大きさだけを表現できる数）の組み合わせによって表示することもできる。図 3.6 のような x–y 平面上のベクトルであれば，ベクトルの x 成分（左右の区別と幅を表す実数）と y 成分（上下の区別と高さを表す実数）との，2 つの実数の組み合わせによって，さまざまな向きと大きさの

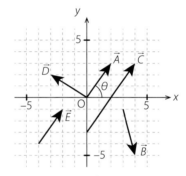

図 3.6　さまざまなベクトル

量を表現することができる。数式中においてベクトルを成分によって表示する場合は，括弧のなかに成分を列挙する形式で表記される。たとえばベクトル $\vec{A}$ の x 成分は 2，y 成分は 3 であり，$\vec{A} = (2, 3)$ のように表記される。同様に，$\vec{B} = (1, -4)$, $\vec{C} = (4, 6)$, $\vec{D} = (-3, 2)$, $\vec{E} = (2, 3)$ と表記される。

ベクトルの成分から，ベクトルの大きさ（図中における矢印の長さ）を求めることができる。図 3.6 のベクトル $\vec{A} = (2, 3)$ の大きさを A とすると，三平方の定理によって $A^2 = 2^2 + 3^2$ が成り立ち，$A = \sqrt{2^2 + 3^2}$ となる。ベクトルの大きさは数式中において，$|\vec{A}|$ のように，絶対値記号によって表記されることもある。

また，ベクトルの成分から，ベクトルの向きを求めることもできる。図 3.6 の角度 θ は，ベクトル $\vec{A} = (2, 3)$ を斜辺とする直角三角形の鋭角であるから，$\tan\theta = 3/2$ が成立し，$\theta = \tan^{-1}(3/2)$ と計算することができる。一方で，大きさと向きからベクトルの成分を求めることもできる。$\vec{A}$ の x 成分は $A\cos\theta$ に等しく，また $\vec{A}$ の y 成分は $A\sin\theta$ に等しくなる。

ベクトルとベクトルの間では，和や差を計算することが可能である。たとえば図 3.7 の (a) や (b) のような関係を満たす 3 つのベクトル $\vec{A}$ と $\vec{B}$ および $\vec{F}$ があるとき，$\vec{F}$ は $\vec{A}$ と $\vec{B}$ の和であると言え，数式中では $\vec{F} = \vec{A} + \vec{B}$ と表記することができる。同時に，$\vec{B} = \vec{F} - \vec{A}$ や $\vec{A} = \vec{F} - \vec{B}$ の関係も成り立つ。成分表示においては，$\vec{A} = (2, 3)$，$\vec{B} = (1, -4)$ に対して $\vec{F} = \vec{A} + \vec{B} = (3, -1)$ となるが，これは成分毎に $(2 + 1,\ 3 - 4)$ と計算して求めた値に等しい。

ベクトルと，ベクトルではない実数との積の計算も可能である。たとえば先の図 3.6 の $\vec{C}$ は，$\vec{A}$ を 2 倍したベクトルであり，数式中では $\vec{C} = 2\vec{A}$ と表記することができる。成分表示においては，$\vec{A} = (2, 3)$ に対して $\vec{C} = 2\vec{A} = (4, 6)$ となるが，これは成分毎に $(2 \times 2, 2 \times 3)$ と計算して求めた値に等しい。ベクトルに正の実数を掛けた場合，方向は変わらず，大きさが変化する。ベクトルに負の実数を掛けた場合，方向は逆転する。$(-1)\vec{A}$ は $-\vec{A}$ とも表記でき，$\vec{A}$ と $-\vec{A}$ は，向きが逆で大きさの等しいベクトルとなる。なお図 3.7 の (b) を見れば，$\vec{F} - \vec{B} = \vec{F} + (-\vec{B})$ の関係も成り立つことを確認できる。

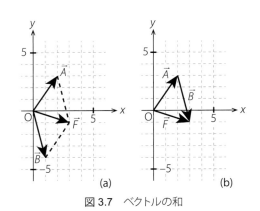

図 3.7 ベクトルの和

大きさがゼロであるようなベクトルは，向きを持たないベクトルとなり，$\vec{0}$ と表記される。成分で表示すれば $\vec{0} = (0, 0)$ となる。$\vec{A} - \vec{A} = \vec{0}$ であり，$0\vec{A} = \vec{0}$ である。

ベクトルは，2 次元の平面に限らず，図 3.8 のように 3 次元の空間で利用することも可能である。3 次元のベクトルの成分は 3 つの実数となり，一般的には x 成分と y 成分および z 成分である。3 次元ベクトル同士の和や差，3 次元ベクトルと実数との積も，2 次元のベクトルと同様に計算することができる。

一般に，2 つの 3 次元ベクトル $\vec{A}$ と $\vec{B}$，および 1 つの実数 k の間で，式 (3.6)〜(3.8) のような計算が可能である。なお，2 つの 3 次元ベクトルの x 成分と y 成分および z 成分を，それぞれ $\vec{A} = (a_x, a_y, a_z)$，$\vec{B} = (b_x, b_y, b_z)$ としている。

$$\vec{A} + \vec{B} = (a_x + b_x,\ a_y + b_y,\ a_z + b_z) \tag{3.6}$$
$$\vec{A} - \vec{B} = (a_x - b_x,\ a_y - b_y,\ a_z - b_z) \tag{3.7}$$
$$k\vec{A} = (ka_x, ka_y, ka_z) \tag{3.8}$$

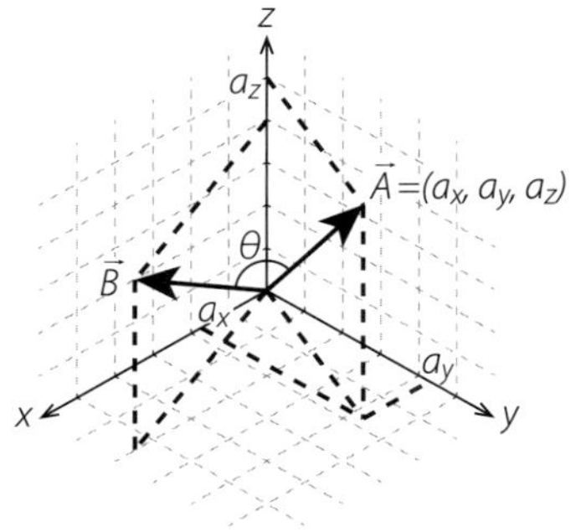

図 3.8 3 次元ベクトル

さて，ベクトルとベクトルの間の積には，2 つの種類がある。記号「·」（ドット）で表記される**内積**と，記号「×」（クロス）で表記される**外積**である。たとえば，方向と距離を表すベクトルと，力の向きと大きさを表すベクトルの内積は，後の 3.2.3 項で学ぶように，仕事の大きさを表す。一方，方向と距離を表すベクトルと，力の向きと大きさを表すベクトルの外積は，後の 3.2.1 項で学ぶように，モーメント（物体を回転させようとする作用）の向きと大きさを表す。

ベクトルとベクトルの内積は，ベクトルではなく，単一の実数となる。$\vec{A} = (a_x, a_y, a_z)$ と $\vec{B} = (b_x, b_y, b_z)$ の内積は $\vec{A} \cdot \vec{B}$ のように表記され，次式のように計算される。2 次元のベクトルの内積も同様に計算される。

$$\vec{A} \cdot \vec{B} = a_x b_x + a_y b_y + a_z b_z \tag{3.9}$$

ベクトル $\vec{A}$ の大きさを A，ベクトル $\vec{B}$ の大きさを B，$\vec{A}$ と $\vec{B}$ のなす角の大きさを θ とするとき，2 つのベクトルの内積は次式によっても求まる。

$$\vec{A} \cdot \vec{B} = AB \cos \theta \tag{3.10}$$

$\vec{A}$ と $\vec{B}$ が同方向（$\theta = 0\,[°]$）であるとき，それらの内積 $\vec{A} \cdot \vec{B}$ は，$\vec{A}$ の大きさと $\vec{B}$ の大きさの積 AB に等しい。$\vec{A}$ と $\vec{B}$ が直交（$\theta = 90\,[°]$）しているとき，それらの内積 $\vec{A} \cdot \vec{B}$ はゼロとなる。$\vec{A}$ と $\vec{B}$ が逆方向（$\theta = 180\,[°]$）であるとき，それらの内積 $\vec{A} \cdot \vec{B}$ は負の値（$-AB$）である。なお，内積は順序によらず同じ値，すなわち $\vec{A} \cdot \vec{B} = \vec{B} \cdot \vec{A}$ となる。

ここで，式 (3.9) と式 (3.10) において $\vec{A} = \vec{B}$ とすれば，$\vec{A} \cdot \vec{A} = a_x{}^2 + a_y{}^2 + a_z{}^2 = A^2$ が得られる。ゆえにベクトル $\vec{A}$ の大きさ A を，次式によって成分から計算することができる。

$$A = \sqrt{a_x{}^2 + a_y{}^2 + a_z{}^2} \tag{3.11}$$

また，式 (3.9) と式 (3.10) および式 (3.11) より，次の式が成り立つことがわかる。この式を用いれば，2 つのベクトルの間の角度を成分から計算することができる。

$$\cos\theta = \frac{\vec{A}\cdot\vec{B}}{AB} = \frac{a_x b_x + a_y b_y + a_z b_z}{\sqrt{a_x{}^2 + a_y{}^2 + a_z{}^2} \times \sqrt{b_x{}^2 + b_y{}^2 + b_z{}^2}} \tag{3.12}$$

ベクトルとベクトルの外積は，上の内積とは異なる結果を与える別種の演算である．3次元ベクトルと3次元ベクトルの外積は，実数ではなく，3次元ベクトルとなる．$\vec{A} = (a_x, a_y, a_z)$ と $\vec{B} = (b_x, b_y, b_z)$ の外積は $\vec{A} \times \vec{B}$ のように表記される．ここで $\vec{C} = \vec{A} \times \vec{B}$ とすると，その成分 $\vec{C} = (c_x, c_y, c_z)$ は式 (3.13) のように計算される．

$$\begin{aligned}(c_x, c_y, c_z) &= (a_x, a_y, a_z) \times (b_x, b_y, b_z) \\ &= (a_y b_z - a_z b_y,\ a_z b_x - a_x b_z,\ a_x b_y - a_y b_x)\end{aligned} \tag{3.13}$$

ベクトル $\vec{A}$ の大きさを A，ベクトル $\vec{B}$ の大きさを B，$\vec{A}$ と $\vec{B}$ のなす角を θ とするとき，2つのベクトルの外積 $\vec{C} = \vec{A} \times \vec{B}$ の大きさ C は，次式によっても求まる．

$$C = AB\sin\theta \tag{3.14}$$

この $\vec{C}$ の大きさは，図中においては，$\vec{A}$ と $\vec{B}$ を底辺および斜辺とする平行四辺形（図 3.9 の影で示された部分）の面積に相当する．$\vec{A}$ と $\vec{B}$ が同方向あるいは逆方向（$\theta = 0°, 180°$）であるとき，それらの外積 $\vec{C}$ の大きさはゼロとなる．$\vec{A}$ と $\vec{B}$ が直交（$\theta = 90°$）しているとき，それらの外積 $\vec{C}$ の大きさ C は，$\vec{A}$ の大きさと $\vec{B}$ の大きさの積 AB に等しい．

$\vec{C}$ の向きは，図 3.9 のように，$\vec{A}$ と $\vec{B}$ の両方に直交する．なお，外積は順序によって方向が逆転し，$\vec{A} \times \vec{B} = -(\vec{B} \times \vec{A})$ となる．

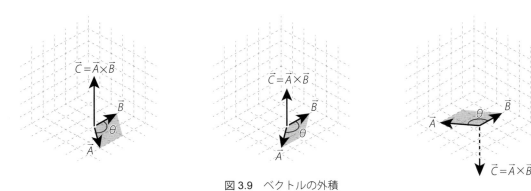

図 3.9 ベクトルの外積

例題 3-2 2つの3次元ベクトル $\vec{A}$ と $\vec{B}$ の x 成分と y 成分および z 成分を，それぞれ $\vec{A} = (2, -2, 3)$，$\vec{B} = (1, 3, -4)$ とする．また $\vec{A}$ と $\vec{B}$ のなす角の大きさを θ とする．以下①〜⑥の問題に取り組め．なお，計算結果がベクトルである場合は，その成分表示で答えよ．

① $2\vec{A} - 3\vec{B}$ を計算せよ． ② $\vec{A}$ の大きさ A を求めよ． ③ $\vec{B}$ の大きさ B を求めよ．
④ $\vec{A} \cdot \vec{B}$ を計算せよ． ⑤ $\cos\theta$ を求めよ． ⑥ $\vec{A} \times \vec{B}$ を計算せよ．

解 ① $2\vec{A} - 3\vec{B} = 2(2, -2, 3) - 3(1, 3, -4) = (4, -4, 6) - (3, 9, -12) = (1, -13, 18)$
② $A = \sqrt{2^2 + (-2)^2 + 3^2} = \sqrt{4 + 4 + 9} = \sqrt{17}$
③ $B = \sqrt{1^2 + 3^2 + (-4)^2} = \sqrt{1 + 9 + 16} = \sqrt{26}$
④ $\vec{A} \cdot \vec{B} = 2 \times 1 + (-2) \times 3 + 3 \times (-4) = 2 - 6 - 12 = -16$
⑤ $\cos\theta = \vec{A} \cdot \vec{B}/AB = -16/\sqrt{442}$
⑥ $\vec{A} \times \vec{B} = ((-2) \times (-4) - 3 \times 3,\ 3 \times 1 - 2 \times (-4),\ 2 \times 3 - (-2) \times 1) = (-1, 11, 8)$

例題 3-3 2つの3次元ベクトル $\vec{A}$ と $\vec{B}$ があり，$\vec{A}$ の x 成分と y 成分および z 成分を $\vec{A} = (-2, 1, 3)$，$\vec{B}$ の大きさを $B = 4$，$\vec{A}$ と $\vec{B}$ のなす角の大きさを $\theta = 30\,[°]$ とする。$\vec{A}$ と $\vec{B}$ の外積 $\vec{C} = \vec{A} \times \vec{B}$ の大きさ C を計算せよ。

解 $C = AB\sin\theta = \sqrt{(-2)^2 + 1^2 + 3^2} \times 4 \times 0.5 = 2\sqrt{14}$

3.1.3 微積分法

図 3.10 は，ある日の朝に，ある港を出港した，ある船の位置を示している。出港時の船の位置（つまり港の位置）と，その日の正午の船の位置は，異なっていたであろう。その位置の変化を**変位**という。変位の大きさは距離であり，その単位は [m] や [km] や [M]（海里）などである。翌日の正午の位置はさらに異なっていたであろう。港から現在位置までの変位 x は，出港から経過した時間 t の大きさによって異なる値となるから，時間の関数 $x(t)$ として表される。出港から1日目の正午までの経過時間を t_1，出港から2日目の正午までの経過時間を t_2 とすると，港から現在位置までの変位はそれぞれの時刻において $x(t_1)$ および $x(t_2)$ と表される。また1日目の正午から2日目の正午までの経過時間は $t_2 - t_1$ となり，1日目の正午の位置から2日目の正午の位置までの変位は $x(t_2) - x(t_1)$ となる。

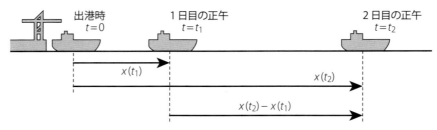

図 3.10 船の変位の時間変化

船の進行が速ければ $x(t_2) - x(t_1)$ は大きくなり，遅ければ $x(t_2) - x(t_1)$ は小さくなる。1日目の正午から2日目の正午までの変位 $x(t_2) - x(t_1)$ を，その1日間の経過時間 $t_2 - t_1$ で割ることで，次式のように，その間の**平均速度** $\bar{v}$ を計算することができる。変位を [m] の単位で，経過時間を [s]（秒）の単位で表して計算すれば，平均速度が [m/s] の単位で求まる。変位を [M] の単位で，経過時間を [h]（時間）の単位で表して計算すれば，平均速度が [k't]（ノット）の単位で求まる。

$$\bar{v} = \frac{x(t_2) - x(t_1)}{t_2 - t_1} \tag{3.15}$$

しかし，その1日目の正午から2日目の正午までの間にも，船の進み方は速くなったり遅くなったり，さまざまに変化することがあっただろう。したがって1日目の正午の瞬間の速度は，その後の1日間の平均速度とは，ずいぶん異なる値であったかもしれない。ただし，1日目の正午から1秒間の平均速度には，かなり近い値であっただろうと思われる。

$t = t_1$ の時刻から，ある短い時間 Δt だけ経過した後の時刻は，$t = t_1 + \Delta t$ と表される。その間の変位は $x(t_1 + \Delta t) - x(t_1)$ と表される。この間の平均速度は次式の右辺である。この式において，時間差 Δt を極めて短くすることで，$t = t_1$ の時刻における瞬間の**速度**（Velocity）$v(t_1)$ が近似的に求まる。

$$v(t_1) \fallingdotseq \frac{x(t_1 + \Delta t) - x(t_1)}{\Delta t} \tag{3.16}$$

上の式 (3.16) の右辺において Δt を限りなくゼロに近づけた場合の値を，$t = t_1$ における $x(t)$ の**微分係数**（Differential coefficient）といい，その微分係数は厳密に $v(t_1)$ を与えるものとなる。物理学の分野で速度と言えば，この微分係数によって定義される，瞬間の速度の厳密な値を意味する。

2次元平面上や3次元空間上の運動の場合，変位はベクトル量（方角と距離を表す量）$\vec{x}$ となり，速度も次式で近似されるようなベクトル量 $\vec{v}$ となる。なお，右辺の分子はベクトルとベクトルの差である。

$$\vec{v}(t_1) \fallingdotseq \frac{\vec{x}(t_1 + \Delta t) - \vec{x}(t_1)}{\Delta t} \tag{3.17}$$

同様にして，$t = t_2$ の時刻における瞬間の速度 $v(t_2)$ を求めることもでき，またあらゆる時刻における瞬間の速度を，時間の関数 $v(t)$ として求めることができる．微分係数を与える関数を**導関数**（Derived function）という．$x(t)$ の導関数は，数式中では次式の右辺のように表記される．

$$v(t) = \frac{d}{dt}x(t) \tag{3.18}$$

あるいは，次式の右辺のような，簡便な表記法も用いられる．

$$v(t) = x'(t) \tag{3.19}$$

これらの表記法を用いれば，$t = t_1$ における $x(t)$ の微分係数は次式のように表記できる．

$$v(t_1) = \left(\frac{d}{dt}x(t)\right)_{t=t_1} = x'(t_1) \tag{3.20}$$

ここで図 3.11 のように，経過時間 t を横軸，変位 x を縦軸として，関数 $x(t)$ をグラフに表すと，式 (3.20) の微分係数が与える速度 $v(t_1)$ は，グラフ上の点 $(t_1, x(t_1))$ における接線①の傾きに相当する（$v(t_1) = \tan\theta_1$）．一般に，関数 $f(t)$ の $t = \alpha$ における微分係数 $f'(\alpha)$ は，グラフ上の点 $(\alpha, f(\alpha))$ における接線の傾きに相当する．なお式 (3.15) で表される平均速度 $\bar{v}$ は，グラフ上の点 $(t_1, x(t_1))$ から点 $(t_2, x(t_2))$ へと引いた直線②の傾きに相当する（$\bar{v} = \tan\theta_2$）．

関数 $f(t)$ が簡単な数式で表現できる関数である場合には，その導関数 $f'(t)$ も数式で表現できることが多い．既知の関数から導関数や微分係数を求める手続きを**微分**（Differential）と呼ぶ．微分を行う技法を**微分法**と呼ぶ．

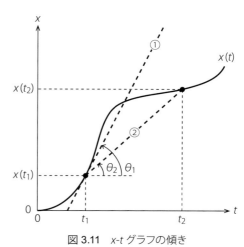

図 3.11 x-t グラフの傾き

関数 $f(t)$ が簡単な数式では表現できない関数である場合や，離散的な数値の集合で表現される関数である場合でも，先の式 (3.16) のような計算によって微分係数を数値的に求めることができる．

さて，ここで式 (3.16) を変形することにより，次式を得ることができる．

$$x(t_1 + \Delta t) - x(t_1) \fallingdotseq v(t_1)\Delta t$$

これは，ある時刻 $t = t_1$ の速度 $v(t_1)$ がわかっている場合に，少し未来の時刻 $t = t_1 + \Delta t$ までの変位 $x(t_1+\Delta t)-x(t_1)$ を近似的に推測することができる計算式である．もし，時刻 $t = t_1 + \Delta t$ においても速度 $v(t_1 + \Delta t)$ を測ることができた場合には，さらに未来の時刻 $t = t_1 + \Delta t + \Delta t$ までの変位 $x(t_1 + \Delta t + \Delta t) - x(t_1 + \Delta t)$ も次式によって推測することができる．

$$x(t_1 + \Delta t + \Delta t) - x(t_1 + \Delta t) \fallingdotseq v(t_1 + \Delta t)\Delta t$$

これらの式の辺々を加えることにより，次式が得られる．

$$x(t_1 + \Delta t + \Delta t) - x(t_1) \fallingdotseq v(t_1)\Delta t + v(t_1 + \Delta t)\Delta t$$

この時間間隔 Δt 毎の速度 $v(t)$ の計測を n 回繰り返した場合，次式が成り立つ．

$$x(t_1 + n\Delta t) - x(t_1)$$
$$\fallingdotseq v(t_1)\Delta t + v(t_1 + \Delta t)\Delta t + v(t_1 + 2\Delta t)\Delta t + \cdots$$
$$\cdots + v(t_1 + (n-2)\Delta t)\Delta t + v(t_1 + (n-1)\Delta t)\Delta t$$

この時間間隔 Δt 毎の速度 $v(t)$ の計測を，時刻 $t = t_1$ から時刻 $t = t_2$ まで，休むことなく繰り返せば，その間の変位を式 (3.21) によって推測することができる。この式は上の式において $t_1 + n\Delta t = t_2$ とすることで得られる。速度ベクトル $\vec{v}$ と変位ベクトル $\vec{x}$ の間にも，同様に式 (3.22) のような関係が成立する。

$$x(t_2) - x(t_1) \fallingdotseq v(t_1)\Delta t + v(t_1 + \Delta t)\Delta t + v(t_1 + 2\Delta t)\Delta t + \cdots$$
$$\cdots + v(t_2 - 2\Delta t)\Delta t + v(t_2 - \Delta t)\Delta t \tag{3.21}$$

$$\vec{x}(t_2) - \vec{x}(t_1) \fallingdotseq \vec{v}(t_1)\Delta t + \vec{v}(t_1 + \Delta t)\Delta t + \vec{v}(t_1 + 2\Delta t)\Delta t + \cdots$$
$$\cdots + \vec{v}(t_2 - 2\Delta t)\Delta t + \vec{v}(t_2 - \Delta t)\Delta t \tag{3.22}$$

すなわち，時刻 $t = t_1$ より後，変位 $x(t)$ の確認ができなくなってしまった場合でも，速度 $v(t)$ の計測さえ頻繁に繰り返すことができれば，長い時間が経った後の時刻 $t = t_2$ までの変位 $x(t_2) - x(t_1)$ を推測できる。その推測は，計測の間隔 Δt が短ければ短いほど，より正確なものとなる。

上の式 (3.21) において $\Delta t = (t_2 - t_1)/n$ を限りなくゼロに近づけ，$n = (t_2 - t_1)/\Delta t$ を限りなく大きくした場合の右辺の値を，$t = t_1$ から $t = t_2$ までの $v(t)$ の**定積分**（Definite integral）といい，その定積分は厳密に $x(t_2) - x(t_1)$ を与えるものとなる。この定積分は，数式中では次式の右辺のように表記される。

$$x(t_2) - x(t_1) = \int_{t_1}^{t_2} v(t)dt \tag{3.23}$$

ここで $t_1 \leq t_2$ であり，かつ $t_1 \leq t \leq t_2$ の範囲でつねに $v(t) \geq 0$ である場合について，図 3.12 のように，経過時間 t を横軸，速度 v を縦軸として，関数 $v(t)$ をグラフに表したとする。このとき，式 (3.23) の定積分が与える変位 $x(t_2) - x(t_1)$ は，$t_1 \leq t \leq t_2$ の範囲で $v(t)$ のグラフと t 軸（原点を通る横軸）とで上下を囲まれた領域（図 3.12 (a) の影で示された部分）の面積に相当する。なお式 (3.21) の右辺は，その領域を幅 Δt の長方形の集合によって近似した図形（図 3.12 (b) および (c) の影で示された部分）の面積である。幅 Δt が小さいほど，近似の精度は高まる。

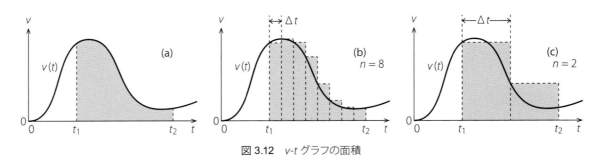

図 3.12　v-t グラフの面積

一般に，関数 $F(t)$ の導関数が関数 $f(t)$ である（すなわち $f(t) = F'(t)$ である）とき，関数 $F(t)$ のことを関数 $f(t)$ の**原始関数**（Primitive function）といい，関数 $f(t)$ の $t = \alpha$ から $t = \beta$ までの定積分 $\int_\alpha^\beta f(t)dt$ は，原始関数の差 $F(b) - F(a)$ に等しくなる。また，この定積分 $\int_\alpha^\beta f(t)dt$ は，もし $\alpha \leq \beta$ であれば，$\alpha \leq t \leq \beta$ かつ $f(t) > 0$ となる t の範囲で $f(t)$ のグラフと t 軸とで上下を囲まれた領域の面積から，$\alpha \leq t \leq \beta$ かつ $f(t) < 0$ となる t の範囲で t 軸と $f(t)$ のグラフとで上下を囲まれた領域の面積を差し引いた大きさに相当する。

関数 $f(t)$ が簡単な数式で表現できる関数である場合には，その原始関数 $F(t)$ も数式で表現できることが多い。既知の関数から原始関数や定積分を求める手続きを**積分**（Integral）と呼ぶ。積分を行う技法を**積分法**と呼ぶ。

関数 $f(t)$ が簡単な数式では表現できない関数である場合や，離散的な数値の集合で表現される関数である場合でも，式 (3.21) のような計算や，次に紹介する補間法の利用によって，定積分を数値的に求めることができる。

時間とともに変化する変位の微分によって速度が得られるように，速度の微分によって加速度（速度の変化の激しさ）が得られる。一方，速度の積分によって変位が得られるように，加速度の積分によって速度が得られる。また，横方向の位置によって縦方向の長さの異なる図形の面積は，長さの積分によって得られ，垂直方向の位置によって断面の面積の異なる立体の体積は，面積の積分によって得られる。一方，体積の微分によって面積が得られ，面積の微分によって長さが得られる。これらの関係を次にまとめる。

（時刻を変数とする微分と積分）

（位置を変数とする微分と積分）

例題 3-4 図 3.13 は，ある船の速度の変化を記録したものである。横軸は出港からの経過時間 t を [h] の単位で表し，縦軸は速度 v を [k't] の単位で表している。この船の運動について以下①および②の計算に取り組め。ただし，船の航路は直線とする。

① 時刻 $t = 1$ [h] から時刻 $t = 3$ [h] までの間の移動距離を，[M] の単位で求めよ。

② 時刻 $t = 1$ [h] から時刻 $t = 3$ [h] までの間の平均速度の大きさを，[k't] の単位で求めよ。

解 ① 求めるべき移動距離（変位の大きさ）は次式の左辺の定積分によって求まる。またこの定積分は右辺のように 4 つの領域に分割される。

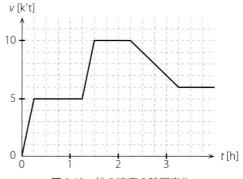

図 3.13 船の速度の時間変化

$$\int_1^3 v(t)dt = \int_1^{1.25} v(t)dt + \int_{1.25}^{1.5} v(t)dt + \int_{1.5}^{2.25} v(t)dt + \int_{2.25}^3 v(t)dt$$

この右辺の定積分はそれぞれグラフ中の長方形や台形の面積であるから，次式のように計算される。

$$\int_1^3 v(t)dt = \{5 \times 0.25\} + \{(5 + 10) \times 0.25 \div 2\} + \{10 \times 0.75\} + \{(10 + 7) \times 0.75 \div 2\} = 17 \,[\mathrm{M}]$$

② 求めるべき平均速度の大きさは，移動距離を経過時間で除したものであり，次式によって計算される。

$$\frac{\int_1^3 v(t)dt}{3 - 1} = \frac{17}{2} = 8.5\,[\mathrm{k't}]$$

3.1.4 補間法

先の式 (3.21) や図 3.12 の例における速度 $v(t)$ の計測が，都合により，時刻 $t = t_1$ と時刻 $t = t_2$ およびその中間の時刻 $t = t_m$ の，たった 3 回の離散的なタイミングでしか行えなかったとする（すなわち $\Delta t = (t_2 - t_1)/2$, $t_m = t_1 + \Delta t = t_2 - \Delta t$ である）。得られた 3 つの測定値のうち $v(t_1)$ と $v(t_m)$ の値を使って，式 (3.21) によって変位を推測することもできるが，その計算値は図 3.12 (c) のとおり，求めたい変位の真の値からほど遠いものとなりうる。

ここで，$t = t_1$ から $t = t_m$ の間および $t = t_m$ から $t = t_2$ の間では，v が直線的に変化していたものと仮定してみると，3 つの測定値（$v(t_1)$ と $v(t_m)$ および $v(t_2)$）を使って図 3.14 のようなグラフを描くことができる。この仮定のグ

ラフと t 軸（原点を通る横軸）とで上下を囲まれた領域（図 3.14 の影で示された部分）の面積は，式 (3.24) で求まるような台形の面積を足し合わせたものであるから，式 (3.25) によって計算できる．その計算値は式 (3.21) による計算値（図 3.12 (c)）よりも真の値に近いものとなりそうである．

$$\int_{t_1}^{t_m} v(t)dt \fallingdotseq \frac{\Delta t}{2}\{v(t_1)+v(t_m)\}, \quad \int_{t_m}^{t_2} v(t)dt \fallingdotseq \frac{\Delta t}{2}\{v(t_m)+v(t_2)\} \tag{3.24}$$

$$\int_{t_1}^{t_2} v(t)dt \fallingdotseq \frac{\Delta t}{2}\{v(t_1)+2v(t_m)+v(t_2)\} \tag{3.25}$$

離散的な変数に対する数値の集合から，連続的な関数を仮定する技法を，**補間法**（Interpolation）という．補間法にはさまざまなものがあるが，図 3.14 の例のように，1 次関数 $v=at+b$（図上では直線のグラフ）の組み合わせによって関数を仮定する方法は，線形補間と呼ばれる．線形補間を利用すれば，式 (3.24) や式 (3.25) のような計算で近似的な積分を行うことができる．これを**台形法則**（Trapezoidal rule）という．

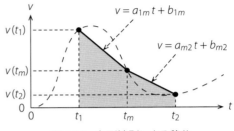

図 3.14　台形法則による積分

また，図 3.15 の例ように，2 次関数 $v=at^2+bt+c$ によって関数を仮定する補間法は，2 次補間と呼ばれる．この 2 次関数は $t=t_m$ において滑らかなものとなる．2 次補間による仮定のグラフと t 軸（原点を通る横軸）とで上下を囲まれた領域（図 3.15 の影で示された部分）の面積は，次式によって計算できる．これを**シンプソンの法則**（Simpson's rule）という．

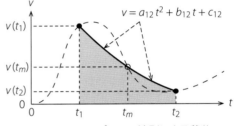

図 3.15　シンプソンの法則による積分

$$\int_{t_1}^{t_2} v(t)dt \fallingdotseq \frac{\Delta t}{3}\{v(t_1)+4v(t_m)+v(t_2)\} \tag{3.26}$$

一般に，関数 $f(t)$ が $\alpha \leq t \leq \beta$ の範囲で，一定の間隔 h 毎の奇数個の離散的な変数に対する数値の集合として与えられているとき，次式によって，その範囲の定積分を近似的に計算することができる．

$$\int_{\alpha}^{\beta} f(t)dt \fallingdotseq \frac{h}{3}\left\{\begin{array}{l}1f(\alpha)+4f(\alpha+h)+2f(\alpha+2h)+4f(\alpha+3h)+2f(\alpha+4h)+4f(\alpha+5h)+\cdots \\ \cdots+4f(\beta-3h)+2f(\beta-2h)+4f(\beta-h)+1f(\beta)\end{array}\right\} \tag{3.27}$$

これは，偶数個の領域に等分割された関数について，2 個の領域毎にシンプソンの法則を適用し，その結果を足し合わせたもの（図 3.16 の影で示された部分の面積）となっている．ここで 2 個の領域毎に 2 次補間によって仮定されている関数は，$t=\alpha+h, \alpha+3h, \cdots, \beta-h$ において滑らかであるが，$t=\alpha+2h, \alpha+4h, \cdots, \beta-2h$ においては滑らかでない．

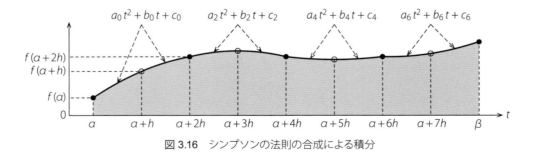

図 3.16　シンプソンの法則の合成による積分

船体のような，概ね滑らかな形状の物体の面積や体積の計算においては，このシンプソンの法則が有用である．また，値の変化の緩やかな部分では分割幅 h を粗く設定し，値の変化の激しい部分では分割幅 h を細かく設定し，それぞれの部分でシンプソンの法則を適用して結果を足し合わせることで，効率的に計算精度を高めることもできる．

例題 3-5 図 3.17 は，ある船体をある水平面で切ったときの断面図を示している。x 軸は船首尾方向を向き，断面図は x 軸に対して対称である。船尾 $x = x_{AP}$ から船首 $x = x_{FP}$ までの長さは 70.0 [m] である。x_{AP} から x_{FP} までの範囲を 10 等分した各 x 座標 $x_1 \sim x_9$ において，x 軸から測った横幅の大きさ $b_1 \sim b_9$ は，次表（単位は [m]）のとおりである。船尾での横幅と船首での横幅はいずれもゼロである。この断面図で表される領域の面積を，シンプソンの法則を使って有効数字 3 桁で計算せよ。

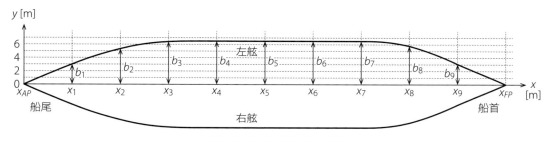

図 3.17 船の水線面積の計算

b_1	b_2	b_3	b_4	b_5	b_6	b_7	b_8	b_9
3.01	5.32	6.41	6.50	6.50	6.50	6.50	5.77	3.06

解 各 x 座標において x 軸から測った横幅の大きさを与える関数を $b(x)$ とする。すなわち，表に示された $b_1 \sim b_9$ の値について，$b_1 = b(x_1) \sim b_9 = b(x_9)$ が成立するものとする。また $b(x_{AP}) = b_{AP}$，$b(x_{FP}) = b_{FP}$ とする。このとき求めるべき面積は，図形の対称性から，関数 $b(x)$ のグラフ（左舷側の曲線）と x 軸とで囲まれた領域の面積の 2 倍であり，次式の左辺のように表される。式中の定積分は，シンプソンの法則を分割幅 $h = 70/10 = 7.0$ [m] として適用することによって，近似的に 700 [m^2] と計算される。

$$2\int_{x_{AP}}^{x_{FP}} b(x)dx \fallingdotseq 2 \times \frac{h}{3}\{b_{AP} + 4b_1 + 2b_2 + 4b_3 + 2b_4 + 4b_5 + 2b_6 + 4b_7 + 2b_8 + 4b_9 + b_{FP}\}$$

$$= 2 \times \frac{7.0}{3}\left\{\begin{array}{l} 1 \times 0 + 4 \times 3.01 + 2 \times 5.32 + 4 \times 6.41 + 2 \times 6.50 + 4 \times 6.50 \\ + 2 \times 6.50 + 4 \times 6.50 + 2 \times 5.77 + 4 \times 3.06 + 1 \times 0 \end{array}\right\} = 700 \, [\text{m}^2]$$

3.2 力学基礎

本節では，船を学ぶための基礎となる，力と運動の関係についての基本的な法則を学ぶ。力やモーメントについて学ぶことで，船に作用する力がどのように船を動かすかを理解できるようになる。仕事や仕事率について学ぶことで，船を効率的に運航するためにはどのように工夫すればよいかを理解できるようになる。

3.2.1 力とモーメント

まず，極めて小さな物体について考える。はじめその物体が静止しており，運動のない状態だったとしても，物体を糸で引けば，その糸の方向に物体は動き始め，運動のある状態が生じる。このとき糸を通じて物体に働きかけた作用のような，運動を生み出すことのできる作用のことを**力**という。力は 3.1 節の (2) で解説したとおり，向きと大きさを持つ量であり，一般的にはベクトルで表される量である。

力が生み出すことのできる運動の大きさは**運動量**（Momentum）と呼ばれる。運動量は，物体の速度と，物体の動きにくさを表す**質量**（Mass）との積である。物体の速度が速いほど，あるいは物体の質量が大きいほど，運動量も大きな量となる。平面上や空間上の運動について考える場合，変位はベクトルで表され，速度もベクトルで表され，運動量も速度と同じ向きのベクトルで表される。速度が刻々と変化する場合，運動量も刻々と変化する。刻々と変化する速度は，3.1 節の (3) の式 (3.18) のとおり，刻々と変化する変位の導関数として表される。一般に，時間 t の関数である運

動量 $\vec{p}(t)$ は，速度 $\vec{v}(t)$ や変位 $\vec{x}(t)$ および物体の質量 m によって次式のとおり表される．

$$\vec{p}(t) = m\vec{v}(t) = m\frac{d}{dt}\vec{x}(t) \tag{3.28}$$

一切の力が作用していない物体は，静止し続けるか，あるいは一定の向きと大きさの運動量を持ち続ける．この法則は**ニュートンの第 1 法則**（Newton's first law）あるいは**慣性の法則**（Law of inertia）と呼ばれる．そして，時刻 $t = t_1$ において物体に 1 つの力が作用し，それによって物体が運動量を変化させた場合，式 (3.29) のように，その時刻における運動量 $\vec{p}(t)$ の微分係数は力 $\vec{F}(t_1)$ に一致する．この法則は**ニュートンの第 2 法則**（Newton's second law）と呼ばれる．また，この関係は，力が刻々と変化する場合でも，つねに成立し続ける．すなわち式 (3.30) のとおり，力 $\vec{F}(t)$ は運動量 $\vec{p}(t)$ の導関数に等しい．この式は**ニュートンの運動方程式**（Newtonian equation of motion）と呼ばれる．

$$\vec{F}(t_1) = \left(\frac{d}{dt}\vec{p}(t)\right)_{t=t_1} \fallingdotseq \frac{\vec{p}(t_1 + \Delta t) - \vec{p}(t_1)}{\Delta t} \tag{3.29}$$

$$\vec{F}(t) = \frac{d}{dt}\vec{p}(t) \tag{3.30}$$

なお，式 (3.28) の関係より，上の方程式 (3.30) は次式のようにも表される．この式に表れる速度の導関数 $\frac{d}{dt}\vec{v}(t)$ が与える値は**加速度**（Acceleration）と呼ばれる．

$$\vec{F}(t) = m\frac{d}{dt}\vec{v}(t) = m\frac{d}{dt}\left(\frac{d}{dt}\vec{x}(t)\right) \tag{3.31}$$

式 (3.30) の関係より，運動量 $\vec{p}(t)$ は力 $\vec{F}(t)$ の原始関数となるから，次式のとおり，$\vec{F}(t)$ の定積分は $\vec{p}(t)$ の変化量を与える．

$$\begin{aligned}\vec{p}(t_2) - \vec{p}(t_1) &= \int_{t_1}^{t_2} \vec{F}(t)dt \\ &\fallingdotseq \vec{F}(t_1)\Delta t + \vec{F}(t_1 + \Delta t)\Delta t + \cdots + \vec{F}(t_2 - \Delta t)\Delta t\end{aligned} \tag{3.32}$$

力の大きさの単位には [N]（ニュートン）や [kgw]（重量キログラム）などがある．質量 1 [kg] の自由な物体に，ある一定の力が 1 [s] の時間だけ作用した結果，物体の速度が 1 [m/s] の幅だけ変化した場合，その力の大きさは 1 [N] である．質量 1 [kg] の物体が速度 1 [m/s] で運動している場合，運動量は 1 [N·s] となる．1 [kgw] は地球上で質量 1 [kg] の物体に作用する重力の大きさ（重量）にほぼ等しく，およそ 9.8 [N] に相当する．1,000 [kgw] は 1 [tw]（重量トン）とも表され，質量 1000 [kg] = 1 [t]（トン）の物体に作用する重力の大きさにほぼ等しい．この単位は船においてよく用いられる．

極めて小さな物体の運動の変化は，作用する力のベクトル（向きと大きさ）によって決定される．静止状態（運動量も速度もゼロ）の自由な物体に力が作用すると，物体は力と同じ方向の運動量を持つ．さらに運動量と同じ方向の力が作用し続けると，運動量はどんどん増えていく（増速する）．すでに運動量を持っている自由な物体に，運動量とは異なる方向の力が作用すると，運動量の方向が変化していく（運動の向きが変わっていく）．とくに運動量とは逆の方向の力が作用した場合は，運動量がだんだん減っていく（減速する）．

なお，たとえばタンカーをタグボートで前に引く場合，タンカーを前に動かそうとする力がタグボートからタンカーに作用すると同時に，タグボートを後ろに留めようとする力もタンカーからタグボートに作用する．この 2 つの作用において，後者は前者の**反作用**と呼ばれ，また前者は後者の反作用と呼ばれる．一般に，物体 A から物体 B に何らかの力が作用しているとき，物体 B から物体 A への反作用の力も必ず存在し，また 2 つの力は大きさが等しく向きが逆となる．この法則は**ニュートンの第 3 法則**（Newton's third law）あるいは**作用反作用の法則**（Law of action-reaction）と呼ばれる．また，物体 A と物体 B だけが互いに力を作用しあっており，外部からの力が作用していない場合には，物体 A の運動量と物体 B の運動量との総和は変化しない．このことは**運動量保存の法則**（Law of conservation of momentum）と呼ばれる．

特定の物体の運動について考える場合は，その物体に作用する力だけに注目する。すなわちタンカーの運動について考えるときにはタグボートからタンカーに作用する力に注目し，タグボートの運動について考えるときにはタンカーからタグボートに作用する力に注目する。

ただし，船のように大きな物体の運動について考える場合は，作用する力のベクトルだけでなく，力が作用する点（作用点）の位置にも注目するべきである。タグボートでタンカーの船首を左に引く場合と，船尾を左に引く場合とでは，力の向きと大きさが同じであっても，異なる結果となるだろう。

図 3.18 の①は，船首を左へ引く力のベクトル $\vec{F_1}$ と，その作用点である。②は，左舷船尾側をタグボートで押す力のベクトル $\vec{F_2}$ と，その作用点である。③は，タンカーのプロペラによる推力のベクトル $\vec{F_3}$ と，その作用点である。図中において点線で示した各ベクトルの延長線は，**作用線**と呼ばれる。なお，同一作用線上であれば，作用点を移動させても，力の作用の影響は変化しない。

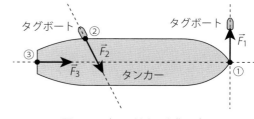

図 3.18　力のベクトルと作用点

停止している船に図 3.18 の 3 つの力が同時に作用した場合，船体は前方へ進み始めるとともに，船首を左に，船尾を右に振り始める。すなわち，回転運動が生じる。回転運動を生み出すことのできる作用のことを**モーメント**（Moment）という。

ある特定の点を中心として自由に回転できる物体について考える。図 3.19 の物体は原点を中心として回転するものとする。回転中心からベクトル $\vec{r}$ で表される方向と距離にある作用点に，力 $\vec{F}$ が作用したとき，回転運動を生み出すことのできるモーメント $\vec{M}$ は次式で表される外積である。ベクトル $\vec{M}$ の向きは，モーメントが生み出そうとする回転運動の軸の向きに平行となる。ベクトル $\vec{M}$ の大きさはモーメントの作用の大きさを表す。距離を [m] の単位で，力の大きさを [N] の単位で表す場合，モーメントの大きさの単位は [N·m] である。

$$\vec{M} = \vec{r} \times \vec{F} \tag{3.33}$$

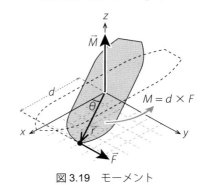

図 3.19　モーメント

なお，回転中心から力の作用線までの距離 d がわかっている場合には，次式のように，その距離 d と力 $\vec{F}$ の大きさ F との積によって，モーメント $\vec{M}$ の大きさ M を求めることもできる。

$$M = dF \tag{3.34}$$

ゆえに，力の大きさが同じでも，回転中心から作用線までの距離によってモーメントの大きさは異なる。力の作用線が回転中心を貫く場合，つまり $\vec{r}$ と $\vec{F}$ が平行で d がゼロの場合，モーメントはゼロである。$\vec{r}$ と $\vec{F}$ が直交している場合，$\vec{r}$ の距離は d に等しく，モーメントの大きさは $\vec{r}$ の距離と $\vec{F}$ の大きさの積に等しい。モーメントが生み出すことのできる回転運動の大きさは**角運動量**（Angular momentum）と呼ばれる。ある軸を中心として回転している物体の角運動量の大きさ L は，回転の速さを表す**角速度**（Angular velocity）ω と，物体の回りにくさを表す**慣性モーメント**（Moment of inertia）I との積であり，次式のように表される。なお角速度 ω は，時間 t とともに変化する角度 θ（ただし弧度法で表す）の微分係数であり，θ の導関数によって与えられる。

$$\omega(t_1) = \left(\frac{d}{dt}\theta(t)\right)_{t=t_1} \fallingdotseq \frac{\theta(t_1 + \Delta t) - \theta(t_1)}{\Delta t}$$

$$\omega(t) = \frac{d}{dt}\theta(t)$$

$$L(t) = I\omega(t) = I\frac{d}{dt}\theta(t)$$

そして，ある特定の軸を中心として回転している物体においては，モーメント $\vec{M}$ の大きさ M と，角運動量の大きさ L との間に，次式の関係が成り立つ。

$$M(t_1) = \left(\frac{d}{dt}L(t)\right)_{t=t_1} \fallingdotseq \frac{L(t_1 + \Delta t) - L(t_1)}{\Delta t}$$

$$M(t) = \frac{d}{dt}L(t)$$

$$M(t) = I\frac{d}{dt}\omega(t) = I\frac{d}{dt}\left(\frac{d}{dt}\theta(t)\right)$$

この方程式はニュートンの運動方程式（式 (3.30) や式 (3.31)）と形式的に類似している．モーメントの作用していない物体は，姿勢を保ち続けるか，あるいは一定の角運動量を保ち続ける．慣性モーメント I は，物体の動きにくさを表す質量 m に形式的に類似した量であると言える．慣性モーメントが大きいほど，止まっている状態から回そうとするときや，回っている状態から止めようとするときに，大きなモーメントの作用が必要となる．

ただし，慣性モーメントは回転軸の位置や方向によって，あるいは物体の形状によって，異なる大きさとなる．同じ物体でも，その物体の持つ**重心**（Center of gravity）と呼ばれる特別な点に回転軸が近いほど慣性モーメントは小さくなり，重心から回転軸が遠いほど慣性モーメントは大きくなる．ゆえに物体は重心を中心として回転しやすい．また，同じ質量の物体でも，その質量が回転軸の近くに集中していれば慣性モーメントは小さく，質量が回転軸から遠くに分散していれば慣性モーメントは大きくなる．たとえばフィギュアスケートの選手は，回転中に腕を伸ばしたり縮めたりすることによって自身の慣性モーメントを変えることができ，角運動量を一定に保ちながらも角速度を変えることができる．

この項で紹介した公式や，この項に関係した公式のうち，とくに重要なものを以下にまとめる．なおここでは，特定の直線の上の移動や，特定の軸を中心とした回転に関する公式を，ベクトルではなく実数の量についての表式としてまとめている．

（速度 [m/s]）$= \dfrac{（位置の微小変化 [m]）}{（時刻の微小変化 [s]）}$	（角速度 [rad/s]）$= \dfrac{（角度の微小変化 [rad]）}{（時刻の微小変化 [s]）}$
（運動量 [N·s]） $=$（質量 [kg]）× （速度 [m/s]）	（角運動量 [N·m·s]） $=$（慣性モーメント [kg·m^2]）× （角速度 [rad/s]）
（力 [N]）$= \dfrac{（運動量の微小変化 [N·s]）}{（時刻の微小変化 [s]）}$	（モーメント [N·m]）$= \dfrac{（角運動量の微小変化 [N·m·s]）}{（時刻の微小変化 [s]）}$
（モーメント [N·m]）$=$（回転中心から作用線までの距離 [m]）×（力 [N]）	

例題 3-6 質量 6.6×10^7 [kg] の船が速度 10 [m/s] で前進中，前方に障害物を発見したため，直ちにプロペラを逆回転させて，以降は停止するまで 3.0×10^6 [N] の制動力（船を後進させようとする推力）を作用させ続けた．船が停止するまでに要する時間を [s] の単位で答えよ．また，船が停止するまでに進出する距離を [m] の単位で答えよ．なお，制動力以外の力の作用は無視できるものとする．

解 変位を，前方を正とする実数の関数 $x(t)$ で表す．制動開始時の時刻を $t = 0$，停止時の時刻を $t = t_B$ とする．

速度を関数 $v(t)$ で表すと，制動開始時には $v(0) = 10$ [m/s]，停止時には $v(t_B) = 0$ となる．質量は $m = 6.6 \times 10^7$ [kg] である．運動量を関数 $p(t)$ で表すと，制動開始時には $p(0) = mv(0) = 6.6 \times 10^8$ [N·s]，停止時には $p(t_B) = 0$ となる．

力を，前方を正とする実数 F で表すと，時間によらず $F = -3.0 \times 10^6$ [N] である．

式 (3.32) より，$p(t_B) - p(0) = \int_0^{t_B} F dt$ が成立する．この式の右辺は定数の定積分であるから $\int_0^{t_B} F dt = F t_B$ と変形される．ゆえに，船が停止するまでに要する時間 t_B は次式のとおり計算される．

$$t_B = \frac{p(t_B) - p(0)}{F} = \frac{0 - 6.6 \times 10^8}{-3.0 \times 10^6} = 220 \text{ [s]}$$

また，式 (3.23) より，船が停止するまでに進出する距離は $x(t_B) - x(0) = \int_0^{t_B} v(t) dt$ である．

ここで，$p(t) - p(0) = \int_0^t F dt = Ft$ であるから，$p(t) = Ft + p(0)$ であり，$v(t) = p(t)/m = (F/m)t + v(0)$ である．すなわち，$v(t)$ は時間 t の 1 次関数となり，横軸を t とする $v(t)$ のグラフは点 $(0, v(0))$ と点 $(t_B, 0)$ を結ぶ直線となる．ゆえに定積分 $\int_0^{t_B} v(t) dt$ は，底辺が t_B で高さが $v(0)$ の三角形の面積であり，次式のとおり計算される．

$$x(t_B) - x(0) = t_B \times v(0) \div 2 = 220 \times 10 \div 2 = 1100 \,[\mathrm{m}]$$

例題 3-7 図 3.20 のように，棒と球からなる振り子がある．振り子の支点（回転の中心）を原点 $(0,0,0)$ とし，鉛直上向きを z 軸の正方向とする．支点から球の中心までの距離はつねに $0.300\,[\mathrm{m}]$ であり，棒の重量は無視できるが，球の中心にはつねに大きさ $19.6\,[\mathrm{N}]$ の重力が z 軸の負方向に作用しているものとする．以下①〜④の状態にある振り子について，球の中心に作用する重力による，振り子を回転させようと働くモーメントを求め，その向きと大きさ，および 3 次元ベクトルとしての成分表示を，$[\mathrm{N \cdot m}]$ の単位で答えよ．

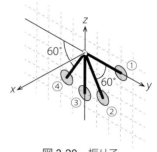

図 3.20 振り子

① 振り子が y 軸上の正方向を向いている状態
② 振り子が y 軸の正方向から z 軸の負方向に $60\,[°]$ だけ，y–z 平面内を回転した状態
③ 振り子が z 軸上の負方向を向いている状態
④ 振り子が z 軸の負方向から y 軸の負方向へ y–z 平面内を回転し，y 軸の負方向まで $60\,[°]$ である状態

解 ① 回転軸 x から重力の作用点へのベクトルは $\vec{r} = (0, 0.3, 0)$ であり，作用する力のベクトルは $\vec{F} = (0, 0, -19.6)$ である．ゆえに，求めるモーメント $\vec{M}$ の成分は，次式のように計算される．

$$\vec{M} = \vec{r} \times \vec{F} = (0.3 \times (-19.6) - 0 \times 0,\ 0 \times 0 - 0 \times (-19.6),\ 0 \times 0 - 0.3 \times 0) = (-5.88, 0, 0)$$

この $\vec{M}$ の向きは x 軸の負方向であり，大きさは $5.88\,[\mathrm{N \cdot m}]$ である．

② 回転軸から作用点へのベクトルは $\vec{r_A} = (0,\ 0.3 \times \cos 60°,\ -0.3 \times \sin 60°)$ であり，力のベクトルは $\vec{F} = (0, 0, -19.6)$ である．モーメントは $\vec{M} = \vec{r} \times \vec{F} = (-2.94, 0, 0)$，その向きは x 軸の負方向であり，大きさは $2.94\,[\mathrm{N \cdot m}]$ である．

③ 回転軸から作用点へのベクトル $\vec{r}$ と，力のベクトル $\vec{F}$ は，同方向となる．ゆえにモーメント $\vec{M} = \vec{r} \times \vec{F}$ は大きさが $0\,[\mathrm{N \cdot m}]$ で，向きを持たない．成分表示では $\vec{M} = (0,0,0)$ となる．

④ 回転軸から作用点へのベクトルは $\vec{r_A} = (0,\ -0.3 \times \cos 60°,\ -0.3 \times \sin 60°)$ であり，力のベクトルは $\vec{F} = (0, 0, -19.6)$ である．モーメントは $\vec{M} = \vec{r} \times \vec{F} = (2.94, 0, 0)$，その向きは x 軸の正方向であり，大きさは $2.94\,[\mathrm{N \cdot m}]$ である．

3.2.2 力の合成と分解

物体に多数の力が作用している場合でも，それらを少数の力の作用に置き換えて考えることができる．この手続きを **力の合成** という．力を合成すれば，複雑な問題を単純化することができる．

図 3.21 (a) のように，同一平面上にあるが平行ではない 2 つの力 $\vec{F_A}$ と $\vec{F_B}$ が物体に作用している場合について考える．このとき，式 (3.35) と式 (3.36) の両方を満たす 1 つの力 $\vec{F}$ を見つけることができる．なお，どこか任意の位置に原点を定めて，その原点から $\vec{F_A}$ の作用点までのベクトルを $\vec{r_A}$ とし，$\vec{F_B}$ の作用点までのベクトルを $\vec{r_B}$ とし，$\vec{F}$ の作用点までのベクトルを $\vec{r}$ としている．式 (3.35) は $\vec{F_A}$ と $\vec{F_B}$ の和が $\vec{F}$ に等しいことを要請しており，式 (3.36) は，任意の原点を中心とした $\vec{F_A}$ によるモーメントと $\vec{F_B}$ によるモーメントの和が，$\vec{F}$ によるモーメントに等しいことを要請している．

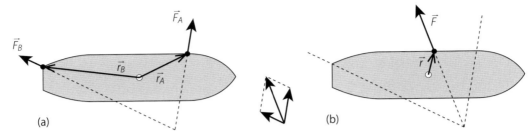

図 3.21　力の合成

$$\vec{F} = \vec{F_A} + \vec{F_B} \tag{3.35}$$
$$(\vec{r} \times \vec{F}) = (\vec{r_A} \times \vec{F_A}) + (\vec{r_B} \times \vec{F_B}) \tag{3.36}$$

この2つの式を満たす力 $\vec{F}$ を，$\vec{F_A}$ と $\vec{F_B}$ の**合力**（Resultant force）という。このとき，図 3.21 (b) の作用は (a) の作用と等価であり，物体の運動への影響はどちらもまったく同じである。ゆえに2つの力 $\vec{F_A}$ と $\vec{F_B}$ の作用を，1つの合力 $\vec{F}$ の作用に置き換えて考えることができる。なお，$\vec{F_A}$ の作用線と $\vec{F_B}$ の作用線の交点を，合力 $\vec{F}$ の作用線も通り，またこれらはすべて同一平面上にある。

図 3.22 (a) のように，2つの力 $\vec{F_A}$ と $\vec{F_B}$ が平行であったとしても，$\vec{F_A} = -\vec{F_B}$ でない限りは，式 (3.35) と式 (3.36) を満たす合力 $\vec{F}$ を見つけることができる。図 3.22 (b) の作用は (a) の作用と等価である。このとき $\vec{F}$ の作用線は $\vec{F_A}$ と $\vec{F_B}$ に平行であり，かつそれらとの距離の比率が $(1/|\vec{F_A}|) : (1/|\vec{F_B}|)$ となっている。

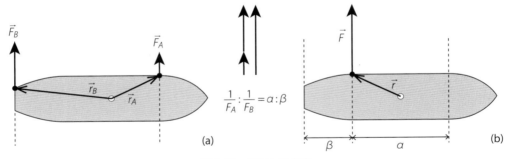

図 3.22　平行力の合成

図 3.23 のように，$\vec{F_A} = -\vec{F_B}$（つまり逆方向で大きさが等しい）であり，かつ作用線が同一でない場合は，1つの力に置き換えて考えることはできない。このような2つの力 $\vec{F_A}$ と $\vec{F_B}$ の組を**偶力**（Couple of forces）という。偶力は，1つのモーメントに置き換えるか，あるいは別の位置の偶力に置き換えることができる。

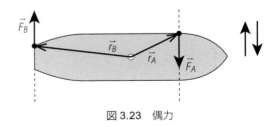

図 3.23　偶力

$\vec{F_A} = -\vec{F_B}$ かつ作用線が同一であれば，それらの合力はゼロとなる。3つ以上の力が作用している場合でも，式 (3.37) と式 (3.38) の両方が満たされる場合には，合力がゼロとなる。合力がゼロの状態は，すなわち一切の力が作用していない状態に等しい。この状態を**釣り合い**（Equilibrium）の状態という。何らかの力が作用しているにもかかわらず，移動も回転もしないまま一定の位置と姿勢が保たれている物体においては，作用する力は釣り合っている。また，運動量も角運動量も変わることなく一定の運動状態が保たれている物体においても，作用する力は釣り合っている。

$$\vec{F_A} + \vec{F_B} + \cdots = \vec{0} \tag{3.37}$$
$$(\vec{r_A} \times \vec{F_A}) + (\vec{r_B} \times \vec{F_B}) + \cdots = \vec{0} \tag{3.38}$$

3つ以上の力が作用している場合でも，それらを2つ以下の力に置き換えて考えることができる。場合によっては，無限の数の力を1つの合力に合成することもできる。たとえば，質量を持つ物体に作用する重力は，物体内で密度を持つ部分のあらゆる点に作用する力であるが，これらをある特別な一点に作用する1つの合力に置き換えることができる。その合力の作用点は**重心**（Center of gravity）である（4.3.1項参照）。図3.24の①は，船体に作用する重力を，重心を始点とする1つのベクトルによって表している。

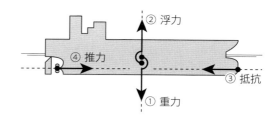

図3.24　航走中の船体に作用する力

また，水上に浮かぶ船体に作用する浮力と呼ばれる力は，船体表面のあらゆる点に作用する力の合力であり，その作用点は**浮心**（Center of buoyancy）と呼ばれる（3.4.1項参照）。図3.24の②は，浮心を始点とするベクトルによって浮力を表している。速度を持って航走中の船体に作用する**抵抗**（Resistance）と呼ばれる力も，表面に作用する無数の力の合力であり（CHAPTER 5参照），図3.24の③のように表される。

静水面上で一定の位置と姿勢を保って浮かんでいる船においては，重力と浮力が釣り合っており，すなわち重力と浮力の合力がゼロとなっている。このとき2つの力は逆方向で大きさが等しく，かつ作用線が同一である。一定の速度を保って航走中の船においては，図3.24の①〜③と，さらに④の推力を加えた4つの力が，全体として釣り合っており，すなわち4つの力の合力がゼロとなっている。

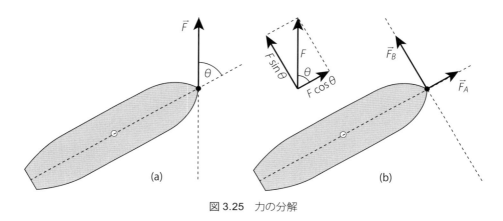

図3.25　力の分解

力の合成の逆の手続きを**力の分解**という。分解された力を**分力**（Component of force）という。力をどの方向の分力に分解するかは任意に選ぶことができ，都合に応じてさまざまな方向の分力を考えることができる。図3.25 (a) のような，船首を斜め方向に引く力 $\vec{F}$ は，たとえば船から見て前後方向の力 $\vec{F_A}$ と左右方向の力 $\vec{F_B}$ に分解することができ，図3.25 (b) の作用は (a) の作用と等価となる。$\vec{F}$ の大きさを F，$\vec{F}$ と船体の中心線との角度を θ とすると，船を前に進めようと作用する分力 $\vec{F_A}$ の大きさは $F\cos\theta$，船首を左に振ろうと作用する分力 $\vec{F_B}$ の大きさは $F\sin\theta$ と計算される。

この力の分解の考え方を用いれば，式 (3.33) で表されるモーメント $\vec{M}$ の大きさは，$\vec{r}$ の距離と，$\vec{F}$ を $\vec{r}$ に平行な分力と $\vec{r}$ に垂直な分力に分解したうちの $\vec{r}$ に垂直なほうの大きさとの，積に等しいと言える（図3.26）。

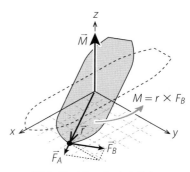

図3.26　モーメントと分力

例題 3-8 図 3.27 のような荷役装置（マスト高さ 10 [m]，トッピングリフトの長さ 5 [m]，ブームの長さ 12 [m]）のブームの先端から図のように貨物を吊るした。この貨物に作用する重力の大きさ（すなわち貨物の重量）は 4 [tw]（= 4000 [kgw] ≒ 39.2 [kN]）である。この場合，トッピングリフトに加わる張力はいくらになるか，[tw] の単位で求めよ。ただし，ブーム自体にも重量があり，1 [tw]（= 1000 [kgw] ≒ 9.8 [kN]）の重力がブームの中央に作用しているものとする。カーゴフォールなどのロープの重量は考慮しない。

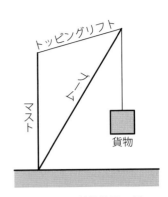

図 3.27　荷役装置の例

解 荷役装置の各部の長さを図 3.28 (a) のように表す。マスト高さを m，トッピングリフトの長さを l，ブームの長さを b とする。また，マスト先端からブームに下ろした垂線の長さを h とする。マストとブームのなす角を α とし，トッピングリフトとブームのなす角を β とする。

ブームに作用する力は，根元の点 A に作用する抗力を除くと，図 3.28 (b) に表される 3 つの力である。貨物の重量がロープを通じてブームの先端を引く力を W とする。ブームの中央に作用するブームの重量を w とする。求めるべきトッピングリフトの張力を T とする。

これらの 3 つの力をそれぞれ，ブームに平行な分力と垂直な分力とに分解すると，図 3.29 のようになる。このうちブームに垂直な分力は，根元 A を中心としてブームを回転させようと働く。ブームが静止している場合には，それらのモーメントが釣り合いの状態にあると考えられる。それぞれの力によるモーメントの大きさは，回転中心 A から力の作用点までの距離と，ブームに垂直な分力の大きさとの積で表される。

トッピングリフトの張力による，ブームを起こす方向のモーメントの大きさは $b \times T \sin\beta$ である。貨物とブームの重量による，ブームを倒す方向のモーメントの大きさは，それぞれ $b \times W \sin\alpha$ と $(b/2) \times w \sin\alpha$ である。ゆえに，釣り合いの状態においては次式が成立する。

$$b \times T \sin\beta = b \times W \sin\alpha + \frac{b}{2} \times w \sin\alpha$$
$$T \sin\beta = \left(W + \frac{w}{2}\right) \sin\alpha$$

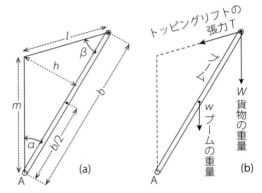

図 3.28　荷役装置の力の作用

ここで図 3.28 (a) より，$\sin\alpha = h/m$，$\sin\beta = h/l$ とも表されるから，釣り合いの式は次式のように表される。

$$T\frac{h}{l} = \left(W + \frac{w}{2}\right)\frac{h}{m}$$

この方程式を T について解くと，次式が得られる。与えられている値を代入すれば，求めるべき T の値が得られる。

$$T = \left(W + \frac{w}{2}\right)\frac{l}{m} = \left(4 + \frac{1}{2}\right)\frac{5}{10} = 2.25$$

すなわち，トッピングリフトに加わる張力の大きさは 2.25 [tw] であることがわかった。

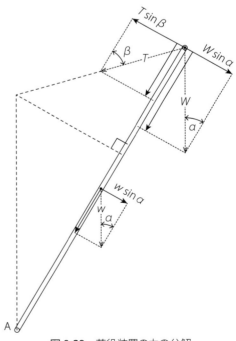

図 3.29　荷役装置の力の分解

3.2.3 仕事と仕事率

力の作用によって物体が移動したとき，その力は物体に対して**仕事**（Work）をしたという．時刻 $t = t_1$ から時刻 $t = t_2$ までの間，物体に作用する力が一定の向きと一定の大きさ F を保っており，その力と同じ向きに物体が変位 $x(t_2) - x(t_1)$ だけ移動した場合，その力が物体にした仕事の量 $W_{1 \to 2}$ は次式のように表される．このとき力の大きさが $1\,[\mathrm{N}]$ であり，変位の距離が $1\,[\mathrm{m}]$ であれば，仕事の量は $1\,[\mathrm{J}]$（ジュール）である．

$$W_{1 \to 2} = F(x(t_2) - x(t_1)) \tag{3.39}$$

力 $\vec{F}$ が一定ではあるが，その向きと変位 $\vec{x}(t_2) - \vec{x}(t_1)$ の向きが同じでない場合，仕事の量は次式で表される内積である．

$$W_{1 \to 2} = \vec{F} \cdot (\vec{x}(t_2) - \vec{x}(t_1)) \tag{3.40}$$

たとえば図 3.24 の船が前進した場合，変位に垂直な重力①や浮力②が船にした仕事の量はゼロであり，変位と逆の方向の抵抗③が船にした仕事の量は負であり，変位と同じ方向の推力④が船にした仕事の量は正となる．慣性で前進し続ける船に，制動のため後ろ向きの推力を作用させた場合には，力の向きと変位の向きは逆となり，推力が船にした仕事の量は負となる．

また図 3.30 のように，海流や潮流のなかで船が斜めに進んだ場合，推力 $\vec{F}$ が船にした仕事の量は，変位の距離と，推力 $\vec{F}$ を変位に平行な分力 $\overrightarrow{F_A}$ と垂直な分力 $\overrightarrow{F_B}$ に分解したうちの平行な分力の大きさとの，積に等しくなる．

力 $\vec{F}(t)$ の向きや大きさが刻々と変わる場合，時刻 $t = t_1$ から時刻 $t = t_2$ までの仕事は次式のように表される．

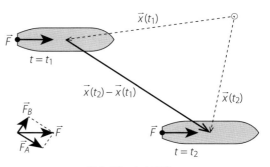

図 3.30 力と変位

$$\begin{aligned} W_{1 \to 2} &\fallingdotseq \vec{F}(t_1) \cdot (\vec{x}(t_1 + \Delta t) - \vec{x}(t_1)) \\ &+ \vec{F}(t_1 + \Delta t) \cdot (\vec{x}(t_1 + 2\Delta t) - \vec{x}(t_1 + \Delta t)) + \cdots \\ &\cdots + \vec{F}(t_2 - \Delta t) \cdot (\vec{x}(t_2) - \vec{x}(t_2 - \Delta t)) \end{aligned}$$

変位 $\vec{x}(t)$ の導関数である速度 $\vec{v}(t)$ がわかっている場合には，式 (3.17) などの関係より，仕事は次式のように表される．

$$W_{1 \to 2} \fallingdotseq \vec{F}(t_1) \cdot \vec{v}(t_1)\Delta t + \vec{F}(t_1 + \Delta t) \cdot \vec{v}(t_1 + \Delta t)\Delta t + \cdots + \vec{F}(t_2 - \Delta t) \cdot \vec{v}(t_2 - \Delta t)\Delta t$$

すなわち，時刻 $t = t_1$ から時刻 $t = t_2$ までの仕事は次式のような定積分によって与えられる．

$$W_{1 \to 2} = \int_{t_1}^{t_2} \vec{F}(t) \cdot \vec{v}(t) dt \tag{3.41}$$

さて，仕事の捗り方を表す量を**仕事率**（Power）という．より多くの仕事を，より短い時間でこなすほど，捗りが良いと言える．時刻 $t = t_1$ から時刻 $t = t_2$ までの平均の仕事率 $\bar{P}$ は次式によって得られる．$1\,[\mathrm{s}]$ の時間をかけて $1\,[\mathrm{J}]$ の仕事をするならば，その仕事率は $1\,[\mathrm{W}]$（ワット）である．

$$\bar{P} = \frac{W_{1 \to 2}}{t_2 - t_1} \tag{3.42}$$

ここで，ある基準時刻からさまざまな時刻 t までの間の仕事を $W(t)$ と表せば，時刻 $t = t_1$ から時刻 $t = t_2$ までの仕事は $W_{1 \to 2} = W(t_2) - W(t_1)$ と表される．この関数 $W(t)$ の微分係数は瞬間の仕事率を表す．すなわち式 (3.43) のとおり，さまざまな時刻 t における瞬間の仕事率 $P(t)$ は $W(t)$ の導関数によって与えられる．また，$W(t)$ は $P(t)$ の原始関数となるから，式 (3.44) のとおり，仕事率の定積分は仕事を表す．

$$P(t) = \frac{d}{dt}W(t) \tag{3.43}$$

$$W_{1\to 2} = \int_{t_1}^{t_2} P(t)dt \tag{3.44}$$

なお，式 (3.41) と式 (3.44) を比べれば明らかなように，次式のとおり，瞬間の仕事率 $P(t)$ は力 $\vec{F}(t)$ と速度 $\vec{v}(t)$ の内積に等しい．

$$P(t) = \vec{F}(t) \cdot \vec{v}(t) \tag{3.45}$$

また，ある特定の軸を中心として回転する物体が，その回転軸の周りの一定のモーメント M によって，その作用の方向に角度 $\theta(t_2) - \theta(t_1)$ だけ回転した場合，そのモーメントがした仕事は式 (3.46) のように表される（ただし角度を弧度法で表すものとする）．刻々と変化するモーメント $M(t)$ の作用によって，その作用の方向に角速度 $\omega(t)$ で回転している場合，そのモーメントによる仕事率 $P(t)$ は式 (3.47) のように表される．

$$W_{1\to 2} = M(\theta(t_2) - \theta(t_1)) \tag{3.46}$$

$$P(t) = M(t)\omega(t) \tag{3.47}$$

仕事をする能力のことを**エネルギー**（Energy）という．エネルギーの量は可能な仕事の量によって表され，その単位は仕事の単位と同じ [J] である．

たとえば船の燃料は，空気との化学反応の際にエンジンのピストンに力を作用させて動かす能力，すなわちエネルギーを持っている．仕事をした空気と燃料は，エネルギーをあまり持たない排ガスに変換される．エンジンのピストンが動いてプロペラが回れば，推力が生じ，船を増速させようと働く．

速度を持った船は，周囲の水や空気に力を作用させて動かす能力を持っている．この能力は**運動エネルギー**（Kinetic energy）である．一般に，質量 m の物体が運動しており，その速度の大きさが v であるとき，あるいは慣性モーメント I の物体が回転しており，その角速度の大きさが ω であるとき，その物体は次式で表される運動エネルギー K を持っている．この K は，静止している物体に速度や角速度を持たせるために必要な仕事の量に等しい．

$$K = \frac{1}{2}mv^2, \quad K = \frac{1}{2}I\omega^2 \tag{3.48}$$

船から周囲の水や空気へ力が作用するとき，同時に周囲の水や空気から船への反作用の力，すなわち抵抗が生じ，船を減速させようと働く．一方で，船によって動かされた水や空気は，運動エネルギーや**位置エネルギー**（Potential energy）を持つことになる．一般に，地球上の質量 m の物体は，鉛直下向きに重力の作用を受けており，鉛直上向きに距離 h だけ移動させられた場合には，次式で表される位置エネルギー U を持つことになる．ここで g は重力加速度と呼ばれる定数であり，mg は物体に作用する重力の大きさを表す．この U は，重力に逆らう力を作用させて物体を移動させるために必要な仕事の量に等しい．

$$U = mgh \tag{3.49}$$

図 3.24 の船に作用する推力による仕事は，燃料からエネルギーを奪い，船にエネルギーを与える．船に作用する抵抗による仕事は，船からエネルギーを奪い，周囲の水や空気にエネルギーを与える．エネルギーは総量を変えることなく，ただ物体から物体へと移動していく．このことは**エネルギー保存の法則**（Law of conservation of energy）と呼ばれる．

一般に，仕事の量はエネルギーの移動量に等しい．仕事率は単位時間当たりのエネルギーの移動量に等しい．力が物体にする仕事や仕事率が正のとき，その作用は物体にエネルギーを与える．力が物体にする仕事や仕事率が負のとき，その作用は物体からエネルギーを奪う．

船の内部でもエネルギーの移動が見られる．船のエンジンは軸にエネルギーを与え，軸を回転させている．軸はエンジンによって回転させられつつ，エンジンからエネルギーを奪う．その軸は一方で，プロペラにエネルギーを与えて，

プロペラを回転させる。このような機械の運動によってエネルギーが移動していくとき，その単位時間当たりの移動量は**動力**とも呼ばれる。この動力はすなわち，エンジンが軸を回す力の仕事率や，軸がプロペラを回す力の仕事率を意味する。また，機械から外部へ単位時間当たりに流出するエネルギーの量は，その機械からの**出力**とも呼ばれ，外部から機械へ単位時間当たりに流入するエネルギーの量は，その機械への**入力**とも呼ばれる。エンジンからの出力は軸への入力となる。

船の運航に必要な燃料の量は，おおよそ，必要な仕事の量によって決まる。仕事の量は力と変位によって決まる。航路だけが決められている場合，たとえ時間がかかったとしても，小さな推力で運航したほうが必要な燃料は少なくなる。航路も時間も決められている場合，つまり平均速度も決まっている場合，抵抗が小さくなるような形の船を運航したほうが，速度を保つために必要な推力も小さくなるため，必要な燃料は少なくなる。船の運航に費やすエネルギーの大部分が，結局のところ周囲の水や空気に移動するものであることを考えれば，周囲の水や空気に運動エネルギーや位置エネルギーを与えない工夫が，燃料の消費の抑制につながることがわかる。

この項で紹介した公式のうち，とくに重要なものを以下にまとめる。なおここでは，ベクトルではなく実数の量についての表式をまとめている。

(仕事 [J]) = (力 [N]) × (位置の変化 [m]) = (モーメント [N·m]) × (角度の変化 [rad])
(仕事率 [W]) = $\dfrac{(微小な仕事 [J])}{(時刻の微小変化 [s])}$
= (力 [N]) × (速度 [m/s])   = (モーメント [N·m]) × (角速度 [rad/s])
(運動エネルギー [J])
= $\dfrac{1}{2}$ × (質量 [kg]) × (速度 [m/s])^2 = $\dfrac{1}{2}$ × (慣性モーメント [kg·m^2]) × (角速度 [rad/s])^2
(重力による位置エネルギー [J]) = (質量 [kg]) × (重力加速度 [m/s^2]) × (高さ [m])

例題 3-9 ある船に作用する抵抗の大きさ F_D [N] は，船の速度 v [m/s] の 2 乗に比例し，$F_D = 2500v^2$ と表されるという。この船の仕事率やエネルギーについて，以下の小問①～④に答えよ。なお，航路は直線とし，推力と速度も同じ直線上にあり，抵抗と推力以外の力の作用は無視できるものとする。また，この船が消費するエネルギーは，すべて船を推進させるための仕事に変換されるものとし，その仕事率はエンジンの出力に等しいものとする。

① 5 [m/s] の速度を維持するために必要な，エンジンの出力を求めよ。
② 10 [m/s] の速度を維持するために必要な，エンジンの出力を求めよ。
③ 5 [m/s] の速度で 2,000 [m] の距離を航海するために必要な，エネルギーの量を求めよ。
④ 10 [m/s] の速度で 2,000 [m] の距離を航海するために必要な，エネルギーの量を求めよ。

解 ① 速度を一定に維持するとき，推力の大きさ F は抵抗の大きさ F_D と釣り合っている。また推力と速度の向きは同じである。ゆえにエンジンの出力，すなわち船の推進の仕事率の大きさ P は，$P = F \cdot v = F_D v = 2500v^3$ と表される。$v = 5$ [m/s] の場合，$P = 312500$ [W] $= 312.5$ [kW]

② 上の①と同様である。$v = 10$ [m/s] の場合，$P = 2500000$ [W] $= 2500$ [kW] $= 2.5$ [MW]

③ 推力と変位の方向は同じであり，変位の距離は 2,000 [m] である。必要なエネルギーは船を移動させる仕事の量 W に等しく，$W = F \cdot 2000 = F_D \cdot 2000 = 5000000v^2$ と表される。$v = 5$ [m/s] の場合，$W = 125000000$ [J] $= 125$ [MJ]

④ 上の③と同様である。$v = 10$ [m/s] の場合，$W = 500000000$ [J] $= 500$ [MJ]

3.2.4 重心と慣性モーメント

ここで，既知の形状と質量分布を持つ物体の重心の位置を見つけたり，その慣性モーメントを求めたりするための計算方法を紹介する。これらの計算方法は，式 (3.21) や式 (3.23) のような積分法の応用である。

図 3.31 のような，平面上で長方形の形状を持つ領域 A について考える。この領域は多数の微小領域に分割されている。領域 A 内の点 a にある微小領域の面積は $\Delta x \Delta y$ であり，点 b や点 c にある微小領域の面積も $\Delta x \Delta y$ である。このような微小面積の値を，領域 A に含まれるすべての微小領域について求め，それらの総和を次式のように計算すれば，当然として，領域 A 全体の面積 A に一致する。

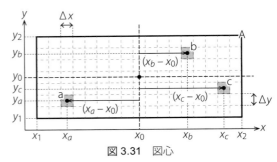

図 3.31 図心

$$A \fallingdotseq \Delta x \Delta y + \Delta x \Delta y + \Delta x \Delta y + \cdots \quad （領域 A 全体について）$$

このような計算において Δx や Δy を限りなくゼロに近づけたときの値は，次式のように表記される。なお $\int_{x_1}^{x_2} dx$ は，$x = x_1$ から $x = x_2$ までの，関数 $f(x) = 1$（定数）の定積分であり，その値は $x_2 - x_1$ である。この二重の定積分の結果は，よく知られた長方形の面積の公式 $A = (x_2 - x_1)(y_2 - y_1)$ に一致する。

$$A = \int_{y_1}^{y_2} \left\{ \int_{x_1}^{x_2} dx \right\} dy = \int_{x_1}^{x_2} \left\{ \int_{y_1}^{y_2} dy \right\} dx$$

また，この二重の定積分の範囲（$x_1 \leq x \leq x_2$ かつ $y_1 \leq y \leq y_2$ の範囲）を記号 A で表すものとすれば，上の式を次式のようにも表記できる。この表記法は，定積分の範囲が長方形でない場合にも使うことができる。

$$A = \iint_A dx dy \tag{3.50}$$

同様にして，空間上で何らかの形状を持つ領域 V の体積 V は，微小体積 $\Delta x \Delta y \Delta z$ の総和であり，次式のように表記される。

$$V = \iiint_V dx dy dz \fallingdotseq \Delta x \Delta y \Delta z + \Delta x \Delta y \Delta z + \Delta x \Delta y \Delta z + \cdots \tag{3.51}$$

さて，この領域 A と同じ平面上に，y 軸に平行な直線 $x = x_0$ を設定する。領域 A 内の点 a にある微小領域において，直線 $x = x_0$ からの符号付き距離 $(x_a - x_0)$（その大きさは点から線に下ろした垂線の長さに相当）と微小面積 $\Delta x \Delta y$ との積を求めると，$(x_a - x_0)\Delta x \Delta y$ となる。点 b や点 c における同様の値は $(x_b - x_0)\Delta x \Delta y$ および $(x_c - x_0)\Delta x \Delta y$ である。このような値を，領域 A に含まれるすべての微小領域について求め，それらの総和を次式のように計算した値は，直線 $x = x_0$ の周りの領域 A の 1 次モーメントと呼ばれる。同様に，x 軸に平行な直線 $y = y_0$ の周りの領域 A の 1 次モーメントは式 (3.53) のように計算される。

$$\iint_A (x - x_0) dx dy = \int_{y_1}^{y_2} \left\{ \int_{x_1}^{x_2} (x - x_0) dx \right\} dy$$
$$\fallingdotseq (x_a - x_0)\Delta x \Delta y + (x_b - x_0)\Delta x \Delta y + (x_c - x_0)\Delta x \Delta y + \cdots \tag{3.52}$$

$$\iint_A (y - y_0) dx dy = \int_{x_1}^{x_2} \left\{ \int_{y_1}^{y_2} (y - y_0) dy \right\} dx$$
$$\fallingdotseq (y_a - y_0)\Delta x \Delta y + (y_b - y_0)\Delta x \Delta y + (y_c - y_0)\Delta x \Delta y + \cdots \tag{3.53}$$

これらの 1 次モーメントの大きさは，直線 $x = x_0$ や直線 $y = y_0$ の位置によって，異なる大きさとなる。ここで x_0 や y_0 を，ある特別な座標に設定することで，1 次モーメントをゼロとすることができる。このときの特別な座標 (x_0, y_0) は領域 A の**図心**（Center of figure）と呼ばれる。図心を与える座標は次式のように計算することができる。なお A は領域 A の面積である。

$$x_0 = \frac{\iint_A x dx dy}{A}, \quad y_0 = \frac{\iint_A y dx dy}{A} \tag{3.54}$$

同様にして，空間上の領域 V に含まれる各微小領域において，面 $x = x_0$ からの符号付き距離 $(x_a - x_0)$（その大きさは点から面に下ろした垂線の長さに相当）と微小体積 $\Delta x \Delta y \Delta z$ との積を求め，それらの総和を計算した値は，次式のように表記される。

$$\iiint_V (x - x_0) dxdydz \fallingdotseq (x_a - x_0)\Delta x \Delta y \Delta z + (x_b - x_0)\Delta x \Delta y \Delta z + (x_c - x_0)\Delta x \Delta y \Delta z + \cdots \tag{3.55}$$

このような値 $\iiint_V (x - x_0) dxdydz$, $\iiint_V (y - y_0) dxdydz$, $\iiint_V (z - z_0) dxdydz$ をすべてゼロとする特別な座標 (x_0, y_0, z_0) は領域 V の**体積中心**（Center of volume）と呼ばれ，次式のように求まる。

$$x_0 = \frac{\iiint_V x dxdydz}{V}, \quad y_0 = \frac{\iiint_V y dxdydz}{V}, \quad z_0 = \frac{\iiint_V z dxdydz}{V} \tag{3.56}$$

この空間上の領域 V のなかが物質で満たされており，その密度（単位体積当たりの質量）が座標の関数 $\rho(x, y, z)$ によって与えられているものとする。このとき，領域 V に含まれる各微小領域において，面 $x = x_0$ からの符号付き距離 $(x - x_0)$ と微小領域の質量 $\rho(x, y, z)\Delta x \Delta y \Delta z$ との積を求め，それらの総和を計算した値は，次式のように表記される。

$$\iiint_V (x - x_0)\rho(x, y, z) dxdydz \fallingdotseq (x_a - x_0)\rho(x_a, y_a, z_a)\Delta x \Delta y \Delta z + (x_b - x_0)\rho(x_b, y_b, z_b)\Delta x \Delta y \Delta z$$
$$+ (x_c - x_0)\rho(x_c, y_c, z_c)\Delta x \Delta y \Delta z + \cdots \tag{3.57}$$

このような値をすべてゼロとする特別な座標 (x_0, y_0, z_0) は，物体の**重心**（Center of gravity）の座標である。また，そのような重心の座標 (x_G, y_G, z_G) は次式のように求まる。ここで M は物体全体の質量であり，$M = \iiint_V \rho(x, y, z) dxdydz$ である。

$$\begin{aligned}
x_G &= \frac{\iiint_V x\rho(x, y, z) dxdydz}{M} \\
y_G &= \frac{\iiint_V y\rho(x, y, z) dxdydz}{M} \\
z_G &= \frac{\iiint_V z\rho(x, y, z) dxdydz}{M}
\end{aligned} \tag{3.58}$$

なお，領域 V が，密度が一様な物体の形状を表す場合，その物体の重心は式 (3.56) の体積中心に一致する。また，物体が一様な密度と厚さを持つ平板であり，その形状が平面上の領域 A で表される場合であれば，その平板の重心は式 (3.54) の図心に一致する。

もし，重心の座標と質量が既知である複数の小物体があり，その組み合わせによって構築される物体全体の重心の座標を求める場合であれば，積分法を使わずに計算することも可能である。たとえば，領域 V_1 を占める物体と領域 V_2 を占める物体の 2 つの物体が組み合わされ，領域 $V = V_1 + V_2$ を占める 1 つの大きな物体として振る舞うものとする。2 つの小物体の質量をそれぞれ m_1 および m_2，全体の質量を $M = m_1 + m_2$ とする。2 つの小物体の重心の座標がそれぞれ (x_1, y_1, z_1) および (x_2, y_2, z_2)，全体の重心の座標が (x_G, y_G, z_G) であるなら，それらの座標の各成分において次式のような関係が成立している。

$$x_1 = \frac{\iiint_{V_1} x\rho(x, y, z) dxdydz}{m_1}, \quad x_2 = \frac{\iiint_{V_2} x\rho(x, y, z) dxdydz}{m_2},$$
$$x_G = \frac{\iiint_V x\rho(x, y, z) dxdydz}{M} = \frac{\iiint_{V_1} x\rho(x, y, z) dxdydz + \iiint_{V_2} x\rho(x, y, z) dxdydz}{m_1 + m_2}$$

ゆえに，次式が成立する。

$$(x_G, y_G, z_G) = \left(\frac{m_1 x_1 + m_2 x_2}{m_1 + m_2}, \frac{m_1 y_1 + m_2 y_2}{m_1 + m_2}, \frac{m_1 z_1 + m_2 z_2}{m_1 + m_2} \right) \tag{3.59}$$

このように表される座標 (x_G, y_G, z_G) の各成分は，式 (3.60) および式 (3.61) のような関係を成立させる。このうち式 (3.61) は，式 (3.57) の積分がゼロとなる条件からも導かれる。

$$x_1 m_1 + x_2 m_2 = x_G(m_1 + m_2) \tag{3.60}$$

$$(x_1 - x_G)m_1 + (x_2 - x_G)m_2 = 0 \tag{3.61}$$

一般に，重心の座標と質量が既知である n 個の小物体が組み合わされ，1つの大きな物体として振る舞うとき，その全体の重心の座標 (x_G, y_G, z_G) は次式のように表される。なお，i 番目の小物体の質量が m_i，重心座標が (x_i, y_i, z_i) と表される（$i = 1, 2, 3, \cdots, n$）ものとする。ここで M は物体全体の質量である。

$$(x_G, y_G, z_G) = \left(\frac{\sum_{i=1}^n m_i x_i}{M}, \frac{\sum_{i=1}^n m_i y_i}{M}, \frac{\sum_{i=1}^n m_i z_i}{M} \right) \tag{3.62}$$

この式に表れた記号 $\sum_{i=1}^n m_i x_i$ は，次式のように，$i = 1$ から $i = n$ までのすべての番号 i について $m_i x_i$ を計算した値の総和を表すものである。物体全体の質量 M は $M = \sum_{i=1}^n m_i$ と表される。

$$\sum_{i=1}^n m_i x_i = m_1 x_1 + m_2 x_2 + m_3 x_3 + \cdots + m_n x_n$$

$$\sum_{i=1}^n m_i y_i = m_1 y_1 + m_2 y_2 + m_3 y_3 + \cdots + m_n y_n$$

$$\sum_{i=1}^n m_i z_i = m_1 z_1 + m_2 z_2 + m_3 z_3 + \cdots + m_n z_n$$

$$M = \sum_{i=1}^n m_i = m_1 + m_2 + m_3 + \cdots + m_n$$

同様に，各小物体の重量（物体に作用する重力の大きさ）が w_i と表されるとき，すなわち質量と重力加速度 g の積である $w_i = m_i g$ が既知であるとき，全体の重心の座標 (x_G, y_G, z_G) は次式のように表される。ここで W は物体全体の重量であり，$W = \sum_{i=1}^n w_i$ である。

$$(x_G, y_G, z_G) = \left(\frac{\sum_{i=1}^n w_i x_i}{W}, \frac{\sum_{i=1}^n w_i y_i}{W}, \frac{\sum_{i=1}^n w_i z_i}{W} \right) \tag{3.63}$$

次は，平面上の領域 A 内の点 a にある微小領域において，直線 $x = x_0$ からの距離の 2 乗 $(x - x_0)^2$ と，微小面積 $\Delta x \Delta y$ との積を求める。このような値を，領域 A に含まれるすべての微小領域について求め，それらの総和を次式のように計算した値は，直線 $x = x_0$ の周りの領域 A の 2 次モーメントと呼ばれる。

$$\iint_A (x - x_0)^2 dx dy = \int_{y_1}^{y_2} \left\{ \int_{x_1}^{x_2} (x - x_0)^2 dx \right\} dy$$
$$\fallingdotseq (x_a - x_0)^2 \Delta x \Delta y + (x_b - x_0)^2 \Delta x \Delta y + (x_c - x_0)^2 \Delta x \Delta y + \cdots \tag{3.64}$$

同様に，空間上の領域 V に含まれる各微小領域において，z 軸に平行な直線 (x_0, y_0, z) からの距離（点から線に下ろした垂線の長さ）の 2 乗 $\{(x - x_0)^2 + (y - y_0)^2\}$ と，微小体積 $\Delta x \Delta y \Delta z$ との積を求め，それらの総和を計算した値は，次式のように表記される。

$$\iiint_V \{(x - x_0)^2 + (y - y_0)^2\} dx dy dz \fallingdotseq \{(x_a - x_0)^2 + (y_a - y_0)^2\} \Delta x \Delta y \Delta z$$
$$+ \{(x_b - x_0)^2 + (y_b - y_0)^2\} \Delta x \Delta y \Delta z$$
$$+ \{(x_c - x_0)^2 + (y_c - y_0)^2\} \Delta x \Delta y \Delta z + \cdots \tag{3.65}$$

また，領域 V で表される形状の，一様でない密度 $\rho(x, y, z)$ を持つ物体に含まれる各微小領域において，z 軸に平行な直線 (x_0, y_0, z) からの距離の 2 乗 $\{(x - x_0)^2 + (y - y_0)^2\}$ と，微小領域の質量 $\rho(x, y, z) \Delta x \Delta y \Delta z$ との積を求め，

それらの総和を計算した値は，次式のように表記される。この値が，この物体の軸 (x_0, y_0, z) の周りの**慣性モーメント** $I_{(x_0,y_0,z)}$ となる。

$$I_{(x_0,y_0,z)} = \iiint_V \{(x-x_0)^2 + (y-y_0)^2\}\rho(x,y,z)dxdydz$$
$$\fallingdotseq \{(x_a-x_0)^2 + (y_a-y_0)^2\}\rho(x_a,y_a,z_a)\Delta x\Delta y\Delta z$$
$$+ \{(x_b-x_0)^2 + (y_b-y_0)^2\}\rho(x_b,y_b,z_b)\Delta x\Delta y\Delta z$$
$$+ \{(x_c-x_0)^2 + (y_c-y_0)^2\}\rho(x_c,y_c,z_c)\Delta x\Delta y\Delta z + \cdots \quad (3.66)$$

原点を通る z 軸の周りの慣性モーメント I_z の表式は，次式のとおり簡略なものとなる。

$$I_z = \iiint_V (x^2 + y^2)\rho(x,y,z)dxdydz$$

さらに，密度が一様な物体の場合，原点を通る z 軸の周りの慣性モーメント I_z は次式によって表される。ここで M は物体全体の質量である。

$$I_z = M \iiint_V (x^2 + y^2)dxdydz$$

例題 3-10 図 3.32 は，ある船体をある水平面で切ったときの断面図を示している。x 軸は船首尾方向を向き，断面図は x 軸に対して対称である。船尾の座標 x_{AP} を x 座標の原点とし，x_{AP} から船首 x_{FP} までの長さは 70.0 [m] である（すなわち $x_{AP} = 0$, $x_{FP} = 70$）。その範囲で x 軸を 10 等分した各 x 座標 $x_1 \sim x_9$ において，x 軸から測った横幅 $b_1 \sim b_9$ の大きさは，次表のとおりである。船尾での横幅 b_{AP} と船首での横幅 b_{FP} はいずれもゼロである。この断面図で表される領域について，以下の小問①と②に答えよ。

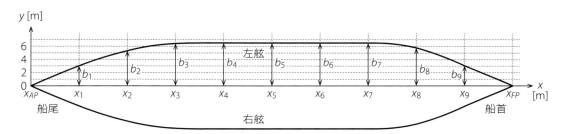

図 3.32 水線面の図心と 2 次モーメントの計算

① 領域の図心の x 座標を，シンプソンの法則を使って有効数字 3 桁で計算せよ。
② 領域の x 軸の周りの 2 次モーメントを，シンプソンの法則を使って有効数字 3 桁で計算せよ。

n	AP	1	2	3	4	5	6	7	8	9	FP
x_n [m]	0.0	7.0	14.0	21.0	28.0	35.0	42.0	49.0	56.0	63.0	70.0
b_n [m]	0.00	3.01	5.32	6.41	6.50	6.50	6.50	6.50	5.77	3.06	0.00

解 ① $b_1 = b(x_1)$, $b_2 = b(x_2)$, $\cdots$ を満たす関数 $b(x)$ によって領域の境界が定められているものとすると，図心の x 座標である x_0 の値は次式によって得られる。なお A は，この領域の面積である。

$$x_0 = \frac{1}{A}\iint_A xdxdy = \frac{1}{A}\int_{x_{AP}}^{x_{FP}} x\left\{\int_{-b(x)}^{+b(x)} dy\right\}dx = \frac{1}{A}\int_{x_{AP}}^{x_{FP}} x[y]_{-b(x)}^{+b(x)}dx = \frac{2}{A}\int_{x_{AP}}^{x_{FP}} xb(x)dx$$

この式のなかの定積分は，$h = 70/10 = 7.0$ [m] 間隔で偶数分割された x について，$x_1b(x_1) = x_1b_1$, $x_2b(x_2) = x_2b_2$, $\cdots$ と離散的に値の求まる関数 $xb(x)$ の定積分である。ゆえに次式のように，シンプソンの法則によって近似的に計算される。

$$\int_{x_{AP}}^{x_{FP}} xb(x)dx \fallingdotseq \frac{h}{3}\left\{\begin{array}{l} 1x_{AP}\,b_{AP} + 4x_1b_1 + 2x_2b_2 + 4x_3b_3 + 2x_4b_4 + 4x_5b_5 \\ + 2x_6b_6 + 4x_7b_7 + 2x_8b_8 + 4x_9b_9 + 1x_{FP}\,b_{FP} \end{array}\right\}$$

$$= \frac{7.0}{3}\left\{\begin{array}{l} 1\times 0 + 4\times(7.0\times 3.01) + 2\times(14.0\times 5.32) + 4\times(21.0\times 6.41) \\ + 2\times(28.0\times 6.50) + 4\times(35.0\times 6.50) + 2\times(42.0\times 6.50) \\ + 4\times(49.0\times 6.50) + 2\times(56.0\times 5.77) + 4\times(63.0\times 3.06) + 1\times 0 \end{array}\right\}$$

$$= 12327\,[\mathrm{m}^4]$$

一方，例題 3-5 のような近似計算によって，面積 $A = \iint_A dxdy \fallingdotseq 700\,[\mathrm{m}^2]$ である．ゆえに図心の x 座標は $x_0 \fallingdotseq 2 \times 12327 \div 700 = 35.2\,[\mathrm{m}]$ と求まる．

② 断面図の x 軸の周りの 2 次モーメントは次式によって得られる．

$$\iint_A y^2 dxdy = \int_{x_{AP}}^{x_{FP}}\left\{\int_{-b(x)}^{+b(x)} y^2 dy\right\}dx = \int_{x_{AP}}^{x_{FP}} \left[\frac{y^3}{3}\right]_{-b(x)}^{+b(x)} dx = 2\int_{x_{AP}}^{x_{FP}} \frac{\{b(x)\}^3}{3}dx = \frac{2}{3}\int_{x_{AP}}^{x_{FP}} \{b(x)\}^3 dx$$

この式のなかの定積分の近似計算には，次式のようにシンプソンの法則を適用できる．

$$\int_{x_{AP}}^{x_{FP}} \{b(x)\}^3 dx \fallingdotseq \frac{h}{3}\{1b_{AP}{}^3 + 4b_1{}^3 + 2b_2{}^3 + 4b_3{}^3 + 2b_4{}^3 + 4b_5{}^3 + 2b_6{}^3 + 4b_7{}^3 + 2b_8{}^3 + 4b_9{}^3 + 1b_{FP}{}^3\}$$

$$= \frac{7.0}{3}\left\{\begin{array}{l} 1\times 0 + 4\times 3.01^3 + 2\times 5.32^3 + 4\times 6.41^3 + 2\times 6.50^3 + 4\times 6.50^3 \\ + 2\times 6.50^3 + 4\times 6.50^3 + 2\times 5.77^3 + 4\times 3.06^3 + 1\times 0 \end{array}\right\}$$

$$= 12269\,[\mathrm{m}^4]$$

ゆえに，断面図の x 軸の周りの 2 次モーメントは $(2/3) \times 12269 = 8.18 \times 10^3\,[\mathrm{m}^4]$ と計算される．

3.3 材料力学基礎

前節では物体の運動について学んだが，その物体は決して変形しないものと仮定していた．しかし鋼鉄の船も，曲がったり，さらには壊れたりすることもある．本節では，物体の変形や破断についての基本的な法則を学ぶことで，丈夫な船体をつくるためにはどのように工夫すればよいのかを理解できるようになる．

3.3.1 応力とひずみ

前節で扱ったような，糸で引かれる力や重力など，物体の外部との作用や反作用による力は**外力**と呼ばれる．決して変形しない物体（このような物体を剛体という）の運動について考える場合には，物体を一体のものとして考えてよく，外力の合力が物体全体に作用するものとして考えてよい．しかし，変形する物体について考える場合には，物体を微小な部分の集合体として考え，それぞれの部分にそれぞれ力が作用するものとして考えたほうがよい．その場合，物体を構成する微小部分に作用する，隣接する他の微小部分から作用される力についても考える必要がある．このような物体内部で作用しあう力は**内力**と呼ばれる．

まず図 3.33 のような作用について考える．この物体は，均質な材料でつくられた，一様な断面積 A を持つ，z 軸方向に細長い直方体である．この物体を引き伸ばそうとするように，面 z_2 と面 z_1 に，z 軸方向の外力（大きさは P）を作用させている．剛体としては，力の釣り合いの条件（式 3.37）が満たされており，この物体は移動することなく変形する．

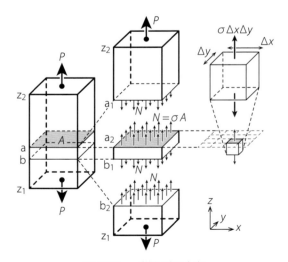

図 3.33　一様な引張応力

この物体の内部に，外力に垂直で x–y 平面に平行な，仮想的な断面 a や断面 b があるものと考え，断面 a では面 a_1 と面 a_2 が接合しており，断面 b では面 b_1 と面 b_2 が接合しているものと仮定する．すなわち，物体 z_2a_1 と物体 a_2b_1 と物体 b_2z_1 の，3 つの仮想的な物体の接合によって物体 z_2z_1 が構成されているものと考える．外力は物体 z_2a_1 を上に移動させ，物体 b_2z_1 を下に移動させようと作用する．

これらの接合が分離することなく保たれているならば，面 a_1 と面 a_2 は互いに引き寄せ合い，また面 b_1 と面 b_2 も互いに引き寄せ合っているものと考えられる．そのような力が内力である．なお，ここで作用・反作用の法則より，面 a_1 が面 a_2 を引く力と，面 a_2 が面 a_1 を引く力は，互いに同じ大きさで逆の向きとなっている．また，この内力の大きさ N は，物体 z_2a_1 における釣り合いの条件（式 3.37）から，外力の大きさ P とも等しくなっている．同様の関係が断面 b や物体 b_2z_1 でも成立している．内力を生じさせる外力のことを**荷重**（Load）ともいう．

この内力 N は面積 A の面全体に分布して生じている．分布が一様であれば，次式のように，内力 N の面密度 σ を考えることができる．この σ を**応力**（Stress）という．このとき力の大きさが $1\,[\mathrm{N}]$ であり，面の面積が $1\,[\mathrm{m}^2]$ であれば，応力の大きさは $1\,[\mathrm{Pa}]$（パスカル）である．

$$\sigma = \frac{N}{A}, \quad N = \sigma A \tag{3.67}$$

この応力は図 3.33 の物体の内部のあらゆる部分に生じている．物体内部の任意の位置において，z 軸に垂直な面の面積が $\Delta x \Delta y$ である微小部分は，z 軸方向の内力によって引き伸ばされようとしており，その微小部分に作用する内力の大きさは $\sigma \Delta x \Delta y$ となっている．内力の分布が一様でない場合でも，面全体を微小部分に分割して個々に求めた内力の合力を計算することで，面全体に作用する内力 N を得ることができる．すなわち，位置 (x,y) によって異なる応力を関数 $\sigma(x,y)$ によって表し，注目する面の領域を記号 A によって表せば，N は次式のように表される．

$$N = \iint_A \sigma(x,y)\,dxdy \tag{3.68}$$

さて，このような外力 P の作用によって，物体が図 3.34 のように引き伸ばされたとする．変形前の物体の長さが l，変形後の物体の長さが l' であるとき，その長さの差 $\lambda = l' - l$ を**伸び**という．また単位長さ当たりの伸びを**ひずみ**（Strain）という．物体が一律に引き伸ばされている場合には，ひずみ ε は次式によって表される．

$$\varepsilon = \frac{\lambda}{l} = \frac{l'-l}{l}, \quad \lambda = \varepsilon l, \quad l' = (1+\varepsilon)l \tag{3.69}$$

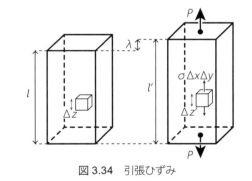

図 3.34 引張ひずみ

このひずみは図 3.34 の物体の内部のあらゆる部分に表れている．物体内部の任意の位置において，z 軸に平行な辺の長さが Δz であった微小部分は，z 軸方向の応力 σ によって $\varepsilon \Delta z$ だけ伸び，結果として z 軸に垂直な辺の長さは $\Delta z' = (1+\varepsilon)\Delta z$ となっている．

鋼鉄などの材料は，応力やひずみが小さい場合には，ばねのように振る舞う．鋼鉄の棒に小さな荷重を作用させると少しだけ伸びが生じ，荷重を 2 倍に増やせば伸びも 2 倍に増えるが，荷重を取り除けば棒は元の長さに戻る．小さな外力によって少しだけ変形が生じているとき，次式のように，ひずみ ε は応力 σ に比例しており，また応力 σ はひずみ ε に比例している．この法則を**フックの法則**（Hooke's law）という．また，式 (3.70) に表れる比例係数 E を**縦弾性係数**あるいは**ヤング率**（Young's modulus）という．

$$\varepsilon = \frac{\sigma}{E}, \quad \sigma = E\varepsilon \tag{3.70}$$

荷重はさまざまな向きで作用する．上で考えた場合のような，物体を引き伸ばそうとする荷重によって生じる応力は**引張応力**と呼ばれる．また引き伸ばされた物体のひずみは**引張ひずみ**と呼ばれる．一方，物体を押し潰そうとする荷重が作用している場合でも，同様に内力や応力を考えることができ，その応力は**圧縮応力**と呼ばれる．また押し潰された物体のひずみは**圧縮ひずみ**と呼ばれる．圧縮応力と圧縮ひずみの間にも，小さな応力に対してはフックの法則（式

3.70）が成立する。ただし，引張応力の σ は正の値となり，圧縮応力の σ は負の値となる。また，引張ひずみの ε は正の値となり，圧縮ひずみの ε は負の値となる。仮想的な断面に垂直に作用する応力，すなわち引張応力と圧縮応力は，あわせて**垂直応力**（Normal stress）と呼ばれ，仮想的な断面に垂直に作用する内力は**軸力**（Axial force）と呼ばれる。引張ひずみと圧縮ひずみは，あわせて**垂直ひずみ**（Normal strain）と呼ばれる。

次に，図 3.35 (a) のような作用について考える。この物体は均質な材料でつくられた直方体で，x 軸に垂直な断面の面積が A_x であり，z 軸に垂直な断面の面積は A_z である。この物体に，z–x 平面に平行な 2 組の偶力が作用している。1 組は z 軸の方向に作用する大きさ P_{xz} の偶力であり，もう 1 組は x 軸の方向に作用する大きさ P_{zx} の偶力である。これら 2 組の偶力によるモーメントは釣り合いの条件（式 3.38）を満たしており，この物体は回転することなく変形する。

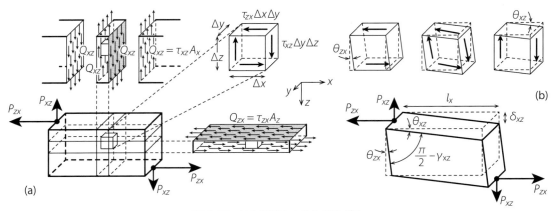

図 3.35　せん断応力とせん断ひずみ

この物体の内部に，x 軸に垂直な，仮想的な断面があるものと考える。偶力 P_{xz} は断面の左側の物体を上に移動させ，断面の右側の物体を下に移動させようと作用する。接合が保たれているならば，この仮想的な断面には内力 Q_{xz} が生じていると考えられる。その内力 Q_{xz} の向きは z 軸に平行であり，大きさは P_{xz} と釣り合っている。このような，仮想的な断面に平行に作用する内力は，**せん断力**（Shear force）と呼ばれる。

この内力 Q_{xz} は面積 A_x の面全体に分布して生じている。分布が一様であれば，次式のように，内力 Q_{xz} の面密度 τ_{xz} を考えることができる。この τ_{xz} を**せん断応力**（Shear stress）という。分布が一様でない場合でも，その位置 (y,z) によって異なる応力を関数 $\tau_{xz}(y,z)$ によって表し，注目する断面の領域を記号 A_x によって表せば，内力 Q_{xz} は式 (3.72) のように表される。

$$\tau_{xz} = \frac{Q_{xz}}{A_x}, \quad Q_{xz} = \tau_{xz} A_x \tag{3.71}$$

$$Q_{xz} = \iint_{A_x} \tau_{xz}(y,z) dydz \tag{3.72}$$

同様に，z 軸に垂直な面には，偶力 P_{zx} による内力 Q_{zx} と，x 軸と平行なせん断応力 $\tau_{zx} = Q_{zx}/A_z$ が生じている。

これらの応力は図 3.35 の物体の内部のあらゆる部分に生じている。物体内部の任意の位置における微小部分の，x 軸に垂直な面（面積は $\Delta y \Delta z$）には内力 $\tau_{xz} \Delta y \Delta z$ が z 軸と平行に作用しており，z 軸に垂直な面（面積は $\Delta x \Delta y$）には内力 $\tau_{zx} \Delta x \Delta y$ が x 軸と平行に作用している。これらの内力は 2 組の偶力であり，そのモーメントの大きさはそれぞれ $\tau_{xz} \Delta x \Delta y \Delta z$ と $\tau_{zx} \Delta x \Delta y \Delta z$ である。微小部分が回転することなく変形する場合，これらのモーメントは釣り合っており，τ_{xz} と τ_{zx} は同じ大きさの応力（すなわち $\tau_{xz} = \tau_{zx}$）となっている。

せん断応力 τ_{xz} と τ_{zx} によって，微小部分が図 3.35 (b) のように変形したとする。変形前に x 軸に平行であった線は，せん断応力 τ_{xz} によって角度 θ_{xz} だけ z 軸側に傾き，また変形前に z 軸に平行であった線は，せん断応力 τ_{zx} によって角度 θ_{zx} だけ x 軸側に傾いたとする。これらの角度を弧度法で表した値や，それらの和 $\gamma_{xz} = \theta_{xz} + \theta_{zx}$ を，せ

ん断ひずみ（Shear strain）という。x 軸方向の長さが l_x である物体において，一様なせん断ひずみ θ_{xz} が生じた場合，x 軸に垂直な面には z 軸に平行な変位が生じる。その大きさは $\delta_{xz} = l_x \tan\theta_{xz}$ となるが，ここで θ_{xz} が微小な角度であれば，近似式 (3.5) によって，$\delta_{xz} = l_x \theta_{xz}$ となる。また $\theta_{xz} = \delta_{xz}/l_x$ となり，これは変位からひずみを求める計算式となる。

せん断応力とせん断ひずみの間にも，それらが小さい場合には，次式のようにフックの法則が成立する。また，この式に表れる比例係数 G を**横弾性係数**という。

$$\gamma_{xz} = \frac{\tau_{xz}}{G}, \quad \tau_{xz} = G\gamma_{xz} \tag{3.73}$$

なお，物体内の微小部分を回転させることなく変形させようとする 2 組のせん断応力は，座標系を傾けることによって，引張応力と圧縮応力の組み合わせとして扱うこともできる。

3.3.2 材料の強度

鋼鉄などの材料でつくられた物体は，前述のとおり，応力やひずみが小さい場合には，ばねのような振る舞いを見せる。しかし応力やひずみが大きい場合には別の振る舞いを見せ，元に戻らないような変形をしたり，壊れたりすることもある。

図 3.36 は，鋼鉄の一種である軟鋼でつくられた棒を，引張試験機で少しずつ伸ばしながら，棒が縮もうとする力の大きさを測定し，その結果をグラフに描いたものである。横軸は棒の伸び λ から換算したひずみ ε であり，縦軸は棒から試験機への反作用の力（荷重 P と釣り合う力）から換算した応力 σ である。このようなグラフは**応力ひずみ線図**（Stress-strain diagram）と呼ばれる。

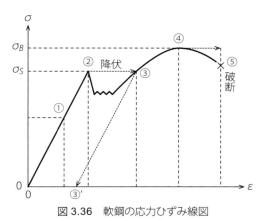

図 3.36 軟鋼の応力ひずみ線図

図 3.36 の原点は，棒が伸びる前の，元の状態を表す。点①前後の大きさのひずみに対しては，おおよそフックの法則（式 3.70）が成立し，応力 σ はひずみ ε に比例しており，グラフは原点を通る直線となっている。しかし，棒を点②よりも伸ばしてしまった場合，フックの法則が成立しなくなり，ひずみ ε の増大に対して応力 σ が減少するような振る舞いや，ひずみ ε の変化に対して応力 σ が変化しないような振る舞いが見られる。さらに棒を伸ばし続ければ，点③前後において，ひずみ ε の増大に対して応力 σ も増大するような振る舞いが再び見られるようになるが，しかしフックの法則のような比例関係ではない。棒を点④よりも伸ばし続ければ，またひずみ ε の増大に対して応力 σ が減少するようになり，さらに点⑤において棒は破断する。

棒に作用する荷重 P を少しずつ増やす場合について考える。図 3.36 の点①前後の大きさの荷重に対しては，おおよそフックの法則が成立しており，ひずみ ε は応力 σ に比例している。棒は少しずつ伸びているが，荷重を取り除けば状態は原点に戻り，棒の長さは元に戻る。しかし点②まで荷重を増やしたとき，棒は一気に点③まで伸びてしまう。この現象は**降伏**（Yielding）と呼ばれる。降伏の後では，たとえ荷重を取り除いても，棒は縮むものの，元の長さには戻らず，③′ の状態となる。降伏が発生する②の点は**降伏点**と呼ばれ，降伏点②の応力 σ_S は**耐力**（Yield strength）と呼ばれる。③′ の状態で残ってしまうひずみは二度と取り除けないものであり，**永久ひずみ**（Permanent strain）と呼ばれる。鋼鉄で船体をつくる際には，あらゆる部分において，生じうる最大応力が耐力 σ_S を超えることがないように，工夫しなければならない。

図 3.36 の原点から降伏点②までの，元に戻ることもできる変形は，**弾性変形**（Elastic deformation）と呼ばれる。降伏点②を超える荷重によって点③まで伸びた棒において，さらに荷重が増え続ければ，棒はさらに伸び続けるが，これは二度と元に戻ることのできない変形であり，**塑性変形**（Plastic deformation）と呼ばれる。さらに点④まで荷重が増えたとき，棒は一気に⑤まで伸びて破断する。すなわち，棒が破断することなく耐えることのできる最大の荷重に釣

り合う最大の引張応力は，点④における応力 σ_B であり，**引張強さ**（Tensile strength）と呼ばれる。同様に圧縮試験やせん断試験によって**圧縮強さ**（Compressive strength）や**せん断強さ**（Shear strength）が求まる。これら3つの強さは，あわせて**極限強さ**と呼ばれる。

耐力や極限強さは，材料の種類によってさまざまな値となる。耐力や極限強さの大きい材料は強い材料であると言える。

3.3.3 曲げモーメント

先に考えた図3.33や図3.35のような荷重による変形は，いずれも，変形前に平行であった面を，変形後も平行なまま保つものであった。しかし，たとえば次の図3.37のように，左右を下から支えられた梁の中央付近を上から押さえつけた場合，その荷重は物体全体を回転させることはないものの，物体の左側面と右側面を互いに逆方向に回転させ，それらの平行関係を変えようと作用する。このような作用は**曲げ**（Bending）と呼ばれる。

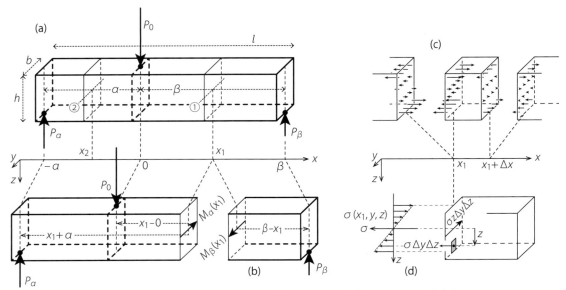

図 3.37　集中荷重の作用する両端支持梁における曲げモーメントと垂直応力

図3.37(a)は，均質な材料でつくられた，一様な断面積 A を持つ，x 軸方向に長い直方体である。物体の端点は $x = -\alpha$ と $x = \beta$ にあり，全体の長さは $l = \alpha + \beta$ である。この物体を曲げようとするように，$x = 0$ の点に外力 P_0 が，$x = -\alpha$ の点に外力 P_α が，$x = \beta$ の点に外力 P_β が，z 軸に平行に作用している。ここで，剛体としては力の釣り合いの条件（式3.37および3.38）が満たされており，この物体が全体としては移動も回転もすることなく変形するものとすれば，次式の関係が満たされているはずである。

$$P_\alpha = \frac{\beta}{l} P_0, \quad P_\beta = \frac{\alpha}{l} P_0, \quad P_\alpha + P_\beta = P_0$$

この物体の内部の $x = x_1$（$x_1 > 0$ とする）の点に，x 軸に垂直で y–z 平面に平行な，仮想的な断面があるものと仮定する。すなわち図3.37(b)のように，$-\alpha \leq x < x_1$ の物体と $x_1 < x \leq \beta$ の物体の2つの仮想的な物体の接合によって，物体全体が構成されているものと考える。このとき，断面 $x = x_1$ 上にある，y 軸に平行な仮想的な回転軸①を中心として，$-\alpha \leq x < x_1$ の物体を回転させようと作用するモーメントの大きさ $M_\alpha(x_1)$ は，次式のように求まる。

$$M_\alpha(x_1) = P_\alpha(x_1 + \alpha) - P_0(x_1 - 0)$$

また，同じ断面の同じ回転軸①を中心として，$x_1 < x \leq \beta$ の物体を回転させようと作用するモーメントの大きさ $M_\beta(x_1)$ は，次式のように求まる。

$$M_\beta(x_1) = P_\beta(\beta - x_1)$$

さらに，物体全体の釣り合いの条件が満たされていれば，これらのモーメントの大きさは等しく，次式のとおり定まる。

$$M(x_1) = M_\alpha(x_1) = M_\beta(x_1) = \frac{\alpha(\beta - x_1)}{l}P_0 \tag{3.74}$$

この大きさ $M(x_1)$ のモーメントが，$x = x_1$ における仮想的な断面の一方を時計回りに回転させようと作用し，もう一方を反時計回りに回転させようと作用する。すなわちこのモーメントは $x = x_1$ において物体を曲げようと作用する。このような作用をするモーメントは**曲げモーメント**（Bending moment）と呼ばれる。同様にして，$x = x_2$（$x_2 < 0$ とする）においても，仮想的な断面と回転軸②を考えることにより，曲げモーメントの大きさ $M(x_2)$ を次式のように求めることができる。なお，曲げモーメントの符号について，z 軸の正の向き（図では下向き）へ物体が凸になるように作用するものを正と定めることにする。

$$M(x_2) = P_\alpha(x_2 + \alpha) = P_\beta(\beta - x_2) - P_0(0 - x_2) = \frac{\beta(x_2 + \alpha)}{l}P_0 \tag{3.75}$$

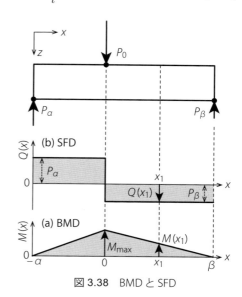

図 3.38 BMD と SFD

曲げモーメントの大きさは，仮想的な断面の位置によってさまざまな値となる。図 3.37 の物体において，さまざまな x について曲げモーメントの大きさを求め，関数 $M(x)$ としてグラフに描けば，図 3.38 (a) のようになる。このようなグラフを**曲げモーメント図**（BMD：Bending moment diagram）という。この図の例では，$M(x)$ は $x = 0$ において最大となっている。この最大値を**最大曲げモーメント**という。この曲げモーメント図より，この物体は $x = 0$ において最も強く曲げ作用を受けることがわかる。

さて，この曲げモーメントは，仮想的な断面の左右の物体を，上部においては近づけあい，下部においては遠ざけあうように回転させようとする。ゆえに，物体の上部には左右から押し潰そうとする作用が働き，下部には左右に引き伸ばそうとする作用が働くことになる。この作用に抗って物体が形状を保とうとしているなら，図 3.37 (c) のように，仮想的な断面 $x = x_1$ の上部には押し退けあう軸力が，下部には引き寄せ合う軸力が生じていると考えられる。すなわち，断面の上部には x 軸方向の圧縮応力が，下部には x 軸方向の引張応力が生じていることになる。

この，z 軸方向の位置によって異なる，一様でない垂直応力の分布の様子は，図 3.37 (d) のようなグラフによって表される。この垂直応力を関数 $\sigma(x, y, z)$ で表すとすれば，$x_1 < x \leq \beta$ の物体の左側面上の位置 (x_1, y_1, z_1) にある微小部分（面積は $\Delta y \Delta z$）には軸力 $\sigma(x_1, y_1, z_1)\Delta y \Delta z$ が作用し，その軸力によって y 軸を回転軸とするモーメント $\sigma(x_1, y_1, z_1)z_1 \Delta y \Delta z$ が生じていると考えられる。このモーメントを断面の領域 A の全体にわたって求めて足し合わせれば，すなわち次式の右辺の積分を行えば，垂直応力がこの面を回転させようとするモーメントの総和が求まる。このモーメントの総和の大きさは，断面 $x = x_1$ における曲げモーメントの大きさ $M(x_1)$ と釣り合っていると考えられる。

$$M(x_1) = \iint_A \sigma(x_1, y, z)z\,dy\,dz \tag{3.76}$$

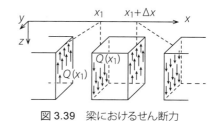

図 3.39 梁におけるせん断力

一方，図 3.37 の仮想的な断面 $x = x_1$（$x_1 > 0$ とする）には，軸力だけでなく，z 軸に平行なせん断力も，図 3.39 のように生じていると考えられる。そのせん断力の大きさは，$-\alpha \leq x < x_1$ の物体を z 軸方向に移動させようと作用する力や，$x_1 < x \leq \beta$ の物体を z 軸方向に移動させようと作用する力と，釣り合っていると考えられる。ゆえに，この断面 $x = x_1$ の全体に作用するせん断力 $Q(x_1)$ は次式のように求まる。なおここで，せん断力の符号について，

断面の両側のうち x 座標の大きい側を z 軸の正の向き（図では下向き）へ動かそうとする外力によって生じるものを正と定めている。

$$Q(x_1) = P_\alpha - P_0 = -P_\beta$$

同様にして，断面 $x = x_2$（$x_2 < 0$ とする）におけるせん断力 $Q(x_2)$ も，次式のように求まる。

$$Q(x_2) = P_\alpha = P_0 - P_\beta$$

せん断力 Q の大きさは，仮想的な断面の位置によって異なる値となる。図 3.37 の物体において，さまざまな x についてせん断力の大きさを求め，関数 $Q(x)$ としてグラフに描けば，図 3.38 (b) のようになる。このようなグラフを**せん断力図**（SFD : Shear force diagram）という。

せん断応力 τ の分布は一様ではないが，そのせん断応力を関数 $\tau(x,y,z)$ で表すとすれば，式 (3.72) と同様，$Q(x) = \iint_A \tau(x,y,z) dy dz$ の関係が成立していると考えられる。物体内部の任意の微小部分に作用する応力は，垂直応力 $\sigma(x,y,z)$ とせん断応力 $\tau(x,y,z)$ の合成となっている。

ここで再び図 3.37 の物体の曲げモーメント M について考える。図 3.38 (a) のとおり，断面 $x = x_1$ における曲げモーメント $M(x_1)$ と，断面 $x = x_1 + \Delta x$ における曲げモーメント $M(x_1 + \Delta x)$ は，異なる大きさとなっている。これらの差のモーメント $M(x_1 + \Delta x) - M(x_1)$ は，図 3.37 (c) における $x_1 < x < x_1 + \Delta x$ の物体を回転させようとしている。一方，図 3.39 のとおり，この物体の面 $x = x_1$ と面 $x = x_1 + \Delta x$ に偶力として作用するせん断力 $Q(x_1)$ と $Q(x_1 + \Delta x)$ によっても，モーメント $Q(x_1)\Delta x$ が生じており，この物体を回転させようとしている。この物体が回転することなく変形するならば，これら 2 つのモーメントが互いに釣り合い，次式の関係が成立していると考えられる。

$$M(x_1 + \Delta x) - M(x_1) = Q(x_1)\Delta x, \quad Q(x_1) = \frac{M(x_1 + \Delta x) - M(x_1)}{\Delta x}$$

すなわち $Q(x_1)$ は関数 $M(x)$ の $x = x_1$ における微分係数となっている。したがって式 (3.77) のとおり，関数 $Q(x)$ は $M(x)$ の導関数となっている。また $M(x)$ は $Q(x)$ の原始関数となるから，式 (3.78) のとおり，$Q(x)$ の定積分から $M(x)$ の差を求めることができる。

$$Q(x) = \frac{d}{dx}M(x) \tag{3.77}$$

$$M(x_1) - M(0) = \int_0^{x_1} Q(x)dx, \quad M(0) - M(x_2) = \int_{x_2}^0 Q(x)dx \tag{3.78}$$

図 3.38 の例においても，この関係を確認できる。これらの式を利用すれば，曲げモーメント $M(x)$ の分布からせん断力 $Q(x)$ の分布を計算したり，せん断力 $Q(x)$ の分布から曲げモーメント $M(x)$ の分布を計算したりすることが可能である。

さて，このような曲げモーメント M の作用によって，図 3.37 の物体の一部 $x_1 < x < x_1 + \Delta x$ が図 3.40 のように曲げられたとする。変形前には距離 Δx の間隔で平行であった断面 $x = x_1$ と断面 $x = x_1 + \Delta x$ が，変形後には角度 $\Delta \theta$ で交わる面になっているとする（なお角度は弧度法で表されるものとする）。このとき，単位長さ当たりの角度変化 $\phi = \Delta \theta / \Delta x$ を**曲率**という。また曲率の逆数 $1/\phi = \Delta x / \Delta \theta$ を**曲率半径**という。変形前，各断面上の図心を結んでいた直線は，変形後，長さは Δx のままで，半径 $1/\phi$ の円弧となっている。

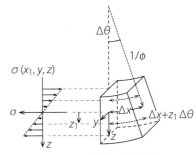

図 3.40　曲率と垂直応力

図心に y–z 平面の原点を定めれば，変形前には各断面上の座標 (y_1, z_1) を結んでいた長さ Δx の直線は，変形後には長さ $(\rho + z_1)\Delta\theta = \Delta x + z_1 \Delta\theta$ の円弧となっている。すなわち，この線に沿ってひずみ $\varepsilon(x_1, y_1, z_1) = z_1 \Delta\theta/\Delta x = z_1\phi$ が生じていることになる。したがって変形が小さい場合には，フックの法則（式 3.70）より，この線に沿って生じている断面に垂直な応力は

$\sigma(x_1, y_1, z_1) = E z_1 \phi$（$E$ は縦弾性係数）と表される．同様にして，断面上のあらゆる点 (x_1, y, z) についての垂直応力が，次式のような z 座標の関数 $\sigma(z)$ として表される．

$$\sigma(z) = E z \phi \tag{3.79}$$

この式を式 (3.76) に代入することにより，次式が得られる．

$$M = \iint_A (E z \phi) z \, dy dz = E \phi \iint_A z^2 dy dz$$

ここで式 (3.81) のように，この断面の y 軸（曲げモーメントのベクトルの向き）の周りの 2 次モーメント（式 (3.64) 参照）を I_y とすれば，上の式は式 (3.80) のように簡単な形式となる．この I_y は y 軸の周りの**断面 2 次モーメント**とも呼ばれる．断面 2 次モーメントは，断面の大きさや形状，また物体が曲がる方向によって異なる量である．一様な断面を持つ物体に一定の向きの外力を作用させる場合であれば，断面 2 次モーメントは一定である．すなわち，応力とひずみの間の比例関係（フックの法則）が成立する限り，曲げモーメント M と曲率 ϕ の間にも比例関係が成立することになる．

$$M = E I_y \phi \tag{3.80}$$

$$I_y = \iint_A z^2 dy dz \tag{3.81}$$

材料の変形が弾性変形である限り，図 3.37 の物体が，曲げようとする作用に対してばねのように振る舞うことを，この式 (3.80) は示している．鋼鉄の梁に小さな荷重を作用させると少しだけ曲がるが，荷重を取り除けば梁は元の形に戻る．ただし，材料が降伏して弾性変形ではなく塑性変形を生じてしまう部分，つまり図 3.36 の耐力 σ_S を超える応力が生じてしまう部分が，物体のどこか一点にでも現れれば，その物体の形状はもう二度と元に戻らないことになる．ゆえに，荷重に対して，物体が永久的な変形を残すことなく耐えられるか否かを考える際には，物体のなかで最も大きな応力が生じる部分について考える必要がある．

図 3.40 や式 (3.79) を見ると，断面のなかで最も大きな垂直応力が生じる位置は，z 方向の範囲の端点（上端あるいは下端）であることがわかる．図心に原点を定めて，z 座標の絶対値の最大値（y 軸から上端または下端のうち遠いほうまでの距離）を $h_{\max}$ とすると，ある曲げモーメント M の作用している断面において最大の垂直応力の大きさは，式 (3.79) および式 (3.80) より，次式によって求まることになる．

$$\sigma(h_{\max}) = E h_{\max} \phi = \frac{h_{\max}}{I_y} M$$

この式における M に，図 3.38 のような曲げモーメント図から求まる最大曲げモーメント $M_{\max}$ を代入すれば，物体全体のなかで最も大きな垂直応力 $\sigma_{\max}$ を知ることができる．さらにここで，**断面係数**（Section modulus）と呼ばれる量 Z を式 (3.83) のように定めれば，最大応力 $\sigma_{\max}$ は式 (3.82) によって得られることになる．断面係数 Z は，断面の大きさや形状，また物体が曲がる方向によって異なる量であるが，一様な断面を持つ物体に一定の向きの外力を作用させる場合であれば，断面係数 Z は一定である．

$$\sigma_{\max} = \frac{M_{\max}}{Z} \tag{3.82}$$

$$Z = \frac{I_y}{h_{\max}} \tag{3.83}$$

図 3.37 の直方体の場合，y 軸の周りの断面 2 次モーメント I_y と断面係数 Z は次式のように求まる．なお，断面の y 軸方向の幅を b，z 軸方向の高さを h としている．

$$I_y = \int_{-\frac{b}{2}}^{\frac{b}{2}} dy \int_{-\frac{h}{2}}^{\frac{h}{2}} z^2 dz = \frac{bh^3}{12}, \quad Z = \frac{I_y}{(h/2)} = \frac{bh^2}{6} \tag{3.84}$$

また，図 3.38 より曲げモーメントは $x = 0$ において最大であり，その最大曲げモーメント $M_{\max}$ は，式 (3.74) や式 (3.75) において x_1 や x_2 を 0 に近づけることにより，$M_{\max} = (\alpha\beta/l)P_0$ と求まる。ゆえに最大応力 $\sigma_{\max}$ は $\sigma_{\max} = (\alpha\beta/Zl)P_0 = (6\alpha\beta/lbh^2)P_0$ であることがわかる。この最大応力 $\sigma_{\max}$ が材料の耐力 σ_S を超えると，$x = 0$ の位置の上端もしくは下端において降伏が発生し，物体は永久的に変形することになる。

材料の耐力 σ_S が既知である場合，図 3.37 の物体が永久的な変形を残すことなく耐えられる荷重 P_0 の限界値は $(lbh^2/6\alpha\beta)\sigma_S$ と見積もられる。同じ長さの梁でも，荷重の作用点が中央に近いほうが，限界値は小さくなる。同じ断面積の梁でも，縦の高さの大きな梁のほうが，限界値は大きくなる。一般に，最大曲げモーメント $M_{\max}$ が小さくなるよう荷重の分布を工夫することによって，梁の変形を防ぐことができる。また，断面係数 Z が大きくなるよう断面の形状を工夫することによって，丈夫な梁をつくることができる。

船体は，幅や深さに比べて長さの大きな物体であり，全体として 1 つの大きな梁に似た物体である。船に積載される貨物からの作用や，さまざまに変化する水面からの作用は，船体全体を曲げたり捩ったりするが，そのような複雑な外力に耐えうる船体の構造や材料について考える場面でも，本節で学んだ基礎的な知見は大いに役立つであろう。

例題 3-11 高さ 3 [m]，幅 4 [m]，長さ 20 [m] の直方体の梁がある。この梁は両端を鉛直上向きに支持されている。この梁の長さ方向を 4 等分する 3 点と両端点の計 5 点に，それぞれ 60 [N] の荷重が鉛直下向きに作用し，梁を曲げようとしている。梁の重量は無視されるものとする。以下の小問①～④に答えよ。

① 両端点における支持力はそれぞれいくらか。
② SFD と BMD を描き，最大曲げモーメントを求めよ。
③ この曲げ作用における，梁の断面 2 次モーメントと断面係数を求めよ。
④ 最大応力を求めよ。

解 ① 5 点の荷重の合力の大きさは $60 \times 5 = 300$ [N] であり，その合力の作用線は梁の中心にある。釣り合いの条件より，2 点の支持力の合力の大きさも 300 [N] であり，その合力の作用線も梁の中心にあると考えられる。2 点の支持力の作用線は梁の中心から等距離にあるから，2 点の支持力の大きさは等しいと考えられる。ゆえに支持力はそれぞれ 150 [N] である。

② 梁の長さ方向に x 軸をとり，その原点を梁の一端に定める。さまざまな x 座標の断面において，その断面よりも x 座標の大きい領域に作用する荷重と支持力の合力の大きさが，各断面におけるせん断力となる。たとえば断面 $x = 2$ においては，$x > 2$ の領域に作用する 4 点の荷重と 1 点の支持力の合力より，せん断力は $60 \times 4 - 150 = 90$ [N] と計算される（鉛直下向きを正とする）。なお，$x < 2$ の領域の合力 $60 - 150 = -90$ [N] と同じ大きさで逆方向の力が，$x > 2$ の領域に作用しているはずであると考えてもよい。同様にして，断面 $x = 12$ においては，せん断力は $60 \times 2 - 150 = -30$ [N] と計算される。このような計算から，SFD は図 3.41 のように描かれる。

各断面におけるせん断力が求まれば，その定積分（SFD における面積）から，曲げモーメントの差が求まる（式 3.78）。たとえば断面 $x = 12$ における曲げモーメントと，端点 $x = 0$ における曲げモーメントとの差は，SFD における $0 < x < 12$ の範囲での面積より，$90 \times 5 + 30 \times 5 + (-30) \times 2 = 540$ [N·m] と計算される。さらに $x = 0$ における曲げモーメントはゼロであると考えられるから，$x = 12$ における曲げモーメントは 540 [N·m] である。このような計算から，BMD は図 3.41 のように描かれる。

図より，曲げモーメントは梁の中心 $x = 10$ において最大となり，その最大曲げモーメントは $90 \times 5 + 30 \times 5 = 600$ [N·m] と計算される。

③ 式 (3.84) において $b = 4$ [m]，$h = 3$ [m] とする。断面 2 次モーメントは $(4 \times 3^3)/12 = 9$ [m^4]，断面係数は $(4 \times 3^2)/6 = 6$ [m^3] と求まる。

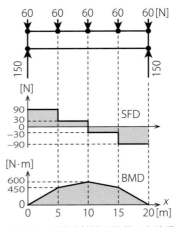

図 3.41　両端支持梁と複数の点荷重

④ 式 (3.82) より，最大応力は $600/6 = 100\,[\mathrm{Pa}]$ と計算される。

例題 3-12 同じ断面積を持つ3種類の梁があり，それぞれの断面形状は図 3.42 の①〜③のとおりである。この梁に上下方向の荷重を作用させ，断面の図心と通る軸（図中の一点鎖線）を中心とする最大 $2{,}700\,[\mathrm{N\cdot m}]$ の曲げモーメントを作用させた。①〜③の梁のそれぞれについて，最大応力を求めよ。

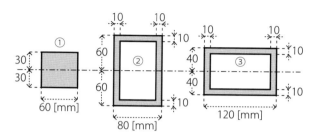

図 3.42 梁の断面形状の例

解 ① 幅が b，高さが h である長方形の断面の，図心を通る幅方向軸の周りの断面 2 次モーメント I_y は，式 (3.84) のとおり，$I_y = bh^3/12$ となる。幅 $b = 60\,[\mathrm{mm}]$，高さ $h = 60\,[\mathrm{mm}]$ の場合，$I_y = 60 \times 60^3/12 = 1.08 \times 10^6\,[\mathrm{mm}^4] = 1.08 \times 10^{-6}\,[\mathrm{m}^4]$ となる。最大応力の生じる点は断面の上端もしくは下端であり，その点の軸からの距離は $h_{\max} = 30\,[\mathrm{mm}] = 3.0 \times 10^{-2}\,[\mathrm{m}]$ である。ゆえに断面係数は $Z = I_y/h_{\max} = 0.36 \times 10^{-4}\,[\mathrm{m}^3]$ となり，最大曲げモーメントが $M_{\max} = 2700\,[\mathrm{N\cdot m}]$ であるときの最大応力は $\sigma_{\max} = M_{\max}/Z = 7.5 \times 10^7\,[\mathrm{Pa}]$ と求まる。

② 図 3.43 のように，左右方向（幅方向）を y 軸とし，上下方向を z 軸とし，図心を原点とする。断面②の領域を A_2 と表すとき，その y 軸の周りの断面 2 次モーメント $I_y\,[\mathrm{mm}^4]$ は次式によって計算される。

$$\begin{aligned}
I_y &= \iint_{A_2} z^2 dy dz = \int_{-40}^{-30} dy \int_{-60}^{60} z^2 dz + \int_{-30}^{30} dy \left(\int_{-60}^{-50} z^2 dz + \int_{50}^{60} z^2 dz \right) + \int_{30}^{40} dy \int_{-60}^{60} z^2 dz \\
&= \int_{-40}^{-30} dy \int_{-60}^{60} z^2 dz + \int_{-30}^{30} dy \left(\int_{-60}^{60} z^2 dz - \int_{-50}^{50} z^2 dz \right) + \int_{30}^{40} dy \int_{-60}^{60} z^2 dz \\
&= \int_{-40}^{40} dy \int_{-60}^{60} z^2 dz - \int_{-30}^{30} dy \int_{-50}^{50} z^2 dz
\end{aligned}$$

この式の第 1 項は，断面の外側の長方形，すなわち幅 $b = 80\,[\mathrm{mm}]$ で高さ $h = 120\,[\mathrm{mm}]$ の長方形の y 軸の周りの断面 2 次モーメントに等しく，その大きさは $bh^3/12 = 80 \times 120^3/12 = 11.52 \times 10^6\,[\mathrm{mm}^4]$ である。また第 2 項は，断面の内側の長方形，すなわち幅 $b = 60\,[\mathrm{mm}]$ で高さ $h = 100\,[\mathrm{mm}]$ の長方形の y 軸の周りの断面 2 次モーメントに等しく，その大きさは $bh^3/12 = 60 \times 100^3/12 = 5.00 \times 10^6\,[\mathrm{mm}^4]$ である。ゆえに断面②の図心を通る幅方向軸（y 軸）の周りの断面 2 次モーメントは $I_y = (11.52 \times 10^6) - (5.00 \times 10^6) = 6.52 \times 10^6\,[\mathrm{mm}^4] = 6.52 \times 10^{-6}\,[\mathrm{m}^4]$ と計算される。一般に，同一軸上に図心を持つ図形の間では，このような断面 2 次モーメントの足し引きをすることが可能である。

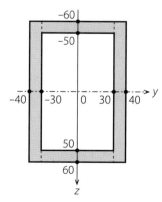

図 3.43 断面の計算例

最大応力の生じる点は，断面の上端もしくは下端であり，その点の y 軸からの距離は $h_{\max} = 60\,[\mathrm{mm}] = 6.0 \times 10^{-2}\,[\mathrm{m}]$ である。ゆえに断面係数は $Z = I_y/h_{\max} = 1.09 \times 10^{-4}\,[\mathrm{m}^3]$ となり，最大曲げモーメントが $M_{\max} = 2700\,[\mathrm{N\cdot m}]$ であるときの最大応力は $\sigma_{\max} = M_{\max}/Z = 2.5 \times 10^7\,[\mathrm{Pa}]$ と求まる。

③ 断面の外側の長方形の断面 2 次モーメントは $120 \times 80^3/12 = 5.12 \times 10^6\,[\mathrm{mm}^4]$ であり，内側の長方形の断面 2 次モーメントは $100 \times 60^3/12 = 1.80 \times 10^6\,[\mathrm{mm}^4]$ である。ゆえに上の②と同様にして，断面③の図心を通る幅方

向軸の周りの断面 2 次モーメントは $I_y = (5.12 \times 10^6) - (1.80 \times 10^6) = 3.32 \times 10^6 \,[\mathrm{mm}^4] = 3.32 \times 10^{-6} \,[\mathrm{m}^4]$ と計算される。

最大応力の生じる点は断面の上端もしくは下端であり，その点の軸からの距離は $h_\mathrm{max} = 40\,[\mathrm{mm}] = 4.0 \times 10^{-2}\,[\mathrm{m}]$ である。ゆえに断面係数は $Z = I_y/h_\mathrm{max} = 0.83 \times 10^{-4}\,[\mathrm{m}^3]$ となり，最大曲げモーメントが $M_\mathrm{max} = 2700\,[\mathrm{N \cdot m}]$ であるときの最大応力は $\sigma_\mathrm{max} = M_\mathrm{max}/Z = 3.3 \times 10^7\,[\mathrm{Pa}]$ と求まる。

例題 3-13 図 3.44 のような断面を持つ中空の梁がある（鉛直下向きを z 軸の正方向とする）。梁の長さは 50.0 [m] であり，梁は両端を支持されている。梁への荷重は全体に対して一様に，鉛直下向きに作用しているものとし，梁の長さ 1 [m] 当たりの荷重の大きさを $w\,[\mathrm{N/m}]$ とする。以下の小問①〜⑤に答えよ。

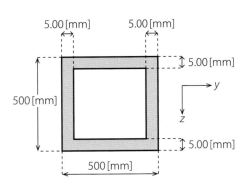

図 3.44　中空の梁の断面の例

① 梁の全体に作用する荷重の大きさと，両端を支持する力の大きさを，w を用いて表せ。
② 最大曲げモーメントを，w を用いて表せ。
③ 断面係数を求めよ。
④ 曲げモーメントによる応力の最大値を，w を用いて表せ。
⑤ 梁の材料の密度は $8{,}000\,[\mathrm{kg/m}^3]$ であり，その耐力は 200 [MPa] であったとする。この中空の梁の内部に水を少しずつ溜めたところ，ある時点で梁の最大応力が耐力に達し，梁は壊れた。このときに梁のなかに入っていた水の深さを求めよ。なお，水の密度を $1{,}000\,[\mathrm{kg/m}^3]$ とし，重力加速度を $9.8\,[\mathrm{m/s}^2]$ とする。梁と水の重量による荷重のみ考慮するものとし，梁は壊れるまで変形しないものとする。

解 ① 梁の全体に作用する荷重の大きさは $w\,[\mathrm{N/m}] \times 50.0\,[\mathrm{m}] = 50w\,[\mathrm{N}]$ となる。この荷重は梁の全体に一様に作用しているから，その合力の作用点は梁の中央である。力とモーメントの釣り合いの条件より，両端を支持する力の大きさはどちらも等しく，$50w \div 2 = 25w\,[\mathrm{N}]$ となる。

② 梁の一方の端に原点を定めるとする。原点から梁の長さ方向に $x\,[\mathrm{m}]$ の距離にある梁の断面において，その断面より原点側には荷重 $wx\,[\mathrm{N}]$ と支持力 $25w\,[\mathrm{N}]$ が逆向きに作用しており，その合力は z 軸の負方向へ $w(25-x)\,[\mathrm{N}]$ となる。反対側の荷重と支持力の合力は，同じ大きさで逆方向のはずである。ゆえにこの断面におけるせん断力は $Q(x) = w(25-x)\,[\mathrm{N}]$ となる（図 3.45 の SFD）。したがって，この断面における曲げモーメントは $M(x) = \int_0^x w(25-x)dx + M(0) = w(25x - \tfrac{1}{2}x^2) + M(0)$ となり，一方で梁の端における曲げモーメントは $M(0) = 0$ であるから，$M(x) = w(25x - \tfrac{1}{2}x^2)\,[\mathrm{N \cdot m}]$ となる（図 3.45 の BMD）。この 2 次関数は $x = 25$ において最大となるから，最大曲げモーメントの大きさは $M_\mathrm{max} = M(25) = 312.5w\,[\mathrm{N \cdot m}]$ と表される。

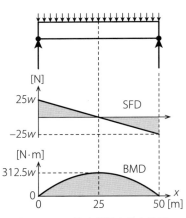

図 3.45　両端支持梁と分布荷重

③ 先の例題 3-12 と同様にして計算すると，この梁の断面 2 次モーメントは $I_y = (0.500 \times 0.500^3)/12 - (0.490 \times 0.490^3)/12 \fallingdotseq 4.043 \times 10^{-4}\,[\mathrm{m}^4]$，断面係数は $Z = (4.043 \times 10^{-4})/0.25 \fallingdotseq 1.617 \times 10^{-3}\,[\mathrm{m}^3]$

④ 上の②と③の結果から，最大応力は $\sigma_\mathrm{max} = M_\mathrm{max}/Z = w \times 1.933 \times 10^5\,[\mathrm{Pa}] = 0.1933w\,[\mathrm{MPa}]$

⑤ $\sigma_\mathrm{max} = M_\mathrm{max}/Z$ が 200 [MPa] に達したとき，$0.1933w = 200$ であるから，$w \fallingdotseq 1035\,[\mathrm{N/m}]$ である。梁の断面積は $(0.500 \times 0.500) - (0.490 \times 0.490) = 9.9 \times 10^{-3}\,[\mathrm{m}^2]$ であるから，梁の長さ 1 [m] 当たりの質量は $(9.9 \times 10^{-3}) \times 8000 = 79.2\,[\mathrm{kg/m}]$，梁の長さ 1 [m] 当たりの重量は $79.2 \times 9.8 \fallingdotseq 776\,[\mathrm{N/m}]$ である。ゆえに，梁が壊れたとき梁の長さ 1 [m] 当たりに入っていた水の重量は $1035 - 776 \fallingdotseq 259\,[\mathrm{N/m}]$ である。一方，水の深さを $d\,[\mathrm{m}]$ とすると，梁の長さ 1 [m] 当たりに入っている水の重量は $0.49 \times d \times 1000 \times 9.8 = 4802d\,[\mathrm{N/m}]$ と表される。

したがって，梁が壊れたとき $4802d = 259$ が成立しており，水の深さは $d = 0.0539\,[\mathrm{m}]$，すなわち $53.9\,[\mathrm{mm}]$ である。

3.4 流体力学基礎

前節では物体の変形について学んだが，その物体は梁などの形状を保とうとする性質を持っていた。しかし，たとえば船の周囲の水や空気は，一定の形状を保たず流れる物体，いわゆる流体である。船はその流体からの浮力を受けて浮かび，流体のなかでプロペラを回すことで推力を得て，流体からの抵抗を受けながら進む。本節では流体の振る舞いについての基本的な法則を学ぶ。

3.4.1 圧力と浮力

静止している物体において，ある水平方向の仮想的な断面よりも上側の物体を左に，下側の物体を右に移動させようとする外力が作用している場合について考える。物体が固体であれば，前節の図 3.35 のように，その断面の接合を保とうとする内力が生じ，外力による変形が妨げられる。しかし物体が液体や気体であれば，接合を保とうとする振る舞いは見られず，外力による変形は妨げられない。このような外力に抗って形状を保つ性質を持たず，わずかな外力によって塑性変形する性質を持つ，液体や気体のような物体を**流体**という。静止している流体中では，せん断応力は生じえない。

ただし，体積を縮小させようとする外力に対しては，流体も抗う。もし，あらゆる方向から押し潰そうとする無数の外力が作用しており，かつ釣り合いの条件が満たされている場合であれば，流体であっても形状を保つことになる。バケツで汲み取られた水は，バケツの壁や底からの作用と重力による作用によって形状を保っている。このとき，流体中では，あらゆる方向の圧縮応力が生じている。

バケツで汲み取られた水について，バケツから水への作用を図示すると図 3.46 (a)，水からバケツへの反作用を図示すると図 3.46 (b) のようになる。静止している流体と他の物体が接している部分では，他の物体から流体へ圧縮しようとする力が作用している一方で，その反作用として流体から他の物体へ同じ大きさで逆向きの力が作用していると考えられる。これらの力は，流体と他の物体との境界の面に垂直な向きで，その面積に比例する大きさで，互いに押し合うように作用している。また図 3.46 (c) のように，流体中の微小部分には，あらゆる方向から圧縮しようとする外力や内力が作用している。その内力の面密度である圧縮応力は，微小部分のどの方向の面においても同じ大きさ p になっている。

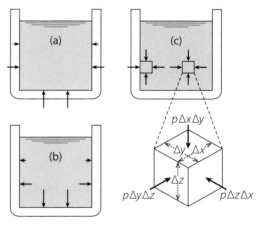

図 3.46　圧力

この流体において特徴的な，方向によらない圧縮応力の大きさ p は**圧力**（Pressure）と呼ばれ，その単位は応力と同じ [Pa] である。流体と接する他の物体から流体へ作用する力の面密度も，流体から他の物体へ作用する力の面密度も，面の方向によらず，流体の圧力 p に等しくなっている。このことは**パスカルの原理**（Pascal's principle）と呼ばれている。なお，材料力学での垂直応力は引張応力を正として表されるが，流体力学での圧力は圧縮応力を正として表される。

ここで，図 3.46 (c) や図 3.47 の微小部分の上面に作用する力は，その面の上に載っている流体に作用する重力である。微小部分の上面の面積が $\Delta x \Delta y$ であり，微小部分から流体の上端までの鉛直方向の距離（つまり深さ）が h であれば，その微小部分の上にある流体の体積は $h\Delta x \Delta y$ である。ここで流体の密度（単位体積当たりの質量）が位置によらず一様の値 ρ であるとすれば，微小部分の上にある流体の質量は $\rho h \Delta x \Delta y$ である。重力加速度を g とすれば，微小

部分の上にある流体に作用する重力の大きさは $\rho gh\Delta x\Delta y$ と表される。この重力によって微小部分の上面に作用する力の面密度は次式の右辺のように表される。また，この微小部分には，上面だけでなくあらゆる向きの面に，同じ面密度の力が作用していると考えられる。すなわち，重力下で静止した流体中の深さ h の位置における圧力 $p(h)$ は，方向によらず，次式のように表されることになる。

$$p(h) = \rho gh \tag{3.85}$$

流体の圧力は，方向にはよらないが，位置によって異なる大きさとなる。流体が水である場合，圧力は**水圧**とも呼ばれ，とくに重力下で静止した水中の水圧は**静水圧**（Hydrostatic pressure）と呼ばれる。また図 3.47 の深さ h は**水頭**とも呼ばれ，水圧の大きさを表す指標の 1 つとしても扱われる。流体が大気（地球上を取り巻く空気）である場合，重力による圧力は**大気圧**とも呼ばれる。なお，流体の密度は組成や温度によって異なる値となるため，深さと圧力はつねに厳密に比例するものではない。とくに気体の密度は圧力によっても異なるため，その分布は一様ではなく，大気圧は上空の大気の状態によっても複雑に変動する。

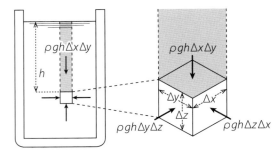

図 3.47　重力による圧力

地球上の大気下に水面のある水中の場合，その水中の微小部分の上面には 2 種類の流体，すなわち空気と水が載っており，空気の重量と水の重量がともに作用している。この場合，水面における大気圧を p_0 とすれば，水面から測って深さ h' の位置における圧力 $p(h')$ は次式のように表される。この大気圧も含む圧力 p は**絶対圧**と呼ばれ，絶対圧から大気圧 p_0 を差し引いた値 $p - p_0$ は**ゲージ圧**と呼ばれる。一般的な圧力計はこのゲージ圧を表示するものとなっている。絶対圧は必ず正の値であるが，ゲージ圧は負の値となることもある。

$$p(h') = \rho gh' + p_0, \quad p(h') - p_0 = \rho gh' \tag{3.86}$$

さて，このような重力の作用している流体の一部を置き換えるように，図 3.48 のように，微小ではない有限の体積 V を持つ物体 V が流体中に浸かっている場合について考える。物体 V は水平な姿勢の直方体であり，鉛直方向の高さが d であり，水平方向の長さと幅が l および b であり，また物体 V の上面が周囲の流体の上端から深さ h の位置にあるものとする。

ここで周囲の流体の密度が位置によらず一様の値 ρ であるとすれば，物体 V の上面における周囲の流体の圧力は ρgh であり，この面には周囲の流体から，物体 V を押し下げる力 $\rho ghlb$ が作用している。一方で，物体 V の下面における周囲の流体の圧力は $\rho g(h+d)$ であり，この面には周囲の流体から，物体 V を押し上げる力 $\rho g(h+d)lb$ が作用している。物体 V のその他の側面に周囲の流体から作用する力は互いに釣り合っている。すなわち，周囲の流体からのすべての力の合力は，鉛直上向きに物体 V を押し上げるように作用しており，その大きさは $\rho g(h+d)lb - \rho ghlb = \rho gdlb$ となる。ここで，物体 V の体積は $V = dlb$ であるから，周囲の流体が物体 V を押し上げようとする力の大きさ F_B は次式のとおりとなる。この力は**浮力**と呼ばれる。

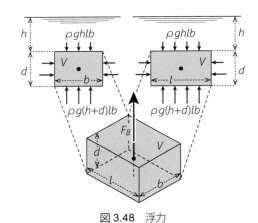

図 3.48　浮力

$$F_B = \rho Vg \tag{3.87}$$

この式 (3.87) で表される浮力の大きさは，結局，物体の位置 h によらず一定である。物体の形状が複雑でも，体積さえ既知であれば，浮力の大きさは同じ式で表される。また物体が回転しても，周囲の流体からの作用の合力である浮力の大きさは姿勢によらず一定であり，その向きはつねに鉛直上向きとなる。物体から見た浮力の向きは姿勢によって

変化するが，周囲の流体の密度が一様であれば，その作用線は物体中のある特別な一点を，姿勢によらず必ず通る。この点は**浮心**（Center of buoyancy）と呼ばれる。通常，この浮心が浮力の作用点として扱われる。

周囲の流体の密度が一様でない場合には上の式 (3.87) が成立しないが，それでも浮力の大きさは，物体によって置き換えられたと考えられる流体に作用するはずであった重力の大きさ（重量）に等しくなる。このことは**アルキメデスの原理**（Archimedes' principle）と呼ばれる。また浮心は，物体によって置き換えられたと考えられる流体の重心に一致する。

地球上の大気下の水面では，その上下で流体の密度が不連続に異なる。このような水面に浮かぶ船に作用する浮力の大きさは，その船が置き換えたと考えられる空気の重量と水の重量の和に等しくなる。ただし一般的には，空気の密度は水の密度に比べて非常に小さいため，船の浮力の大きさは，その船が置き換えたと考えられる水の重量（排水量）にほぼ等しいものとされる。また，水の密度が船の周辺ではおおよそ一様であるとして，上の式 (3.87) も利用される。船の浮心の位置も，船が置き換えたと考えられる水の重心にほぼ一致するものとされる。なお，船の姿勢によって，船が置き換えたと考えられる水の形状は変化し，ゆえに浮心の位置も変化する。

例題 3-14　高さ $3\,[\mathrm{m}]$，幅 $4\,[\mathrm{m}]$，長さ $5\,[\mathrm{m}]$ の直方体がある。この物体の全体を密度 $1{,}000\,[\mathrm{kg/m^3}]$ の水中に沈めた。水中での物体は，$4\,[\mathrm{m}] \times 5\,[\mathrm{m}]$ の面を上面や下面とする姿勢で，上面を水面から深さ $2\,[\mathrm{m}]$ とする位置にある。この物体について，以下の小問①〜④に答えよ。なお，重力加速度を $9.8\,[\mathrm{m/s^2}]$ とし，大気圧は無視されるものとする。

① 物体の上面における水圧を求めよ。
② 物体の上面に作用する力の大きさと向きを求めよ。
③ 物体の下面における水圧を求めよ。
④ 物体の上面に作用する力の大きさと向きを求めよ。
⑤ 物体に作用する浮力の大きさと向きを求めよ。
⑥ 物体の位置が変化し，物体の上面は水面より上，物体の下面は水面から深さ $1.5\,[\mathrm{m}]$ となった。物体に作用する浮力の大きさと向きを求めよ。

解　① 式 (3.85) より，深さ $2\,[\mathrm{m}]$ における水圧は $1000 \times 9.8 \times 2 = 19600\,[\mathrm{Pa}]$
② 上面に作用する水圧はすべて鉛直下向きであり，その合力は圧力と面積の積に等しい。求める力の大きさは $19600 \times 4 \times 5 = 392000\,[\mathrm{N}]$，その向きは鉛直下向きである。
③ 下面の深さは $2+3=5\,[\mathrm{m}]$ であるから，求める水圧は $1000 \times 9.8 \times 5 = 49000\,[\mathrm{Pa}]$
④ 下面に作用する水圧はすべて鉛直上向きである。求める力の大きさは $49000 \times 4 \times 5 = 980000\,[\mathrm{N}]$，その向きは鉛直上向きである。
⑤ ②と③の合力が浮力となるから，その大きさは $980000 - 392000 = 588000\,[\mathrm{N}]$，その向きは鉛直上向きである。
⑥ 大気圧は無視されるので，上面に作用する力はゼロである。また下面に作用する力は $1000 \times 9.8 \times 1.5 \times 4 \times 5 = 294000\,[\mathrm{N}]$ である。ゆえに浮力の大きさは $294{,}000\,[\mathrm{N}]$，その向きは鉛直上向きである。

3.4.2　流速とベルヌーイの定理

次は静止している流体ではなく，運動している流体について考える。流体の運動について考える際には，2 種類の視点を選ぶことができる。1 つは，川のなかの特定の水の一滴とともに流れながら，その位置が時間とともにどのように変わっていくのかを追いかけるような視点である。もう 1 つは，上流や下流のあちこちの川岸に立ち，通り過ぎる水の速度が位置によってどのように異なっているのかを調べるような視点である。この 2 種類の視点は，都合に応じて使い分けられる。

まずは，運動する流体のなかの特定の微小な物質に着目し，複数の時刻 $t=t_1$ や $t=t_2$ において，その物質の位置 $\vec{x}(t_1)$ および $\vec{x}(t_2)$ を調べてみる。観測の時間間隔を短くし，位置の変化を追跡していくと，図 3.49 のように，空間中

に曲線が描かれる。この曲線は**流跡線**（Pathline）と呼ばれる。位置 $\vec{x}(t)$ を時間 t の関数として求めることで，さらにその導関数，すなわち速度 $\vec{v}(t)$ を時間 t の関数として求めることもできる。流体中の物質の移動速度は**流速**と呼ばれる。

図 3.49 (a) のように，着目した物質①の，すぐ後に続く物質②や，そのまた後に続く物質③も，すべて同じ流跡線を描きながら同じ速さで動く場合，この流体の運動の様相は**定常流**と呼ばれる。一方，図 3.49 (b) や (c) のように，これらがさまざまな速さで動いたり，さまざまな流跡線を描いたりする場合，この運動の様相は**非定常流**と呼ばれる。また，図 3.49 (a) や (b) のように流跡線が概ね一定となる流れは**層流**と呼ばれ，図 3.49 (c) のように流跡線が複雑に変化する流れは**乱流**と呼ばれる。なお，定常流ではあくまで流れの全体としての様相が一定に見えるだけであり，流体が静止しているわけではない。

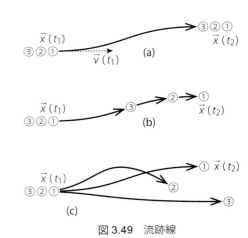

図 3.49　流跡線

今度は，空間中の複数の位置 $\vec{x} = \vec{x_1}$ や $\vec{x} = \vec{x_2}$ に着目し，特定の時刻において同時に，それぞれの位置を通り過ぎる流体の流速 $\vec{v}(\vec{x_1})$ や $\vec{v}(\vec{x_2})$ を調べてみると，流速 $\vec{v}(\vec{x})$ が位置 $\vec{x}$ の関数として求まる。なお，定常流の場合，$\vec{v}(t)$ は時間によって変化するかもしれないが，$\vec{v}(\vec{x})$ は時間によらず一定となる。

調査点が十分に密であれば，それぞれの位置における速度ベクトルの向く先の，少しだけ離れた位置における速度ベクトルもわかるため，図 3.50 のような，速度ベクトルを接線としてつないでいく曲線を描くことができる。この曲線は**流線**（Streamline）と呼ばれる。非定常流の場合，流線は時間とともに変化する曲線となる。定常流の場合，流線は時間によらず一定の曲線となり，かつ流跡線と一致する。

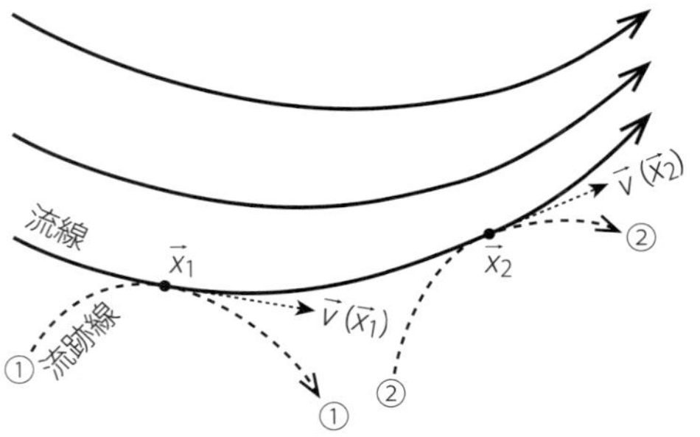

流速 $\vec{v}(\vec{x})$ が位置によらず一定の向きと大きさのベクトルとなっているとき，その流れの様相は**一様流**と呼ばれる。一様流の場合，すべての流線は互いに平行な直線となる。流体中の物質がすべて同じ向きと大きさの速度を持ち，かつその速度を保っているなら，その流れは一様流かつ定常流となり，流線も流跡線も不変の直線となる。

図 3.50　流線

同様に，流れている流体中の特定の微小な物質の圧力 $p(t)$ を追跡することもでき，また空間中の複数の位置を通り過ぎる流体の圧力 $p(\vec{x})$ を調査することもできる。定常流においては，$p(t)$ は時間によって変化するかもしれないが，$p(\vec{x})$ は時間によらず一定となる。ただし，静止している流体の場合とは異なり，式 (3.85) のように深さだけで決まるものではなく，圧力 $p(\vec{x})$ はその位置の流速 $\vec{v}(\vec{x})$ などによってさまざまな値となる。

さて，図 3.51 のような，流体が流れ続けているパイプについて，その圧力 $p(\vec{x})$ や流速 $\vec{v}(\vec{x})$ が位置によってどのように異なっているかを考えてみる。ただし，流体の流れは定常流であり，また流体の密度は一定であり，かつ流体中でせん断応力は生じえないものとする。

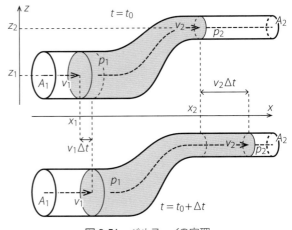

図 3.51　ベルヌーイの定理

鉛直上向きに z 軸をとり，パイプの中心線は z-x 平面にあるものとする。パイプの中心線に沿って流跡線と流線があるものとする。その中心線上に位置 (x_1, z_1) と位置 (x_2, z_2) をとり，これらの位置の近傍における流速の方向は x 軸

の正方向であるとする。また，位置 (x_1, z_1) の近傍におけるパイプの断面積を A_1，圧力を p_1，流速の大きさを v_1 とし，位置 (x_2, z_2) の近傍におけるパイプの断面積を A_2，圧力を p_2，流速の大きさを v_2 とする。

ある時刻 $t = t_0$ において，面 x_1 から面 x_2 までの領域にあった物質（図 3.51 の影で示された部分）に着目し，その移動を追跡する。この物質の前後においても，パイプは流体で満たされている。着目している物質は，微小時間 Δt が経過した後の時刻 $t = t_0 + \Delta t$ においては，全体として x 軸の正方向に動き，面 $x_1 + v_1 \Delta t$ から面 $x_2 + v_2 \Delta t$ までの領域へと移動している。ここで流体の密度が一定であるとすると，時刻 $t = t_0$ において面 x_1 から面 $x_1 + v_1 \Delta t$ までにあった物質の体積 $A_1 v_1 \Delta t$ と，時刻 $t = t_0 + \Delta t$ において面 x_2 から面 $x_2 + v_2 \Delta t$ までにある物質の体積 $A_2 v_2 \Delta t$ は等しいはずである。ゆえに，$A_1 v_1 \Delta t = A_2 v_2 \Delta t$ が成立する。ここでこれらの体積を ΔV と表記し，$\Delta V = A_1 v_1 \Delta t = A_2 v_2 \Delta t$ とする。

この着目している物質の後方の面は，時刻 $t = t_0$ から時刻 $t = t_0 + \Delta t$ までの間に，その後に続く流体から圧力 p_1 による力 $p_1 A_1$ の作用を受けながら，変位 $v_1 \Delta t$ だけ進んでいる。ゆえにこの面では，式 (3.39) より，仕事 $p_1 A_1 v_1 \Delta t$ だけのエネルギーが，後に続く物質から与えられていることがわかる。一方で前方の面では，その前を進む流体へ，仕事 $p_2 A_2 v_2 \Delta t$ だけのエネルギーを与えている。この 2 つの仕事によって，この着目している物質のエネルギーは $p_1 A_1 v_1 \Delta t - p_2 A_2 v_2 \Delta t = (p_1 - p_2) \Delta V$ だけ増加したと考えられる。

時刻 $t = t_0$ において面 x_1 から面 $x_1 + v_1 \Delta t$ までにあった体積 ΔV の物質は，流体の密度を ρ とすると，質量 $\rho \Delta V$ を持っていたことになる。この質量が速さ v_1 で運動していたのであるから，式 (3.48) より，運動エネルギー $\frac{1}{2} \rho \Delta V v_1^2$ を持っていたと考えられる。一方，時刻 $t = t_0 + \Delta t$ において面 x_2 から面 $x_2 + v_2 \Delta t$ までにある物質は，運動エネルギー $\frac{1}{2} \rho \Delta V v_2^2$ を持っていると考えられる。したがって，この着目している物質の持つ運動エネルギーは，時刻 $t = t_0$ から時刻 $t = t_0 + \Delta t$ までの間に，$\frac{1}{2} \rho \Delta V v_2^2 - \frac{1}{2} \rho \Delta V v_1^2 = \frac{1}{2} \rho \Delta V (v_2^2 - v_1^2)$ だけ増大していると考えられる。

時刻 $t = t_0$ において面 x_1 から面 $x_1 + v_1 \Delta t$ までにあった質量 $\rho \Delta V$ の物質は，高さ z_1 に重心を持っていたことになる。ゆえに，重力加速度を g とすると，式 (3.49) より，重力による位置エネルギー $\rho \Delta V g z_1$ を持っていたと考えられる。一方，時刻 $t = t_0 + \Delta t$ において面 x_2 から面 $x_2 + v_2 \Delta t$ までにある物質は，重力による位置エネルギー $\rho \Delta V g z_2$ を持っていると考えられる。したがって，この着目している物質の持つ，重力による位置エネルギーは，時刻 $t = t_0$ から時刻 $t = t_0 + \Delta t$ までの間に，$\rho \Delta V g z_2 - \rho \Delta V g z_1 = \rho \Delta V g (z_2 - z_1)$ だけ増大していると考えられる。

ここでエネルギー保存の法則より，仕事によって与えられたエネルギーの量と，物質が持つエネルギーの増加量は等しいと考えられるから，関係式 $p_1 - p_2 = \frac{1}{2} \rho (v_2^2 - v_1^2) + \rho g (z_2 - z_1)$ が成立する。この関係式は圧力 p の差や高さ z の差について成立するものであるから，圧力を絶対圧で測定してもゲージ圧で測定しても同様に成立し，また高さの測定の基準点をどこにとっても同様に成立する。この関係式を変形することで，次の式 (3.88) および式 (3.89) を得ることができる。

$$p_1 + \frac{1}{2} \rho v_1^2 + \rho g z_1 = p_2 + \frac{1}{2} \rho v_2^2 + \rho g z_2 \tag{3.88}$$

$$\frac{p_1}{\rho g} + \frac{v_1^2}{2g} + z_1 = \frac{p_2}{\rho g} + \frac{v_2^2}{2g} + z_2 \tag{3.89}$$

一般に，定常流において，同一の流線の上にある任意の複数の地点について，一方の地点 (x_1, y_1, z_1) で観測される圧力 p_1 および流速の大きさ v_1 と，別の離れた地点 (x_2, y_2, z_2) で観測される圧力 p_2 および流速の大きさ v_2 との間に，上の関係式 (3.88) および (3.89) が成立する。高さ z が同じであれば，流速の遅い地点では圧力は高く，流速の速い地点では圧力は低くなっている。このことは**ベルヌーイの定理**（Bernoulli's principle）と呼ばれる。なお，この関係は，異なる流線上にある地点の間では成立しない。

式 (3.88) の両辺の第 1 項の圧力 p は**静圧**とも呼ばれる。また，第 2 項の流速に依存する量 $\frac{1}{2} \rho v^2$ は**動圧**とも呼ばれる。静圧と動圧の和は**総圧**とも呼ばれる。これらはすべて，圧力と同じ単位で表される量となる。ベルヌーイの定理により，高さの変化しない流線上では総圧が一定となる。

式 (3.89) の両辺の第 1 項の圧力に依存する量 $p/\rho g$ は**圧力水頭**とも呼ばれる。これは p と同等の圧力を静止した流体

において生み出すために必要な深さ（式 (3.85) の h）に相当する。また，第 2 項の流速に依存する量 $v^2/2g$ は**速度水頭**とも呼ばれる。第 3 項の高さ z は**位置水頭**とも呼ばれる。圧力水頭と速度水頭と位置水頭の総和は**全水頭**とも呼ばれる。これらはすべて，距離と同じ単位で表される量となる。ベルヌーイの定理により，流線上で全水頭は一定となる。

非定常流において，あるいは密度が変化する流体において，あるいはせん断応力を生じている流体においては，上記の式 (3.88) や式 (3.89) のような関係は厳密には成立しない。しかし，流れの変化が緩やかで，流体の粘性の作用が小さい場合においては，上記のベルヌーイの定理が良い近似で成立する。船のプロペラの回転によって生まれる推力の大きさも，上記のベルヌーイの定理を近似的に適用することで，おおよそ見積もることができる。

例題 3-15　水平に設置されている 1 本のパイプに，水が流れ続けている。パイプの中心線の高さは位置によらず一定であるが，パイプの径は位置によって異なっている。直径 0.4 [m] の部分で水の流速を測ると 2 [m/s] であり，圧力を測ると 35,000 [Pa] であり，これらは時間によらず一定であった。直径 0.2 [m] の部分での水の流速と圧力を，ベルヌーイの定理を用いて計算せよ。ただし水の密度を 1,000 [kg/m³] とする。

解　パイプのどの部分でも，単位時間当たりに流れる水の体積は一定である。直径 0.4 [m] の部分では，断面積は $\pi(0.4/2)^2$ [m²]，1 [s] 当たりに流れる水の体積は $\pi(0.4/2)^2 \times 2$ [m³] である。一方，直径 0.2 [m] の部分での流速を v [m/s] とすると，その部分を 1 [s] 当たりに流れる水の体積は $\pi(0.2/2)^2 \times v$ [m³] と表される。これらが等しいとする方程式を解くことにより，$v = 8$ [m³] と求まる。また，直径 0.4 [m] の部分での動圧は $\frac{1}{2} \times 1000 \times 2^2 = 2000$ [Pa]，総圧は $35000 + 2000 = 37000$ [Pa] である。一方，直径 0.2 [m] の部分での圧力を p [Pa] とすると，その部分での総圧は $p + (\frac{1}{2} \times 1000 \times 8^2) = p + 32000$ [Pa] と表される。ベルヌーイの定理より，2 つの部分において総圧は等しいから，$37000 = p + 32000$ が成り立ち，$p = 5000$ [Pa] と求まる。

3.4.3　粘性

通常の流体は，静止している状態においては，せん断応力を生じることはない。しかし，運動している状態においては，せん断応力を生じることがある。

図 3.52 のように，固定された平板と一定の間隔で平行に移動可能な平板があり，その間が流体で満たされている状態を考える。この状態で，一定の間隔を保ったまま可動平板が運動した場合，その運動を妨げようとする力が流体から可動平板へ作用する。このような流体の性質は**粘性**（Viscosity）と呼ばれる。

この粘性による力の大きさは可動平板の面積に比例する。この力の面密度は，すなわち流体中に生じているせん断応力である。このせん断応力の大きさ τ は，次式のとおり，可動平板の速度の大きさ U に比例し，平板間の距離 h に反比例する。また，この式に表れる比例係数 μ を**粘度**という。粘度 μ は流体の種類によって異なる値であり，

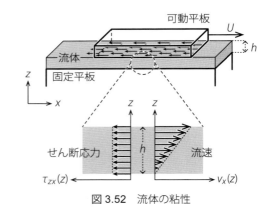

図 3.52　流体の粘性

また温度によっても変わる値である。一般に，液体においては温度が高いほど粘度は小さくなり，気体においては温度が高いほど粘度は大きくなる。

$$\tau = \mu \frac{U}{h} \tag{3.90}$$

また，図 3.52 において，流体の上部は可動平板によって引きずられ，下部は固定平板によって引き止められている。ゆえに流体中では，一様でない流速が生じている。一般に，流体中に流速の異なる層があれば，せん断応力が生じる。$z = z_1$ の位置において x 軸方向の流速が $v_x(z_1)$ であり，$z = z_1 + \Delta z$ の位置において x 軸方向の流速が $v_x(z_1 + \Delta z)$ であれば，その位置におけるせん断応力の大きさ $\tau_{zx}(z_1)$ は式 (3.91) で与えられる。すなわち，せん断応力の大きさの分布 $\tau_{zx}(z)$ は，流速の分布 $v_x(z)$ の導関数によって，式 (3.92) のように表される。

$$\tau_{zx}(z_1) \fallingdotseq \mu \frac{v_x(z_1 + \Delta z) - v_x(z_1)}{\Delta z} \tag{3.91}$$

$$\tau_{zx}(z) = \mu \frac{d}{dz} v_x(z) \tag{3.92}$$

パイプのなかを流体が運動するとき，その粘性による作用は，その運動を妨げ，流体の持つ運動エネルギーを熱に変換しようとする。ゆえに粘性の作用が大きい場合には，先に紹介したベルヌーイの定理が成立しなくなる。この場合，流れの下流へいくほど全水頭が減少する。

航走中の船体には，その運動を減速させようとする力が，周囲の水や空気から作用している。この抵抗と呼ばれる作用の一部は，水や空気の粘性によって生じている。

まとめ

本章において読者は，安全かつ効率的な海上輸送を実現するさまざまな工夫を理解するために必要な，基礎的な技能や知識を学んだ。基礎的な数学を学ぶことにより，自然界の法則を応用するための技能を得た。基礎的な力学を学ぶことにより，巨大な船の運動を理解するための知識を得た。また，材料力学を学ぶことにより，船の変形や破壊を理解するための知識を得た。流体力学を学ぶことにより，船の周囲の水や空気の振る舞いを理解するための知識を得た。

数学の技能をしっかりと身につけるには，多くの問題を解く経験が必要である。各自の持つ数学の教科書や問題集なども活用して復習に取り組んでもらいたい。また，数学の技能と物理の知識を結び付けてさまざまな問題を解決する応用力を以下のような練習問題によって養い，次章以降の学習に役立ててほしいと願う。

練習問題

問 3-1 右の図のように，全長 $0.6\,[\mathrm{m}]$ の天秤が 1 本の糸で吊るされている。鉛直上向きを z 軸の正方向とし，天秤は y 軸上にあるものとし，天秤の中央を原点 $(0,0,0)$ とする。天秤の，y が正である側の端点を A，y が負である側の端点を B とする。天秤を吊るす糸は，天秤上の支点 C に結び付けられている。この天秤の両端に異なる荷物を吊るし，端点 A に $19.6\,[\mathrm{N}]$ の重力を，端点 B に $9.8\,[\mathrm{N}]$ の重力を作用させているが，天秤は動くことなく，回ることもなく，y 軸上に留まっているとする。この天秤について，以下の小問①〜④に答えよ。ただし，天秤自体の重量は無視できるものとする。

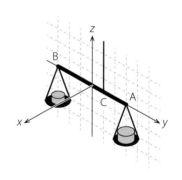

① 端点 A に作用する力による，原点を中心としたモーメントを，$[\mathrm{N \cdot m}]$ の単位で，成分表示で答えよ。
② 端点 B に作用する力による，原点を中心としたモーメントを，$[\mathrm{N \cdot m}]$ の単位で，成分表示で答えよ。
③ 天秤を吊るしている糸に作用している張力の大きさを，$[\mathrm{N}]$ の単位で求めよ。
④ 天秤中央から支点 C までの距離を，$[\mathrm{m}]$ の単位で求めよ。

問 3-2 ある船に作用する抵抗の大きさ $F_D\,[\mathrm{N}]$ は，船の速度 $v\,[\mathrm{m/s}]$ の 2 乗に比例し，$F_D = 2500v^2$ と表されるという。また，この船が初めに搭載している燃料のエネルギーは $800\,[\mathrm{GJ}]$ であり，そのエネルギーはすべて船を推進させるための仕事に変換されるものとし，その仕事率はエンジンの出力に等しいものとする。以下の小問①〜④に答えよ。なお，航路は直線とし，推力と速度も同じ直線上にあり，抵抗と推力以外の力の作用は無視できるものとする。

① エンジンの出力を $1.00\,[\mathrm{MW}]$ としたときの，船の速度の大きさを求めよ。
② エンジンの出力を $2.00\,[\mathrm{MW}]$ としたときの，船の速度の大きさを求めよ。
③ エンジンの出力を $1.00\,[\mathrm{MW}]$ とし，すべての燃料を消費するまで船が航走するとして，船が航走できる距離を求めよ。

④ エンジンの出力を 2.00 [MW] とし，すべての燃料を消費するまで船が航走するとして，船が航走できる距離を求めよ。

問 3-3 高さ 0.200 [m]，幅 5.00 [m]，長さ 50.0 [m] の直方体の梁がある。この梁は両端を鉛直上向きに支持されるものとする。梁の材料の密度は 8,000 [kg/m³] であり，その耐力は 200 [MPa] であったとする。以下の小問①〜⑤に答えよ。なお，重力加速度を 9.8 [m/s²] とする。

① 梁の長さ 1 [m] 当たりの重量を求めよ。
② 最大曲げモーメントを求めよ。
③ この曲げ作用における，梁の断面 2 次モーメントと断面係数を求めよ。
④ 最大応力を求めよ。また，この梁が両端を支持された状態を保つことが可能か否かを判断せよ。
⑤ 梁の向きを変え，高さ 5.00 [m]，幅 0.200 [m]，長さ 50.0 [m] とした場合の，最大応力を求めよ。また，この梁が両端を支持された状態を保つことが可能か否かを判断せよ。

問 3-4 高さ 3.00 [m]，幅 4.00 [m]，長さ 5.00 [m]，質量 36,000 [kg] の直方体がある。この物体を密度 1,000 [kg/m³] の水の上に浮かべて静止させた。このとき直方体の底面は，水面からどれくらいの深さとなっているか。

CHAPTER 4

船舶算法と復原力

　船は貨物を積み，安全かつ確実に運び，港で卸して運賃を得る。その船としての機能を確保するためにも，建造段階からの載貨量の推定，重心位置の推定，載貨時の横傾斜（ヒール），縦傾斜（トリム）の推定などが必要となる。また運航の際には，風波などの外力による傾斜から船体を立て直す復原力が確保できているかどうかの判断も重要となる。このような，船の姿勢や挙動を把握し推定するための手段が，船舶算法である。

　本章ではまず，水面下の船体形状を表す船図と，船舶算法に必要な諸係数が集約されている排水量等曲線について学ぶ。また，重心や浮心の位置と移動について学び，それらの位置関係によって復原力が生じることを学ぶ。そして，荷役にともなう横傾斜や縦傾斜の算出法など，船舶の運航や管理の場で役立つ船舶算法について，海技試験にも出題されるような例題を解きながら学ぶ。

　このような船舶算法に習熟することで，安全で確実な船舶運航を実現できるようになる。

4.1　船体の形状

　船体に作用する浮力や抵抗の大きさは，水面下の船体の規模や形状に依存する。ゆえにその規模や形状に関する情報は，船をつくる者にとっても，船を動かす者にとっても，重要である。本節では，船体の規模や形状を図示する方法を紹介する。また，水面下の船体の規模や形状に関するさまざまな量や指標を紹介する。

4.1.1　船体形状の線図

　船体の形状は，造船会社や海運会社で働く多くの人たちの間で共有されるべき重要な情報であるから，書類上に記録されていることが望ましい。しかし，図 4.1 のような船体の複雑な立体形状を，平面的な書類上に表現することは容易ではない。

　船体の形状が，もし単純な直方体であったなら，その 3 辺の大きさの数値（長さ・幅・深さ）や，長方形の 3 面図（正面図・側面図・平面図）だけで，その形状は表現されうるだろう。しかし一般に，船体の形状は複雑な曲面で構成されるものであるから，そ

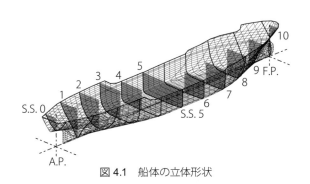

図 4.1　船体の立体形状

の表現には多くの数値や曲線が必要となる。一般に，船体の複雑な立体形状は，以下に紹介する図 4.2 および図 4.3 のような 3 面の**線図**（Lines）によって，平面上に表現される。

　まず，船体の船尾から船首に至る縦方向（長さ方向）を多数に分割し，それぞれの分割点における横断面内の断面図（図 4.1 中の影で示された図形）を，1 つの正面図のなかに重ねて描いたものが図 4.2 である。このような正面図は**正面線図**（Body plan）と呼ばれる。

　縦方向の分割は，基本的には，船尾垂線（A.P.）から船首垂線（F.P.）までを 10 等分するものとなっており，それぞれの横断面は**スクエアステーション**（S.S.：Square station）と呼ばれている。各スクエアステーションには番号が振られており，船尾垂線において 0 番，船首垂線において 10 番となっている。船尾付近や船首付近など，船体の形状がとくに複雑な部分では，さらに分割点が挿入され，$\frac{1}{2}$ や $9\frac{1}{2}$ などの番号が振られる。各スクエアステーションは，側面

図（図 4.3 (a)）や平面図（図 4.3 (b)）においては，縦線によって示されるものとなる．船尾と船首の中央にある 5 番目の横断面は**船体中央**（⊗：Midship）とも呼ばれ，図中では記号「⊗」で示される．

なお，一般に船体の形状は，船体の中心に鏡映面を持つ左右対称の立体であるから，左右どちらか一方の図だけで表現されうる．この船体中心の面を表す図中の線は**船体中心線**（センターライン：Centerline）と呼ばれ，図中では記号「₵」で示される．正面図の左側には，船尾から船体中央にかけての断面図の半分が描かれており，図の右側には，船体中央から船首にかけての断面図の半分が描かれている．

一方，船体の右舷から左舷に至る横方向（幅方向）を多数に分割し，それぞれの分割点における縦断面内の断面図を 1 つの側面図のなかに重ねて描いたものが図 4.3 (a) である．それぞれの縦断面は，正面図（図 4.2）においては縦線によって，平面図（図 4.3 (b)）においては横線で示されるものとなり，船体中心線₵からの距離によって区別される．なお，一般に船体は左右対称の形状であるから，船体中心線₵から等しい距離にある右舷側の断面図と左舷側の断面図は一致する．

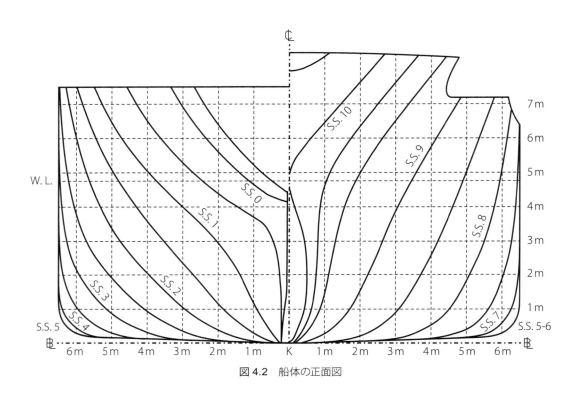

図 4.2　船体の正面図

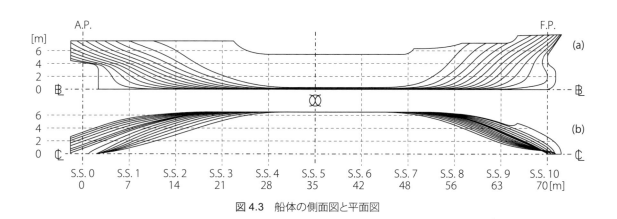

図 4.3　船体の側面図と平面図

また，船体の船底から甲板上に至る鉛直方向（深さ方向）を多数に分割し，それぞれの分割点における水平面内の断面図を1つの平面図のなかに重ねて描いたものが図 4.3 (b) である。それぞれの水平面は，正面図（図 4.2）や側面図（図 4.3 (a)）においては横線によって示されるものとなり，これらは**水線**（ウォーターライン：W.L., Waterline）と呼ばれている。とくに船底にある水平面を表す図中の線は**基線**（ベースライン：Baseline）と呼ばれ，図中では記号「⏊」で示される。各分割点の水平面は基線⏊からの距離によって区別される。なお，一般に船体は左右対称の形状であるから，平面図には船体中心線℄より左舷側だけが描かれている。このような平面図は**半幅平面図**（Half breadth plan）と呼ばれる。

船体中心線℄と基線⏊の交点は，**キール**（Keel）と呼ばれる部材の上面の中心（図 1.14 参照）に位置するものとなり，図中では記号「K」によって示される。

これらの3面の線図によって，船体の立体的な形状が平面的に表現される。海事技術者は，これらの図を見て船体の形状を思い浮かべる能力を備えているべきである。

さまざまな位置のスクエアステーションの，さまざまな高さの水線上における，それぞれの半幅（船体中心線℄から船体表面までの横方向の距離）の数値を表としてまとめたものは，**オフセットテーブル**（Offset table）と呼ばれる。オフセットテーブルからは，船体の形状を直感的に思い浮かべることは困難であるが，計算のためのデータを得ることが容易である。

4.1.2 排水量等曲線図

船体のうち，とくに水面下にある部分の規模や形状は，浮力や抵抗との関係が深く，重要な情報である。以下に挙げる (1)～(14) の量や指標は，水面下の船体の規模や形状に関するさまざまな情報を与えるものである。また，これらの量や指標は，船の喫水の深さ（水面から基線⏊までの垂直距離）によって異なる値となる。図 4.4 や図 4.5 のグラフは，さまざまな喫水（縦軸）に対する，これらの量や指標（横軸）の変化の様子を表すものであり，**排水量等曲線図**（Hydrostatic curves）と呼ばれる。

(1) 排水容積（∇）

船体の水面下にある部分の体積，すなわち船体が押しのけている海水の体積である。喫水が浅いときには小さく，喫水が深いときには大きな値となる。排水量や浮力の大きさに関係する。単位は $[\mathrm{m}^3]$ など。

(2) 浸水面積（S）

船体の水面下にある部分の表面積である。喫水が浅いときには小さく，喫水が深いときには大きな値となる。船体に作用する抵抗の大きさに関係する。単位は $[\mathrm{m}^2]$ など。

(3) 肥せき係数

船体の水面下にある部分の形状を表す指標である（1.3.7 項参照）。**方形係数**（C_B），**柱形係数**（C_P），**水線面積係数**（C_W），**たて柱形係数**（C_V），**中央横断面係数**（C_M）などがある。いずれも0から1までの値をとる無次元量となる。1.3 節で紹介された主要目表には，計画満載喫水状態での肥せき係数が記載される。本節で紹介される排水量等曲線図には，さまざまな喫水での肥せき係数が示される。

(4) 排水量（Δ）

船体が押しのけている海水の重量（1.3.6 項参照）。海水による浮力の大きさに等しく，また船の重量にもおおよそ等しい（4.2.2 項参照）。船の排水量は通常，重量トンの単位で表される。なお本章では，この重量トンの単位を [トン] と表記する。この 1 [トン] は地球上で 1 [t]（= 1000 [kg]）の質量に作用する重力の大きさ（重量）にほぼ等しい。排水量

Δ は，排水容積 ∇ に標準海水の比重量 $1.025\,[\text{トン}/\text{m}^3]$（$=1025\,[\text{kgw}/\text{m}^3]$）を乗じた値である．1.3 節で紹介された主要目表には，計画満載喫水状態での排水量が記載される．本節で紹介される排水量等曲線図には，さまざまな喫水での排水量が示される．

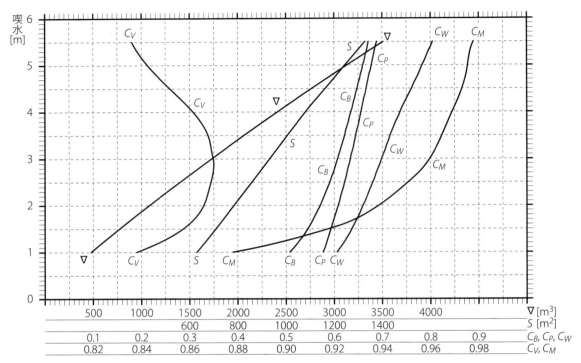

図 4.4　排水容積等の喫水依存性

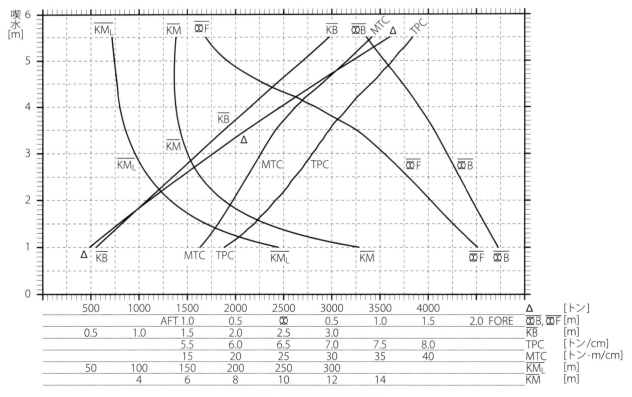

図 4.5　排水量等の喫水依存性

（5）船体中央から浮心までの距離（$\overline{\text{⊗B}}$）

浮心（船体の水面下にある部分の体積中心）の縦方向（長さ方向）の座標である。浮力の合力の作用線はこの浮心を通る。船体中央⊗からの縦方向の距離によって表される。単位は [m] など。

（6）船体中央から浮面心までの距離（$\overline{\text{⊗F}}$）

浮面心（船体の水面における断面の図心）の縦方向（長さ方向）の座標である。浮面心は船体の揺動の際に定点となる。船体中央⊗からの縦方向の距離によって表される。単位は [m] など。

（7）基線から浮心までの高さ（$\overline{\text{KB}}$）

浮心の鉛直方向（高さ方向）の座標である。キール上端を通る基線 B̲ からの鉛直方向の距離によって表される。単位は [m] など。

（8）毎センチ排水トン数（TPC）

喫水が，さらに 1 [cm] だけ増えた場合に，新たに押しのけられる海水の重量である。喫水を 1 [cm] だけ増やすために追加すべき貨物の重量にも等しい。概ね，水面における断面の面積（水線面積）と 1 [cm] の深さの積に，海水の比重量を乗じた値に等しい。単位は [トン/cm]。

（9）毎センチトリムモーメント（MTC）

トリム（船首尾における喫水の差）を 1 [cm] だけ増やすために，船体に作用させるべきモーメントの大きさである。単位は [トン·m/cm]。

（10）基線から縦メタセンタまでの高さ（$\overline{\text{KM}_L}$）

縦メタセンタ（4.3 節参照）の鉛直方向（高さ方向）の座標である。キール上端 K を通る基線 B̲ からの鉛直方向の距離によって表される。この値が大きいほど，前後方向の揺れに対する安定性が高い。単位は [m] など。

（11）基線から横メタセンタまでの高さ（$\overline{\text{KM}}$）

横メタセンタ（4.3 節参照）の鉛直方向（高さ方向）の座標である。キール上端 K を通る基線 B̲ からの鉛直方向の距離によって表される。この値が大きいほど左右方向の揺れに対する安定性が高い。単位は [m] など。

巨大な船の重量を直接，測定することは困難であるが，排水量等曲線図を使えば，海上での喫水から船の重量を推定することができる。また，船に荷物を積む前の喫水と，荷物を積んだ後の喫水から，積まれた荷物の重量を推定することもできる。

重量トンの単位記号について

本書のうち本章に限って，力の大きさを表す単位の 1 つである「重量トン」の記号として，[トン] を用いる。一般的な工学分野の教科書では [tw] や [tf] という記号が用いられる。船舶工学分野の他の教科書や資料では，「重量トン」の記号として [t] が用いられることも多いが，これは質量の大きさを表す単位と紛らわしい表記であるため，本書では避けている。本書において記号 [t] が用いられる場合，それは一般的な工学分野での用法と同様，質量の単位であって，力の単位ではない。

例題 4-1 図 4.4 および図 4.5 の排水量等曲線図によって表される船体の，喫水が 4.0 [m] の場合について，以下の量や指標の値を求めよ．
① 排水容積　② 排水量　③ 方形係数　④ 柱形係数　⑤ 中央横断面係数
⑥ キールから浮心までの距離　⑦ キールから横メタセンタまでの距離
⑧ 浮心から横メタセンタまでの距離

解 ① グラフより $\nabla = 2410\,[\mathrm{m}^3]$ ② グラフより $\Delta = 2470\,[トン]$ ③ グラフより $C_B = 0.64$
④ グラフより $C_P = 0.66$ ⑤ グラフより $C_M = 0.969$ ⑥ グラフより $\overline{\mathrm{KB}} = 2.15\,[\mathrm{m}]$
⑦ グラフより $\overline{\mathrm{KM}} = 5.54\,[\mathrm{m}]$ ⑧ 浮心から横メタセンタまでの距離は $\overline{\mathrm{KM}} - \overline{\mathrm{KB}} = 5.54 - 2.15 = 3.39\,[\mathrm{m}]$

例題 4-2 図 4.5 の排水量等曲線図によって表される船が，海上に喫水 2.0 [m] で浮かんでいた．この船に荷物を積むと，喫水は 4.0 [m] となった．積まれた荷物の重量を求めよ．

解 グラフより，各喫水における排水量 Δ（= 船の重量）を読み取ると，喫水 2.0 [m] のとき $\Delta = 1110\,[トン]$，喫水 4.0 [m] のとき $\Delta = 2470\,[トン]$ である．この差は船の重量の増加分，すなわち船に積まれた荷物の重量に等しい．ゆえにその荷物の重量は $2470 - 1110 = 1360\,[トン]$ と計算される．

4.2 排水量等計算

排水量をはじめとする，排水量等曲線図に記載される量や指標は，通常，直接，測定されるものではない．これらの量や指標は，いずれも船体の規模や形状と喫水の深さによって定まるものであるから，船体形状の線図やオフセットテーブルなどに基づく計算によって求まる．本節では，それらの計算方法を紹介する．

4.2.1 断面積の計算

まず例として，喫水の深さ（水面から基線 $\underline{\mathbb{B}}$ までの垂直距離）が d である場合の，船体中央断面のうち水面下にある部分の面積 $A_M(d)$ の計算方法を紹介する．これは図 4.6 において影で示した部分の面積である．船体中央断面内において，基線 $\underline{\mathbb{B}}$ から距離 z にある水線上の半幅（船体中心線 $\mathbb{C}$ から船体表面までの横方向の距離）が，関数 $b_M(z)$ で表されるものとする．この関数は，線図やオフセットテーブルから求まるものである．このとき面積 $A_M(d)$ は式 (4.1) のような定積分によって計算される．

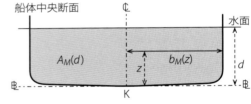

図 4.6 船体中央断面の面積の計算

$$A_M(d) = 2\int_0^d b_M(z)dz \tag{4.1}$$

一般に，船尾垂線 A.P. から距離 x にあるスクエアステーション上において，基線 $\underline{\mathbb{B}}$ から距離 z にある水線上の半幅が関数 $b(x,z)$ で表されるとき，そのスクエアステーションのうち喫水 d の水面下にある部分の面積 $A(x,d)$ は式 (4.2) のような定積分によって計算される．

$$A(x,d) = 2\int_0^d b(x,z)dz \tag{4.2}$$

例題 4-3 船体中央断面内の各水線（基線からの距離 z）における半幅 b が，次のようなオフセットテーブルで与えられているものとする．基線（$z=0$）における半幅はゼロとする．喫水 4.0 [m] の場合について，以下の小問①と②の計算に取り組め．
① 船体中央断面のうち水面下にある部分の面積を，シンプソンの法則を使って計算せよ．

② 中央横断面係数を計算せよ．

z [m]	0.5	1.0	1.5	2.0	3.0	4.0	5.0	6.0
b [m]	6.273	6.480	6.500	6.500	6.500	6.500	6.500	6.500

解 ① 求める面積 $A_M(4)$ は，基線 $z=0$ から $z=2$ の水線までの面積 $A_M(2)$ と，$z=2$ の水線より水面 $z=4$ までの長方形の面積 $(2\times 6.5)\times(4-2)=26\,[\mathrm{m}^2]$ との和として，$A_M(4)=A_M(2)+26$ となる．この $A_M(2)$ は $A_M(2)=2\int_0^2 b(z)dz$，すなわち $z=0$ から $z=2$ までの関数 $b(z)$ の定積分によって求めた片舷側の面積の 2 倍である．この z の範囲を 0.5 [m] 毎に 4 等分する変数に対して $b(z)$ の値が与えられているから，シンプソンの法則（3.1.4 項）によって $A_M(2)$ の近似値は次式のとおり計算される．

$$A_M(2) \fallingdotseq 2\times\frac{0.5}{3}\{1\times 0 + 4\times 6.273 + 2\times 6.480 + 4\times 6.500 + 1\times 6.500\} = 23.52\,[\mathrm{m}^2]$$

ゆえに求める面積は $A_M(4)\fallingdotseq 23.52+26=49.52\,[\mathrm{m}^2]$ と計算される．

② 全幅は $B=2\times 6.5=13.0\,[\mathrm{m}]$，喫水 $d=4.0\,[\mathrm{m}]$，その積として求まる長方形の面積は $Bd=13.0\times 4.0=52.0\,[\mathrm{m}^2]$ である．中央横断面係数は $C_M=A_M/Bd\fallingdotseq 49.52\div 52.0=0.952$ と求まる．

4.2.2 排水容積と排水量の計算

前項のような方法によって，船尾垂線 A.P. から任意の距離 x にある横断面の，喫水 d の水面下にある部分の面積を与える関数 $A(x,d)$ が求まったとする（図 4.7）．このとき，船体全体の水面下にある部分の体積，すなわち**排水容積** $\nabla(d)$ も，おおよそ式 (4.3) のような定積分によって計算される．なお L_{PP} は垂線間長，すなわち船尾垂線 A.P. から船首垂線 F.P. までの水平距離である．

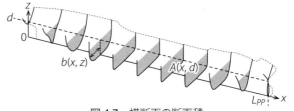

図 4.7　横断面の断面積

$$\nabla(d) = \int_0^{L_{PP}} A(x,d)dx = 2\int_0^{L_{PP}}\left\{\int_0^d b(x,z)dz\right\}dx \tag{4.3}$$

船が海面に浮かんでいるとき，その船体によって押しのけられたと考えられる海水の体積は，この排水容積 ∇ に等しい．その海水の質量は，排水容積 ∇ に海水密度 ρ_{SW} を乗じた値に等しい．また，その海水に作用する重力の大きさ（重量）は**排水量** Δ と呼ばれ，海水の質量に重力加速度 g を乗じた値に等しく，排水容積 ∇ に海水の比重量 γ_{SW} ($=\rho_{SW}\times g$) を乗じた値に等しい（式 4.4）．

$$\Delta = \rho_{SW}\times\nabla\times g = \gamma_{SW}\times\nabla \tag{4.4}$$

船体に作用する，海水による浮力の大きさ F_B は，3.4.1 項で説明されたアルキメデスの原理より，排水量 Δ に等しい．また，船が静止もしくは等速度運動しているとき，船体に作用する浮力と，船体に作用する重力は，図 4.8 のように鉛直線上で釣り合っている．このとき，船に作用する重力の大きさ，すなわち船の重量 W は，浮力の大きさ F_B に等しく，ゆえに排水量 Δ にも等しい．

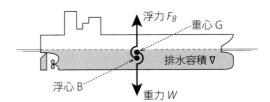

図 4.8　船体に作用する浮力と重力

$$F_B = \Delta,\quad W = F_B,\quad W = \Delta \tag{4.5}$$

船の重量を直接，測定することは困難である．しかし船体の規模や形状が既知であれば，海上で喫水を測定することにより，上の計算から船の重量を求めることができる．

例題 4-4　全幅 13 [m] の船体の，喫水 4.0 [m] の場合について，各スクエアステーションの船尾垂線からの距離 x と，それぞれにおける水面下にある部分の面積 A が，次表のように求まっているものとする。以下の小問①〜③の計算に取り組め。

① 排水容積を，シンプソンの法則を使って計算せよ。
② 方形係数と柱形係数を計算せよ。なお，船体の長さは垂線間長に等しいものとする。
③ 排水量を計算せよ。なお，海水の比重量を 1.025 [トン/m³] とする。

S.S.	0	1	2	3	4	5	6	7	8	9	10
x [m]	0	7	14	21	28	35	42	49	56	63	70
A [m²]	0.12	11.90	30.04	44.43	50.05	50.41	50.41	49.59	39.03	16.93	3.05

解　① 求める排水容積 ∇ は，$x=0$ から $x=70$ までの関数 $A(x)$ の定積分によって，$\nabla = \int_0^{70} A(x)dx$ と計算される。この x の範囲を 7 [m] 毎に 10 等分する変数に対して $A(x)$ の値が与えられているから，シンプソンの法則（3.1.4 項）によって，∇ の近似値は次式のとおり計算される。

$$\nabla \fallingdotseq \frac{7}{3}\left\{\begin{array}{l} 1\times 0.12 + 4\times 11.90 + 2\times 30.04 + 4\times 44.43 + 2\times 50.05 + 4\times 50.41 \\ + 2\times 50.41 + 4\times 49.59 + 2\times 39.03 + 4\times 16.93 + 1\times 3.05 \end{array}\right\} = 2416\,[\text{m}^3]$$

② 垂線間長 L_{PP} は船尾垂線（S.S. 0）から船首垂線（S.S. 10）までの距離であり，表より $L_{PP} = 70$ [m] である。ゆえに，船体の長さ $L = 70$ [m]，全幅 $B = 13.0$ [m]，喫水 $d = 4.0$ [m] の積から，船体の水面下にある部分を囲む直方体の体積は $LBd = 3640$ [m³] と計算され，方形係数は $C_B = \nabla/LBd \fallingdotseq 2416 \div 3640 = 0.664$ と求まる。また，船体中央断面（S.S. 5）のうち水面下にある部分の面積 A_M は，表より $A_M = 50.41$ [m²] であるから，柱形係数は $C_P = \nabla/LA_M \fallingdotseq 2416 \div (70\times 50.41) = 0.685$ と求まる。

③ 排水量 Δ は，海水の比重量 γ_{SW} と排水容積 ∇ の積より，$\Delta = \gamma_{SW}\times \nabla = 1.025\times 2416 = 2476$ [トン] と求まる。

4.2.3　表面積の計算

船尾垂線 A.P. から距離 x にある横断面内において，基線 B.L. から距離 z にある水線上の半幅が関数 $b(x,z)$ で表されるとき，その断面を囲む曲線のうち喫水 d の水面下にある部分の長さ $s(x,d)$ は，式 (4.6) のような定積分によって計算される。ここで $\frac{\partial}{\partial z}b(x,z)$ は，船体表面の曲面 $y=b(x,z)$ の，z 軸方向（鉛直方向）の傾きを与える関数である。

$$s(x,d) = 2\int_0^d \sqrt{1+\left(\frac{\partial}{\partial z}b(x,z)\right)^2}\,dz \tag{4.6}$$

船体全体の水面下にある部分の表面積，すなわち**浸水面積** $S(d)$ は，おおよそ式 (4.7) のような定積分によって計算される。ここで $\frac{\partial}{\partial x}b(x,z)$ は，船体表面の曲面 $y=b(x,z)$ の，x 軸方向（縦方向）の傾きを与える関数である。なお L_{PP} は垂線間長である。

$$\begin{aligned} S(d) &= 2\int_0^{L_{PP}}\left\{\int_0^d \sqrt{1+\left(\frac{\partial}{\partial x}b(x,z)\right)^2 + \left(\frac{\partial}{\partial z}b(x,z)\right)^2}\,dz\right\}dx \\ &\fallingdotseq 2\int_0^{L_{PP}}\left\{\int_0^d \sqrt{1+\left(\frac{\partial}{\partial z}b(x,z)\right)^2}\,dz\right\}dx = \int_0^{L_{PP}} s(x,d)\,dx \end{aligned} \tag{4.7}$$

この浸水面積が大きいほど，船体に作用する抵抗も大きくなる。

4.2.4 水線面積と浮面心の計算

基線⏊ から距離 z にある水平面内において，船尾垂線 A.P. から距離 x における半幅が関数 $b(x,z)$ で表されるとき，その水平面の断面積 $A_W(z)$ は式 (4.8) のような定積分によって計算される（図 4.9）．とくに水面における断面は**水線面**（Waterplane）と呼ばれ，その断面積 $A_W(d)$ は**水線面積**と呼ばれる．なお L_{PP} は垂線間長である．この水線面積の計算の例は例題 3-5 にある．

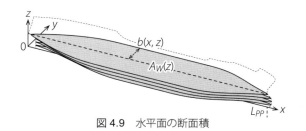

図 4.9　水平面の断面積

$$A_W(z) = 2\int_0^{L_{PP}} b(x,z)dx \tag{4.8}$$

また，水線面の図心は**浮面心**（Center of floatation）と呼ばれ，図中では記号 F で示される．この浮面心は，船体が揺れたときでも，つねに水線面内にある（図 4.10）．浮面心の座標 (x_F, y_F) は，3.2.4 項で紹介された計算方法によって式 (4.9) のように求まる．ここで，x 軸を船体の縦方向（原点は船尾垂線 A.P. 上），y 軸を船体の横方向（原点は船体中心線⏊ 上）としている．また，d は喫水，b は船体の半幅，A_W は水線面積，L_{PP} は垂線間長である．

図 4.10　船体の揺動と浮面心

$$x_F(d) = \frac{\iint_{A_W(d)} xdxdy}{A_W(d)} = \frac{1}{A_W(d)}\int_0^{L_{PP}}\left\{\int_{-b(x,d)}^{b(x,d)} dy\right\} xdx = \frac{2}{A_W(d)}\int_0^{L_{PP}} b(x,d)xdx \tag{4.9}$$

排水量等曲線図に記載される，船体中央から浮面心までの距離 $(\overline{\mathrm{MF}})$ は $(L_{PP}/2) - x_F$ の値である．なお，船体の対称性より，浮面心は船体中心線⏊ 上にあり，$y_F = 0$ である．この浮面心の座標の計算の例は例題 3-10 ①にある．

さて，先に紹介した排水容積 $\nabla(d)$ は，式 (4.3) のとおり，横断面の断面積 $A(x,d)$ の定積分によって計算可能であるが，式 (4.10) のとおり，水平面の断面積 $A_W(z)$ の定積分によっても計算可能である．したがって排水量 Δ についても，式 (4.11) のような $A_W(z)$ による式を得られる．ゆえに，喫水 d の関数としての排水量 $\Delta(d)$ の導関数 $\Delta'(d)$ は，式 (4.12) のとおり，海水の比重量 γ_{SW} と水線面積 A_W の積となる．

$$\nabla(d) = 2\int_0^d\left\{\int_0^{L_{PP}} b(x,z)dx\right\} dz = \int_0^d A_W(z)dz \tag{4.10}$$

$$\Delta(d) = \gamma_{SW} \times \nabla(d) = \gamma_{SW}\int_0^d A_W(z)dz \tag{4.11}$$

$$\Delta'(d) = \gamma_{SW} \times A_W(d) \tag{4.12}$$

排水量等曲線図に記載される**毎センチ排水トン数**（TPC），すなわち喫水がわずか 1 [cm] だけ増加した際に新たに押しのけられる海水の重量 [トン] は，この導関数 $\Delta'(d)$ によって与えられる量である．海水の比重量 γ_{SW} が [トン/m^3] の単位で，水線面積 A_W が [m^3] の単位で表されるとき，毎センチ排水トン数は $\gamma_{SW} A_W/100$ [トン/cm] と計算される．この量は，喫水をわずか 1 [cm] だけ増加させるために追加すべき重量 [トン] にも相当する．

この毎センチ排水トン数は，水の比重の変動にともなう喫水の変動の計算にも利用される．たとえば，海水の広がる外洋を航行してきた船が，清水の流れる河川港に入っていく場面について考える（図 4.11）．船の重量 W が一定であり，ゆえに排水量 Δ も一定であったとしても，外洋における排水容積 ∇_{SW} と河川港における排水容積 ∇_{FW} は，次

式のように異なる大きさとなる。ここで，外洋における海水の比重量を γ_{SW}（$= 1.025$ [トン/m^3]），河川港における清水の比重量を γ_{FW}（$= 1.000$ [トン/m^3]）としている。

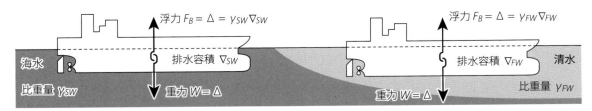

図 4.11　外洋と河川における喫水の差

$$\nabla_{SW} = \frac{\Delta}{\gamma_{SW}} = \frac{W}{\gamma_{SW}}, \quad \nabla_{FW} = \frac{\Delta}{\gamma_{FW}} = \frac{W}{\gamma_{SW}}$$

$$\nabla_{FW} - \nabla_{SW} = \frac{W}{\gamma_{FW}} - \frac{W}{\gamma_{SW}} = W\frac{\gamma_{SW} - \gamma_{FW}}{\gamma_{SW}\gamma_{FW}}$$

排水容積 ∇ が異なれば，当然，喫水 d も異なる。外洋における喫水を d_{SW} とし，河川港における喫水を d_{FW} とすると，その差に水線面積 A_W を乗じた体積は，おおよそ排水容積の差に等しくなる。なお，水線面積は一般に，喫水の微小な変化に対してほぼ一定と考えられる。したがって，次式が成立する。

$$(d_{FW} - d_{SW})A_W = \nabla_{FW} - \nabla_{SW}$$

$$d_{FW} - d_{SW} = \frac{\nabla_{FW} - \nabla_{SW}}{A_W} = \frac{W}{A_W} \times \frac{\gamma_{SW} - \gamma_{FW}}{\gamma_{SW}\gamma_{FW}} = \frac{W}{\gamma_{SW}A_W} \times \frac{\gamma_{SW} - \gamma_{FW}}{\gamma_{FW}}$$

この式に表れる $\gamma_{SW}A_W$ は毎センチ排水トン数（TPC）[トン/cm] を 100 倍した値である。ゆえに，この式によって，排水量等曲線図にも記載されている TPC と船体の重量 W から，喫水の変化量を計算することができる。なお，W を [トン] の単位で，A_W を [m^2] の単位で，γ_{SW} や γ_{FW} を [トン/m^3] の単位で表せば，喫水変化量 $(d_{FW} - d_{SW})$ は [m] の単位で求まる。この喫水変化量を [cm] の単位に換算した値 $(d_{FW} - d_{SW}) \times 100$ は式 (4.13) のように計算される。

$$(d_{FW} - d_{SW}) \times 100 = \frac{W}{\text{TPC}} \times \frac{\gamma_{SW} - \gamma_{FW}}{\gamma_{FW}} \tag{4.13}$$

4.2.5　浮心位置の計算

浮心は浮力の作用点として扱われる点であり（3.4.1 項参照），図中では記号 B で示される（図 4.8）。浮力の作用線は浮心を通る鉛直方向の直線となる。密度が一様な流体中に物体の全体が浸かっている場合，物体から見た浮心の座標は物体の位置や姿勢によらず不変となる。ただし海上の船のように大気と海水の境界面上に浮かんでいる場合，つまり物体の周囲の流体の密度が一様でない場合，物体から見た浮心の座標は物体の位置や姿勢によって変化するものとなる（図 4.12）。

浮心の座標は，物体が押しのけたと考えられる流体の重心に一致する。流体の密度が一様と考えられる場合，浮心の座標は，物体が押しのけたと考えられる流体の体積中心に一致する。船に作用する浮力について，大気による浮力を無視し，海水による浮力だけを考え，かつ海水の密度を一様と考えた場合，その浮心はその船体の水面下にある部分の体積中心に一致する。

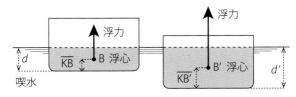

図 4.12　喫水と浮心

この場合，浮心の座標 (x_B, y_B, z_B) は，3.2.4 項で紹介された計算方法によって，式 (4.14) や (4.15) のように求まる。ここで，x 軸を船体の縦方向（原点は船尾垂線 A.P. 上），y 軸を船体の横方向（原点は船体中心線 ℄ 上），z 軸を船

体の鉛直方向（原点は基線⌊ 上）としている。また，d は喫水，b は船体の半幅，A は横断面の断面積，A_W は水平面の断面積，L_{PP} は垂線間長である。

$$x_B = \frac{\iiint_\nabla x dx dy dz}{\nabla} = \frac{1}{\nabla}\int_0^{L_{PP}}\left\{\int_0^d\left\{\int_{-b(x,z)}^{b(x,z)} dy\right\}dz\right\}xdx$$
$$= \frac{2}{\nabla}\int_0^{L_{PP}}\left\{\int_0^d b(x,z)dz\right\}xdx = \frac{1}{\nabla}\int_0^{L_{PP}} A(x,d)xdx \tag{4.14}$$

$$z_B = \frac{\iiint_\nabla z dx dy dz}{\nabla} = \frac{1}{\nabla}\int_0^d\left\{\int_0^{L_{PP}}\left\{\int_{-b(x,z)}^{b(x,z)} dy\right\}dx\right\}zdz$$
$$= \frac{2}{\nabla}\int_0^d\left\{\int_0^{L_{PP}} b(x,z)dx\right\}zdz = \frac{1}{\nabla}\int_0^d A_W(z)zdz \tag{4.15}$$

排水量等曲線図に記載される，船体中央から浮心までの距離（$\overline{\mathrm{MB}}$）は $(L_{PP}/2) - x_B$ の値である。また，キールから浮心までの距離（$\overline{\mathrm{KB}}$）は z_B の値である。なお，船体の対称性より，浮心は船体中心線⌶ 上にあり，$y_B = 0$ である。

例題 4-5 各水線のキールからの距離 z と，それぞれにおける水平面内の断面積 A_W が，次表のように求まっているものとする。基線（$z=0$）における断面積はゼロとする。喫水 4.0 [m] の場合におけるキールから浮心までの距離を，シンプソンの法則によって計算せよ。

z [m]	0.5	1.0	1.5	2.0	2.5	3.0	3.5	4.0	4.5	5.0
A_W [m^2]	509.6	562.0	591.0	612.8	631.7	648.7	664.9	684.3	707.5	728.7

解 キールから浮心までの距離 $\overline{\mathrm{KB}}$ は，定積分 $\int_0^4 A_W(z)zdz$ を排水容積 ∇ で除することによって求まる。定積分 $\int_0^4 A_W(z)zdz$ は，基線 $z=0$ から水面 $z=4$ までの，関数 $A_W(z)z$ の定積分である。この z の範囲を 0.5 [m] 毎に 8 等分する変数に対して $A_W(z)$ の値が与えられており，ゆえに $A_W(z)z$ の値も既知である（たとえば $z=1.5$ のとき $A_W(z)z = 591.0 \times 1.5 = 886.5$ である）から，シンプソンの法則（3.1.4 項）によって，定積分 $\int_0^4 A_W(z)zdz$ の近似値は次式のとおり計算される。

$$\int_0^4 A_W(z)zdz$$
$$\fallingdotseq \frac{0.5}{3}\left\{\begin{array}{l}1\times 0 + 4\times(509.6\times 0.5) + 2\times(562.0\times 1.0) + 4\times(591.0\times 1.5) + 2\times(612.8\times 2.0) \\ + 4\times(631.7\times 2.5) + 2\times(648.7\times 3.0) + 4\times(664.9\times 3.5) + 1\times(684.3\times 4.0)\end{array}\right\}$$
$$= 5066\,[\mathrm{m}^4]$$

一方で，排水容積 ∇ は定積分 $\int_0^4 A_W(z)dz$ によって求まる。シンプソンの法則によって，排水容積 ∇ の近似値は次式のように計算される。

$$\nabla = \int_0^4 A_W(z)dz \fallingdotseq \frac{0.5}{3}\left\{\begin{array}{l}1\times 0 + 4\times 509.6 + 2\times 562.0 + 4\times 591.0 + 2\times 612.8 \\ + 4\times 631.7 + 2\times 648.7 + 4\times 664.9 + 1\times 684.3\end{array}\right\} = 2320\,[\mathrm{m}^3]$$

ゆえに，キールから浮心までの距離 $\overline{\mathrm{KB}}$ は，およそ $5066 \div 2320 = 2.18$ [m] と計算される。

4.2.6 メタセンタ位置の計算

前項で述べたとおり，海上の船における浮心 B の座標は船の姿勢によって変化する（図 4.13）。ここで，浮力の作用線上に浮心とは別の，姿勢によらず不変の座標を持つ定点を見つけておくことができれば，浮力の作用について考える場合に便利である。

船が浮面心を中心として横方向（左右舷方向）に，わずかな傾斜角だけ揺動する場合，船から見た浮力の向きは傾斜角によって変化するが，その作用線は，船から見て一定の座標にある点（浮心とは異なる点）を，傾斜角によらずつねに通る．この点は**横メタセンタ**あるいは単に**メタセンタ**（Metacenter）と呼ばれ，図中では記号 M で示される．また，船が浮面心を中心として縦方向（船首尾方向）に揺動する場合も，浮力の作用線は船から見て一定の座標にある点（浮心とも横メタセンタとも異なる点）をつねに通る．この点は**縦メタセンタ**と呼ばれ，図中では記号 M_L で示される．

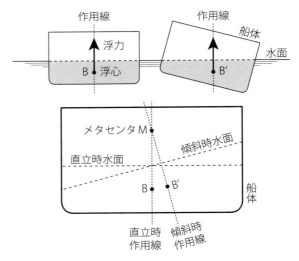

図 4.13 傾斜とメタセンタ

横メタセンタと縦メタセンタの座標は浮心の鉛直上方にある．浮心 B から横メタセンタ M までの鉛直方向の距離は記号 $\overline{BM}$ によって表され，**横メタセンタ半径**（あるいは単に**メタセンタ半径**）と呼ばれる．浮心 B から縦メタセンタ M_L までの鉛直方向の距離は記号 $\overline{BM_L}$ によって表され，**縦メタセンタ半径**と呼ばれる．横メタセンタ半径と縦メタセンタ半径は船体の規模や形状や喫水の深さによって定まる．

図 4.14 のように，直立時の浮心を B とし，船が微小な角度 θ だけ横方向に傾斜した場合の浮心を B$'$ とする．y 軸を横方向にとり，その原点を船体中心線上に定める．直立時の浮心 B は船体中心線上にあるから，その y 座標はゼロとなる．傾斜時の浮心 B$'$ の y 座標を $y_B{}'$ とする．このとき，傾斜時の浮心 B$'$ から横メタセンタ M までの距離は $\overline{B'M} = y_B{}'/\sin\theta$ と表されることになる．また角度 θ が微小であることから，近似式 $\sin\theta \fallingdotseq \theta$ が成立し，$\overline{B'M} \fallingdotseq y_B{}'/\theta$ が成立すると考えられる．さらに，この $\overline{B'M}$ は横メタセンタ半径 $\overline{BM}$ にほぼ等しい距離と考えられる．ゆえに，式 (4.16) のとおり，横メタセンタ半径 $\overline{BM}$ は $y_B{}'$ を θ で除した値で近似される．

$$\overline{BM} \fallingdotseq \frac{y_B{}'}{\theta} \tag{4.16}$$

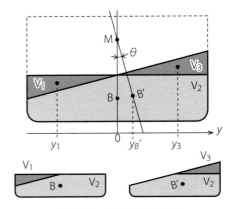

図 4.14 傾斜と浮心移動

前項でも説明しているとおり，浮心の座標は概ね，物体が押しのけていると考えられる流体の体積中心に一致する．船が傾斜しているとき，図 4.14 の領域 V_2 と領域 V_3 から海水が押しのけられている．ゆえに，傾斜時の浮心 B$'$ は V_2 と V_3 を合成した領域の体積中心にあると考えられる．この B$'$ の y 座標 $y_B{}'$ は，3.2.4 項で紹介された計算方法によって次式のように表される．ここで ∇ は排水容積であり，V_2 の体積と V_3 の体積の和に等しい．

$$y_B{}' = \frac{\iiint_{V_2} y\,dxdydz + \iiint_{V_3} y\,dxdydz}{\nabla}$$

同様に，直立時の浮心 B は図 4.14 の V_1 と V_2 を合成した領域の体積中心にあると考えられるから，B の y 座標は次式の右辺のように表される．なお排水容積 ∇ は V_1 の体積と V_2 の体積の和にも等しい．また B は船体中心線上にあるから，次式のとおり，その y 座標はゼロに等しい．

$$0 = \frac{\iiint_{V_1} y\,dxdydz + \iiint_{V_2} y\,dxdydz}{\nabla}$$

これらの関係から，$y_B{}'$ が式 (4.17) のように表されることがわかる．

$$y_B{}' = \frac{\iiint_{V_3} y\,dxdydz - \iiint_{V_1} y\,dxdydz}{\nabla} \tag{4.17}$$

なお，傾斜時に浮上する領域 V_1 や水没する領域 V_3 の体積中心の y 座標をそれぞれ y_1 や y_3 とし，また領域 V_1 や領域 V_3 の体積（これらは互いに等しい）を δV とすれば，傾斜時の浮心 B$'$ の y 座標 $y_B{}'$ は式 (4.18) のようにも表さ

れる。すなわち y_1 と y_3 の間の距離 $(y_3 - y_1)$ が大きいほど，また体積比 $\delta V/\nabla$ が大きいほど，浮心は大きく横移動することがわかる。

$$y_B{}' = \frac{\delta V}{\nabla}\left(\frac{\iiint_{V_3} y dx dy dz}{\delta V} - \frac{\iiint_{V_1} y dx dy dz}{\delta V}\right) = \frac{\delta V}{\nabla}(y_3 - y_1) \tag{4.18}$$

さて，傾斜時に水没する領域 V_3 の x 軸（縦方向軸）上の範囲は $0 \leq x \leq L_{PP}$ と表される（L_{PP} は垂線間長である）。領域 V_3 のうち x 軸上の微小な範囲だけ切り取った形状を図 4.15 に示す。この縦方向位置 x において，船体の半幅を $b(x)$ とすると，領域 V_3 の y 軸上の範囲は $0 < y \leq b(x)$ と表される。鉛直上向きに z 軸をとり，その原点を水線面上に定める

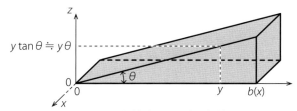

図 4.15　傾斜時に水没する領域

と，ある任意の横方向位置 y において，領域 V_3 の z 軸上の範囲は $0 < z \leq y\tan\theta$ と表される。ここで角度 θ が微小であり，近似式 $\tan\theta \fallingdotseq \theta$ が成立することから，領域 V_3 の z 軸上の範囲は $0 < z \leq y\theta$ と表される。ゆえに式 (4.17) に表れた定積分のうち，積分範囲 V_3 のものは次式のように表される。

$$\begin{aligned}\iiint_{V_3} y dx dy dz &= \int_0^{L_{PP}} \left\{\int_0^{b(x)} \left\{\int_0^{y\theta} dz\right\} y dy\right\} dx \\ &= \int_0^{L_{PP}} \left\{\int_0^{b(x)} y\theta y dy\right\} dx = \theta \int_0^{L_{PP}} \left\{\int_0^{b(x)} y^2 dy\right\} dx\end{aligned} \tag{4.19}$$

同様にして，式 (4.17) に表れた定積分のうち，積分範囲 V_1 のものは次式のように表される。

$$\begin{aligned}\iiint_{V_1} y dx dy dz &= \int_0^{L_{PP}} \left\{\int_{-b(x)}^0 \left\{\int_{y\theta}^0 dz\right\} y dy\right\} dx \\ &= \int_0^{L_{PP}} \left\{\int_{-b(x)}^0 (-y\theta) y dy\right\} dx = -\theta \int_0^{L_{PP}} \left\{\int_{-b(x)}^0 y^2 dy\right\} dx\end{aligned} \tag{4.20}$$

これらを式 (4.17) に代入することにより，$y_B{}'$ が次式のように表されることがわかる。

$$y_B{}' = \frac{\theta \int_0^{L_{PP}}\left\{\int_0^{b(x)} y^2 dy\right\} dx + \theta \int_0^{L_{PP}}\left\{\int_{-b(x)}^0 y^2 dy\right\} dx)}{\nabla} = \frac{\theta}{\nabla}\int_0^{L_{PP}}\left\{\int_{-b(x)}^{b(x)} y^2 dy\right\} dx \tag{4.21}$$

これを式 (4.16) に代入することにより，横メタセンタ半径 $\overline{\mathrm{BM}}$ が式 (4.22) のように表されることがわかる。

$$\overline{\mathrm{BM}} \fallingdotseq \frac{1}{\nabla}\int_0^{L_{PP}}\left\{\int_{-b(x)}^{b(x)} y^2 dy\right\} dx \tag{4.22}$$

一般に，任意の喫水 d の場合について，横メタセンタ半径 $\overline{\mathrm{BM}}$ は式 (4.23) によって計算される。この式に表れる排水容積 ∇ は先の 4.2.2 項で紹介された方法によって計算される。また I_T は水線面の船体中心線の周りの 2 次モーメントであり，3.2.4 項で紹介された方法によって式 (4.24) のように計算される。この 2 次モーメントの計算の例は例題 3-10②にある。

$$\overline{\mathrm{BM}} = \frac{I_T}{\nabla} \tag{4.23}$$

$$I_T(d) = \iint_{A_W(d)} y^2 dx dy = \int_0^{L_{PP}} \left\{\int_{-b(x,d)}^{b(x,d)} y^2 dy\right\} dx = 2\int_0^{L_{PP}} \frac{\{b(x,d)\}^3}{3} dx \tag{4.24}$$

同様に，縦メタセンタ半径 $\overline{\mathrm{BM_L}}$ は式 (4.25) によって計算される。ここで I_L は水線面の浮面心を通る横方向軸の周りの 2 次モーメントであり，式のように計算される。x 軸は船体の縦方向（原点は船尾垂線 A.P. 上）であり，x_F は浮面心 F の x 座標である。

$$\overline{\mathrm{BM_L}} = \frac{I_L}{\nabla} \tag{4.25}$$

$$I_L(d) = \iint_{A_W(d)} (x - x_F(d))^2 \, dxdy$$
$$= \int_0^{L_{PP}} \left\{ \int_{-b(x,d)}^{b(x,d)} dy \right\} (x - x_F(d))^2 \, dx = 2 \int_0^{L_{PP}} b(x,d) (x - x_F(d))^2 \, dx \tag{4.26}$$

排水量等曲線図に記載されるキールから横メタセンタまでの距離 $\overline{\mathrm{KM}}$ は $\overline{\mathrm{KM}} = \overline{\mathrm{KB}} + \overline{\mathrm{BM}}$,すなわち前項のような方法で求められるキールから浮心までの距離 $\overline{\mathrm{KB}}$ と横メタセンタ半径 $\overline{\mathrm{BM}}$ の和として計算される。同様に,キールから縦メタセンタまでの距離 $\overline{\mathrm{KM_L}}$ は $\overline{\mathrm{KM_L}} = \overline{\mathrm{KB}} + \overline{\mathrm{BM_L}}$,すなわち $\overline{\mathrm{KB}}$ と縦メタセンタ半径 $\overline{\mathrm{BM_L}}$ の和として計算される。

排水量等曲線図に記載される**毎センチトリムモーメント**(MTC)は,縦メタセンタ半径 $\overline{\mathrm{BM_L}}$ と排水量 Δ および垂線間距離 L_{PP} から,$(\Delta \times \overline{\mathrm{BM_L}}/100 L_{PP})$ [トン·m/cm] と近似的に見積もられる。

4.3 重心移動

船が静かに浮いているとき,船に作用する重力の作用点(重心)と浮力の作用点(浮心)は真っ直ぐ上下に並んでいる。ここで船内の荷が移動すると,それにともなって重心が移動する。重心と浮心が上下に並ばない状態となると,重力と浮力の間で偶力が働いて,船は傾斜し始める。この節では,船内の荷の配置が変化した場合に重心がどのように移動するかを計算する方法について学ぶ。

4.3.1 重心位置

船に作用する重力は,船体やエンジンなどの内部のあらゆる点に作用する無数の力である(図 4.16 (a))が,これらをある特別な一点に作用する 1 つの合力に置き換えて考えることができる(図 4.16 (b))。この特別な一点のことを**重心**という(3.2.2 項参照)。また,この重力の合力の大きさは船の重量に等しくなる。

図 4.16　船に作用する重力

一般に,物体の密度と形状によって,その重心の位置は決まる(3.2.4 項参照)。密度が一様な物体であれば,その重心はその物体の形状の体積中心に一致する。一様な球体や直方体の重心は,その中心点にある。密度も厚さも一様な平板であれば,その重心はその平板の形状の図心に一致する。円形や長方形の一様な平板の重心は,その中心点にある。

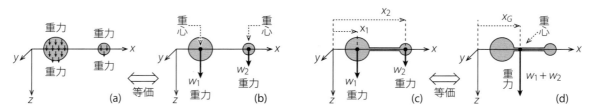

図 4.17　球体に作用する重力

たとえば図 4.17 (a) のような 2 つの物体について考える。これらの内部には無数の重力が作用しているが,それぞれ一様な密度を持つ球体であることがわかっていれば,それらの重心がそれぞれの中心点にあると考えることができ,重力をそれぞれ 1 つずつの合力に置き換えて考えることができる(図 4.17 (b))。この重力の合力の大きさが,すなわち

それぞれの球体の重量である。さらに，重量 w_1 の球体と重量 w_2 の球体を軽く細い棒で連結した物体について考える（図 4.17 (c)）。この物体は，全体で一点の重心をどこかに持っており，その点に重量 $w_1 + w_2$ に等しい大きさの重力の作用を受けていると考えることができる（図 4.17 (d)）。

この 2 つの球体を棒で連結した物体を，図 4.18 (a) のように，棒の途中のどこかの位置で，1 本の指の先で静かに支え持ったとする。支点の指先から物体に作用する抗力の大きさは，ちょうど物体全体の重量を支えられるだけの大きさ，すなわち $w_1 + w_2$ に等しくなるものと考えられる。鉛直下向きを z 軸とし，球体の中心点と棒はいずれも x 軸上にあるものとし，それぞれの球体の中心点の座標を x_1 および x_2 とし，また指先の支点の座標を x_0 とする。

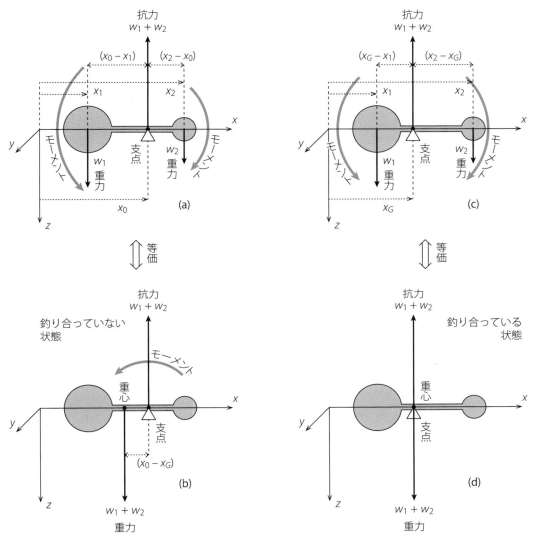

図 4.18　物体の釣り合い状態と重心の関係

このとき，点 x_1 に作用する重力 w_1 は，点 x_1 の球体を下げて点 x_2 の球体を上げるように，支点 x_0 を中心として物体全体を回転させようと働く。一方で，点 x_2 に作用する重力 w_2 は，点 x_1 の球体を上げて点 x_2 の球体を下げるように，支点 x_0 を中心として物体全体を回転させようと働く。これらの働きは，互いに逆向きの回転を生じようとするモーメントである。w_1 による反時計回りのモーメントの大きさは $(x_0 - x_1)w_1$ であり，w_2 による時計回りのモーメントの大きさは $(x_2 - x_0)w_2$ である。

これら 2 つのモーメントの大きさが異なる場合は，その差に相当する大きさのモーメントが物体全体を回転させる（図 4.18 (a) (b)）。このとき，物体全体は傾斜し始め，やがて指先から落ちるだろう。一方，2 つのモーメントの大きさが等しい場合は，物体に作用するモーメントは差し引きゼロとなり，釣り合いの状態となる（図 4.18 (c) (d)）。このと

き，物体は回転することなく，指の上で水平姿勢を保つことができる．

釣り合いの状態（3.2.2 項参照）においては，指先から支点に作用する抗力のベクトルと，物体全体に作用する重力の合力のベクトルとが，互いに逆の向きで，同じ大きさで，かつ同一の作用線上にあるはずである（図 4.18 (d)）．もし，抗力のベクトルと重力の合力のベクトルとが同一の作用線上になければ，それらの偶力によって，物体全体を回転させるモーメントが生じるはずである（図 4.18 (b)）．ゆえに，それぞれの球体に作用する重力による 2 つのモーメントの大きさが等しくなるような支点があれば，その点を含む鉛直線上に物体の重心も位置していることになる．

すなわち，重力の合力の作用点と考えられる重心の座標 x_G は式 (4.27) を満たすものとなる．また，この式の変形により式 (4.28) が得られる．

$$(x_G - x_1)w_1 = (x_2 - x_G)w_2 \tag{4.27}$$

$$x_G = \frac{w_1 x_1 + w_2 x_2}{w_1 + w_2} \tag{4.28}$$

物体の重心の位置がわからない場合でも，物体のさまざまな位置を指先で支えてみることを繰り返し，物体を静止させることができる支点を探り出せば，その支点の上に重心があるとわかる．

同様にして，船の重心の位置を見つけることもできる．船を指先で支えてみることはできないが，図 4.19 のように船を海上に浮かべて静止させることができれば，その船の重心の位置は，その船を支える上向きの力の合力の作用点の上，つまりその静止状態の船の浮心（3.4.1 項参照）の上にあるとわかる．船の浮心の位置は 4.3.1 項で学んだ計算法によって知ることができる．船の重心の高さはまだわからないが，それは後に 4.5.3 項で学ぶ傾斜試験などの方法によって知ることができる．

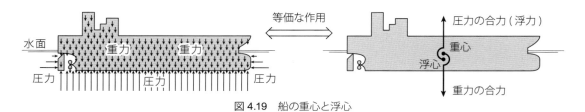

図 4.19　船の重心と浮心

重心の位置がすでにわかっている複数の小物体を組み合わせて，1 つの大きな物体をつくった場合，その全体の重心の位置は式 (4.28) と同様の計算によって求めることができる（図 4.20）．一般に，重心の座標と重量が既知である n 個の小物体が組み合わされ，1 つの大きな物体として振る舞うとき，その全体の重心の座標 (x_G, y_G, z_G) は式 (4.29) のように表される．なお，n 個のうち i 番目の小物体の質量が w_i，その重心座標が (x_i, y_i, z_i) と表されるものとする．ここで W は物体全体の重量である．

$$(x_G, y_G, z_G) = \left(\frac{\sum_{i=1}^{n} w_i x_i}{W}, \frac{\sum_{i=1}^{n} w_i y_i}{W}, \frac{\sum_{i=1}^{n} w_i z_i}{W} \right) \tag{4.29}$$

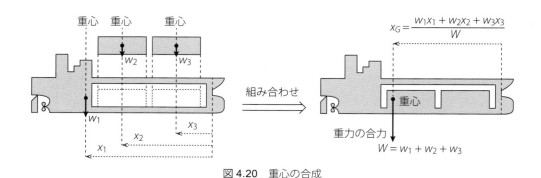

図 4.20　重心の合成

この式に表れた記号 $\sum_{i=1}^n w_i x_i$ は，次式のように，$i=1$ から $i=n$ までのすべての番号 i について $w_i x_i$ を計算した値の総和を表すものである。物体全体の重量 W は，$W = \sum_{i=1}^n w_i$ と表される。

$$\sum_{i=1}^n w_i x_i = w_1 x_1 + w_2 x_2 + w_3 x_3 + \cdots + w_n x_n$$

$$\sum_{i=1}^n w_i y_i = w_1 y_1 + w_2 y_2 + w_3 y_3 + \cdots + w_n y_n$$

$$\sum_{i=1}^n w_i z_i = w_1 z_1 + w_2 z_2 + w_3 z_3 + \cdots + w_n z_n$$

$$W = \sum_{i=1}^n w_i = w_1 + w_2 + w_3 + \cdots + w_n$$

なお，式 (4.29) は先に 3.2.4 項において導出されたものと同じである。

例題 4-6 図 4.21 のような形状の平板がある。平板の厚さは一様で，その材質の密度も一様である。この平板の重心の座標を求めよ。なお，座標軸（x 軸および y 軸）と原点は図のとおりとする。

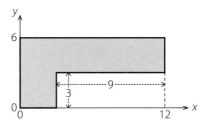

図 4.21 複雑な形状の平板の例

解 平板の形状を図 4.22 のように領域①と領域②とに区切り，幅 $3 \times$ 高さ 6 の長方形①と，幅 $9 \times$ 高さ 3 の長方形②が組み合わされたものと考える。なお，どのような区切り方で考え始めても，3 つ以上の領域に区切っても，最後には同じ計算結果を得られる。

平板①の重心の位置は長方形①の図心に等しく，その座標は $(x_1, y_1) = (\frac{3}{2}, \frac{6}{2}) = (1.5, 3)$ となる。平板②の重心の位置は長方形②の図心に等しく，その座標は $(x_2, y_2) = (3 + \frac{9}{2}, 3 + \frac{3}{2}) = (7.5, 4.5)$ となる。

仮に，板の厚さを d，比重量を γ とする。長方形①の面積は $3 \times 6 = 18$ であるから，平板①の体積は $18 \times d$ となる。したがって領域①の平板に作用する重力の大きさ（重量）は $w_1 = 18 \times d \times \gamma$ となる。長方形②の面積は $9 \times 3 = 27$ であるから，平板②の重量は $w_2 = 27 \times d \times \gamma$ となる。平板全体の重量は $W = w_1 + w_2 = 45 \times d \times \gamma$ となる。

公式 (4.29) を用いて，次のような計算により，平板全体の重心の座標は $(x_G, y_G) = (5.1, 3.9)$ と求まる。

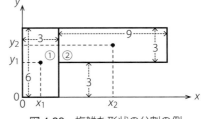

図 4.22 複雑な形状の分割の例

$$x_G = \frac{w_1 x_1 + w_2 x_2}{W} = \frac{18 d\gamma \times 1.5 + 27 d\gamma \times 7.5}{45 d\gamma} = \frac{18 \times 1.5 + 27 \times 7.5}{45} = 5.1$$

$$y_G = \frac{w_1 y_1 + w_2 y_2}{W} = \frac{18 d\gamma \times 3 + 27 d\gamma \times 4.5}{45 d\gamma} = \frac{18 \times 3 + 27 \times 4.5}{45} = 3.9$$

なお，この重心の位置は図形全体の図心にも相当する。

例題 4-7 ある船がある港で，荷役（荷の積み卸し）を行った。荷役前の船において，排水量は 11,000 [トン]，キールから重心までの高さ $\overline{KG}$ は 6.4 [m] であった。荷役作業の内容は，まず 1,000 [トン] の荷を積み，次に 300 [トン] の荷を卸し，さらに 500 [トン] の荷を積み，最後に 200 [トン] の荷を卸すというものであった。それぞれ船内のどの位置に荷が積まれ，どの位置から荷が卸されたかは，右表のとおりであった。荷役後の船における，キールから重心までの高さ $\overline{KG'}$ を求めよ。

荷役の内容	荷の重量 [トン]	キールからの荷の高さ [m]
積荷	1,000	12.0
揚荷	300	8.5
積荷	500	9.0
揚荷	200	9.5

解 11,000 [トン] の物体（荷役前の船）に，1,000 [トン] の物体（荷）を足したものから，300 [トン] の物体を引いたものに，さらに 500 [トン] の物体を足したものから，さらに 200 [トン] の物体を引いたものが，荷役後の船である

（図 4.23）。ここで，荷を卸す作業は，負の重量の荷を積む作業に等しいと考えることができる。すなわち，荷役前の 11,000 [トン] の船に，1,000 [トン] の荷と -300 [トン] の荷と 500 [トン] の荷と -200 [トン] の荷を足し合わせたものが，荷役後の船であると考えることができる。

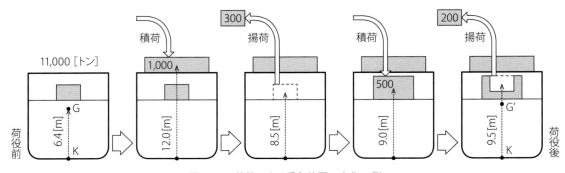

図 4.23　荷役による重心位置の変化の例

これらの物体の正や負の重量 w_i と重心座標 z_i（キールからの高さ）を，荷役前の船も含めてまとめると，次表のとおりとなる。ここで，重量 w_i の合計値を計算する。さらに，それぞれの重量と重心座標の積 $w_i z_i$ を計算し，それらの合計値も計算する。

番号 i	項目	重量 w_i [トン]	重心位置 z_i [m]	$w_i z_i$ [トン・m]
1	荷役前	11,000	6.4	70,400
2	積荷	1,000	12.0	12,000
3	揚荷	-300	8.5	$-2,550$
4	積荷	500	9.0	4,500
5	揚荷	-200	9.5	$-1,900$
	合計	12,000		82,450

これらを合成した物体，すなわち荷役後の船の重心座標 $z_G{}'$（キールからの高さ）は公式 (4.29) によって次式のように計算される。

$$z_G{}' = \frac{\sum_{i=1}^{5} w_i z_i}{\sum_{i=1}^{5} w_i} = \frac{82450}{12000} \fallingdotseq 6.9$$

ゆえに，荷役後の船におけるキールから重心までの高さ $\overline{\mathrm{KG}'}$ は 6.9 [m] と求まった。

4.3.2　重量物の船内移動による重心移動

船のなかで重量物が移動すると，それにともなって船全体の重心の位置も同じ方向にわずかに移動する。図 4.24 は，ある全重量（排水量）W の船に積まれている重量 w の荷を，横方向（船体の幅方向）に l_y だけ移動させた場合について示している。なお横方向軸を y 軸とし，右舷方向を正としている。

船の全重量 W は，もともと荷の重量 w も含むものであるから，荷を移動する前も後も同じ大きさである。荷を移動する前の船（図 (a)）の重心（図中の点 G）の y 座標を y_G とし，移動前の荷の重心の y 座標を y_1，移動後の荷の重心の y 座標を y_2 とする。このとき，荷を移動した後の船（図 (b)）は，座標 y_G に重心を持つ重量 W の物体から，座標 y_1 に重心を持つ重量 w の物体を差し引き，座標 y_2 に重心を持つ重量 w の物体を足し合わせたものと考えることができる（図 (c)）。また，荷を移動した後の船は，座標 y_G に重心を持つ重量 W の物体と，座標 y_1 に重心を持つ負の重量 $-w$ の物体と，座標 y_2 に重心を持つ重量 w の物体とを足し合わせたものとも考えることができる。

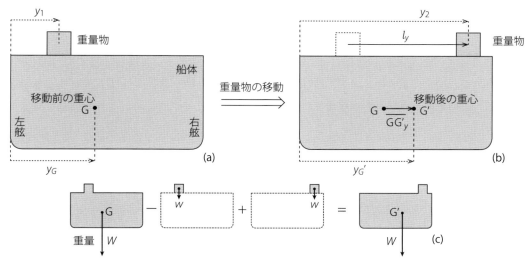

図 4.24 船内の重量物の横移動にともなう重心の移動

このような考え方によって，公式 (4.29) を用いることにより，荷を移動した後の船の重心（図中の点 G'）の y 座標 $y_G{'}$ は次式のように表される。

$$y_G{'} = \frac{Wy_G + (-w)y_1 + wy_2}{W + (-w) + w} = y_G + \frac{w \times (y_2 - y_1)}{W}$$

$$y_G{'} - y_G = \frac{w \times (y_2 - y_1)}{W} \tag{4.30}$$

したがって，船内の重量物の横方向の移動にともなう，船の重心の横方向の移動距離 $\overline{GG'}_y = y_G{'} - y_G$ は，式 (4.31) のとおり，重量物の重量 w と重量物の移動距離 $l_y = y_2 - y_1$ の積を，全体の重量 W で割ることで得られる。

$$\overline{GG'}_y = \frac{w \times l_y}{W} \tag{4.31}$$

重量物が回転することなく平行移動する場合であれば，その平行移動距離 l_y は重量物の重心の移動距離 $y_2 - y_1$ にも等しいはずであるから，上の公式は移動する重量物の重心位置が不明な場合でも利用可能である。なお，図 4.24 では y 軸の原点を仮に左舷に定めて考えているが，船体中心線など任意の位置に原点を定めている場合でも同様に成立する。

船内の重量物を縦方向（船体の長さ方向）に移動させた場合でも，あるいは垂直方向（船体の深さ方向）に移動させた場合でも，同様の公式が成立する。全重量（排水量）W の船のなかで，重量 w の荷を縦方向に l_x だけ，あるいは垂直方向に l_z だけ移動させたとき，船全体の重心の縦移動距離 $\overline{GG'}_x$ や垂直移動距離 $\overline{GG'}_z$ は，それぞれ式 (4.32) と式 (4.33) で与えられる。

$$\overline{GG'}_x = \frac{w \times l_x}{W} \tag{4.32}$$

$$\overline{GG'}_z = \frac{w \times l_z}{W} \tag{4.33}$$

なお，船の重心の計算においては一般的に，船首から船尾に向かう縦方向（長さ方向）の軸を x 軸（船尾側が正）とし，左舷から右舷に向かう横方向（幅方向）の軸を y 軸（右舷側が正）とし，船底から上甲板に向かう垂直方向（高さ方向）の軸を z 軸（上側が正）とすることが多い。

このとき，これらの座標軸と同じ向きの移動の距離は正の値，逆の向きの移動の距離は負の値となる。たとえば，荷を船首から遠ざけて船尾へ近づける方向に動かした場合，距離 l_x は正の値となり，船尾から遠ざけて船首へ近づける方向に動かした場合，距離 l_x は負の値となる。また，$\overline{GG'}_x$ が正の値となる場合，重心は船首から遠ざかり船尾へ近づく方向に移動しており，$\overline{GG'}_x$ が負の値となる場合，重心は船尾から遠ざかり船首へ近づく方向に移動していることになる。

船内の荷を斜め方向に移動させた場合は，その荷の移動を x 成分と y 成分と z 成分とに分解して考え，それぞれについて上の公式を適用して，重心移動の x 成分と y 成分と z 成分を求めればよい．たとえば，図 4.25 (a) のように荷を移動させた場合は，まず荷を l_y だけ横移動させ，続いて l_z だけ垂直移動させた場合（図 4.25 (b)）と，結果的には等価であると考えられる．ゆえに重心は，まず $\overline{GG'}_y$ だけ横移動し，続いて $\overline{GG'}_z$ だけ垂直移動した場合と，結果的には同じ点に移動する．この考え方は移動の順序を入れ替えても成立する．

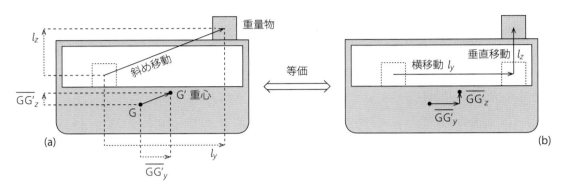

図 4.25 船内の重量物の斜め移動にともなう重心の移動

例題 4-8 ある排水量 20,000 [トン] の船の重心は，はじめ船体中心線上の，キールからの高さ $\overline{KG} = 15.00$ [m] の位置にあったという．この船のなかの重量 1,000 [トン] の貨物を右舷方向に 15.00 [m]，上方向に 10.00 [m] だけ移動させた．貨物移動後の船の重心の位置を求めよ．

解 キールの位置（船体中心線と基線の交点）を原点とし，横方向に y 軸（右舷方向が正），垂直方向に z 軸（上方向が正）を設定する．貨物移動前の重心 G の座標は $(y_G, z_G) = (0, 15.00)$ と表される．

重心の横方向の移動距離（右舷方向を正とする）は公式によって次のように計算される．

$$\overline{GG'}_y = \frac{1000 \times 15.00}{20000} = 0.75 \, [\text{m}]$$

重心の垂直方向の移動距離（上方向を正とする）は公式によって次のように計算される．

$$\overline{GG'}_z = \frac{1000 \times 10.00}{20000} = 0.50 \, [\text{m}]$$

これらの移動距離から，貨物移動後の船の重心 G' の座標は次のように計算される．

$$(y_G{'}, z_G{'}) = (0, 15.00) + (0.75, 0.50) = (0 + 0.75, \, 15.00 + 0.50) = (0.75, 15.50)$$

ゆえに貨物移動後の船の重心は，船体中心線よりも 0.75 [m] だけ右舷寄りの，基線からの高さ 15.50 [m] の位置にあることがわかる．

4.3.3 重量物の積載による重心移動

船に新たに重量物が積載されると，それにともなって船全体の重量が変化するとともに，重心の位置も移動する．図 4.26 は，ある全重量（排水量）W の船に，岸壁から新たに重量 w の荷を積んだ場合について示している．積まれた荷の重心は，荷役前の船の重心（図中の点 G）より距離 l_y だけ右舷寄りであり，かつ距離 l_z だけ高い位置であったとする．

CHAPTER 4 船舶算法と復原力　103

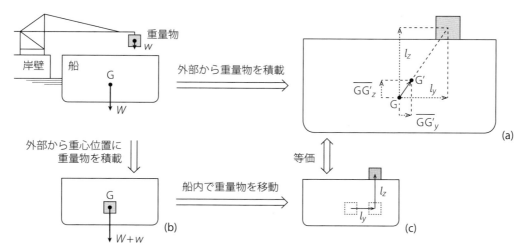

図 4.26　重量物の積載にともなう重心の移動

もし，もともとの船の重心の位置 G に荷を積んだ場合（図 (b)），つまり積まれた荷の重心の位置が点 G に重なるような場合であれば，船全体の重心は移動することなく，ただ船全体の重量だけが変化する。荷役後の船の全重量は $W+w$ となる。この状態から続いて船内で荷を l_y だけ横移動させ，さらに l_z だけ垂直移動させた場合（図 (c)）は，結果的に図 (a) と同じ状態になる。このとき船全体の重心は荷の積まれた位置のほうへ近づくように移動するが，その横移動距離 $\overline{GG'}_y$ と垂直移動距離 $\overline{GG'}_z$ は，4.3.2 項の応用により，それぞれ式 (4.34) と式 (4.35) で与えられる。

$$\overline{GG'}_y = \frac{w \times l_y}{W + w} \tag{4.34}$$

$$\overline{GG'}_z = \frac{w \times l_z}{W + w} \tag{4.35}$$

同様にして，積まれた荷の重心が，もともとの船の重心の位置 G より距離 l_x だけ船尾寄りであった場合の，船全体の重心の縦移動距離 $\overline{GG'}_x$ は，式 (4.36) で与えられる。

$$\overline{GG'}_x = \frac{w \times l_x}{W + w} \tag{4.36}$$

これらの公式は，積荷役の場合だけでなく，揚荷役の場合においても利用可能である。ある重量の荷を卸す作業は，負の重量の荷を積む作業に等しいと考えられる。すなわち上の公式のなかの変数 w に負の重量を代入し，変数 (l_x, l_y, l_z) に荷役前の船の重心から見た荷の相対座標を代入し，変数 W に荷役前の船の重量（卸される荷を含む）を代入すれば，揚荷役にともなう重心の移動を計算することができる。揚げ荷役の場合，船全体の重心は荷の積まれていた位置から遠ざかるように移動する。

例題 4-9　ある排水量 16,220 [トン] の船の重心は，船体中心線上の，キールからの高さ $\overline{KG} = 8.2 \,[\mathrm{m}]$ の位置にあったという。この船のなかの，あるバラストタンクは重量 72 [トン] の水で満たされており，そのバラスト水の重心は船体中心線より 9.5 [m] だけ右舷寄りの，基線から高さ 1.2 [m] の位置にあったという（図 4.27）。このバラストタンクのなかのバラスト水をすべて捨てた場合，船の重心がどのように移動するかを求めよ。なお，重心は縦方向（長さ方向）には移動しないものとする。

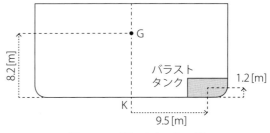

図 4.27　バラストタンクの例

解　この場合，船の重心は揚荷役の場合と同様に移動する。ゆえに，重量 $W = 16,220$ [トン] の船に，負の重量 $w = -72$ [トン] の水を，作業前の船の重心と同じ位置に積載し，続いて右舷方向に 9.5 [m] だけ横移動させ，さらに下方向に $8.2 - 1.2 = 7.0$ [m] だけ垂直移動させたものと考えることにする。なお，重心の移動の方向は，この負の重量の

移動とは逆の方向となる。この場合，重心は左舷上方に移動するものと考えられる。

横方向に y 軸（右舷方向が正，左舷方向が負）を設定し，垂直方向に z 軸（上方向が正，下方向が負）を設定すると，負の重量 w の横移動距離は $l_y = 9.5\,[\mathrm{m}]$，垂直移動距離は $l_z = -7.0\,[\mathrm{m}]$ と表される。公式により，重心の横移動距離 $\overline{\mathrm{GG'}}_y$ と垂直移動距離 $\overline{\mathrm{GG'}}_z$ は次式のように計算される。

$$\overline{\mathrm{GG'}}_y = \frac{(-72) \times 9.5}{16220 + (-72)} = \frac{-684}{16148} \fallingdotseq -0.042\,[\mathrm{m}] = -4.2\,[\mathrm{cm}]$$

$$\overline{\mathrm{GG'}}_z = \frac{(-72) \times (-7.0)}{16220 + (-72)} = \frac{504}{16148} \fallingdotseq 0.031\,[\mathrm{m}] = 3.1\,[\mathrm{cm}]$$

ゆえに重心は左舷方向へ $4.2\,[\mathrm{cm}]$，上方向へ $3.1\,[\mathrm{cm}]$ だけ移動することがわかる。

4.4 復原力

風波などの影響によって船が傾斜した場合に生じる，船が自ら正立状態に戻ろうとする作用を**復原力**という。まず傾斜が小さい場合の初期復原力について理解し，船の安定性がメタセンタと重心の位置関係によって変化するものであることを確認する。さらに，傾斜が大きい場合の復原力についても理解する。

4.4.1 外力による傾斜と復原力

図 4.28 (a) は，静かな海面で正立状態を保っている船に作用する重力と浮力を示している。このような状態の場合，重心 G と浮心 B は鉛直線上に並び，重力の作用線と浮力の作用線は同一である。この船が突風や突然の波などによる外力を受けて横方向に傾斜した場合を図 4.28 (b) に示す。積荷の荷崩れや船内調度品の移動などは生じていないと仮定すると，船の重心 G の位置は変化することがないと考えられる。しかし傾斜によって水面下の排水容積形状は変化するため，その形状の体積中心である浮心は位置 B から位置 B′ まで移動する。

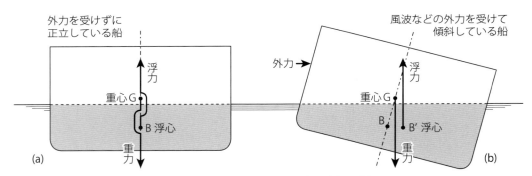

図 4.28 外力による傾斜の場合の重力と浮力

このとき，重心 G に作用する重力と，浮心 B′ に作用する浮力は，互いに逆向きで作用線の異なる偶力となる。この偶力が復原力となり，傾斜を戻す方向に船体を回転させようと働くモーメントを生じる。このモーメントは**復原モーメント**あるいは復原力と呼ばれる。

図 4.29 のように，重心 G から浮力の作用線に卸した垂線の足を点 Z とすると，点 G と点 Z の間の距離 $\overline{\mathrm{GZ}}$ は，重力の作用線と浮力の作用線の間の距離となる。船に作用する重力の大きさ（重量）を W とすると，浮力の大きさ F_B も W に等しく，また W と F_B は排水量 Δ にも等しいと考えられる。したがって復原モーメントの大きさは式 (4.37) によって表される。なお，重力と浮力の作用線間距離 $\overline{\mathrm{GZ}}$ は**復原てこ**とも呼ばれる。

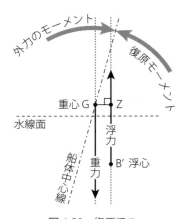

図 4.29 復原てこ

$$\text{復原モーメント} = W \times \overline{\text{GZ}} = F_B \times \overline{\text{GZ}} = \Delta \times \overline{\text{GZ}} \tag{4.37}$$

突風が止んで外力が作用しなくなったとき，船は復原モーメントの作用によって正立状態に戻る。その戻るときの回転の勢いによって船体が逆方向に傾斜すると，次は逆方向の復原モーメントが生じ，その作用によってまた船は正立状態に戻る。このような運動が横揺れ（ローリング）である。

強風が絶えず吹き続けている場合などには，船の姿勢は傾斜したままとなる。この場合，外力が船を傾斜させようとするモーメントと，復原モーメントとが，互いに釣り合った状態で作用し続けている。

4.4.2 初期復原力

(1) 横メタセンタ高さ

外力による横方向の傾斜が始まって初期の状態，すなわち傾斜角 θ がまだ小さい状態（概ね $\theta < 15\,[°]$ 程度）の船について考える。先に 4.2.6 項でも学んだとおり，このような小さな横傾斜の場合の浮力の作用線は，船から見て一定の座標にある点 M を，傾斜角 θ によらずつねに通る（図 4.30）。その定点 M は**横メタセンタ**（あるいは単に**メタセンタ**）と呼ばれる。

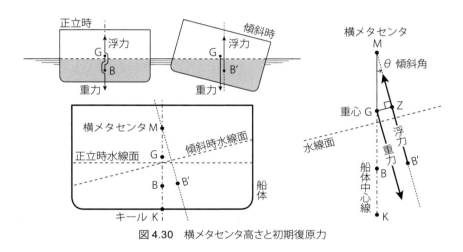

図 4.30　横メタセンタ高さと初期復原力

正立時の浮心 B と横メタセンタ M の間の距離 $\overline{\text{BM}}$ は**横メタセンタ半径**（あるいは単に**メタセンタ半径**）と呼ばれる。傾斜角が小さい場合，傾斜時の浮心 B' と点 M の間の距離 $\overline{\text{B'M}}$ もおおよそ $\overline{\text{BM}}$ と等しく，傾斜角によらず一定に保たれる。つまり，小さな横揺れの際の浮心の移動を船のなかから見ると，まるで点 M を中心とした長さ $\overline{\text{BM}}$ の振り子のように動いて見えることになる。

重心 G と横メタセンタ M の間の距離 $\overline{\text{GM}}$ は**横メタセンタ高さ**（あるいは単に**メタセンタ高さ**）と呼ばれる。この横メタセンタ高さ $\overline{\text{GM}}$ と傾斜角 θ と復原てこ $\overline{\text{GZ}}$ との間には，図 4.30 のとおり，式 (4.38) の関係が成立する。

$$\overline{\text{GZ}} = \overline{\text{GM}} \sin\theta \tag{4.38}$$

ゆえに，傾斜角がまだ小さい場合の復原モーメントは，横メタセンタ高さ $\overline{\text{GM}}$ と傾斜角 θ と船の重量 W（= 排水量 Δ）によって，式 (4.39) のように表される。横メタセンタ高さ $\overline{\text{GM}}$ が大きいほど，微小な傾斜に対しても復原モーメントが強く作用することになる。すなわち，横メタセンタ高さ $\overline{\text{GM}}$ が大きいほど，船は傾きにくいものとなる。

$$\text{復原モーメント} = W \times \overline{\text{GM}} \sin\theta \tag{4.39}$$

例題 4-10　ある排水量 $W = 17{,}010\,[\text{トン}]$ の船の横メタセンタ高さは $\overline{\text{GM}} = 0.240\,[\text{m}]$ であったという。この船が角度 $\theta = 5\,[°]$ だけ横傾斜した際に生じる復原モーメントの大きさを求めよ。

[解] 復原モーメントは次式のように計算される。

$$W \times \overline{\mathrm{GM}} \sin\theta = 17010 \times 0.240 \times \sin 5° = 17010 \times 0.240 \times 0.0872 = 356\,[\text{トン}\cdot\text{m}]$$

(2) 重心位置と安定性

図 4.30 のとおり，横メタセンタ M と重心 G，正立時の浮心 B，および船体のキール K は，すべて船体中心線上にある。先に 4.2.5 項および 4.2.6 項でも学んだとおり，キール K から浮心 B までの距離 $\overline{\mathrm{KB}}$ や，キール K から横メタセンタ M までの距離 $\overline{\mathrm{KM}}$ は，船体の規模と形状と喫水によって定まるもので，排水量等曲線図から値を得られる量である。一方，喫水が一定（すなわち船の全重量 W が一定）でも船内の荷の位置が変われば，4.3 節で学んだとおり，重心 G の位置（およびキール K からの距離 $\overline{\mathrm{KG}}$）は変化し，横メタセンタ高さ $\overline{\mathrm{GM}}$（$= \overline{\mathrm{KM}} - \overline{\mathrm{KG}}$）の符号や大きさも変化することになる。

図 4.31 の (a) は，横メタセンタ高さが正（$\overline{\mathrm{GM}} > 0$），すなわち重心 G が横メタセンタ M よりも下にある状態（$\overline{\mathrm{KM}} > \overline{\mathrm{KG}}$）の船が，外力によって傾斜した場合を示している。このとき，傾斜を減らす方向へ船体を回転させようと働く正の復原モーメントが生じる。ゆえに，外力が作用しなくなれば，船は確実に正立状態へ戻る。

図 4.31 の (b) は，横メタセンタ高さがゼロ（$\overline{\mathrm{GM}} = 0$），すなわち重心 G が横メタセンタ M と同じ高さにある状態（$\overline{\mathrm{KM}} = \overline{\mathrm{KG}}$）の船が，外力によって傾斜した場合を示している。このとき，復原てこ $\overline{\mathrm{GZ}}$（重力と浮力の作用線間距離）は傾斜角によらずつねにゼロとなり，復原モーメントもつねにゼロとなる。ゆえに，外力が作用しなくなっても，船は傾斜したままである。

図 4.31 の (c) は，横メタセンタ高さが負（$\overline{\mathrm{GM}} < 0$），すなわち重心 G が横メタセンタ M よりも上にある状態（$\overline{\mathrm{KM}} < \overline{\mathrm{KG}}$）の船が，外力によって傾斜した場合を示している。このとき，傾斜を増やす方向へ船体を回転させようと働く負の復原モーメントが生じる。ゆえに，船はますます傾斜し，やがて横転に至る。

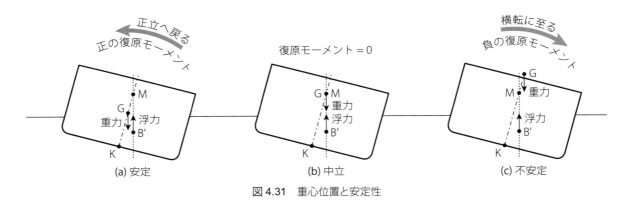

図 4.31 重心位置と安定性

小舟に乗ってみると，重心位置と安定性の関係を実感することができる。小舟に乗る際には，図 4.32 (a) のように，なるべく腰を低くしておくべきである。もし図 4.32 (b) のように，小舟のなかで人が立ち上がると，その身体を含む小舟全体の重心 G が高くなる。その結果，重心 G がメタセンタ M よりも高くなってしまうと，小舟が不安定な状態となり，海中転落などの事故に至る。

このように，重心 G と横メタセンタ M の位置関係は，船が傾斜状態から戻ることができるか否かを決定づける重要な要素である。横メタセンタ高さ $\overline{\mathrm{GM}}$ は，船の安定性（傾きにくさ）だけで

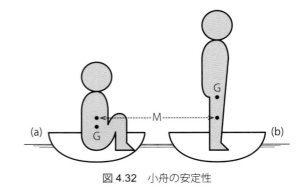

図 4.32 小舟の安定性

なく，船の安全性（横転しにくさ）も表す，重要な指標となっている。船に荷を積むときには，船内における荷の位置を工夫し，なるべく重心 G の高さを下げる（キール K からの距離 $\overline{\mathrm{KG}}$ を小さくする）ことによって，十分に大きな横

メタセンタ高さ $\overline{\mathrm{GM}}$（$=\overline{\mathrm{KM}}-\overline{\mathrm{KG}}$）を確保するべきである。一般的な商船は通常，およそ 70～100 [cm] 程度の横メタセンタ高さ $\overline{\mathrm{GM}}$ を確保している。

(3) 横メタセンタ位置と安定性

船をつくる段階で，船体の形状を工夫し，横メタセンタ M の高さを上げておくことも可能である。横メタセンタ M の位置が高い（キール K からの距離 $\overline{\mathrm{KM}}$ が大きい）船は，十分に大きな横メタセンタ高さ $\overline{\mathrm{GM}}$（$=\overline{\mathrm{KM}}-\overline{\mathrm{KG}}$）を確保することができるため，横揺れに対して安全な船といえる。

4.2.6 項でも学んだとおり，キール K から横メタセンタ M までの距離 $\overline{\mathrm{KM}}$ は，$\overline{\mathrm{KM}}=\overline{\mathrm{KB}}+\overline{\mathrm{BM}}$，すなわちキール K から浮心 B までの距離 $\overline{\mathrm{KB}}$ と，浮心 B から横メタセンタ M までの距離である横メタセンタ半径 $\overline{\mathrm{BM}}$ との，和に等しい。浮心の位置は船体の水面下部分の体積中心であり，また横メタセンタ半径 $\overline{\mathrm{BM}}$ は再掲する式 (4.40) によって与えられるものである。ここで ∇ は船体の水面下部分の体積（排水容積）であり，I_T は水線面の 2 次モーメントである。

$$\overline{\mathrm{BM}} = \frac{I_T}{\nabla} \tag{4.40}$$

式 (4.40) より，排水容積 ∇ が同じであっても，I_T が大きくなるように工夫された形状の船ほど，横メタセンタ半径 $\overline{\mathrm{BM}}$ も大きくなり，横メタセンタ高さ $\overline{\mathrm{GM}}$ を確保しやすくなり，横揺れに対して安定な船となることがわかる。

ここで，単純な直方体の形状の船について考える（図 4.33 (a)）。船の長さを L，半幅を b（すなわち全幅を $2b$），喫水を d とする。この場合，キール K から正立時の浮心 B までの距離は $\overline{\mathrm{KB}}=d/2$，排水容積は $\nabla=2Lbd$ となる。また，水線面の 2 次モーメント I_T，横メタセンタ半径 $\overline{\mathrm{BM}}$，およびキール K から横メタセンタ M までの距離 $\overline{\mathrm{KM}}$ は，式 (4.41) のように計算される。

$$I_T = \int_0^L \left\{ \int_{-b}^b y^2 dy \right\} dx = \frac{2Lb^3}{3}$$
$$\overline{\mathrm{BM}} = \frac{2Lb^3}{3\nabla}$$
$$\overline{\mathrm{KM}} = \frac{d}{2} + \frac{2Lb^3}{3\nabla} \tag{4.41}$$

ゆえに，船の長さや排水容積を変えることなく船の横幅を 2 倍とすれば，喫水は半分となるものの，横メタセンタ半径は 8 倍に伸びることになる。

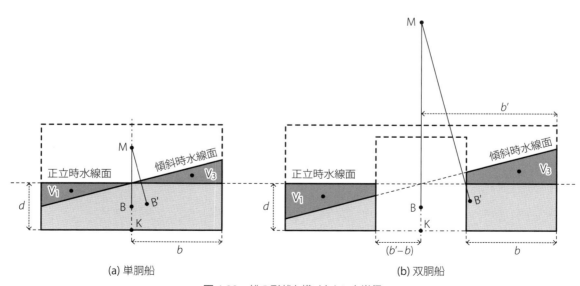

図 4.33　船の形状と横メタセンタ半径

さて次は，先の直方体の船を左右に分割し，梁や甲板でつないだ**双胴船**について考える（図 4.33 (b)）。左右それぞれ

の船体の全幅を b, 双胴船全体の半幅を b' とする。船の長さを L, 喫水を d とすると，先の例と同様，キール K から正立時の浮心 B までの距離は $\overline{\mathrm{KB}} = d/2$, 排水容積は $\nabla = 2Lbd$ となる。この双胴船の水線面の 2 次モーメント I_T と横メタセンタ半径 $\overline{\mathrm{BM}}$, およびキール K から横メタセンタ M までの距離 $\overline{\mathrm{KM}}$ は，式 (4.42) のように計算される。

$$I_T = \int_0^L \left\{ \int_{-b'}^{-(b'-b)} y^2 dy + \int_{(b'-b)}^{b'} y^2 dy \right\} dx = \frac{2L}{3}\{b^3 + 3b'b(b'-b)\}$$

$$\overline{\mathrm{BM}} = \frac{2L}{3\nabla}\{b^3 + 3b'b(b'-b)\}$$

$$\overline{\mathrm{KM}} = \frac{d}{2} + \frac{2L}{3\nabla}\{b^3 + 3b'b(b'-b)\} \tag{4.42}$$

式 (4.42) に表れた $3b'b(b'-b)$ の項は，つねに正の値である。双胴船における水線面の 2 次モーメント I_T は，船の長さや喫水や排水容積 ∇ が同じである単胴船と比べて，大きなものとなる。また，双胴船の横メタセンタ半径 $\overline{\mathrm{BM}} = I_T/\nabla$ も単胴船と比べて大きなものとなる。ゆえに，双胴船は横揺れに対して安定な形状であることがわかる。

船の横揺れに対する安定性は，船が傾斜した際に浮上する領域（図 4.33 中の V_1）と水没する領域（図 4.33 中の V_3）の，体積や位置によって決まると考えることもできる。4.2.6 項で見たとおり，傾斜角が同じであっても，領域 V_1 や領域 V_3 の体積が排水容積に占める割合が大きいほど，また領域 V_1 と領域 V_3 が互いに遠いほど，浮心の位置 B' は正立時の位置 B から遠くに離れる。この浮心の移動は，4.3 節で見た重心の移動と同様である。浮心が遠くに動くほど，重力の作用線と浮力の作用線が遠くに離れ，復原てこや復原モーメントが大きくなり，船を正立に戻そうとする作用が大きくなる。微小な傾斜に対して浮心が大きく移動するなら，微小な傾斜に対しても強い復原力が作用することになり，船は傾きにくくなる。図 4.33 を見てのとおり，双胴船における領域 V_1 と領域 V_3 は，単胴船に比べて，それぞれ大きく，また互いに遠く離れている。

なお，直方体の単胴船の例において，船の長さ L を全幅 $2b$ に置き換え，全幅 $2b$ を長さ L に置き換えて考えることにより，船の縦揺れ（ピッチング）に対する安定性を評価する式 (4.43) を得ることもできる。縦揺れは，船尾を下げて船首を上げるような傾斜とその逆の傾斜を繰り返す揺動である。この式で計算される $\overline{\mathrm{BM_L}}$ は**縦メタセンタ半径**（4.2.6 項参照）であり，この値が大きいほど船は縦揺れしにくいことになる。

$$\overline{\mathrm{BM_L}} = \frac{2(2b)(L/2)^3}{3\nabla} = \frac{L^3 b}{6\nabla} \tag{4.43}$$

一般に船の長さ L は全幅 $2b$ に対してかなり大きいため，縦メタセンタ半径 $\overline{\mathrm{BM_L}}$ は非常に大きな値となっている。したがって，船は横揺れしやすく縦揺れしにくい形であるといえる。

例題 4-11 長さ 156 [m]，全幅 22.6 [m] の箱型船（ほぼ直方体の船）が，喫水 7.97 [m] で浮かんでいた。この船の横メタセンタ半径と縦メタセンタ半径を概算せよ。

解 長さ $L = 156$ [m]，半幅 $b = 22.6 \div 2 = 11.3$ [m]，喫水 $d = 7.97$ [m] の直方体の船と考えて計算する。排水容積は $\nabla = 2Lbd = 2 \times 156 \times 11.3 \times 7.97 ≒ 28099$ [m^3] と求まる。横メタセンタ半径 $\overline{\mathrm{BM}}$ と縦メタセンタ半径 $\overline{\mathrm{BM_L}}$ は次式のとおり計算される。

$$\overline{\mathrm{BM}} = \frac{2Lb^3}{3\nabla} ≒ \frac{2 \times 156 \times 11.3^3}{3 \times 28099} ≒ 5.34 \, [\mathrm{m}]$$

$$\overline{\mathrm{BM_L}} = \frac{L^3 b}{6\nabla} ≒ \frac{156^3 \times 11.3}{6 \times 28099} ≒ 254 \, [\mathrm{m}]$$

(4) 自由水影響

船のなかにはさまざまなタンクがあり，燃料や清水，液体状の積荷などが積み込まれている。これら船内のタンクは，当初は満載状態であったとしても，消費によって空所を生じてくることがある。空所のあるタンク内の液体は，船が右に傾斜した際には右に移動し，船が左に傾斜した際には左に移動する。このような移動は，船体の傾斜をより大き

くするように作用する。また，波浪によって打ち込んだ海水も，スカッパーから流れ去るまでの間，甲板上で移動し，同様の作用をする。このような，船体の揺動を増幅する流動水を**自由水**という。

図 4.34 は，内部に自由水を持つ全重量 W の船が横方向に傾斜した場合について示すものである。船内のタンク内に重量 w の液体が入っており，これが船体の傾斜に応じて自由に移動している（なお W は w も含む重量である）。タンク内の自由水の重心は，正立時には点 g にあったが，傾斜時には点 g′ に移動している。この影響により，船全体の重心も点 G から点 G′ に移動することになる（4.3 節参照）。この重心移動の影響で，復原てこ（重力と浮力の作用線間距離）は小さくなり，復原モーメントは弱くなってしまっている。

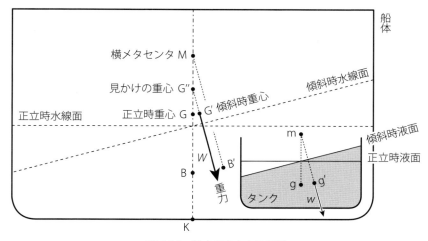

図 4.34　船内の自由水の影響

さて，船の傾斜があまり大きくない場合，タンク内の自由水に作用する重力 w の作用線は，タンクから見て一定の座標にある点 m を，傾斜角によらずつねに通ると考えられる。この定点 m の正立時の重心 g からの距離 $\overline{\mathrm{gm}}$ は次式によって与えられるものとなる。式中の v はタンク内の液体の体積を表し，i はタンク内の液面の 2 次モーメント（その軸は図心を通る縦方向軸）を表す。この式は船体の横メタセンタ半径の式 (4.23) と類似しており，ほぼ同様の考え方によって導かれるものである。

$$\overline{\mathrm{gm}} = \frac{i}{v}$$

重力 w は，動点 g′ ではなく定点 m に作用しているものとして扱うこともできる。つまりタンク内の自由水への重力の作用は，定点 m を重心として固定されている重量 w の物体への作用と等価である。タンク内の液体が自由に動いてしまう場合の影響は，本来は点 g にあったはずの重量 w の荷が点 m まで持ち上げられていた場合の影響と等価である。船内の重量 w の荷が距離 $\overline{\mathrm{gm}}$ だけ上に移動したとすれば，全重量 W の船の重心は式 (4.44) で与えられる距離 $\overline{\mathrm{GG''}}$ だけ上に移動すると考えられる（4.3 節参照）。なお γ' はタンク内の液体の比重量で，$\gamma' = w/v$ である。

$$\overline{\mathrm{GG''}} = \frac{w \times \overline{\mathrm{gm}}}{W} = \frac{w \times i}{W \times v} = \frac{\gamma' \times i}{W} \tag{4.44}$$

正立時の重心 G から上式の距離 $\overline{\mathrm{GG''}}$ だけ高い位置にある点 G″ は，見かけの重心と呼ばれる。船の傾斜があまり大きくない場合，内部に自由水を持つ船に作用する重力 W の作用線は，船から見て一定の座標にある点 G″ を，傾斜角によらずつねに通ることになる。ゆえに，内部に自由水を持つ船に作用する重力 W は，動点 G′ ではなく定点 G″ に作用しているものとして扱うことができる。船の横揺れについて考える際には，船の重心があたかも点 G″ にあるかのように見なして考えると，問題が単純となりわかりやすくなる。

内部に自由水を持つ船の復原モーメントは，見かけの重心 G″ と横メタセンタ M の間の距離 $\overline{\mathrm{G''M}}$（$= \overline{\mathrm{GM}} - \overline{\mathrm{GG''}}$）に比例するものとなる。自由水の存在によって見かけの重心の上昇幅 $\overline{\mathrm{GG''}}$ が増加すると，実効的な横メタセンタ高さ $\overline{\mathrm{G''M}}$ を十分に確保することができなくなる。出港時には満たされていたタンクにおいて，航海中の消費のために自由

水が生じると，出港時には十分であった横メタセンタ高さが不十分なものとなってしまい，船の横揺れに対する安定性が低下してしまう。

この $\overline{GG''}$ はタンク内の液面の 2 次モーメント i に比例する量である。ゆえに，この i が小さくなるようにタンクの形状を工夫することで，見かけの重心の上昇を抑制し，船の安定性を高めることができる。たとえば，タンクを幅方向に分割するような仕切り板を入れ，自由水の移動距離を抑制することが有効である。タンクを 2 つに分割し，それぞれの横幅を 1/2 に縮めれば，液面の 2 次モーメントはそれぞれ 1/8 に減少し，2 つのタンクの合計でも 1/4 に減少する。波浪によって甲板上に打ち込んだ海水に対しては，その左右舷方向の移動を制限しつつ，速やかに排水することが有効である。

4.4.3 復原力曲線と大傾斜時の復原力

さまざまな横傾斜角 θ に対する復原てこ $\overline{GZ}$ の変化を表す曲線を**復原力曲線**（Stability curve）あるいは**復原てこ曲線**（GZ curve）という。図 4.35 は復原力曲線の例である。このグラフから読み取った復原てこ $\overline{GZ}$ に排水量 W を乗ずることによって，任意の横傾斜角 θ における復原モーメント $W \times \overline{GZ}$ を求めることもできる。

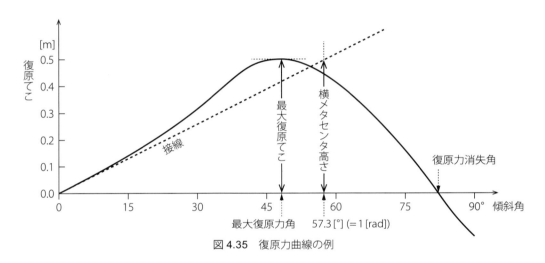

図 4.35 復原力曲線の例

復原てこ $\overline{GZ}$ の最大値を**最大復原てこ**といい，$\overline{GZ}$ が最大となるときの傾斜角を**最大復原力角**という。最大復原力角を超えてさらに船が傾斜していくと，復原てこ $\overline{GZ}$ は減少していく。やがて $\overline{GZ}$ がゼロとなり，復原モーメントが生じない状態に至る。そのときの傾斜角を**復原力消失角**という。

傾斜角 θ が小さい場合，その θ と復原てこ $\overline{GZ}$ および横メタセンタ高さ $\overline{GM}$ との間には式 (4.38) の関係が成立し，復原力曲線は $\overline{GM}\sin\theta$ の曲線にほぼ一致する。また，復原力曲線の傾斜角 $\theta = 0$ での接線の傾きは，θ の関数 $\overline{GZ}(\theta)$ の微分係数であり，式 (4.45) のように表される。

$$\left(\frac{d}{d\theta}\overline{GZ}(\theta)\right)_{\theta=0} = \left(\frac{d}{d\theta}(\overline{GM}\sin\theta)\right)_{\theta=0} = \left(\overline{GM}\cos\theta\right)_{\theta=0} = \overline{GM} \qquad (4.45)$$

すなわち，復原力曲線の傾斜角 $\theta = 0$ での接線の傾きは，横メタセンタ高さ $\overline{GM}$ に等しいことがわかる。この接線は $\theta = 1\,[\mathrm{rad}] \fallingdotseq 57.3\,[°]$ において $\overline{GM}$ に等しい値となる直線であるから，これによって復原力曲線から横メタセンタ高さ $\overline{GM}$ を読み取ることができる。

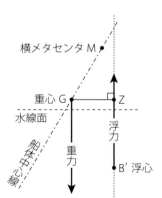

図 4.36 大傾斜時の復原てこ

傾斜角 θ が大きい場合，4.4.2 項で学んだ初期復原力の理論は適用できなくなる。浮力の作用線がつねに定点 M を通るという仮定は，傾斜が十分に小さい場合にのみ近似的に成立するものである。図 4.36 のように，船が大きく傾いて

いるとき，浮力の作用線は横メタセンタ M を通らないものとなり，復原てこ $\overline{\mathrm{GZ}}$ は $\overline{\mathrm{GM}}\sin\theta$ に一致しないものとなる。$\overline{\mathrm{GM}}\sin\theta$ の曲線は $\theta = 90\,[°]$ において最大値をとるはずであるが，復原力曲線は $90\,[°]$ よりもずっと小さな角度で最大値を迎え，それを超えた角度で急激に減少するものとなる。

4.5 重心移動による横傾斜（ヒール）

　船の重心の位置が船体中心線上にある場合，静かな海面上で船は正立状態を保つ。一時的な風波によって横揺れすることがあったとしても，前節で学んだように，いずれ復原力によって船は正立状態に戻る。しかし，船の重心の位置が船体中心線上から外れた場合，船は静かな海面上でも傾斜したままとなる。

　この節では船の重心の位置から船体の横傾斜の大きさを算出する方法について学ぶ。また，その逆計算に相当する，船体の横傾斜の大きさから重心の位置を算出する方法についても学ぶ。これらの計算手法に関する知識は，船をつくるときにも動かすときにも必要となる。

4.5.1 重量物の船内移動による横傾斜

　港で積み込んだ荷を航行中に船内で動かすような作業は，あまり行われることではない。しかし，船底タンクの燃料を，主機へ供給する前にいったん上甲板下のウィングタンクまでポンプで移動させておくような作業は，しばしば行われることである。

　図 4.37 の船は，全重量が W であり，最初は静水面上で正立していたものとする。そのとき重心の位置 G と浮心の位置 B は鉛直線上に並んでいたはずである（図 (a)）。ここで，船内の重量 w の物体が距離 l_y だけ横方向に移動すると，それにともなって船全体の重心もわずかに横方向へ移動する（図 (b)）。重心が位置 G′ まで移動することにより，重心と浮心 B の位置が鉛直線上に並ばなくなると，釣り合い状態が崩れ，重心と浮心によってモーメントが生じ，船体は重心の近づいたほうの舷を下げるように回転し始める。

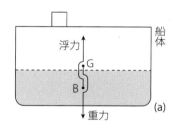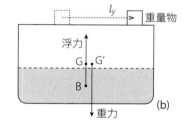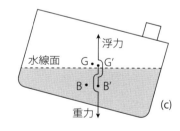

図 4.37　重量物の横移動による横傾斜

　この回転によって船体の姿勢が徐々に傾斜していくと，水面下の排水容積形状も変化していき，その形状の体積中心である浮心の位置も，下がった舷の側へ移動していく。やがて浮心が位置 B′ まで移動することによって，再び浮心と重心 G′ の位置が鉛直線上に並ぶようになる（図 (c)）。このとき船体を回転させようとするモーメントは消え，船は傾斜したままの姿勢で釣り合い状態となる。

　傾斜したまま釣り合っている状態において，その傾斜角 θ は図 4.38 のとおり式 (4.46) を成立させる。ここで $\overline{\mathrm{GG}'}_y$ は重心の船体中心線からの横移動距離であり，$\overline{\mathrm{GM}}$ は横メタセンタ高さである。

図 4.38　重心の横移動と傾斜

$$\tan\theta = \overline{\mathrm{GG}'}_y / \overline{\mathrm{GM}} \tag{4.46}$$

　ここで，4.3.2 項で学んだ公式 (4.31) を式 (4.46) に代入すれば，式 (4.47) を得ることができる。

$$\tan\theta = \left(\frac{w \times l_y}{W}\right) / \overline{\mathrm{GM}} = \frac{w \times l_y}{W \times \overline{\mathrm{GM}}} \tag{4.47}$$

すなわち，傾斜角 θ は式 (4.48) によって算出されることがわかる。

$$\theta = \tan^{-1}\left(\frac{w \times l_y}{W \times \overline{\mathrm{GM}}}\right) \tag{4.48}$$

例題 4-12 ある排水量 10,000 [トン] の船が正立している。この船の甲板上に積まれている重量 50 [トン] の荷を右舷方向に 12 [m] だけ移動させた場合について，船に生じる横傾斜角の大きさを見積もれ。なお，この船の横メタセンタ高さ $\overline{\mathrm{GM}}$ は 0.80 [m] であるものとする。

解 まず，重量 $W = 10000$ [トン] の船のなかで重量 $w = 50$ [トン] の荷を距離 $l_y = 12$ [m] だけ横移動した場合について，重心の横移動距離 $\overline{\mathrm{GG}'_y}$ を公式によって計算する。

$$\overline{\mathrm{GG}'_y} = \frac{w \times l_y}{W} = \frac{50 \times 12}{10000} = 0.06\,[\mathrm{m}]$$

次に，傾斜角を θ として，$\tan\theta$ の大きさを計算する。

$$\tan\theta = \overline{\mathrm{GG}'_y} / \overline{\mathrm{GM}} = \frac{0.06}{0.80} = 0.075$$

この $\tan\theta$ の値から，傾斜角 θ を計算する。

$$\theta = \tan^{-1}(0.075) \fallingdotseq 4.3\,[°]$$

船内で重量物が斜め方向に移動する場合は図 4.39 のようになる。この船は全重量が W であり，最初は静水面上で正立しており，その重心の位置は G，浮心の位置は B，横メタセンタ高さは $\overline{\mathrm{GM}}$ であったとする。ここで，船内の重量 w の物体が斜め方向に移動すると，船全体の重心も同じ方向へ移動し，その位置は G' となる。この重量物の移動は垂直移動距離 l_z と横移動距離 l_y に分解されるものであり，重心の移動も垂直移動距離 $\overline{\mathrm{GG}'_z}$ と横移動距離 $\overline{\mathrm{GG}'_y}$ に分解されるものであったとする。重心移動後の釣り合い状態における船体の傾斜角 θ は式 (4.49) を成立させる。

$$\tan\theta = \frac{\overline{\mathrm{GG}'_y}}{\overline{\mathrm{GM}} - \overline{\mathrm{GG}'_z}}, \quad \theta = \tan^{-1}\left(\frac{\overline{\mathrm{GG}'_y}}{\overline{\mathrm{GM}} - \overline{\mathrm{GG}'_z}}\right)$$
$$\overline{\mathrm{GG}'_y} = \frac{w \times l_y}{W}, \quad \overline{\mathrm{GG}'_z} = \frac{w \times l_z}{W} \tag{4.49}$$

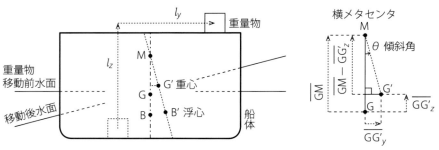

図 4.39 重量物の斜め移動による横傾斜

これは，重心が船体中心線上を上に移動することによって，その垂直移動距離 $\overline{\mathrm{GG}'_z}$ に応じて横メタセンタ高さが $\overline{\mathrm{GM}} - \overline{\mathrm{GG}'_z}$ まで減少し，さらに重心が船体中心線から横に移動することによって，その横移動距離 $\overline{\mathrm{GG}'_y}$ に応じて横傾斜が生じるものと考えることができる。

例題 4-13 ある排水量 10,000 [トン] の船が正立している。このとき船の横メタセンタ高さ $\overline{\mathrm{GM}}$ は 0.800 [m] であったという。この船の左舷船底タンクから右舷ウィングタンクへ重量 70 [トン] の燃料を移送した場合について，船に生じる横傾斜角の大きさを見積もれ。なお，この移送される燃料の重心位置は，移送によって上方向に 16 [m]，右舷方向に 14 [m] だけ移動するものとする。

解 まず，重量 $W = 10000$ [トン] の船のなかで重量 $w = 70$ [トン] の燃料を垂直方向に距離 $l_z = 16$ [m]，横方向に距離 $l_y = 14$ [m] だけ横移動した場合について，重心の垂直移動距離 $\overline{\mathrm{GG'}}_z$ と横移動距離 $\overline{\mathrm{GG'}}_y$ を公式によって計算する。

$$\overline{\mathrm{GG'}}_z = \frac{w \times l_z}{W} = \frac{70 \times 16}{10000} = 0.112 \,[\mathrm{m}]$$

$$\overline{\mathrm{GG'}}_y = \frac{w \times l_y}{W} = \frac{70 \times 14}{10000} = 0.098 \,[\mathrm{m}]$$

次に，傾斜角を θ として，$\tan \theta$ の大きさを計算する。

$$\tan \theta = \frac{\overline{\mathrm{GG'}}_y}{\overline{\mathrm{GM}} - \overline{\mathrm{GG'}}_z} = \frac{0.098}{0.800 - 0.112} \fallingdotseq 0.142$$

この $\tan \theta$ の値から傾斜角 θ を計算する。

$$\theta \fallingdotseq \tan^{-1}(0.142) \fallingdotseq 8.1 \,[°]$$

なお，この例題のような燃料の移送は航海中にも必要な作業であるが，その際，生じうる横傾斜は，バラストタンク内の海水の調節によって適切に修正されなければならない。このとき，どのバラストタンクにどれだけの海水を注入するべきか，あるいはバラストタンク間でどれだけの海水を移送するべきかについて考える際にも，この節で学ぶ計算法を応用することができる。

4.5.2 重量物の積載による横傾斜

図 4.40 は，ある全重量（排水量）W の船に，岸壁から新たに重量 w の荷を積んだ場合について示している。積まれた荷の重心は，荷役前の船の重心（図中の点 G）より距離 l_y だけ右舷寄りであり，かつ距離 l_z だけ高い位置であったとする。

図 4.40 の船は，最初は静水面上で正立しており，そのときの全重量は W，その重心の位置は G，浮心の位置は B，横メタセンタ高さは $\overline{\mathrm{GM}}$ であったとする。ここで，岸壁から新たに重量 w の荷を積載すると，船全体の重心は重量物の積まれた位置のほうへ近づくように位置 G′ まで移動する。この重心の移動は垂直移動距離 $\overline{\mathrm{GG'}}_z$ と横移動距離 $\overline{\mathrm{GG'}}_y$ に分解されるものであったとする。重心移動後の釣り合い状態における船体の傾斜角 θ は式 (4.50) を成立させる。

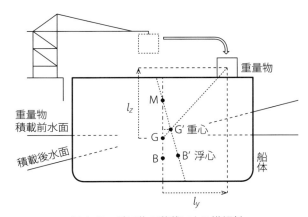

図 4.40 重量物の積載による横傾斜

$$\tan \theta = \frac{\overline{\mathrm{GG'}}_y}{\overline{\mathrm{GM}} - \overline{\mathrm{GG'}}_z}, \quad \theta = \tan^{-1}\left(\frac{\overline{\mathrm{GG'}}_y}{\overline{\mathrm{GM}} - \overline{\mathrm{GG'}}_z}\right)$$
$$\overline{\mathrm{GG'}}_y = \frac{w \times l_y}{W + w}, \quad \overline{\mathrm{GG'}}_z = \frac{w \times l_z}{W + w} \tag{4.50}$$

重量物の積載の影響により，その重量 w に応じて船の全重量が $W + w$ まで増加する。また，重量物の積載にともなって重心位置が上がることにより，その垂直移動距離 $\overline{\mathrm{GG'}}_z$ に応じて横メタセンタ高さが $\overline{\mathrm{GM}} - \overline{\mathrm{GG'}}_z$ まで減少する。さらに重心位置が船体中心線から外れることにより，その横移動距離 $\overline{\mathrm{GG'}}_y$ に応じて横傾斜が生じる。このような考え方から，前項の公式 (4.49) の応用により上の式 (4.50) が得られる。

例題 4-14 ある排水量 10,000 [トン] の船が岸壁で正立している。このとき船の横メタセンタ高さ $\overline{\mathrm{GM}}$ は 0.900 [m] であったという。この船の甲板上に備え付けられているクレーンを使って岸壁にあった重量 45 [トン] の荷を懸垂した場合について，船に生じる横傾斜角の大きさを見積もれ。なお，クレーンの先端は，重量物懸垂前の船の重心より高さ 16.25 [m] だけ上で，船体中心線から距離 10.00 [m] だけ外れた右舷側の位置にあるものとする。

解 荷に作用する重力は，ワイヤーロープを通じて，クレーンの先端を鉛直下向きに引くように作用する。これは重量 $w = 45$ [トン] の荷をクレーン先端の位置に積載した場合と等価な作用となる。

重量物積載後の船の全重量は積載前の重量 $W = 10000$ [トン] と荷の重量 w の和，すなわち $W + w$ である。重量物が積載されると見なされるクレーン先端の位置は，重量物積載前の船の重心より距離 $l_z = 16.25$ [m] だけ高く，距離 $l_y = 10.00$ [m] だけ右舷寄りである。ゆえに，重心の垂直移動距離 $\overline{\mathrm{GG}'}_z$ と横移動距離 $\overline{\mathrm{GG}'}_y$ は公式によって次のように計算される。

$$\overline{\mathrm{GG}'}_z = \frac{w \times l_z}{W + w} = \frac{45 \times 16.25}{10000 + 45} = 0.073\,[\mathrm{m}]$$

$$\overline{\mathrm{GG}'}_y = \frac{w \times l_y}{W + w} = \frac{45 \times 10.00}{10000 + 45} = 0.045\,[\mathrm{m}]$$

したがって，傾斜角 θ は次のように計算される。

$$\tan\theta = \frac{\overline{\mathrm{GG}'}_y}{\overline{\mathrm{GM}} - \overline{\mathrm{GG}'}_z} = \frac{0.045}{0.900 - 0.073} \fallingdotseq 0.054$$

$$\theta \fallingdotseq \tan^{-1}(0.054) \fallingdotseq 3.1\,[°]$$

4.5.3 傾斜試験

船の重心の位置から船体の横傾斜の大きさを算出する式を変形することにより，船体の横傾斜の大きさから重心の位置を算出する式を得ることができる。この方法によって，新造時に船体の重心の位置を求めておくこともできる。このような，実際の船体を傾斜させてみることによって重心の位置を探る作業を**傾斜試験**という。

傾斜試験の手順と重心位置の算出方法は以下のとおりである。

① まず，下げ振り（図 4.41 (a)）を用意する。この下げ振りは，糸と錘と，水を張った水槽と定規からなる試験装置で，ある高さから水槽内まで糸で錘を吊るし，その振り子の角度変化を定規で読み取れるようにしたものである。定規から振り子の支点（糸の固定点）までの高さ h はあらかじめ計測されているものとする。この下げ振りを，船体中央付近，船首付近，船尾付近に設置しておく。

② 重量 w が既知であるような重量物を積載した状態で船を正立させ（図 4.41 (b)），そのときの喫水から排水量等曲線図によって船全体の重量 W を求めておく。

③ 重量物を船内である距離 l_y だけ横移動させ，それによって船体を $1\sim2$ [°] 程度，傾斜させる（図 4.41 (c)）。その傾斜状態で，下げ振りの定規の高さにおける糸の横移動距離 s を読み取る。このときの船体傾斜角 θ は式 (4.51) を満たすものとなる。すなわち，下げ振りによって $\tan\theta$ の値を測定することができる。

$$\tan\theta = \frac{s}{h} \tag{4.51}$$

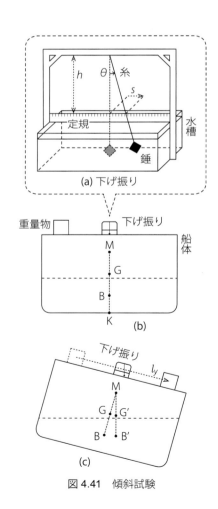

図 4.41 傾斜試験

④ 一方，この $\tan\theta$ は，重量物の横移動による重心の横移動距離 $\overline{GG'}_y\,(=(w\times l_y)/W)$ と，横メタセンタ高さ $\overline{GM}$ によって，$\tan\theta = \overline{GG'}_y/\overline{GM}$ とも表される。ゆえに式 (4.52) が成立している。すなわち，排水量等曲線図から求まる船体重量 W と，試験に用いた重量物の重量 w と，試験の際の重量物の横移動距離 l_y と，そして下げ振りの測定で求まる $\tan\theta$ の値から，横メタセンタ高さ $\overline{GM}$ を算出することができる。

$$\overline{GM} = \frac{\overline{GG'}_y}{\tan\theta} = \frac{(w\times l_y)/W}{\tan\theta} = \frac{w\times l_z}{W\times \tan\theta} \tag{4.52}$$

⑤ 浮心のキールからの高さ $\overline{KB}$ と，横メタセンタ半径（横メタセンタの浮心からの高さ）$\overline{BM}$ は，排水量等曲線図から求まるものである。これらの和は横メタセンタのキールからの高さを与える。その値から横メタセンタ高さ $\overline{GM}$ を差し引いた値は，重心のキールからの高さ $\overline{KG}$ を与える。すなわち，排水量等曲線図と傾斜試験の結果から，式 (4.53) によって重心の高さを算出することができる。

$$\overline{KG} = \overline{KB} + \overline{BM} - \overline{GM} \tag{4.53}$$

例題 4-15 ある排水量 10,000 [トン] の船が正立している。この船には傾斜試験のために高さ 100 [cm] の下げ振りが設置されており，また重量 20 [トン] の試験用重量物もすでに積載されている。この重量物を左舷から右舷の方向へ距離 10 [m] だけ移動させ，船体を傾斜させた。傾斜状態において下げ振りの錘の横移動距離を読み取ると 2.3 [cm] であった。この船の横メタセンタ高さ $\overline{GM}$ を算出せよ。

解 重量 10,000 [トン] の船内で，重量 $w=20$ [トン] の重量物を横方向に距離 10 [m] だけ移動させた場合の，重心の横移動距離 $\overline{GG'}_y$ は次式のように計算される。

$$\overline{GG'}_y = \frac{w\times l_y}{W} = \frac{20\times 10}{10000} = 0.020\,[\text{m}]$$

一方，高さ $h=100$ [cm] の下げ振りの錘が距離 $s=2.3$ [cm] だけ横移動したことから，船体の傾斜角 θ の正接 $\tan\theta$ は次式のように計算される。

$$\tan\theta = \frac{s}{h} = \frac{2.3}{100} = 0.023$$

ゆえに，$\tan\theta = \overline{GG'}_y/\overline{GM}$ の関係より，横メタセンタ高さ $\overline{GM}$ は次式のように算出される。

$$\overline{GM} = \frac{\overline{GG'}_y}{\tan\theta} = \frac{0.020}{0.023} = 0.87\,[\text{m}]$$

4.6 重心移動による縦傾斜（トリム）

複数の船倉を持つ貨物船において，もし船首近くの船倉にばかり荷物を積み込んでしまうと，船首が沈み込み，船尾が浮き上がってしまう。船尾が浮き上がりすぎると，やがてプロペラが水面上に出てしまい，船は進めなくなってしまうだろう。このような，船首尾の喫水に差を生じる傾斜は縦傾斜と呼ばれる。この節では船の重心の縦方向の位置から船体の縦傾斜の大きさを算出する方法を学ぶ。

4.6.1 トリムと船首尾喫水

図 4.42 は，垂線間長 L_{PP} の船体が縦傾斜していない状態（図 4.42 (a)）と，傾斜角 β だけ縦傾斜している状態（図 4.42 (b)）を示している。この図 4.42 (b) のように傾斜しているとき，**船尾喫水**（船尾垂線における喫水の深さ）は**船首喫水**（船首垂線における喫水の深さ）よりも大きくなっている。このような，船尾側が沈み込んで船首側が浮き上がるような縦傾斜は**船尾トリム**（Trim by the stern）と呼ばれる。一方，船首側が沈み込んで船尾側が浮き上がるような縦傾斜は**船首トリム**（Trim by the head）と呼ばれる。なお，傾斜していない状態，すなわち船尾喫水と船首喫水が等しい状態は**等喫水**（Even keel）と呼ばれる。

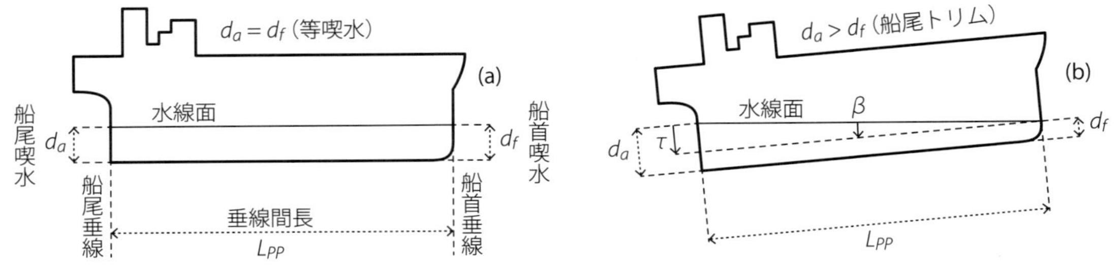

図 4.42　トリムと喫水

船尾喫水 d_a と船首喫水 d_f の差（式 4.54）は**トリム**と呼ばれ，縦傾斜の程度を表す量となる。トリム τ の大きさは一般的に [cm] の単位で表されることが多い。船尾トリムの状態では，トリム τ は正の値となる。一方，船首トリムの状態では，トリム τ は負の値となる。

$$\tau = d_a - d_f \tag{4.54}$$

このとき，縦傾斜角 β は式 (4.55) を満たすものとなる。これは図において，垂線間長 L_{PP} を底辺としトリム τ を対辺とする鋭角 β の直角三角形が成立していることから導かれる。

$$\tan\beta = \frac{d_a - d_f}{L_{PP}} = \frac{\tau}{L_{PP}} \tag{4.55}$$

図 4.43 は，等喫水の状態から，重心の移動などの要因により，排水量を一定に保ったまま船尾トリムを生じた船体を示している。傾斜によって船尾喫水は d_a から $d_a{}'$ まで増加し，船首喫水は d_f から $d_f{}'$ まで減少している。ゆえに，傾斜による船尾喫水の増加量 $\Delta d_a = d_a{}' - d_a$ は正の値となり，船首喫水の増加量 $\Delta d_f = d_f{}' - d_f$ は負の値となる。船首喫水の減少量 $d_f - d_f{}'$ は $-\Delta d_f$ と表され，その値は正となる。

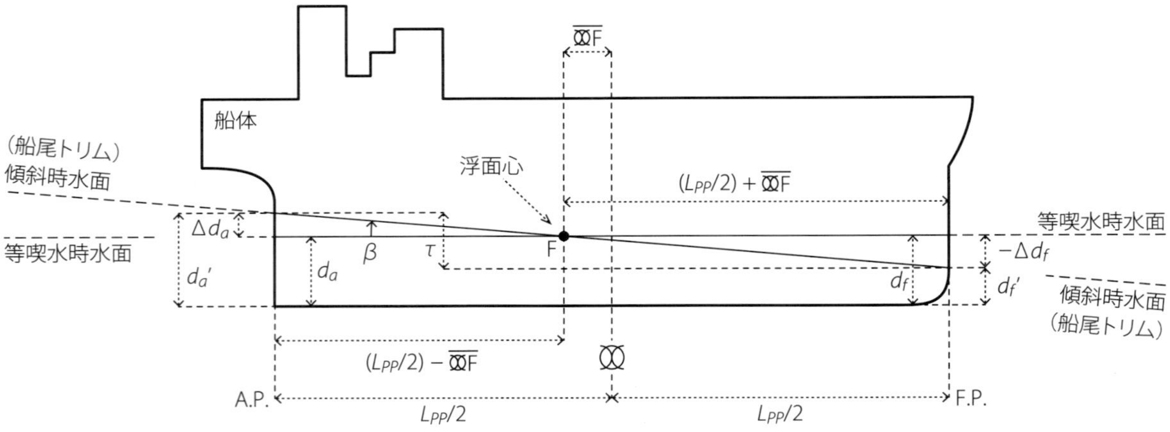

図 4.43　トリムと浮面心

船体が傾斜したとき，船のなかの視点からは，水面が傾斜して見える。たとえば船体が，船尾を沈み込ませ船首を浮き上がらせるように傾斜した場合，船のなかの視点からは図 4.43 のように船尾側の水面が上がって見え，船首側の水面が下がって見える。この水面の回転の中心は図に示された点 F である。この点 F は**浮面心**と呼ばれる点で，水線面の図心に一致する（4.2.4 項参照）。

船体や水線面の形状は一般的に，左右対称ではあるが，前後対称ではない。ゆえに浮面心 F の位置は，船体中心線（センターライン℄）上ではあるが，船体中央（ミジップ⊗）上ではない。船体中央⊗から浮面心 F までの距離 $\overline{⊗F}$ は排水量や平均喫水によって変化するものであり，一般に排水量等曲線図に記載されている量である。なおこの距離 $\overline{⊗F}$ は通常，浮面心 F が船体中央⊗よりも船尾寄りの場合に正の値となり，浮面心 F が船体中央⊗よりも船首寄りの場合に負の値となる。ここで船体中央⊗は，船尾垂線（A.P.）と船首垂線（F.P.）から等距離 $L_{PP}/2$（L_{PP} は垂線間長）

にある面であるから，浮面心 F から船尾垂線（A.P.）までの距離は $(L_{PP}/2) - \overline{\otimes\text{F}}$ となり，浮面心 F から船首垂線（F.P.）までの距離は $(L_{PP}/2) + \overline{\otimes\text{F}}$ となる。

このとき図 4.43 のなかに，浮面心 F から船尾垂線（A.P.）までを底辺とし，船尾喫水の増加量 Δd_a を対辺とする，鋭角 β の直角三角形が成立している。また一方で，浮面心 F から船首垂線（F.P.）までを底辺とし，船首喫水の減少量 $(-\Delta d_f)$ を対辺とする，鋭角 β の直角三角形も成立している。ゆえに式 (4.56) の関係が成り立っている。

$$\tan\beta = \frac{\Delta d_a}{\frac{L_{PP}}{2} - \overline{\otimes\text{F}}} \quad \text{また} \quad \tan\beta = \frac{-\Delta d_f}{\frac{L_{PP}}{2} + \overline{\otimes\text{F}}} \tag{4.56}$$

さらに，先の図 4.42 (b) と同様に，図 4.43 においても，垂線間長 L_{PP} を底辺としトリム $\tau\,(= d_a{}' - d_f{}')$ を対辺とする鋭角 β の直角三角形が成立していることから，式 (4.57) の関係も成り立っている。

$$\tan\beta = \frac{d_a{}' - d_f{}'}{L_{PP}} = \frac{\tau}{L_{PP}} \tag{4.57}$$

これらの関係から，式 (4.58) の関係が成り立つことがわかる。

$$\frac{\Delta d_a}{\frac{L_{PP}}{2} - \overline{\otimes\text{F}}} = \frac{\tau}{L_{PP}} \quad \text{また} \quad \frac{-\Delta d_f}{\frac{L_{PP}}{2} + \overline{\otimes\text{F}}} = \frac{\tau}{L_{PP}} \tag{4.58}$$

この関係から，式 (4.59) が導かれる。

$$\Delta d_a = \frac{\frac{L_{PP}}{2} - \overline{\otimes\text{F}}}{L_{PP}} \times \tau \quad \text{また} \quad \Delta d_f = -\frac{\frac{L_{PP}}{2} + \overline{\otimes\text{F}}}{L_{PP}} \times \tau \tag{4.59}$$

また，$d_a{}' = d_a + \Delta d_a$，$d_f{}' = d_f + \Delta d_f$ であることから，式 (4.60) も導かれる。

$$d_a{}' = d_a + \left(\frac{\frac{L_{PP}}{2} - \overline{\otimes\text{F}}}{L_{PP}} \times \tau\right) \quad \text{また} \quad d_f{}' = d_f - \left(\frac{\frac{L_{PP}}{2} + \overline{\otimes\text{F}}}{L_{PP}} \times \tau\right) \tag{4.60}$$

これらの式におけるプラス記号とマイナス記号の区別には十分に注意してもらいたい。

4.6.2 重量物の船内移動による縦傾斜

全重量 W の船が，最初は静水面上で等喫水の状態で浮いていたとする。ここで，船内の重量 w の物体が縦方向に距離 l_x だけ移動すると，船全体の重心も同じ方向へ距離 $\overline{\text{GG}'}_x = (w \times l_x)/W$ だけ移動する（式 4.32）。このときの縦傾斜角 β は，4.5.1 項で学んだ横傾斜角 θ（式 (4.46) や式 (4.48)）と同様に，式 (4.61) の関係式を成立させる。ここで $\overline{\text{GM}_\text{L}}$ は縦メタセンタ高さである。

$$\tan\beta = \frac{\overline{\text{GG}'}_x}{\overline{\text{GM}_\text{L}}} = \frac{w \times l_x}{W \times \overline{\text{GM}_\text{L}}} \tag{4.61}$$

縦メタセンタ高さ $\overline{\text{GM}_\text{L}}$ は一般的に極めて大きい距離となるため，縦傾斜角 β は通常 1 [°] 未満のごく小さな角度となる。ゆえに縦傾斜の大きさは，角度 β ではなく，船首尾の喫水の差であるトリム τ によって表されることが多い。前項で見たように，垂線間長 L_{PP} の船においては $\tan\beta = \tau/L_{PP}$ であるから，船内の重量物が移動した場合に生じるトリムは式 (4.62) のように計算される。

$$\tau = L_{PP}\tan\beta = \frac{w \times l_x}{W \times \overline{\text{GM}_\text{L}}/L_{PP}} \tag{4.62}$$

ここで，[トン] の単位で表された重量 W や w の値と，[m] の単位で表された距離 l_x や L_{PP} や $\overline{\text{GM}_\text{L}}$ の値を用いて，トリム τ を [cm] の単位で計算したい場合には，上の式に単位換算のための係数も乗じた式 (4.63) が便利である。

$$\tau = \frac{w \times l_x}{W \times \overline{\text{GM}_\text{L}}/L_{PP}} \times 100 = \frac{w \times l_x}{W \times \overline{\text{GM}_\text{L}}/100 L_{PP}} \tag{4.63}$$

この計算式の分母に表れた $W \times \overline{\mathrm{GM_L}}/100L_{PP}$ は**毎センチトリムモーメント**（MTC：Moment to change trim 1 cm）と呼ばれる値であり，一般的に排水量等曲線図から読み取ることのできる量である．また，縦メタセンタ高さ $\overline{\mathrm{GM_L}}$ は，重心 G と浮心 B の間の距離に比べて十分に大きく，縦メタセンタ半径 $\overline{\mathrm{BM_L}}$ にほぼ等しい量であるため，毎センチトリムモーメントも $\mathrm{MTC} \fallingdotseq W \times \overline{\mathrm{BM_L}}/100L_{PP}$ と近似することができる（4.2.6 項参照）．

この MTC を利用すれば，上の式は式 (4.64) のように簡潔な式となる．

$$\tau = \frac{w \times l_x}{\mathrm{MTC}} \tag{4.64}$$

この式 (4.64) を前項の式 (4.60) に代入することにより，重量物移動後の船尾喫水と船首喫水を [cm] の単位で計算する式が式 (4.65) のようなものとなることがわかる．ここで d_a と d_f は重量物移動前の船尾喫水と船首喫水であり，これらは [cm] の単位で表されるものとする．w は移動する重量物の重量であり，[トン] の単位で表されるものとする．l_x は重量物の移動距離（船尾へ近づく移動のとき正），L_{PP} は垂線間長，$\overline{\otimes \mathrm{F}}$ は浮面心の船体中央断面からの距離（船尾寄りのとき正）であり，これらは [m] の単位で表されるものとする．MTC は毎センチトリムモーメントであり，[トン・m/cm] の単位で表されるものとする．

$$d_a' = d_a + \left(\frac{\frac{L_{PP}}{2} - \overline{\otimes \mathrm{F}}}{L_{PP}} \times \frac{w \times l_x}{\mathrm{MTC}} \right)$$

$$d_f' = d_f - \left(\frac{\frac{L_{PP}}{2} + \overline{\otimes \mathrm{F}}}{L_{PP}} \times \frac{w \times l_x}{\mathrm{MTC}} \right) \tag{4.65}$$

これらの式は，等喫水でない状態からのトリムの変化について計算する場合にも，近似的に利用可能である．なお，これらの式におけるプラス記号とマイナス記号の区別には十分に注意してもらいたい．

例題 4-16 垂線間長 138 [m] の船が海面上に，船尾喫水 7.60 [m]，船首喫水 7.35 [m] の状態で浮かんでいる．この船内にある重量 100 [トン] の荷を距離 20.0 [m] だけ船首方向に移動させた場合について，船尾喫水と船首喫水を見積もれ．なお，この船の毎センチトリムモーメントは 157 [トン・m/cm] であったものとする．また，浮面心の位置は船体中央断面より 2.60 [m] だけ船尾寄りであったものとする．

解 重量物移動前の船尾喫水は $d_a = 7.60\,[\mathrm{m}] = 760\,[\mathrm{cm}]$，船首喫水は $d_f = 7.35\,[\mathrm{m}] = 735\,[\mathrm{cm}]$ である．船内で移動する荷の重量は $w = 100\,[\mathrm{トン}]$，その移動距離 $l_x = -20.0\,[\mathrm{m}]$（船尾方向への移動なら負の値）である．垂線間長 $L_{PP} = 138\,[\mathrm{m}]$，船体中央断面から浮面心までの距離 $\overline{\otimes \mathrm{F}} = 2.60\,[\mathrm{m}]$，毎センチトリムモーメント $\mathrm{MTC} = 157\,[\mathrm{トン \cdot m/cm}]$ である．これらの値を公式に代入することによって，重量物移動後の船尾喫水 d_a' と船首喫水 d_f' を [cm] の単位で計算することができる．

$$d_a' = d_a + \left(\frac{\frac{L_{PP}}{2} - \overline{\otimes \mathrm{F}}}{L_{PP}} \times \frac{w \times l_x}{\mathrm{MTC}} \right) = 760 + \left\{ \frac{\frac{138}{2} - 2.60}{138} \times \frac{100 \times (-20)}{157} \right\} \fallingdotseq 754\,[\mathrm{cm}]$$

$$d_f' = d_f - \left(\frac{\frac{L_{PP}}{2} + \overline{\otimes \mathrm{F}}}{L_{PP}} \times \frac{w \times l_x}{\mathrm{MTC}} \right) = 735 - \left\{ \frac{\frac{138}{2} + 2.60}{138} \times \frac{100 \times (-20)}{157} \right\} \fallingdotseq 742\,[\mathrm{cm}]$$

ゆえに，荷を移動させた場合の船尾喫水は 7.54 [m]，船首喫水は 7.42 [m] と見積もられる．

4.6.3 重量物の積載による縦傾斜

一般的な貨物船における浮面心は，排水量や平均喫水によって移動するものではあるが，概ね浮心の鉛直上方に近い位置にある．この項では仮に，浮面心 F と浮心 B がほぼ同一の鉛直線上に位置しているものとする．この近似のもと

で，図 4.44 のように岸壁から船へ新たに荷を積む場合について考える。

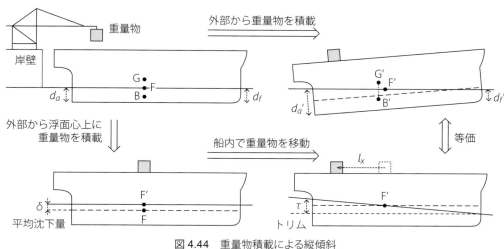

図 4.44 重量物積載による縦傾斜

　積まれた荷の重心が荷役前の船の重心 G に重なる場合であれば，先に 4.3.3 項で学んだように，船全体の重心は移動することなく，ただ船全体の重量だけが変化する。荷の積載位置が荷役前の重心の鉛直上方であれば，船全体の重心は垂直方向にのみ移動する。

　この積荷役による船の全重量（すなわち排水量）の増加にともなって，排水容積も増加することになり，喫水は全体的に深くなる。喫水の微小増加にともなって排水容積に加わる領域は，水線面積を底面積とし喫水の微小増加量 δ を高さとする領域にほぼ相当し，その領域の体積中心は水線面の図心とほぼ同じ位置にある。ゆえに，浮面心 F（水線面の図心）と浮心 B（排水容積の体積中心）が同一の鉛直線上にある限り，船体の沈下の際に浮心は垂直方向にのみ移動する。

　したがって，新たに積まれた荷の重心位置が，もともと荷役前の船の重心 G や浮面心 F や浮心 B も並んでいた鉛直線上に重なる場合であれば，重力と浮力の作用線はその直線上に留まり続け，船体を回転させようとするモーメントは生じない。このとき船体は，横方向にも縦方向にも傾斜することなく，姿勢を保ったまま平行移動するように沈んでいくことになる。すなわち船尾喫水も船首喫水も同じ増加量 δ ずつ変化する。このような沈下を**平行沈下**という。

　船がわずか $\delta = 1\,[\mathrm{cm}]$ だけ平行沈下した際に排水容積に加わる体積は，水線面積を底面積とする高さ $1\,[\mathrm{cm}]$ の領域の体積にほぼ相当する。このときの浮力の増加量は，この領域の体積に海水の比重量を乗じた値である。この値は，喫水をわずか $1\,[\mathrm{cm}]$ だけ増加させる荷の重量 $[\text{トン}]$，すなわち**毎センチ排水トン数**（TPC：Tons per 1 cm immersion）と呼ばれる量（4.2.4 項参照）に相当する。この量は一般的に排水量等曲線図に記載されている量である。

　船に新たに重量物を，船の浮面心の鉛直上方や鉛直下方に積載する場合の，船の**平均沈下量**（平均喫水の増加量）δ を $[\mathrm{cm}]$ の単位で計算する式は式 (4.66) のようなものとなる。ここで w は新たに積載される重量物の重量であり，$[\text{トン}]$ の単位で表されるものとする。TPC は毎センチ排水トン数であり，$[\text{トン}/\mathrm{cm}]$ の単位で表されるものとする。

$$\delta = \frac{w}{\mathrm{TPC}} \tag{4.66}$$

　岸壁から新たに積まれた荷の重心位置が，浮面心 F よりも船尾寄りや船首寄りに離れた位置となる場合であれば，船体は平均沈下量 δ だけ平行沈下しつつ，トリム τ だけ縦傾斜することになる。この状態は，まず岸壁から荷を船の浮面心の鉛直上方や鉛直下方に積載し，続いて船内で荷を縦移動させた場合と，結果的には同じ状態である。したがって，荷役前の船尾喫水 d_a と荷役後の船尾喫水 $d_a{}'$ の間，また荷役前の船首喫水 d_f と荷役後の船首喫水 $d_f{}'$ の間には，式 (4.67) の関係が成立する。

$$d_a' = d_a + \delta + \left(\frac{\frac{L_{PP}}{2} - \overline{\otimes F}}{L_{PP}} \times \tau\right) \quad \text{また} \quad d_f' = d_f + \delta - \left(\frac{\frac{L_{PP}}{2} + \overline{\otimes F}}{L_{PP}} \times \tau\right) \tag{4.67}$$

重量物積載後の船尾喫水 d_a' と船首喫水 d_f' を [cm] の単位で計算する式は式 (4.68) のようなものとなる。ここで d_a と d_f は重量物積載前の船尾喫水と船首喫水であり，これらは [cm] の単位で表されるものとする。w は積載される重量物の重量であり，[トン] の単位で表されるものとする。l_x は重量物の浮面心からの縦方向距離（船尾寄りのとき正），L_{PP} は垂線間長，$\overline{\otimes F}$ は浮面心の船体中央断面からの距離（船尾寄りのとき正）であり，これらは [m] の単位で表されるものとする。MTC は毎センチトリムモーメントであり，[トン·m/cm] の単位で表されるものとする。TPC は毎センチ排水トン数であり，[トン/cm] の単位で表されるものとする。

$$d_a' = d_a + \frac{w}{\text{TPC}} + \left(\frac{\frac{L_{PP}}{2} - \overline{\otimes F}}{L_{PP}} \times \frac{w \times l_x}{\text{MTC}}\right)$$

$$d_f' = d_f + \frac{w}{\text{TPC}} - \left(\frac{\frac{L_{PP}}{2} + \overline{\otimes F}}{L_{PP}} \times \frac{w \times l_x}{\text{MTC}}\right) \tag{4.68}$$

これらの式は，等喫水でない状態からの変化について計算する場合にも，近似的に利用可能である。なお，これらの式におけるプラス記号とマイナス記号の区別には十分に注意してもらいたい。これらの公式は複雑だが重要なものであるので，各項の意味について以下にまとめて説明する。

船尾喫水 [cm]	d_a'	=	d_a	+	$\dfrac{w}{\text{TPC}}$	+	$\dfrac{\frac{L_{PP}}{2} - \overline{\otimes F}}{L_{PP}}$	× $\dfrac{w \times l_x}{\text{MTC}}$
船首喫水 [cm]	d_f'	=	d_f	+	$\dfrac{w}{\text{TPC}}$	−	$\dfrac{\frac{L_{PP}}{2} + \overline{\otimes F}}{L_{PP}}$	× $\dfrac{w \times l_x}{\text{MTC}}$
			①		②		③	④

①は荷役前の喫水 [cm] である。

②は平均沈下量 [cm] を意味する。なお，荷の重量 w は [トン] の単位で，毎センチ排水トン数 TPC は [トン/cm] の単位で代入されなければならない。

③は，トリム④が船尾喫水と船首喫水にどのように分配されるかを表す係数である。船の垂線間長 L_{PP} と，浮面心の船体中央断面からの距離 $\overline{\otimes F}$（船尾寄りのとき正）は，いずれも長さの次元の量であるが，統一された単位（[m] など）で代入されなければならない。

④はトリム [cm]（船尾トリムのとき正）を意味する。なお，荷の重量 w は [トン] の単位で，荷の浮面心からの縦方向距離 l_x（船尾寄りのとき正）は [m] の単位で，毎センチトリムモーメント MTC は [トン·m/cm] の単位で代入されなければならない。

複数の，n 個の荷を積み卸しする荷役においては，式 (4.69) のような式となる。ここで w_i は i 番目に扱われる荷の重量であり，積荷のとき正の値，揚荷のとき負の値となる。また l_{i_x} は i 番目に扱われる荷の，積荷後の位置あるいは揚荷前の位置が，船内において浮面心からどれだけ船尾寄りかを表す距離である。

$$d_a' = d_a + \frac{\sum_{i=1}^n w_i}{\text{TPC}} + \left(\frac{\frac{L_{PP}}{2} - \overline{\otimes \text{F}}}{L_{PP}} \times \frac{\sum_{i=1}^n w_i l_{i_x}}{\text{MTC}} \right)$$

$$d_f' = d_f + \frac{\sum_{i=1}^n w_i}{\text{TPC}} - \left(\frac{\frac{L_{PP}}{2} + \overline{\otimes \text{F}}}{L_{PP}} \times \frac{\sum_{i=1}^n w_i l_{i_x}}{\text{MTC}} \right) \quad (4.69)$$

ただし，自動車運搬船が何千台もの車を積み卸しするような場合には，この式の利用には注意を要する．式に代入されるべき毎センチ排水トン数 TPC や毎センチトリムモーメント MTC，また浮面心の船体中央断面からの距離 $\overline{\otimes \text{F}}$ が，定数ではなく，荷役の進行にともなってどんどん変化していく変数となるからである．したがって，これらに荷役前の喫水における値を代入して得られた計算値は，真値からかけ離れたものとなってしまいうる．このような場合には，以下のような手順によって，より真値に近い計算値を見積もらなければならない．

① まずは荷役前の喫水における諸係数を排水量等曲線図から読み取り，その値を上の公式 (4.69) に代入することによって，荷役後の喫水を粗く見積もる．

② ①で見積もられた荷役後の喫水における諸係数を排水量等曲線図から読み取り，その値を上の公式 (4.69) に代入することによって，荷役後の喫水を再び見積もる．

③ 上記の手順を繰り返す．計 3 回ほど繰り返せば，十分な精度で真値に近い計算値を見積もることができる．

例題 4-17 排水量 5,000 [トン]，垂線間長 120 [m] の船が海面上に，船尾喫水 7.60 [m]，船首喫水 7.00 [m] の状態で浮かんでいる．この船のなかの，船首垂線より後方 30.0 [m] の位置に積まれている重量 40.0 [トン] の荷を陸揚げした場合について，船尾喫水と船首喫水を見積もれ．なお，この船の縦メタセンタ高さは 120 [m]，毎センチ排水トン数は 8.00 [トン/cm]，浮面心は船体中央より後方 10.0 [m] の位置であったものとする．

解 まず，揚荷役にともなう喫水の増加量 δ を計算する．重量 40.0 [トン] の揚荷役は，重量 $w = -40.0$ [トン] の積荷役と等価であると考える．毎センチ排水トン数 TPC $= 8.00$ [トン/cm] より，δ は次式のように計算される．

$$\delta = \frac{w}{\text{TPC}} = \frac{-40.0}{8.00} = -5.00 \, [\text{cm}]$$

次に，荷役後の船の重量 W' を計算する．荷役前の排水量 $W = 5000$ [トン] から陸揚げされた荷の重量を差し引くことにより，次式のように計算される．

$$W' = W + w = 5000 - 40.0 = 4960 \, [\text{トン}]$$

ここで，荷役後の船の毎センチトリムモーメント MTC を計算する．荷役後の船の重量 W'，縦メタセンタ高さ $\overline{\text{GM}_\text{L}} = 120$ [m]，垂線間長 $L_{PP} = 120$ [m] より，MTC は次式のように計算される．

$$\text{MTC} = \frac{W' \times \overline{\text{GM}_\text{L}}}{100 L_{PP}} = \frac{4960 \times 120}{100 \times 120} = 49.6 \, [\text{トン} \cdot \text{m/cm}]$$

次に，揚荷役にともなうトリムの変化量 τ を図 4.45 のように計算する．荷は船首垂線より後方 30.0 [m] の位置にある．浮面心は船体中央より後方 10.0 [m] の位置，また船体中央断面と船首垂線の間の距離は垂線間長の半分 $120/2 = 60.0$ [m] である

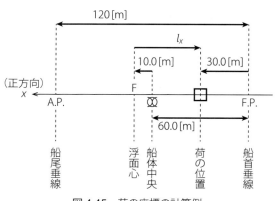

図 4.45 荷の座標の計算例

から，浮面心は船首垂線より後方 $10.0 + 60.0 = 70.0$ [m] の位置であるとわかる．ゆえに，貨物は浮面心より前方 $70.0 - 30.0 = 40.0$ [m] の位置にあるとわかる．船尾方向を正とすると，荷の浮面心からの縦方向距離は $l_x = -40.0$ [m] となる．この距離と，積み込まれると見なされる重量 $w = -40.0$ [トン]，および先に求めた毎センチトリムモーメント

MTC $= 50.0$ [トン·m/cm] より，τ は次式のように計算される。

$$\tau = \frac{w \times l_x}{\text{MTC}} = \frac{(-40.0) \times (-40.0)}{49.6} ≒ 32.3 \, [\text{cm}]$$

最後に喫水を計算する。荷役前の船尾喫水は $d_a = 7.60$ [m] $= 760$ [cm]，船首喫水は $d_f = 7.00$ [m] $= 700$ [cm] である。垂線間長は $L_{PP} = 120$ [m]，浮面心の船体中央からの縦方向距離は $\overline{\otimes \text{F}} = 10.0$ [m] である。これらの値を公式に代入することによって，荷役後の船尾喫水 $d_a{}'$ と船首喫水 $d_f{}'$ を [cm] の単位で計算することができる。

$$d_a{}' = d_a + \delta + \left(\frac{\frac{L_{PP}}{2} - \overline{\otimes \text{F}}}{L_{PP}} \times \tau \right) = 760 + (-5.00) + \left(\frac{\frac{120}{2} - 10.0}{120} \times 32.3 \right) ≒ 768 \, [\text{cm}]$$

$$d_f{}' = d_f + \delta - \left(\frac{\frac{L_{PP}}{2} + \overline{\otimes \text{F}}}{L_{PP}} \times \tau \right) = 700 + (-5.00) - \left(\frac{\frac{120}{2} + 10.0}{120} \times 32.3 \right) ≒ 676 \, [\text{cm}]$$

ゆえに，荷を陸揚げした場合の船尾喫水は 7.68 [m]，船首喫水は 6.76 [m] と見積もられる。

例題 4-18 垂線間長 L_{PP} の船が海面上に，ある船尾喫水の状態で浮いている。この船に，ある重量の1つの荷を積み込みたいが，船尾喫水を変えたくないという。そのような場合，荷をどこに積めばよいか。荷の積み込まれるべき位置の浮面心からの縦方向距離 l_x を，この船の毎センチ排水トン数 TPC と毎センチトリムモーメント MTC および浮面心の船体中央からの縦方向距離 $\overline{\otimes \text{F}}$ によって表す式を求めよ。

解 荷の重量を仮に w とする。荷役後の船尾喫水 $d_a{}'$ と荷役前の船尾喫水 d_a の差 $d_a{}' - d_a$ は次式のように表される。

$$d_a{}' - d_a = \frac{w}{\text{TPC}} + \left(\frac{\frac{L_{PP}}{2} - \overline{\otimes \text{F}}}{L_{PP}} \times \frac{w \times l_x}{\text{MTC}} \right)$$

船尾喫水を変えないという条件は $d_a{}' - d_a = 0$ と表される。この条件のもとでは次式が成立する。

$$0 = \frac{w}{\text{TPC}} + \left(\frac{\frac{L_{PP}}{2} - \overline{\otimes \text{F}}}{L_{PP}} \times \frac{w \times l_x}{\text{MTC}} \right)$$

この式を変形することにより，次式が得られる。

$$l_x = - \frac{L_{PP}}{\frac{L_{PP}}{2} - \overline{\otimes \text{F}}} \times \frac{\text{MTC}}{\text{TPC}}$$

この式は荷の重量 w を含まないものとなっている。ゆえに，船尾喫水を変えない重量物の積載位置は，その重量物の重量によらず，また積荷役か揚荷役かによらず，一定の位置になることがわかる。また，この l_x は必ず負の値となるから，その積載位置は必ず浮面心よりも船首寄りであることがわかる。なお，この位置に重量物を積載した場合，船尾喫水は変化しないが，船首喫水は当然として増加する。

4.7 船舶運航・管理でよく使う船舶算法公式と例題

船舶に乗船している航海士は，操船とともに荷役管理も担っている。寄航時に多くの荷物を積み卸すことは当然であり，荷役にともなう喫水，ヒールとトリムの調整，横メタセンタ高さ $\overline{\text{GM}}$ の確保と確認は，大切な業務である。これらの業務を遂行するために必要な知識と技能を 4.3 節から 4.6 節までで学んだ。航海士に不可欠なこれらの知識と技能を問う問題は，海技士資格試験においても頻繁に出題されている。

本節では二級海技士の「運用」の筆記試験に出題されることの多い問題を整理し，例題として紹介し，わかりやすく解説する。

4.7.1 船舶算法公式集

前節までで紹介した，船舶算法に関する多くの有用な公式や重要な定義を，ここで一覧としてまとめる。

(1) 船舶算法における座標系とトリムの定義

x 軸：船首から船尾に向かう，縦方向の軸
  船尾方向が正の向き，船首方向が負の向きとなる。
y 軸：左舷から右舷に向かう，横方向の軸
  右舷方向が正の向き，左舷方向が負の向きとなる。
z 軸：船底から上甲板に向かう，垂直方向の軸
  上方向が正の向き，下方向が負の向きとなる。
トリム τ：船尾喫水 d_a から船首喫水 d_f を減じた値

$$\tau = d_a - d_f$$

船尾が沈み船首が浮く傾斜なら正の値，
船首が沈み船尾が浮く傾斜なら負の値となる。

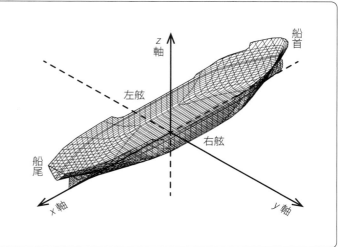

(2) 複数の物体の足し引きによって得られる物体の重心の座標を求める公式

$$x_G = \frac{w_1 x_1 + w_2 x_2 + w_3 x_3 + \cdots + w_n x_n}{w_1 + w_2 + w_3 + \cdots + w_n} = \frac{\sum_{i=1}^{n} w_i x_i}{\sum_{i=1}^{n} w_i}$$

$$y_G = \frac{w_1 y_1 + w_2 y_2 + w_3 y_3 + \cdots + w_n y_n}{w_1 + w_2 + w_3 + \cdots + w_n} = \frac{\sum_{i=1}^{n} w_i y_i}{\sum_{i=1}^{n} w_i}$$

$$z_G = \frac{w_1 z_1 + w_2 z_2 + w_3 z_3 + \cdots + w_n z_n}{w_1 + w_2 + w_3 + \cdots + w_n} = \frac{\sum_{i=1}^{n} w_i z_i}{\sum_{i=1}^{n} w_i}$$

ここで

$$\sum_{i=1}^{n} w_i x_i = w_1 x_1 + w_2 x_2 + w_3 x_3 + \cdots + w_n x_n$$

$$\sum_{i=1}^{n} w_i y_i = w_1 y_1 + w_2 y_2 + w_3 y_3 + \cdots + w_n y_n$$

$$\sum_{i=1}^{n} w_i z_i = w_1 z_1 + w_2 z_2 + w_3 z_3 + \cdots + w_n z_n$$

$$\sum_{i=1}^{n} w_i = w_1 + w_2 + w_3 + \cdots + w_n$$

ただし
(x_G, y_G, z_G)：全体の重心座標
$w_1, w_2, w_3, \cdots, w_n$：$n$ 個の物体のそれぞれの重量
  物体を加える場合であれば正の値，減ずる場合であれば負の値となる。
$(x_1, y_1, z_1), (x_2, y_2, z_2), (x_3, y_3, z_3), \cdots, (x_n, y_n, z_n)$：$n$ 個の物体のそれぞれの重心座標

(3) 船内の重量物を移動させたときの重心の移動を求める公式

$$\overline{GG'}_x = \frac{w \times l_x}{W}, \quad \overline{GG'}_y = \frac{w \times l_y}{W}, \quad \overline{GG'}_z = \frac{w \times l_z}{W}$$

ただし

$(\overline{GG'}_x, \overline{GG'}_y, \overline{GG'}_z)$：船の重心の縦方向，横方向，垂直方向の移動距離

w：移動させる重量物の重量

W：重量物を含む船の重量（排水量）

(l_x, l_y, l_z)：重量物の縦方向，横方向，垂直方向の移動距離

　縦方向（x軸方向）の移動距離は，船尾方向への移動なら正の値，船首方向への移動なら負の値となる。
　横方向（y軸方向）の移動距離は，右舷方向への移動なら正の値，左舷方向への移動なら負の値となる。
　垂直方向（z軸方向）の移動距離は，上方向への移動なら正の値，下方向への移動なら負の値となる。

(4) 重量物を積み卸ししたときの重心の移動を求める公式

$$\overline{GG'}_x = \frac{w \times l_x}{W + w}, \quad \overline{GG'}_y = \frac{w \times l_y}{W + w}, \quad \overline{GG'}_z = \frac{w \times l_z}{W + w}$$

ただし

$(\overline{GG'}_x, \overline{GG'}_y, \overline{GG'}_z)$：船の重心の縦方向，横方向，垂直方向の移動距離

w：積み卸しされる重量物の重量

　重量物を船に積む場合であれば正の値，船から卸す場合であれば負の値となる。

W：荷役前の船の重量（排水量）

(l_x, l_y, l_z)：船内での重量物の重心の座標（荷役前の船の重心 G を原点とする）

　縦方向（x軸方向）の座標は，原点より船尾寄りなら正の値，船首寄りなら負の値となる。
　横方向（y軸方向）の座標は，原点より右舷寄りなら正の値，左舷寄りなら負の値となる。
　垂直方向（z軸方向）の座標は，原点より上寄りなら正の値，下寄りなら負の値となる。

(5) 重心移動による船の横傾斜を求める公式

$$\tan\theta = \frac{\overline{GG'}_y}{\overline{GM} - \overline{GG'}_z}, \quad \theta = \tan^{-1}\left(\frac{\overline{GG'}_y}{\overline{GM} - \overline{GG'}_z}\right)$$

ただし

θ：船の横傾斜の角度

$\overline{GM}$：船の重心から横メタセンタ M までの距離

$\overline{GG'}_y$：船の重心の横方向（y軸方向）の移動距離

$\overline{GG'}_z$：船の重心の垂直方向（z軸方向）の移動距離

　横方向（y軸方向）の移動距離は，右舷方向への移動なら正の値，左舷方向への移動なら負の値となる。
　垂直方向（z軸方向）の移動距離は，上方向への移動なら正の値，下方向への移動なら負の値となる。
　横傾斜の角度は，右舷側が下がる傾斜なら正の値，左舷側が下がる傾斜なら負の値となる。

（6）船の縦メタセンタ高さから毎センチトリムモーメントを求める公式

$$\mathrm{MTC} = \frac{W \times \overline{\mathrm{GM_L}}}{100 L_{PP}}$$

ただし

MTC：毎センチトリムモーメント [トン・m/cm]

W：船の重量（排水量）[トン]

$\overline{\mathrm{GM_L}}$：縦メタセンタ高さ [m]

L_{PP}：垂線間長 [m]

（7）船内の重量物を移動させたときの船首尾喫水を求める公式

$$d_a' = d_a + \left(\frac{\frac{L_{PP}}{2} - \overline{\text{⊗F}}}{L_{PP}} \times \frac{w \times l_x}{\mathrm{MTC}} \right), \quad d_f' = d_f - \left(\frac{\frac{L_{PP}}{2} + \overline{\text{⊗F}}}{L_{PP}} \times \frac{w \times l_x}{\mathrm{MTC}} \right)$$

ただし

d_a'：重量物移動後の船の船尾喫水 [cm]，d_f'：重量物移動後の船の船首喫水 [cm]

d_a：重量物移動前の船の船尾喫水 [cm]，d_f：重量物移動前の船の船首喫水 [cm]

L_{PP}：垂線間長 [m]

$\overline{\text{⊗F}}$：浮面心 F の船体中央⊗からの縦方向距離 [m]

　浮面心 F が船体中央⊗よりも船尾寄りであれば正の値，船首寄りであれば負の値となる。

w：移動させる重量物の重量 [トン]

l_x：重量物の縦方向（x 軸方向）の移動距離 [m]

　船尾方向への移動なら正の値，船首方向への移動なら負の値となる。

MTC：毎センチトリムモーメント [トン・m/cm]

（8）重量物を積み卸ししたときの船首尾喫水を求める公式

$$d_a' = d_a + \frac{w}{\mathrm{TPC}} + \left(\frac{\frac{L_{PP}}{2} - \overline{\text{⊗F}}}{L_{PP}} \times \frac{w \times l_x}{\mathrm{MTC}} \right), \quad d_f' = d_f + \frac{w}{\mathrm{TPC}} - \left(\frac{\frac{L_{PP}}{2} + \overline{\text{⊗F}}}{L_{PP}} \times \frac{w \times l_x}{\mathrm{MTC}} \right)$$

ただし

d_a'：荷役後の船の船尾喫水 [cm]，d_f'：荷役後の船の船首喫水 [cm]

d_a：荷役前の船の船尾喫水 [cm]，d_f：荷役前の船の船首喫水 [cm]

w：積み卸しされる重量物の重量 [トン]

　重量物を船に積む場合であれば正の値，船から卸す場合であれば負の値となる。

TPC：毎センチ排水トン数 [トン/cm]

L_{PP}：垂線間長 [m]

$\overline{\text{⊗F}}$：浮面心 F の船体中央⊗からの縦方向距離 [m]

　浮面心 F が船体中央⊗よりも船尾寄りであれば正の値，船首寄りであれば負の値となる。

l_x：船内での重量物の重心の浮面心 F からの縦方向距離 [m]

　　船内での重量物が浮面心 F よりも船尾寄りであれば正の値，船首寄りであれば負の値となる。

MTC：毎センチトリムモーメント [トン·m/cm]

(9) 複数の重量物を積み卸ししたときの船首尾喫水を求める公式

$$d_a' = d_a + \frac{\sum_{i=1}^{n} w_i}{\text{TPC}} + \left(\frac{\frac{L_{PP}}{2} - \overline{\otimes \text{F}}}{L_{PP}} \times \frac{\sum_{i=1}^{n} w_i l_{i_x}}{\text{MTC}} \right)$$

$$d_f' = d_f + \frac{\sum_{i=1}^{n} w_i}{\text{TPC}} - \left(\frac{\frac{L_{PP}}{2} + \overline{\otimes \text{F}}}{L_{PP}} \times \frac{\sum_{i=1}^{n} w_i l_{i_x}}{\text{MTC}} \right)$$

ここで

$$\sum_{i=1}^{n} w_i = w_1 + w_2 + w_3 + \cdots + w_n$$

$$\sum_{i=1}^{n} w_i l_{i_x} = w_1 l_{1_x} + w_2 l_{2_x} + w_3 l_{3_x} + \cdots + w_n l_{n_x}$$

ただし

d_a'：荷役後の船の船尾喫水 [cm], d_f'：荷役後の船の船首喫水 [cm]

d_a：荷役前の船の船尾喫水 [cm], d_f：荷役前の船の船首喫水 [cm]

$w_1, w_2, w_3, \cdots, w_n$：$n$ 個の重量物のそれぞれの重量 [トン]

　　重量物を船に積む場合であれば正の値，船から卸す場合であれば負の値となる。

TPC：毎センチ排水トン数 [トン/cm]

L_{PP}：垂線間長 [m]

$\overline{\otimes \text{F}}$：浮面心 F の船体中央 $\otimes$ からの縦方向距離 [m]

　　浮面心 F が船体中央 $\otimes$ よりも船尾寄りであれば正の値，船首寄りであれば負の値となる。

$l_{1_x}, l_{2_x}, l_{3_x}, \cdots, l_{n_x}$：船内での重量物のそれぞれの重心の浮面心 F からの縦方向距離 [m]

　　船内での重量物が浮面心 F よりも船尾寄りであれば正の値，船首寄りであれば負の値となる。

MTC：毎センチトリムモーメント [トン·m/cm]

(10) 船尾喫水を変えない重量物の積載位置

$$l_x = -\frac{L_{PP}}{\frac{L_{PP}}{2} - \overline{\otimes \text{F}}} \times \frac{\text{MTC}}{\text{TPC}}$$

ただし

l_x：船内での重量物の重心の浮面心 F からの縦方向距離 [m]

　　船内での重量物が浮面心 F よりも船尾寄りであれば正の値，船首寄りであれば負の値となる。

L_{PP}：垂線間長 [m]

$\overline{\otimes \text{F}}$：浮面心 F の船体中央 $\otimes$ からの縦方向距離 [m]

浮面心 F が船体中央 ⊗ よりも船尾寄りであれば正の値，船首寄りであれば負の値となる。

TPC：毎センチ排水トン数 [トン/cm]

MTC：毎センチトリムモーメント [トン·m/cm]

4.7.2 横傾斜の例題

(1) 荷役後の横メタセンタ高さ

排水量 1,500 [トン]，横メタセンタの基線からの高さ ($\overline{\text{KM}}$) 8.50 [m]，基線上重心の高さ ($\overline{\text{KG}}$) 7.20 [m] の船に右表のとおり貨物の積み卸しを行ったときの横メタセンタ高さ ($\overline{\text{GM}}$) を求めよ。ただし，$\overline{\text{KM}}$ の値は貨物の積み卸しにより変化しないものとする。

積み卸し	[トン]	貨物の重心の位置（基線上の高さ）
積み	800	7.00 [m]
積み	250	8.00 [m]
卸し	600	5.00 [m]
卸し	200	11.00 [m]

【考え方】4.7.1 項の (2) の公式を使って，まず荷役後の重心座標を計算した後，それによって荷役後の横メタセンタ高さを求める。なお，この問題には重心の高さ（垂直方向の座標）だけが関係しており，重心の横方向や縦方向の座標は無関係である。

【解】 公式によって，荷役後の重心の垂直方向の座標 z_G（基線を原点とする）を次式のように計算する。ここで $w_1 = 1500$（荷役前の船の重量），$z_1 = 7.2$（荷役前の船の重心座標）とし，w_1 から w_5 に各貨物の重量（積荷は正，揚荷は負），z_1 から z_5 に各貨物の重心座標を代入している。

$$z_G = \frac{\sum_{i=1}^{n} w_i z_i}{\sum_{i=1}^{n} w_i} = \frac{1500 \times 7.20 + 800 \times 7.00 + 250 \times 8.00 + (-600) \times 5.00 + (-200) \times 11.00}{1500 + 800 + 250 + (-600) + (-200)} \fallingdotseq 7.54$$

したがって荷役後の重心の基線上の高さは $\overline{\text{KG}'} = 7.24$ [m] と求まった。ゆえに荷役後の横メタセンタ高さ $\overline{\text{G}'\text{M}}$ は次式のように求まる。

$$\overline{\text{G}'\text{M}} = \overline{\text{KM}} - \overline{\text{KG}'} = 8.50 - 7.54 = 0.96 \text{ [m]}$$

(2) デリックブームを使った荷の吊り下げによる横傾斜

排水量 15,000 [トン]，船幅 20 [m]，基線上メタセンタ高さ ($\overline{\text{KM}}$) 8.5 [m]，基線上重心高さ ($\overline{\text{KG}}$) 7.0 [m] の船が等喫水で浮かんでいる。この船の船体中心線上 16 [m] のところに取り付けられた長さ 20 [m] のデリックブームを図 4.46 のように舷側から 4 [m] だけ振り出し，重量 26 [トン] の貨物を吊り上げて静止したときの次の①および②を求めよ。ただし，排水量の変化によるメタセンタの移動および吊り上げた貨物以外の影響による船体の傾斜は考慮しないものとする。

① 横メタセンタ高さ　　② 船体の傾斜角

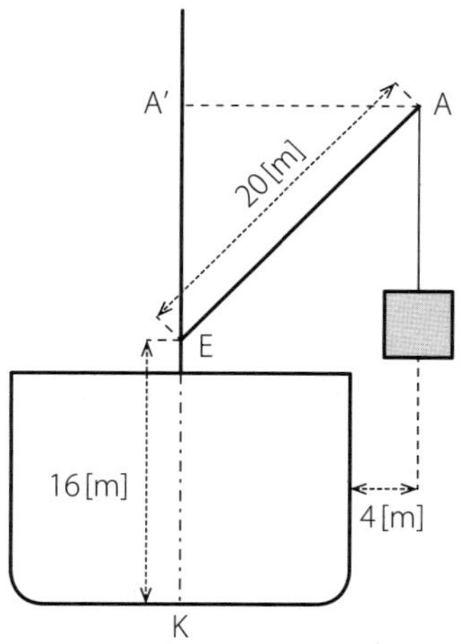

図 4.46 荷の吊り下げの例

【考え方】貨物に作用する重力は，ワイヤーロープを通じて，ブームの先端（図中の A）を鉛直下向きに引くように作用する。つまり貨物をブーム先端に積載するものと考えてよい。この考え方によって 4.7.1 項の (4) の公式を使い，まず重心の垂直移動距離 $\overline{\text{GG}'_z}$ と横移動距離 $\overline{\text{GG}'_y}$ を計算する。

重心の垂直移動距離 $\overline{\text{GG}'_z}$ に応じて横メタセンタ高さが変化する。さらに重心位置が船体中心線から横に外れることにより，その横移動距離 $\overline{\text{GG}'_y}$ と横メタセンタ高さに応じて横傾斜が生じる。その傾斜角は 4.7.1 項の (5) の公式によって計算される。

【解】 ① まず，重量物が積載されると見なされるブーム先端 A の座標について，傾斜前の重心 G からの横方向距離 l_y と垂直方向距離 l_z を求める。

点 G は船体中心線上にある。ゆえに横方向距離 l_y は図の距離 $\overline{A'A}$ に相当し，船の半幅と振り出し幅の和に等しく，次式のように計算される。
$$l_y = \frac{20}{2} + 4 = 14\,[\text{m}]$$

ブームの長さ $\overline{AE}$ は 20 [m] である。ゆえに，ブーム付け根（図中の E）からブーム先端までの高さ $\overline{EA'}$ は三平方の定理により $\overline{EA'} = \sqrt{20^2 - 14^2}\,[\text{m}]$ となる。この高さ $\overline{EA'}$ に，基線からブーム付け根までの高さ $\overline{KE} = 16\,[\text{m}]$ を加えたものが，基線からブーム先端までの高さ $\overline{KA'}$ である。その高さ $\overline{KA'}$ から，基線から重心までの高さ $\overline{KG} = 7.0\,[\text{m}]$ を差し引くことによって，重心 G からブーム先端までの高さ l_z が次式のように計算される。
$$l_z = \overline{EA'} + \overline{KE} - \overline{KG} = \sqrt{20^2 - 14^2} + 16 - 7.0 = 23.3\,[\text{m}]$$

ここで 4.7.1 項の (4) の公式によって，重心の横移動距離 $\overline{GG'}_y$ と垂直移動距離 $\overline{GG'}_z$ が求まる。なお重量物の重量は $w = 26\,[\text{トン}]$，重量物積載前の船の重量は $W = 15000\,[\text{トン}]$ である。
$$\overline{GG'}_y = \frac{w \times l_y}{W + w} = \frac{26 \times 14}{15000 + 26} = 0.0242\,[\text{m}]$$
$$\overline{GG'}_z = \frac{w \times l_z}{W + w} = \frac{26 \times 23.3}{15000 + 26} = 0.0403\,[\text{m}]$$

重量物積載前の横メタセンタ高さ $\overline{GM}$ は次式のように計算される。
$$\overline{GM} = \overline{KM} - \overline{KG} = 8.5 - 7.0 = 1.5\,[\text{m}]$$

重量物積載後の横メタセンタ高さ $\overline{G'M}$ は次式のように計算される。
$$\overline{G'M} = \overline{GM} - \overline{GG'}_z = 1.5 - 0.0403 = 1.46\,[\text{m}]$$

② 傾斜角を θ とすると，4.7.1 項の (5) の公式によって，次式が成り立つ。
$$\tan\theta = \frac{\overline{GG'}_y}{\overline{GM} - \overline{GG'}_z} = \frac{\overline{GG'}_y}{\overline{G'M}} = \frac{0.0242}{1.46} = 0.0166$$

ゆえに傾斜角 θ は次式のように計算される。
$$\theta = \tan^{-1} 0.0166 = 0.95\,[°]$$

(3) メタセンタ高さを確保しながらの積荷役

排水量 $10{,}000\,[\text{トン}]$，基線上メタセンタ高さ（$\overline{KM}$）$8.8\,[\text{m}]$，基線上重心高さ（$\overline{KG}$）$7.2\,[\text{m}]$ の船の上甲板に貨物を積載し，$\overline{GM}$ の減少を $0.2\,[\text{m}]$ に抑えようとする場合，最大何トンの貨物を積載することができるか。ただし，積載する貨物は，その重心が基線上 $14.0\,[\text{m}]$ の高さにあるように積むものとし，$\overline{KM}$ の値は変わらないものとする。

【考え方】重量物積載による重心移動の問題であり，4.7.1 項の (4) の公式を使って解くことができる。重量物が積まれる位置が荷役前の船の重心より高ければ，重心の位置は上がり，横メタセンタに近づく。その重心の上昇分だけ横メタセンタ高さ $\overline{GM}$ は減少する。その減少量を抑えるという条件から，不等式が立つ。

【解】積載された貨物の重心の，荷役前の船の重心位置 G からの高さ l_z は，基線からの貨物の高さから，基線からの重心の高さ $\overline{KG}$ を差し引いた距離である。
$$l_z = 14.0 - 7.2 = 6.8\,[\text{m}]$$

重量物の重量を w とすると，公式によって，重心の垂直移動距離 $\overline{GG'}_z$ は次式のように表される。なお重量物積載前の船の重量は $W = 10000\,[\text{トン}]$ である。
$$\overline{GG'}_z = \frac{w \times l_y}{W + w} = \frac{w \times 6.8}{10000 + w}$$

横メタセンタの基線からの高さは不変であるので，横メタセンタ高さ $\overline{\mathrm{GM}}$ の減少幅はすなわち重心の上昇幅 $\overline{\mathrm{GG'}}_z$ である。この幅を $0.2\,[\mathrm{m}]$ 以内に抑えようとする条件は次式のように表現される。

$$\overline{\mathrm{GG'}}_z \leq 0.2$$

ゆえに次の不等式が成り立ち，これを解くことで w の満たすべき条件が導かれる。

$$\frac{w \times 6.8}{10000 + w} \leq 0.2$$
$$w \times 6.8 \leq 0.2 \times (10000 + w)$$
$$(6.8 - 0.2) \times w \leq 0.2 \times 10000$$
$$w \leq 303$$

ゆえに，積載することのできる貨物は最大で $303\,[\mathrm{トン}]$ であることがわかった。

（4）荷の移動による横傾斜

排水量が $18{,}000\,[\mathrm{トン}]$，$\overline{\mathrm{GM}}$ が $1.1\,[\mathrm{m}]$ の船が，等喫水で海水に浮かんでいる。この船の倉内の船体中心線上に重心がある $240\,[\mathrm{トン}]$ の貨物を，垂直に $9.0\,[\mathrm{m}]$ 上に，右舷側に $8.0\,[\mathrm{m}]$ 水平に移動した。この場合の重心の移動距離および船体の横傾斜角を求めよ。

【考え方】4.7.1 項の (3) の公式を使って，重心の移動距離を求める。また，4.7.1 項の (5) の公式を使って，横傾斜角を求める。

【解】 重量 $W = 18000\,[\mathrm{トン}]$ の船のなかで重量 $w = 240\,[\mathrm{トン}]$ の重量物を，距離 $l_z = 9.0\,[\mathrm{m}]$ だけ垂直移動させ，距離 $l_y = 8.0\,[\mathrm{m}]$ だけ横移動させた場合の，重心の垂直移動距離 $\overline{\mathrm{GG'}}_z$ と横移動距離 $\overline{\mathrm{GG'}}_y$ は，公式によって次式のように計算される。

$$\overline{\mathrm{GG'}}_z = \frac{w \times l_z}{W} = \frac{240 \times 9.0}{18000} = 0.120\,[\mathrm{m}]$$
$$\overline{\mathrm{GG'}}_y = \frac{w \times l_y}{W} = \frac{240 \times 8.0}{18000} = 0.107\,[\mathrm{m}]$$

横傾斜角を θ とすると，公式によって次式が成り立つ。ここで横メタセンタ高さ $\overline{\mathrm{GM}} = 1.1\,[\mathrm{m}]$ である。

$$\tan\theta = \frac{\overline{\mathrm{GG'}}_y}{\overline{\mathrm{GM}} - \overline{\mathrm{GG'}}_z} = \frac{0.107}{1.1 - 0.120} = 0.109$$

ゆえに傾斜角 θ は次式のように計算される。

$$\theta = \tan^{-1} 0.109 = 6.2\,[°]$$

（5）小破口を水面上に出すためのバラスト調整

排水量 $19{,}000\,[\mathrm{トン}]$ の船が停泊中，右舷中央水線下 $1.2\,[\mathrm{m}]$ のところに小破口を生じた。これを修繕するため船を左舷に傾斜させ，右舷側の破口を水面上 $1.0\,[\mathrm{m}]$ になるようにするためには，右舷タンクの水を何トン左舷タンクに移せばよいか。ただし，両タンク間を移動する水の重心は同一の高さにあって，その間の水平距離は $18.0\,[\mathrm{m}]$，船幅は $26.0\,[\mathrm{m}]$，$\overline{\mathrm{GM}}$ は $1.0\,[\mathrm{m}]$ で，破口からの浸水による喫水の変化などは考慮しないものとする。

【考え方】4.7.1 項の (3) の公式と，4.7.1 項の (5) の公式を使って，移動する水の重量と横傾斜角との関係を求める。その横傾斜によって破口を水面上の十分な高さまで持ち上げるという条件から，方程式が立つ。

【解】 求めるべき水の重量を w とする。その水を重量 $W = 19000\,[\mathrm{トン}]$ の船のなかで距離 $l_y = 18.0\,[\mathrm{m}]$ だけ横移動させた場合の，重心の横移動距離 $\overline{\mathrm{GG'}}_y$ は公式によって次式のように表される。

$$\overline{\mathrm{GG'}}_y = \frac{w \times l_y}{W} = \frac{w \times 18.0}{19000}$$

横傾斜角を θ とすると，公式によって次式が成り立つ。ここで横メタセンタ高さ $\overline{\mathrm{GM}} = 1.0\,[\mathrm{m}]$ である。また，水の移動は横方向だけであるので，重心の移動も横方向だけとなり，重心の垂直移動距離は $\overline{\mathrm{GG}'}_z = 0$ である。

$$\tan\theta = \frac{\overline{\mathrm{GG}'}_y}{\overline{\mathrm{GM}} - \overline{\mathrm{GG}'}_z} = \frac{w \times 18.0/19000}{1.0 - 0} = \frac{w \times 18.0}{19000}$$

さて，全幅 26.0 [m] の船体の右舷側の，水面下 1.2 [m] の深さにあった破口が，傾斜角 θ の横傾斜によって持ち上がり，水面上 1.0 [m] の高さになったとき，船体は図 4.47 のような状態となっている。ここで，船の半幅を底辺とし，距離 1.2 [m] と 1.0 [m] の和を対辺とする，鋭角 θ の直角三角形が成立している。ゆえに，題意の条件は次式のように表現される。

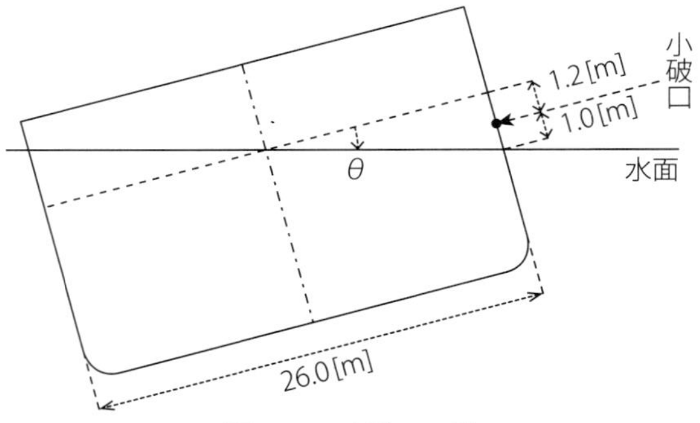

$$\tan\theta = \frac{1.2 + 1.0}{26.0/2} = 0.1692$$

図 4.47 小破口の例

したがって，傾斜角 θ が題意の条件を満たすとき，次の方程式が成立する。これを解くことで，移動させるべき水の重量 w が求まる。

$$\frac{w \times 18.0}{19000} = 0.1692$$
$$w = 179\,[\text{トン}]$$

4.7.3 縦傾斜の例題

(1) 荷役後の船首尾喫水

長さ 155 [m] の船が 8.40 [m] の等喫水で比重 1.025 の海水中に浮かんでおり，このときの排水量は 19,500 [トン] である。この船が右表のとおり貨物の積み卸しを行った後の船首および船尾喫水を求めよ。ただし，縦メタセンタ高さ ($\overline{\mathrm{GM_L}}$) は 160 [m]，毎センチ排水トン数は 33 [トン/cm]，浮面心は船体中央から 4 [m] 後方にあり，これらは貨物の積み卸しにより変化しないものとする。

積み卸し	[トン]	貨物の積み卸しの位置（船体中央からの位置）
積み	400	35 [m] 前方
積み	500	45 [m] 後方
卸し	300	45 [m] 前方
卸し	200	35 [m] 後方

【考え方】4.7.1 項の (9) の公式を使って解く。公式に代入する w_i や $w_i l_{i_x}$ の和については，表で整理して計算するとよい。なお毎センチトリムモーメントは同項 (6) の公式によって計算される。

解 積み卸し表を次表のように発展させ整理する。積載される各重量物の重量 w_i は，積まれる場合は正の値，卸される場合は負の値となる。各重量物の重心の，船体中央⊗からの縦方向距離（⊗を原点とした座標）は，船尾寄りなら正の値，船首寄りなら負の値となる。各重量物の重心の，浮面心 F からの縦方向距離 l_{i_x} （F を原点とした座標）は，⊗からの縦方向距離から，$\overline{\otimes\mathrm{F}}$（浮面心の船体中央からの縦方向距離）を差し引いた値となる。

積み卸し	w_i [トン]	貨物の積み卸しの位置（⊗からの距離）	$\overline{\otimes\mathrm{F}}$	貨物の積み卸しの位置（F からの距離）	$w_i l_{i_x}$
積み	+400	−35 [m]	+4 [m]	−39 [m]	−15600
積み	+500	+45 [m]		+41 [m]	+20500
卸し	−300	−45 [m]		−49 [m]	+14700
卸し	−200	+35 [m]		+31 [m]	−6200
合計	+400				+13400

この表を用いて，各重量物によるトリミングモーメント $w_i l_{i_x}$ を，$w_i \times l_{i_x}$ によって計算する。さらに，w_i の合計 $\sum_{i=1}^{n} w_i$ と，$w_i l_{i_x}$ の合計 $\sum_{i=1}^{n} w_i l_{i_x}$ も計算しておく。$\sum_{i=1}^{n} w_i = 400\,[\text{トン}]$，$\sum_{i=1}^{n} w_i l_{i_x} = 13400\,[\text{トン}\cdot\text{m}]$ と計算される。

ここで平均沈下量を，$\sum_{i=1}^{n} w_i$ の値と，毎センチ排水トン数 $\text{TPC} = 33\,[\text{トン/cm}]$ から，次式のように計算する。

$$\frac{\sum_{i=1}^{n} w_i}{\text{TPC}} = \frac{400}{33} = 12.1\,[\text{cm}]$$

一方，この船の荷役後の重量 W' は，荷役前の重量 $W = 19500\,[\text{トン}]$ と $\sum_{i=1}^{n} w_i$ の和であり，次式のように計算される。

$$W' = W + \sum_{i=1}^{n} w_i = 19500 + 400 = 19900\,[\text{トン}]$$

荷役後の毎センチトリムモーメント $\text{MTC}\,[\text{トン}\cdot\text{m/cm}]$ は，船の重量 W' と長さ $L_{PP} = 155\,[\text{m}]$ および縦メタセンタ高さ $\overline{\text{GM}_\text{L}} = 160\,[\text{m}]$ から，次式によって計算される。

$$\text{MTC} = \frac{W' \times \overline{\text{GM}_\text{L}}}{100 L_{PP}} = \frac{19900 \times 160}{100 \times 155} = 205.4\,[\text{トン}\cdot\text{m/cm}]$$

ここでトリム変化量を，$\sum_{i=1}^{n} w_i l_{i_x}$ の値と MTC から，次式のように計算する。

$$\frac{\sum_{i=1}^{n} w_i l_{i_x}}{\text{MTC}} = \frac{13400}{205.4} = 65.2\,[\text{cm}]$$

これらの値を公式に代入することにより，荷役後の船尾喫水 $d_a{'}$ と船首喫水 $d_f{'}$ が次式のように計算される。なお，荷役前の船尾喫水と船首喫水は $d_a = d_f = 8.40\,[\text{m}] = 840\,[\text{cm}]$ である。

$$d_a{'} = d_a + \frac{\sum_{i=1}^{n} w_i}{\text{TPC}} + \left(\frac{\frac{L_{PP}}{2} - \overline{\otimes \text{F}}}{L_{PP}} \times \frac{\sum_{i=1}^{n} w_i l_{i_x}}{\text{MTC}}\right) = 840 + 12.1 + \left(\frac{\frac{155}{2} - 4}{155} \times 65.2\right) = 883\,[\text{cm}]$$

$$d_f{'} = d_f + \frac{\sum_{i=1}^{n} w_i}{\text{TPC}} - \left(\frac{\frac{L_{PP}}{2} + \overline{\otimes \text{F}}}{L_{PP}} \times \frac{\sum_{i=1}^{n} w_i l_{i_x}}{\text{MTC}}\right) = 840 + 12.1 - \left(\frac{\frac{155}{2} + 4}{155} \times 65.2\right) = 818\,[\text{cm}]$$

ゆえに荷役後の船首喫水は $8.18\,[\text{m}]$，船尾喫水は $8.83\,[\text{m}]$ と求まった。

(2) 船尾喫水を変えない荷役

長さ $130\,[\text{m}]$ の船が，船首 $6.70\,[\text{m}]$，船尾 $7.40\,[\text{m}]$ の喫水で海水中に浮かんでいる。この船が船尾喫水を変えないで $650\,[\text{トン}]$ の積荷をする場合の次の①，②を求めよ。ただし，この船の毎センチ排水トン数（TPC）は $20\,[\text{トン/cm}]$，毎センチトリムモーメント（MTC）は $132\,[\text{トン}\cdot\text{m/cm}]$ で，浮面心は船体中央から $2.0\,[\text{m}]$ 後方にあり，これらは積荷によって変化しないものとする。

① 積荷の積載位置（積荷の重心位置を船体中央からの距離で示せ）
② 積荷後の船首喫水

【考え方】4.7.1 項の (10) の公式を使って解くこともできるが，4.7.1 項の (8) の基本公式から関係式を導き出すことによって解くこともできる。

解 ① 4.7.1 項の (8) の基本公式において $d_a{'} - d_a = 0$ とすることにより，船尾喫水を変えない場合には次式が成立することがわかる。

$$\frac{w}{\text{TPC}} + \left(\frac{\frac{L_{PP}}{2} - \overline{\otimes \text{F}}}{L_{PP}} \times \frac{w \times l_x}{\text{MTC}}\right) = 0$$

この式から l_x の式を導き出すと，次式のようになる．この式に，船の長さ $L_{PP} = 130\,[\mathrm{m}]$，毎センチ排水トン数 $\mathrm{TPC} = 20\,[\mathrm{トン/cm}]$，毎センチトリムモーメント $\mathrm{MTC} = 132\,[\mathrm{トン \cdot m/cm}]$，浮面心の船体中央からの距離 $\overline{\text{⊗F}} = 2.0\,[\mathrm{m}]$（後方であれば正の値）を代入することによって，荷の積載位置の浮面心からの距離が求まる．なお，この距離は必ず負の値となるはずであり，これは荷が浮面心よりも必ず前方に積まれることを意味する．

$$l_x = -\frac{L_{PP}}{\frac{L_{PP}}{2} - \overline{\text{⊗F}}} \times \frac{\mathrm{MTC}}{\mathrm{TPC}} = -\frac{130}{\frac{130}{2} - 2.0} \times \frac{132}{20} = -13.6\,[\mathrm{m}]$$

荷の積載位置を船体中央からの距離（⊗を原点とする座標）で示す場合は，次式で計算される距離となる．

$$l_x + \overline{\text{⊗F}} = -13.6 + 2.0 = -11.6\,[\mathrm{m}]$$

すなわち，積荷の積載位置は船体中央から前方 $11.6\,[\mathrm{m}]$ の位置である．

② 積荷後の船首喫水 $d_f{}'$ は，積荷前の船首喫水 $d_f = 6.70\,[\mathrm{m}] = 670\,[\mathrm{cm}]$ と，積載される荷の重量 $w = 650\,[\mathrm{トン}]$ から，公式によって次式のように計算される．

$$d_f{}' = d_f + \frac{w}{\mathrm{TPC}} - \left(\frac{\frac{L_{PP}}{2} + \overline{\text{⊗F}}}{L_{PP}} \times \frac{w \times l_x}{\mathrm{MTC}}\right) = 670 + \frac{650}{20} - \left(\frac{\frac{130}{2} + 2.0}{130} \times \frac{650 \times (-13.6)}{132}\right) = 737\,[\mathrm{cm}]$$

ゆえに積荷後の船首喫水は $7.37\,[\mathrm{m}]$ である．

(3) 喫水調整のためのバラスト移動

タンカー A 丸（垂線間長 $320\,[\mathrm{m}]$）は原油を積載して，排水量 $280{,}000\,[\mathrm{トン}]$，$20\,[\mathrm{m}]$ の等喫水で出港し，M 海峡入口まで 10 日間航海した後，通峡する予定である．通峡に際して船尾トリム $80\,[\mathrm{cm}]$ に調整するため，船尾水倉に $800\,[\mathrm{トン}]$ 張水するほかに，積荷を No.1 貨物油タンクから No.5 貨物油タンクに何トン移送すればよいか．A 丸の 1 日の燃料油消費量を $75\,[\mathrm{トン}]$ として計算せよ．ただし，縦メタセンタ高さ $(\overline{\mathrm{GM_L}})$ は $370\,[\mathrm{m}]$ とし，各タンクの中心位置は表のとおりである．また，清水などの消費によるトリムの変化はなく，浮面心は船体中央にあるものとする．

タンク名	タンクの⊗からの位置
燃料油タンク	$100\,[\mathrm{m}]$ 後方
No.1 貨物油タンク	$110\,[\mathrm{m}]$ 前方
No.5 貨物油タンク	$100\,[\mathrm{m}]$ 後方
船尾水倉	$155\,[\mathrm{m}]$ 後方

【考え方】問題を解くにあたり，次の事実を整理する．

- 船の長さ $L_{PP} = 320\,[\mathrm{m}]$，出港時のトリムはゼロ，出港時の重量は $W = 280000\,[\mathrm{トン}]$
- 10 日間の航海によって消費された燃料の重量は $75 \times 10 = 750\,[\mathrm{トン}]$
- 調整の目標は，トリムを船尾トリム $80\,[\mathrm{cm}]$ とすることだけであり，喫水を特定の深さにすることではない．
- 求める値を x とすると，重量物の積載や移動は以下のように整理される．
  ① 燃料が燃料油タンクから $750\,[\mathrm{トン}]$ だけ消費される．（つまり卸される）
  ② 水が船尾水倉に $800\,[\mathrm{トン}]$ だけ張られる．（つまり積まれる）
  ③ No.1 タンクから No.5 タンクに $x\,[\mathrm{トン}]$ だけ移動．
  （つまり No.1 タンクから $x\,[\mathrm{トン}]$ だけ卸され，No.5 タンクに $x\,[\mathrm{トン}]$ だけ積まれる）
- 毎センチトリムモーメント MTC は，船の長さと重量および $\overline{\mathrm{GM_L}} = 370\,[\mathrm{m}]$ より算出される．
- 浮面心の船体中央からの距離は $\overline{\text{⊗F}} = 0$，ゆえに重量物の座標を換算する必要はない．

【解】出港時にゼロであったトリムを，通峡時に船尾トリム $80\,[\mathrm{cm}]$ とするために，必要なトリムの変化量は $80\,[\mathrm{cm}]$ である．トリムの変化量は，4.7.1 項の (9) の公式中の $(\sum_{i=1}^{n} w_i l_{x})/\mathrm{MTC}$ の項が相当する．すなわち題意の条件は次の方程式を成立させる．

$$\frac{\sum_{i=1}^{n} w_i l_{x}}{\mathrm{MTC}} = 80$$

ここで，燃料油タンク（$l_{1_x} = 100\,[\mathrm{m}]$）に $w_1 = -750\,[\text{トン}]$，船尾水倉（$l_{2_x} = 155\,[\mathrm{m}]$）に $w_2 = 800\,[\text{トン}]$，No.1 タンク（$l_{3_x} = -110\,[\mathrm{m}]$）に $w_3 = -x\,[\text{トン}]$，No.5 タンク（$l_{4_x} = 100\,[\mathrm{m}]$）に $w_4 = x\,[\text{トン}]$ の重量物が積載されることから，それらの重量やトリミングモーメントの和は次のように計算される。

$$\sum_{i=1}^{n} w_i = (-750) + 800 + (-x) + x = 50$$

$$\sum_{i=1}^{n} w_i l_{i_x} = (-750) \times 100 + 800 \times 155 + (-x) \times (-110) + x \times 100 = 49000 + 210x$$

ゆえに通峡時の船の重量は $W' = W + \sum_{i=1}^{n} w_i = 280000 + 50 = 280050\,[\text{トン}]$ であり，通峡時の船の毎センチトリムモーメント MTC $[\text{トン}\cdot\mathrm{m/cm}]$ は次式のように計算される。

$$\mathrm{MTC} = \frac{W' \times \overline{\mathrm{GM_L}}}{100 L_{PP}} = \frac{280050 \times 370}{100 \times 320} = 3238$$

これらを方程式に代入することにより，次式が成立する。

$$\frac{49000 + 210x}{3238} = 80$$
$$x = 1000$$

ゆえに，移送すべき積荷の重量は 1,000 [トン] である。

まとめ

本章ではまず，水面下の船体形状を表す線図と，船舶算法に必要な諸係数が集約されている排水量等曲線について学んだ。また，重心や浮心の位置と移動について学び，それらの位置関係によって復原力が生じることも学習した。さらに，荷役にともなう横傾斜や縦傾斜の算出法など，船舶の運航や管理の場で役立つ船舶算法について，海技試験にも出題されるような例題を学んだ。

練習問題

主に 4.7 節の例題をもとに，数値を変えて練習問題を出題している。必ず自ら解いて理解できているか確認することが重要である。

問 4-1　排水量 9,500 [トン]，横メタセンタの基線からの高さ（$\overline{\mathrm{KM}}$）8.10 [m]，基線上重心の高さ（$\overline{\mathrm{KG}}$）6.30 [m] の船に右表のとおり貨物の積み卸しを行ったときの横メタセンタ高さ（$\overline{\mathrm{GM}}$）を求めよ。ただし，$\overline{\mathrm{KM}}$ の値は貨物の積み卸しにより変化しないものとする。

積み卸し	[トン]	貨物の重心の位置（基線上の高さ）
積み	700	9.00 [m]
積み	250	8.40 [m]
卸し	400	9.50 [m]
卸し	100	7.00 [m]

問 4-2　排水量 15,000 [トン]，船幅 24 [m]，基線上メタセンタ高さ（$\overline{\mathrm{KM}}$）7.9 [m]，基線上重心高さ（$\overline{\mathrm{KG}}$）7.0 [m] の船が等喫水で浮かんでいる。この船の船体中心線上 16 [m] のところに取り付けられた長さ 20 [m] のデリックブームを図のように，舷側から 3 [m] だけ振り出し，重量 30 [トン] の貨物を吊り上げて静止したときの次の①および②を求めよ。ただし，排水量の変化によるメタセンタの移動および吊り上げた貨物以外の影響による船体の傾斜は考慮しないものとする。

　①　横メタセンタ高さ　　②　船体の傾斜角

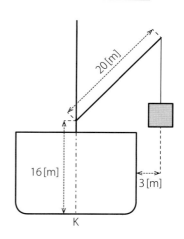

問 4-3　排水量 12,000 [トン]，基線上メタセンタ高さ（$\overline{\mathrm{KM}}$）8.8 [m]，基線上重心高さ（$\overline{\mathrm{KG}}$）7.1 [m] の船の上甲板に貨物を積載し，$\overline{\mathrm{GM}}$ の減少を 0.3 [m] に抑えようと

する場合，最大何トンの貨物を積載することができるか。ただし，積載する貨物は，その重心が基線上 15.0 [m] の高さにあるように積むものとし，$\overline{\mathrm{KM}}$ の値は変わらないものとする。

問 4-4 排水量が 13,000 [トン]，$\overline{\mathrm{GM}}$ が 1.2 [m] の船が，等喫水で海水に浮かんでいる。この船の倉内の船体中心線上に重心がある 150 [トン] の貨物を，垂直に 8.5 [m] 上に，右舷側に 6.5 [m] 水平に移動した。この場合の重心の移動距離および船体の横傾斜角を求めよ。

問 4-5 排水量 8,000 [トン] の船が停泊中，右舷中央水線下 0.8 [m] のところに小破口を生じた。これを修繕するため船を左舷に傾斜させ，右舷側の破口を水面上 1.5 [m] になるようにするためには，右舷タンクの水を何トン左舷タンクに移せばよいか。ただし，両タンク間を移動する水の重心は同一の高さにあって，その間の水平距離は 14.0 [m]，船幅は 18.0 [m]，$\overline{\mathrm{GM}}$ は 0.9 [m] で，破口からの浸水による喫水の変化などは考慮しないものとする。

問 4-6 長さ 165 [m] の船が 8.30 [m] の等喫水で比重 1.025 の海水中に浮かんでおり，このときの排水量は 21,000 [トン] である。
この船が右表のとおり貨物の積み卸しを行った後の船首および船尾喫水を求めよ。ただし，縦メタセンタ高さ（$\overline{\mathrm{GM_L}}$）は 170 [m]，毎センチ排水トン数は 32 [トン/cm]，浮面心は船体中央から 5 [m] 後方にあり，これらは貨物の積み卸しにより変化しないものとする。

積み卸し	[トン]	貨物の積み卸しの位置（船体中央からの位置）
積み	350	45 [m] 前方
積み	450	50 [m] 後方
卸し	250	55 [m] 前方
卸し	150	35 [m] 後方

問 4-7 長さ 210 [m] の船が，船首 5.85 [m]，船尾 7.45 [m] の喫水で海水中に浮かんでいる。この船が船尾喫水を変えないで 900 [トン] の積荷をする場合の次の①，②を求めよ。ただし，この船の毎センチ排水トン数（TPC）は 31 [トン/cm]，毎センチトリムモーメント（MTC）は 150 [トン・m/cm] で，浮面心は船体中央から 3.0 [m] 後方にあり，これらは積荷によって変化しないものとする。
① 積荷の積載位置（積荷の重心位置を船体中央からの距離で示せ）
② 積荷後の船首喫水

問 4-8 タンカー A 丸（垂線間長 305 [m]）は原油を積載して，排水量 260,000 [トン]，18.5 [m] の等喫水で出港し，M 海峡入口まで 10 日間航海した後，通狭する予定である。通狭に際して船尾トリム 80 [cm] に調整するため，船尾水倉に 950 [トン] 張水するほかに，積荷を No.1 貨物油タンクから No.5 貨物油タンクに何トン移送すればよいか。

タンク名	タンクの ⓧ からの位置
燃料油タンク	100 [m] 後方
No.1 貨物油タンク	110 [m] 前方
No.5 貨物油タンク	100 [m] 後方
船尾水倉	155 [m] 後方

A 丸の 1 日の燃料油消費量を 63 [トン] として計算せよ。ただし，縦メタセンタ高さ（$\overline{\mathrm{GM_L}}$）は 370 [m] とし，各タンクの中心位置は表のとおりである。また，清水などの消費によるトリムの変化はなく，浮面心は船体中央にあるものとする。

問 4-9 図のような荷役装置（マスト高さ 11 [m]，トッピングリフトの長さ 6 [m]，ブームの長さ 13 [m]）のブームの先端から図のように 4 [トン] の貨物を吊るした場合，トッピングリフトに加わる張力はいくらになるか。ただし，ブームの重さは 0.8 [トン] で，カーゴフォールなどのロープの重量は考慮しない（この問題は 3.2.2 項で学んだ内容である）。

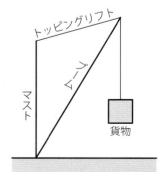

CHAPTER 5

船の抵抗

「抵抗ってなんだろう？」と質問されて，正確に答えられる人が何人いるだろうか。わかっているようで説明できないのではないだろうか。**抵抗**とは「流体中を運動する物体が，進行方向に対し逆向きに受ける力」のことである。わかりやすく説明するなら，読者自身が自転車に乗っていると仮定しよう。天気の良い日に，ペダルを漕いで前へ前へと走っているとする。ペダルをゆっくり漕ぐと身体に風を感じて気持ちが良い。今度はペダルを全力で漕ぐと，自転車のスピードは増し，勢いよく身体に風が打ち付け，前へ進むことを妨げようとする。ここで，空気が流体であり，自転車が運動する物体である。このときタイヤが地面を蹴って前へ進もうとするのに対し，風がそれを妨げようとする。人や自転車が風から受ける力（進もうとする物に逆らおうとする力）こそ抵抗なのである。

船は空気と水の境界面上を航走する。それにより風による抵抗以外に，主に水による抵抗を受けることになる。本章では，船がどのような抵抗を受けるのか，その発生原因は何かについて理解を深める。加えて，その抵抗の推定法について解説する。

5.1 船体に働く抵抗

船が航走すると水と空気から抵抗を受ける。空気抵抗は水から受ける抵抗に比べると非常に小さく，シーマージンのなかに含めて考える。ここで**シーマージン**とは，風や波，船底に付着する海洋生物の影響などによる抵抗増加に対する出力余裕のことである（1.3.11 項参照）。船がある速度で航走するとき，船体はある値の抵抗を受ける。その抵抗と速度がつくる船体の必要とする仕事率は，プロペラが水に与える仕事率に等しい。この力の仕事率は，主機関の仕事が各軸，軸受，プロペラへと伝達されたものである。本節では，抵抗とは何か，そして仕事率とは何かについて概略を把握する。

5.1.1 抵抗

一様流中における物体に働く力について考える。要するに，この物体は水面のような自由表面のない流体中を移動するものとする。ここでは，船体の水面下を水線面に平行に切り取った断面を持つ物体について考える。図 5.1 の左下の断面図のように，この切り取った断面は翼型に似た形状となっている。この物体の微小側面積 dS に着目する。この点の圧力を p とすると，dS には圧力 pdS が面に直角に作用する。大気圧にせよ空気圧にせよ，圧力は接する面に垂直に働く性質を持つ。この点に作用する単位面積当たりの摩擦力を τ とすると，dS には摩擦力 τdS がこの面の接線方向に作用する。dS の法線と一様流の方向（x 軸）とのなす角を θ とすると，dS に作用するそれぞれの力の x 方向成分は，$pdS\cos\theta$ および $\tau dS\sin\theta$ である。したがって，この物体表面全体 S に働く力の x 方向成分は

$$\text{圧力抵抗 } R_P = \int_S p\cos\theta\, dS$$

$$\text{摩擦抵抗 } R_F = \int_S \tau\sin\theta\, dS$$

である。ただし，$\int_S dS$ は物体表面全体にわたる面積積分である。圧力抵抗（R_P）のことを**形状抵抗**ともいう。したがって物体に働く**全抵抗**（R_T）は

$$R_T = R_P + R_F$$

である。なお，物体表面全体に働く**揚力**（L）は

$$L = \int_S (-p\sin\theta + \tau\cos\theta)dS$$

であるが，一般的に摩擦成分は小さいため無視されることが多い。

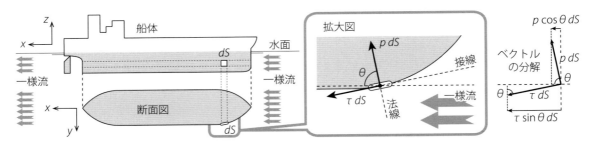

図 5.1　圧力抵抗と摩擦抵抗

次に R_P と R_F の大小であるが，一般に流線型の物体では R_F のほうが大きく，流線型以外の物体では R_P のほうが大きい。一般商船の場合は，船体没水部の水平断面は流線型である。したがって，航走中の船体に働く抵抗は，とくに**垂線間長**（L_{PP}）の大きいタンカー船型では R_F のほうが R_P よりも大きいのである。

物体に働く抵抗は，一般性を持たせるために流体密度 ρ，物体の代表面積 S（船体の場合は没水部側壁表面積），速度 V（船速）を用いて無次元化され，抵抗係数の形で表される。ここで一般性を持たせるために無次元化するというのは，変数をある定数で割ることにより，次元を持たない変数に変えることである。物理現象を数式化する場合，変数を実際の物理量で表すより代表物理量との比で表したほうが便利なことが多い。たとえば，長さの変数を代表長さとの比で表せば，その数式はどんな寸法の問題にも適用できることになる。また，速度や長さ，密度などが異なっても無次元数が等しければ同じ現象が現れるといった具合である。

$$C_F = R_F / \frac{1}{2}\rho S V^2$$

$$C_P = R_P / \frac{1}{2}\rho S V^2$$

$$C_T = R_T / \frac{1}{2}\rho S V^2$$

完全流体（非粘性流体）の一様流中においては，物体に抵抗は働かない。この現象は実際とは矛盾し，**ダランベールの背理**といわれている。

5.1.2　船体の抵抗と仕事率

ある船体を等速度 $v\,[\text{m/s}]$ で直進させるように曳航するとき，曳航索には $F\,[\text{N}]$ の力が必要であったとする。その抵抗と曳航されている船体の仕事率を求めてみる。仕事率については 3.2.3 項を参照してほしい。

被曳航船に着目すると，慣性の法則により等速直線運動をする物体である被曳航船に働く外力はゼロでなければならない。図 5.2 より被曳航船の外力は

$$\text{被曳航船の外力} = \text{曳航力}\vec{F} + \text{抵抗力}\vec{R}$$

$$\therefore \text{抵抗力}\vec{R} = -\vec{F}$$

すなわち，抵抗力の大きさは $|\vec{F}|\,[\text{N}]$ で，曳航力と反対向きの力である。

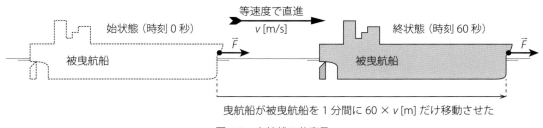

図 5.2　曳航船と被曳航船

抵抗がわかったので，次に曳航船のする仕事率，すなわち船体の必要とする仕事率を求めてみる。ここで，被曳航船は曳航力 $\vec{F}$ を受けながら 1 分間に $60 \times v\,[\mathrm{m}]$ 移動したものとする。

この 1 分間の曳航船の仕事量 W は「曳航力 × 1 分間の移動距離」である。

$$W = |\vec{F}| \times 60 \times v = 60 \times |\vec{F}| \times v\,[\mathrm{N\cdot m}]$$
$$= 60 \times |\vec{F}| \times v\,[\mathrm{J}]$$

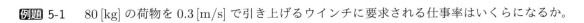

図 5.3　曳航船の仕事量

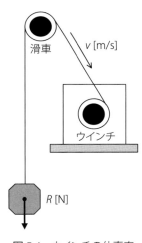

図 5.4　ウインチの仕事率

では 1 秒間における仕事量，すなわち仕事率 P を求めてみる。

$$P = \left(60 \times |\vec{F}| \times v\right)/60$$
$$= |\vec{F}| \times v\,[\mathrm{N\cdot m/s}]$$
$$= |\vec{F}| \times v\,[\mathrm{J/s}]$$
$$= |\vec{F}| \times v\,[\mathrm{W}]$$

となる。

曳航船の被曳航船にする仕事率，すなわち被曳航船の船体に必要とされる仕事率は

$$|\vec{F}| \times v\,[\mathrm{W}] = |\vec{R}| \times v\,[\mathrm{W}]$$

である。

以上により，船体が速度を維持するためには，抵抗と同じ大きさで同じ作用線上の反対向きの力を加えなくてはならない。船体の必要とする**仕事率**は「抵抗 × 速度」で表現されることが明らかとなった。このことは図 5.4 のような $R\,[\mathrm{N}]$ の荷物を $v\,[\mathrm{m/s}]$ で引き上げるウインチに要求される仕事率と同じである。

例題 5-1　$80\,[\mathrm{kg}]$ の荷物を $0.3\,[\mathrm{m/s}]$ で引き上げるウインチに要求される仕事率はいくらになるか。

解

$$R = 80\,[\mathrm{kg}] \times 9.8\,[\mathrm{m/s}] = 784\,[\mathrm{N}], \quad v = 0.3\,[\mathrm{m/s}]$$
$$P = R \times v = 784 \times 0.3 = 235.2\,[\mathrm{W}]$$

船舶では，この仕事率を得るためにプロペラ軸，機関を介しており，その間にさまざまな損失を生じているのである。

5.2 抵抗の概要と模型船試験の相似則

船の抵抗には，大きく分けて摩擦抵抗と造波抵抗の2種類がある。摩擦抵抗とは，粘性を持つ流体内を動く物体に働く抵抗のうち，物体の表面に沿って流れる流体から受ける摩擦力の，流れる方向成分の総和のことである。例をあげると，大気中を移動する人や自動車，電車，飛行機などが受ける抵抗である。造波抵抗とは，物体が水と空気の境を進むと，空気と水の密度が違うために重力による波が発生し，この波をつくるために消費されたエネルギー（= 抵抗）のことである。

ここでは抵抗の発生原因，船体に働く抵抗についての概要を説明する。また，模型試験を行う上での実船との相似則について説明を加える。

5.2.1 摩擦抵抗の発生原因

一様な流速 U の流体中に置かれた物体側面近傍を観察すると，図5.5に示すように，物体表面に沿って速度勾配 du/dy が大きい領域とその外側の流れ（これを主流という）に区別することができる。ここで，u は流体の流速を示し，y は物体表面から垂直方向の距離を示す。この速度勾配が大きい領域のことを**境界層**という。境界層には**層流境界層**と**乱流境界層**があるが，船体表面近傍は，ほぼ乱流域になっており，ここでは乱流境界層について簡単に説明する。この境界層内では速度勾配が非常に大きく，せん断応力 τ が大きく作用する。ここでニュートンの粘性法則によると，**せん断応力 τ とは**

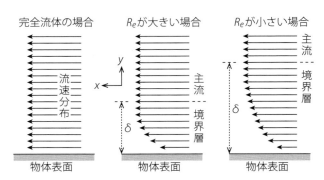

図5.5 物体側面近傍の流速分布と境界層厚

$$\tau = \mu \frac{du}{dy} \quad \mu（ミュー）：粘性係数$$

また，**境界層の厚さ δ**（速度分布）はレイノルズ数 R_e に依存して変化することが知られている。

$$\frac{\delta}{x} \propto \left(\frac{1}{R_e}\right)^{1/5}$$

$$R_e = \frac{Ux}{\nu}$$

U：物体の流れに対する相対的な平均速度 [m/s]
x：特性長さ（流体の流れた距離など）[m]
μ：粘性係数 [N·s/m^2]
ρ：流体密度 [kg/m^3]
ν（ニュー）：動粘性係数（$\nu = \mu/\rho$）[m^2/s]

物体に働く摩擦応力 τ とは，物体表面に発達した境界層内に生じるせん断応力の壁面上の値のことである。摩擦応力 τ は，境界層厚さ δ が減少すると速度勾配が大きくなり増加する（δ に反比例はしない）。摩擦応力もレイノルズ数に依存して変化する。平板の場合は，上記のように摩擦抵抗はレイノルズ数 R_e によって変化する。これを**尺度影響**という。

$$\frac{\tau}{\rho U^2} \propto \left(\frac{1}{R_e}\right)^{1/5}$$

ここで，$\propto$ は比例関係を示す。なお，R_e については5.2.4項に詳しく述べる。

5.2.2　圧力抵抗の発生原因

流線型の物体が完全流体（非圧縮非粘性）中に置かれた場合の物体周りの流線を図 5.6 (a) に示す。この場合，物体には抵抗は働かない。

流線型の物体がレイノルズ数 R_e の小さい流れのなかに置かれた場合の物体周りの流線を図 5.6 (b) に示す。この流れのなかでは，物体表面に発達した境界層の影響により，境界層外の流線が外側に押しやられ，物体後端が開いた物体周りの流れに近い流れとなる。そのため，物体の後端部では，完全流体中の後端が閉じた物体周りの流れに比べると圧力が低く，流れに逆らう方向へ物体を押す力が不足し抵抗となる。境界層の厚さ δ は R_e に依存するため，R_e が変化すると，この圧力による抵抗も変化する。ただし，ここでの境界層とは層流境界層のことである。

船体が実際の流れのなかに置かれた場合の船体周りの流線を図 5.6 (c) に示す。船体の水面下を水線面に平行に切り取った断面は，翼型（流線型）に似た形状となっている。船体周り近傍は R_e が大きく，層流ではなく乱流域となっている。船体側面のある点から剥離現象を生じ，後流に渦を生じている。境界層の剥離が起きると，物体背後に低圧領域を生じ，船尾部を後ろから前に押す力が小さくなり圧力抵抗が増加する。詳しくは，5.3.1 項 (2) の (a) にて説明する。

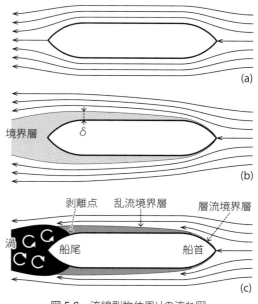

図 5.6　流線型物体周りの流れ図

次に一様な流速 U の完全流体中に置かれた円柱を例に流れを見る。図 5.7 (a) に示すように，流れは前後対称な流れとなる。しかしながら実際の流れの場合，図 5.7 (b) に示すように，物体表面のある点で剥離現象が生じ，後流に渦を生じ，流れは前後非対称な流れとなる場合がある。渦を生じた部分は圧力が下がり，流れに逆らう方向へ物体を押す力が不足し抵抗となる。図 5.7 (c) に示すように，流線型の物体周りの流れを見る。ここでいう**流線型**とは，一般に細長くて先端が丸く，後端がとがった形のことである。剥離点は円柱の位置より後方にあり，圧力による抵抗は円柱に比べて小さくなる。

平板を流れに直角に置いた状態や，角柱など肥えた物体では，流れは物体に沿わない。また，剥離点は移動せず，流れの状態に変化はない。したがって，レイノルズ数 R_e の影響をあまり受けない。ただし，層流と乱流とでは剥離点が異なってくる。乱流域では，層流に比べて剥離点が下流へ移動し，抵抗が低減される。この剥離域を減少させ抵抗の削減を利用したのが，オリンピックで使用される女子用の競泳用水着である。この水着は，シリコン製の突起物を胸部周りに多数配置することにより，胸下流の剥離域を減少させ，抵抗の低減を可能にしている。上記のような物体周りの圧力分布変化により生じる抵抗を**圧力抵抗**という。

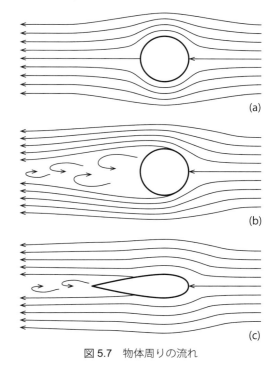

図 5.7　物体周りの流れ

ここで流線型（流線形）について補足する。流線型とは，物体が流れのなかに置かれたとき，周りに渦を発生させず，流れから受ける抵抗が最も小さくなる曲線で構成される形のことである。魚の体形がこの例で，航空機，自動車，列車，船などの形に応用される。船の没水部水線面形状も流線型であり，最近よく見かける自転車のヘルメットの形も流線型である。

5.2.3 船の抵抗について

船は長さと幅の比が大きいため**細長物体**と呼ばれている。船に働く抵抗には，5.1 節に示した摩擦抵抗と圧力抵抗に加えて造波抵抗がある。船舶は水面上を移動するため波を生じる。これを**造波現象**といい，この現象による抵抗を**造波抵抗**という。造波抵抗は圧力抵抗の一部とされている。これらのうち割合が大きいのは摩擦抵抗である。

図 5.7(a) に示すように，水が完全流体とすれば，船の前後対称な流れとなる。船首尾付近は流線間が広く遅く流れ，船体中央部側面付近は流線間が狭く速く流れる。これにより**ベルヌーイの定理**から，船首尾付近は水圧が高く，船体中央部側面付近は水圧が低くなる。実際の流れのなかで，船首では，境界層にはあまり関係のない船首部の圧力上昇により水面が上昇する。水は慣性のために水圧上昇に遅れて上昇し，その後，水圧低下に遅れて下降し波を生じる。この波を八の字波という。船尾では，境界層の発達により圧力損失が多く，圧力があまり上昇しないものの波を生じる（この波を横波という）。これらの波は相互に干渉し，水面に波紋として残る。この波紋を**航走波**という。この波の持つエネルギーが抵抗となる。造波現象はポテンシャル流れの解析（渦なし流れの解析）で説明できるため，レイノルズ数 R_e の影響はほとんど受けない。ただし，船尾の造波については境界層の影響を受ける。

ここで船の抵抗成分について簡単にまとめると（空気抵抗を除く），船の抵抗は大きく 2 つの成分に分離できる。1 つは摩擦抵抗である。もう 1 つは圧力抵抗である。**圧力抵抗**は，**粘性圧力抵抗**と**造波抵抗**とから成る。詳しくは図 5.8 および 5.2.5 項を参照してほしい。

5.2.4 次元解析

船の抵抗 R を数多くの変数の関数であると考え，各々の変数の「べき乗」に比例するとする。抵抗 R は力の次元を有するもので，等式の他の辺も同じ次元でなければならない。このことにより，べき乗間に存在する関係を知ることができる。上記のような方法で物理方程式をつくる方法を**ロード・レイリー法**という。

基本的な次元は質量，長さ，時間であり，各々を M，L，T とする。

船の抵抗 $R\,[\mathrm{MLT^{-2}}]$ に関係する変数は，下記の 5 つであるとする。

- ρ：流体密度 $[\mathrm{ML^{-3}}]$　　ν：動粘性係数 $[\mathrm{L^2 T^{-1}}]$　　L：船の長さ（形状は相似）$[\mathrm{L}]$
- g：重力加速度 $[\mathrm{LT^{-2}}]$　　V：船速あるいは一様流速 $[\mathrm{LT^{-1}}]$

したがって船の抵抗 R は下記のように表される。

$$R = \rho^\alpha \nu^\beta L^\gamma g^\delta V^\varepsilon$$

$$\therefore\ [\mathrm{MLT^{-2}}] = [\mathrm{ML^{-3}}]^\alpha\,[\mathrm{L^2 T^{-1}}]^\beta\,[\mathrm{L}]^\gamma\,[\mathrm{LT^{-2}}]^\delta\,[\mathrm{LT^{-1}}]^\varepsilon$$

それぞれの基本量の指数が等しいとすると，下記の関係式が成り立つ。

$$1 = \alpha \quad\quad (\text{M の指数})$$
$$1 = -3\alpha + 2\beta + \gamma + \delta + \varepsilon \quad\quad (\text{L の指数})$$
$$-2 = -\beta - 2\delta - \varepsilon \quad\quad (\text{T の指数})$$

したがって，船の抵抗 R は下記のように表されることとなる。

$$R = \rho \nu^\beta L^{\delta - \beta + 2} g^\delta V^{-\beta - 2\delta + 2}$$

まとめると下記の式のように表される。

$$R = \rho L^2 V^2 \left(\frac{\nu}{LV}\right)^\beta \left(\frac{Lg}{V^2}\right)^\delta$$

したがって，主に関係する量が上の 5 つの場合，無次元化をした結果，2 種の変数を引数とした関数を f_1 とすると

$$\frac{R}{\rho L^2 V^2} = f_1(R_e, F_n) \tag{5.1}$$

と表現できる。ここで 2 種の変数とは

$$R_e = \frac{VL}{\nu} : \text{レイノルズ数}, \quad F_n = \frac{V}{\sqrt{Lg}} : \text{フルード数}$$

である。また，形状が変化すると抵抗も変化するので，相似形状でない場合も含めて

$$\frac{R}{\rho L^2 V^2} = F_2(R_e, F_n, \text{形状})$$

と考えることができる。このことから，船の抵抗 R は「レイノルズ数」「フルード数」「形状」の 3 つの変数から成る関数といえる。しかしながら，模型実験をする場合には，レイノルズ数とフルード数を同時に合わせて実験することは困難である。

例題 5-2 R_e の式をロード・レイリー法により導け。

解 レイノルズ数の変数は，流体密度 ρ，粘度 μ，速度 v および代表長さ l である。

$$R_e = l^\alpha v^\beta \rho^\gamma \mu^\delta$$

と表すことができる。この式を次元的に表すと

$$\mathrm{M}^0 \mathrm{L}^0 \mathrm{T}^0 = \mathrm{L}^\alpha (\mathrm{LT}^{-1})^\beta (\mathrm{ML}^{-3})^\gamma (\mathrm{ML}^{-1}\mathrm{T}^{-1})^\delta$$

となる。

M の指数	$0 = \gamma + \delta$	$\therefore \gamma = -\delta$
L の指数	$0 = \alpha + \beta - 3\gamma - \delta$	$\therefore \alpha = -\delta$
T の指数	$0 = -\beta - \delta$	$\therefore \beta = -\delta$

したがって

$$R_e = l^{-\delta} v^{-\delta} \rho^{-\delta} \mu^\delta = \left(\frac{lv\rho}{\mu}\right)^{-\delta}$$

となる。δ の値は物理的解析または実験により求めなければならないが，$\delta = -1$ と置くと

$$R_e = \frac{lv\rho}{\mu} = \frac{lv}{\nu}$$

(1) レイノルズの相似則

レイノルズ数 R_e は以下の式で表現される。

$$R_e = \frac{VL}{\nu}$$

ν：動粘性係数 ($\nu = \mu/\rho$) [m^2/s]　次元 [ML^{-1}T^{-1}]/[ML^{-3}] = [L^{2}T^{-1}]

V：船速あるいは一様流速 [m/s]　次元 [LT^{-1}]

L：船の長さ [m]　次元 [L]

R_e は流体力の慣性力と粘性力の比を表している。すなわち，流体において R_e が等しければ，流体の摩擦力における力学的な相似が保証されるのである。このことにより，レイノルズの相似則が成立する。

R_e が小さいうちは層流であり，大きくなると乱流に転ずる。R_e は乱流と層流を区別する指標としても用いられる。層流が乱流に遷移するときの R_e を限界レイノルズ数という。また，一様流中の平板表面では，限界レイノルズ数は 500,000 程度である。

例題 5-3 長さ 250 [m] の船が 10 [m/s] で航走する状態における空気についてのレイノルズ数を求めよ。ただし，空気中の気温は 20 [℃] とする。なお，空気の動粘性係数（気温 20 [℃]）は 1.51210×10^{-5} [m²/s] である。

解
$$R_e = \frac{250 \times 10}{1.51210 \times 10^{-5}} \fallingdotseq 1.65 \times 10^8$$

例題 5-4 例題 5-3 の船と相似な長さ 2 [m] の模型で，空気，水の各々を流体とする場合，レイノルズ数の相似則を満たすために必要な各々の流速を求めよ。ただし，空気中の気温は 20 [℃] とする。水（水温 20 [℃]）の動粘性係数は 1.004×10^{-6} [m²/s] である。

解
$$R_e = 1.65 \times 10^8 = \frac{2 \times v_{\text{air}}}{1.51210 \times 10^{-5}} \qquad v_{\text{air}} \fallingdotseq 1.25 \times 10^3 \text{ [m/s]}$$
$$R_e = 1.65 \times 10^8 = \frac{2 \times v_{\text{water}}}{1.004 \times 10^{-6}} \qquad v_{\text{water}} \fallingdotseq 0.828 \times 10^2 \text{ [m/s]}$$

例題 5-5 野球の硬式球（A 号：直径 71.5 [mm]）を空気中で 130 [km/h] の速さでナックルボールを投げた。この同じ流体現象を清水中で再現する速度を求めよ。ただし，空気中の気温 20 [℃]，水温 20 [℃] とする。

解 空気中のナックルボールの R_e(空気) は
$$R_e(\text{空気}) = \frac{130 \times 1000/3600 \times 0.0715}{1.51210 \times 10^{-5}}$$

ここで，空気の動粘性係数（気温 20 [℃]）は 1.51210×10^{-5} [m²/s]，水の動粘性係数（水温 20 [℃]）は 1.004×10^{-6} [m²/s] である。水中におけるナックルボールの R_e(水) は，球の速度を v [km/h] とすると
$$R_e(\text{水}) = \frac{v \times 1000/3600 \times 0.0715}{1.004 \times 10^{-6}}$$

R_e(空気) との R_e(水) が等しいと置くことにより
$$v \fallingdotseq 8.63 \text{ [km/h]}$$

(2) フルードの相似則

フルード数 F_n は以下の式で表現される。
$$F_n = \frac{V}{\sqrt{Lg}}$$

V：流体の流速 [m/s]　次元 $[LT^{-1}]$
L：物体の代表長さ [m]　次元 $[L]$
g：重力加速度 [m/s²]　次元 $[LT^{-2}]$

F_n は自由表面を持つ流体の流れに関する無次元数である。また，流体力の慣性力と重力の比を表している。流体において F_n が等しければ，幾何学的に相似な固体境界を持つ 2 つの自由表面流を比べると，流れの場全体が力学的に相似になる。したがって，F_n が等しければ，模型船と実船とがつくる波は幾何学的に相似となる。このことにより，フルードの相似則が成立する。

F_n が等しい場合，実船と模型船の鳥瞰図には相似関係が成り立つ。要するに，実船を上空から見た船体と波紋と，模型船を水槽の上から見た船体と波紋が相似な関係となるということである。

例題 5-6 船長 100 [m]，船速 20 [k't] の実船と，1 [m] の模型船が同じ造波現象となるための模型船速力を求めよ。

[解] 実船のフルード数 $F_n(S)$ は

$$F_n(S) = \frac{20 \times 1852/3600}{\sqrt{100 \times 9.8}}$$

模型船のフルード数 $F_n(M)$ は

$$F_n(M) = \frac{v \times 1852/3600}{\sqrt{1 \times 9.8}}$$

$F_n(R)$ および $F_n(M)$ が等しいことから

$$v = 2\,[\mathrm{k't}] = 2 \times 1852/3600\,[\mathrm{m/s}] = 1.029\,[\mathrm{m/s}]$$

5.2.5 粘性抵抗と造波抵抗との分離

粘性抵抗とは粘性の作用による抵抗で，**摩擦抵抗**と**粘性圧力抵抗**のことである。**造波抵抗**とは船の造波現象に基づく抵抗のことである。船体抵抗から空気抵抗を除き，平水中の船に作用する抵抗に絞って大きく分類すると図 5.8 のように表される。

図 5.8 船体抵抗の分類

実船と相似模型船について考えてみる。この場合，式 (5.1) により，船に働く抵抗は F_n と R_e の関数であることが理解できる。この式を以下のように書き換えると

$$C_T = \frac{R_T}{(1/2)\rho S V^2} = F(R_e, F_n) \tag{5.2}$$

R_T：船体抵抗

S：船の没水面積

C_T：船体抵抗係数

ここで，C_T の次元は

$$C_T = \frac{[\mathrm{kg \cdot m/s^2}]}{[\mathrm{kg/m^3}]\,[\mathrm{m^2}]\,[\mathrm{m/s}]^2} = \frac{[\mathrm{M^1 \cdot L^1 T^{-2}}]}{[\mathrm{M^1 L^{-3} \cdot L^2 \cdot L^2 T^{-2}}]} = \frac{[\mathrm{M^1 \cdot L^1 T^{-2}}]}{[\mathrm{M^1 \cdot L^1 T^{-2}}]}$$

となり，C_T は無次元値であり，船体抵抗係数と呼ばれている。一般的に船体に関する抵抗係数 C は，抵抗 R を $\rho S V^2$ ではなく $(1/2)\rho S V^2$ で除して無次元化を行う。

船は細長体である。船体周りの流れが剥離しない場合，粘性の影響は船体表面の境界層内のみに限られる。この境界層からの影響により，船体周りの流れを変化させることはあまりないと考える。したがって，相似模型船による試験は F_n のみを一致させる。大まかな流れ場を実船の状態と同じとして試験を行い，その後，境界層の知識を用いて修正しようと考えるのである。

式 (5.2) において，F_n および R_e のそれぞれの関数の和となるように抵抗の分離を試みる。すると式 (5.3) となる。

$$C_T = f(R_e) + g(F_n) \tag{5.3}$$

本来，式 (5.3) のように完全に分離はできないが，境界層やその他の影響は小さいものとして，便宜上分離されるものと考えるのである。

5.3 抵抗成分の構成

水面を航走する船舶は水と空気の両方から抵抗を受ける。さらに船舶は風波による抵抗および船底汚損による抵抗の増加を受ける。したがって，船舶の全抵抗は次式となる。

船舶の全抵抗 ＝ 平穏時（平水中）の水からの抵抗 ＋ 平穏時の空気からの抵抗
＋ 風波による抵抗 ＋ 船底汚損による抵抗

5.1 節で記載したように，空気，風波，船底汚損による抵抗増加はシーマージン（1.3.11 項参照）のなかに含めて考える。したがって，船舶の全抵抗は次式のようにも書ける。

$$\text{船舶の全抵抗} = \text{平穏時の水からの抵抗} + \text{シーマージンの抵抗（10～15\%）}$$

船舶の主機は，これらの抵抗に打ち勝つのに十分な出力を備える必要がある。

船舶に働く抵抗は，平水中の船体が水から受ける抵抗が基本となる。船舶の水から受ける抵抗を全抵抗とすれば，その区分は，**摩擦抵抗，粘性圧力抵抗，造波抵抗**である。この区分は，流体力学および模型実験法と共に変化しており，現在は次に示す抵抗区分が最も妥当だとされている。

$$\begin{aligned}
\text{全抵抗} &= \text{水の粘性に基づく抵抗} + \text{波の発生に消費するエネルギーに相当する抵抗} \\
&= \text{粘性抵抗} + \text{造波抵抗} \\
&= \text{摩擦抵抗} + \text{形状抵抗} + \text{粗度抵抗} + \text{造波抵抗}
\end{aligned}$$

現在の抵抗区分では，平水中の水から受ける抵抗は**粘性抵抗**と**造波抵抗**に分けられる。粘性抵抗は船体表面を流れる水の粘性により生じる抵抗であり，**摩擦抵抗，形状抵抗，粗度抵抗**の 3 種に分離される。**造波抵抗**は，船体周囲から発生する波の発生にともない消費されるエネルギーに相当する抵抗である。

近年，造波抵抗の少ない船型の開発が進められ，一般商船の造波抵抗は非常に少ない。低速肥大船では全抵抗の 10～20 % 程度，高速貨物船では 30～50 % 程度であり，抵抗の大部分は粘性抵抗となってきている。

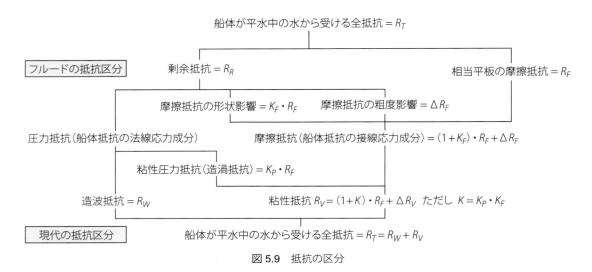

図 5.9　抵抗の区分

5.3.1　粘性抵抗（Viscous resistance）：R_V

直進時の船の**粘性抵抗**は，船体が水に浸かっている部分の面積，すなわち浸水面積と同じ面積を持つ平板の**摩擦抵抗** R_{F0} と，船体が 3 次元曲面であることによる影響を表す**形状抵抗** $K \cdot R_{F0}$ と，船体の塗装表面の凸凹によって完全に平滑な平板と比較すると増加する抵抗（**粗度抵抗**）ΔR_F とから成る。

$$\begin{aligned}
\text{粘性抵抗 } R_V &= \text{相当平板の摩擦抵抗 } R_{F0} + \text{形状抵抗 } K \cdot R_{F0} + \text{粗度抵抗 } \Delta R_F \\
&= (1+K)R_{F0} + \Delta R_F
\end{aligned}$$

ここで，**相当平板**とは，船体の長さと浸水面積に相当する面積を持つ平滑な平板のことである。

(1) 摩擦抵抗（Frictional resistance）：R_F または R_{F0}

この抵抗は，水の粘性に基づく水と船体表面との摩擦による力（接線応力）であり，相当平板に働く抵抗と等価であるとされている。この相当平板に働く抵抗は R_e の関数として表現されることが確認されている。

一般に船体の抵抗は，$(1/2)\rho SV^2$ で割ることにより無次元化される。

抵抗 R を工学単位で記す場合

$$C = \frac{R}{\frac{1}{2}\rho SV^2} = \frac{[\text{kgw}]}{[\text{kgw}\cdot\text{s}^2/\text{m}^4][\text{m}^2][\text{m/s}]^2}$$

ρ：流体密度（重量単位で単位を記すと）$[\text{kgw}\cdot\text{s}^2/\text{m}^4]$

S：浸水面積 $[\text{m}^2]$

V：流速（船速）$[\text{m/s}]$

となり無次元化される。

相当平板に働く抵抗と等価とされる摩擦抵抗 R_F は，次式により無次元化され摩擦抵抗係数 C_F となり，それが R_e の関数となる。

$$C_T = \frac{R_F}{\frac{1}{2}\rho SV^2} = f(R_e), \quad R_e = \frac{VL}{\nu}$$

ν：流体の動粘性係数 $[\text{m}^2/\text{s}]$

L：物体の代表長さ $[\text{m}]$

この摩擦抵抗係数 C_F について R_e の関数表現式はいくつかある。たとえば

シェーンヘルの式 $\qquad\qquad \dfrac{0.242}{\sqrt{C_T}} = \log_{10}(C_F \times R_e)$ (5.4)

簡便式は $\qquad\qquad C_F = 0.463(\log_{10} R_e)^{-2.6}$ (5.5)

プラントルの式 $\qquad\qquad C_F = 0.455(\log_{10} R_e)^{-2.58}$ (5.6)

国際試験水槽会議（ITTC）で 1957 年に決議された式 $\qquad C_F = 0.075(\log_{10} R_e - 2)^{-2}$ (5.7)

ヒューズの式 $\qquad\qquad C_F = 0.066(\log_{10} R_e - 2.03)^{-2}$ (5.8)

指数法則に基づく公式 $\qquad\qquad C_F = 0.075 R_e^{-1/5}$ (5.9)

これらの式のどれを使用しても結果的にはほぼ同じ曲線を描く。

相似模型船を曳航して実験を行う，もしくは回流水槽において模型船を拘束（上下，縦揺れを自由）して実験を行う場合は，船体周りの流れの状態を実船に合わせる必要がある。実船の周りの流れは乱流である。そこで，模型船の周りも乱流の状態にしなければならない。実験用の模型船には，船首部付近に微小な突起物を配置し（図 5.10），模型船周りの流れを乱流化している。ここで，乱流とは，流体の速度や圧力などが不規則に変動する流れである。ただし，非粘性の流体（水など）においては，圧力の変化はないものとする。乱れを含まない流れを層流という。

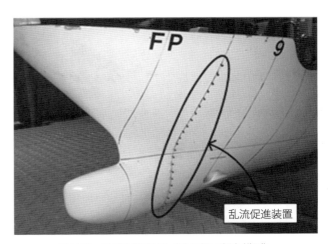

図 5.10　乱流促進装置（練習船弓削丸模型）

例題 5-7　海水の動粘性係数は $1.18831 \times 10^{-6}\,[\text{m}^2/\text{s}]$，水温 $15\,[℃]$ である。垂線間長 $40\,[\text{m}]$，浸水面積 $400\,[\text{m}^2]$ の船舶が，0.05，0.1，0.5，1，5，$10\,[\text{m/s}]$ の各々の船速で航走したときの摩擦抵抗を ITTC の式から求めよ。海水の密度は $1{,}025.178\,[\text{kg/m}^3]$，水温 $15\,[℃]$ とする。

式 (5.7) より $C_F = 0.075(\log_{10} R_e - 2)^{-2}$，$R_F = C_F \times (1/2)\rho SV^2$

【解】

v [m/s]	R_e	C_F	R_F [N]
0.05	1.683×10^6	4.199×10^{-3}	2.156
0.1	3.366×10^6	3.659×10^{-3}	7.507
0.5	16.831×10^6	2.746×10^{-3}	141.12
1	33.661×10^6	2.455×10^{-3}	503.72
5	168.306×10^6	1.935×10^{-3}	9917.6
10	336.613×10^6	1.760×10^{-3}	36083.6

例題 5-8 同じ浸水面積 $400\,[\mathrm{m}^2]$ の 2 船体が各々 $50\,[\mathrm{m}]$ と $30\,[\mathrm{m}]$ の垂線間長を有し，同船速 $10\,[\mathrm{m/s}]$ で航走しているときの摩擦抵抗を求めよ．

【解】

L_PP [m]	v [m/s]	R_e	C_F	R_F [N]
50	10	420.766×10^6	1.709×10^{-3}	35044.8
30	10	252.456×10^6	1.830×10^{-3}	37524.2

上記の例題により，摩擦抵抗係数と R_e の関係は，R_e が大きくなるに従い C_F は小さくなる．すなわち，船の速力を同じとすれば長さが長いほど，また，長さを同じとすれば速力の速いほど，摩擦抵抗係数 C_F は小さくなる．

(2) 形状抵抗（Form resistance）：$K \cdot R_F$ または $K \cdot R_{F0}$

この抵抗は，3 次元曲面である船体の水の粘性に基づくものである．また，平板の粘性抵抗より大きいため，その増加分を船体の形による増加と捉え，形状抵抗と呼んでいる．抵抗の増加の比率を示す係数を形状影響係数 K と呼んでいる．曲面を持つ物体に働く摩擦抵抗の，相当平板に働く摩擦抵抗に対する増加率は，R_e によってあまり変化しないとされている．そこで，船体に働く摩擦抵抗は，等しい R_e の状態による相当平板に働く摩擦抵抗を R_F とすると，$K \cdot R_F$ と表される．この K は，R_e には無関係な係数とされている．

$$\text{形状抵抗} = K \cdot R_F$$

船体において K の値は，船の形，具体的には方形係数 C_B，L/B，B/d など（船型要素）の寸法比で異なるが，通常 0.25～0.50 程度である．ここで，L は船の長さ，B は船幅，d は喫水を示す．

① **粘性圧力抵抗**（Viscous pressure resistance）：$K_P \cdot R_F$

船体周りの流線，渦，境界層の状況を示すと図 5.6 (c) のようになる．

船体周りの流れは，船首部先端は層流境界層が占めているが，流れに沿って乱流境界層へと遷移し，その後，流れに剥離現象が生じる．船首先端部を除き，ほぼ乱流境界層が占めている流れとなっている．

平板に沿う境界層の発達の様子について図 5.11 (a) に示す．境界層は平板の前縁から形成される．境界層内の流れは，粘性によって速度が減速し，前縁から遠ざかるにつれて境界層の厚さ δ は増していく．乱流境界層内においても平板に沿って薄い層流域があり，それを層流低層と呼んでいる．船体周りの境界層も同様に，流れに沿って境界層の厚さ δ は増していく．

剥離近傍の速度分布を図 5.11 (b) に示す．物体表面に沿って圧力勾配が正である領域が大きいか，または区間が長い場合には，境界層の剥離を生じる．境界層内の流れは粘性により減速し，運動エネルギーが小さくなり弱い流れとなっている．境界層内においては，流れに沿って運動エネルギー（速度のエネルギー）が圧力エネルギーに変換され，圧力の回復が行われている．運動エネルギーが減少し続けると圧力の回復が困難となり，物体に沿って流れることができず，流れが物体から離れることになる．この流れが離れる点を剥離点という．剥離点では

$$\frac{du}{dy} = 0 \quad (y = 0)$$

となり速度を失い,これより下流では流体の圧力が低いほうへと流れ(逆流現象)を生じることになる。境界層の剥離は層流領域でも乱流領域でも起きる。ただし,剥離点は,層流状態より乱流状態のほうが流れの方向に移動する。境界層の剥離が起きると,物体の背後に低圧領域を生じ,船尾部を後ろから前に押す力が小さくなり圧力抵抗が増加する。この圧力抵抗を粘性圧力抵抗という。または,剥離点より渦を放出するため造渦抵抗ともいわれている。

粘性による圧力抵抗は平板の摩擦抵抗に比例し,その係数はレイノルズ数 R_e に無関係であると仮定すると,粘性圧力抵抗は $K_P \cdot R_F$ で表される。ここで,K_P は圧力抵抗に対する形状影響係数と呼ばれている。

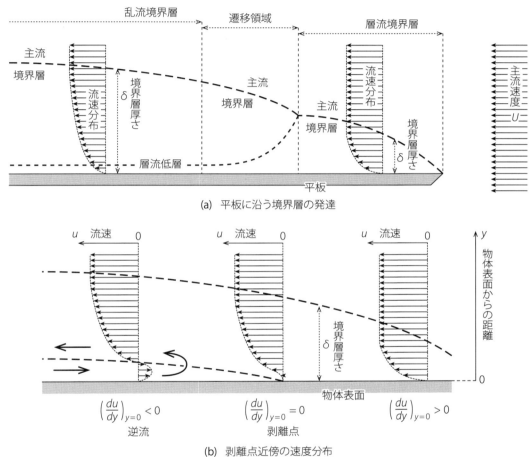

(a) 平板に沿う境界層の発達

(b) 剥離点近傍の速度分布

図 5.11 境界層と流速分布

② 曲面による**摩擦抵抗**増加:$K_F \cdot R_F$

船体は3次元曲面を有している。曲面が凸である場合,境界層は平面より薄くなる。したがって,境界層内の速度勾配も大きくなり,相当平板の摩擦抵抗より大きくなる。この摩擦抵抗の増加は,相当平板の摩擦抵抗に比例し,その係数はレイノルズ数 R_e に無関係であると仮定すると,曲面による摩擦抵抗の増加分は $K_F \cdot R_F$ で表される。ここで,K_F は摩擦抵抗による増加に対する形状影響係数と呼ばれている。

③ **形状影響係数**:K

粘性圧力抵抗 $K_P \cdot R_F$ と曲面による摩擦抵抗増加 $K_F \cdot R_F$ の2成分を合成したものが形状抵抗である。

形状抵抗 $= K_F \cdot R_F + K_P \cdot R_F = (K_F + K_P) \cdot R_F = K \cdot R_F$

形状影響係数 $K = K_F + K_P$

形状抵抗係数 ＝ 形状抵抗$/\{(1/2)\rho SV^2\} = (K \cdot R_F)/\{(1/2)\rho SV^2\} = K \cdot C_F$

形状影響係数の決定法は，最も簡素な手法として模型船の水槽試験を行い，造波抵抗のほとんどない低速域では全抵抗が $(1+K)C_{F0}$ になることを利用し，$K = C_T/C_{F0} - 1$ より求める。その他の求め方として船型要素である寸法比を変数としていくつかの近似式があり，表 5.1 に示す。

表5.1 形状影響係数の近似式

発表者	K の近似式	C_F
グランビル	$18.7 \times \left(C_B \dfrac{B}{L}\right)^2$	シェーンヘルの公式
笹野・田中	$\sqrt{\dfrac{\nabla}{L^3}}\left(2.2 \times C_B + \dfrac{P}{C_B}\right)$	シェーンヘルの公式
笹島・呉	$3r^3 + 0.30 - 0.035\dfrac{B}{d} + 0.5\dfrac{t}{L}\dfrac{B}{d}$	シェーンヘルの公式
プロハスカ	$0.11 + 0.128\dfrac{B}{d} - 0.0157\left(\dfrac{B}{d}\right)^2 - 3.10\dfrac{C_B}{L/B} + 28.8\left(\dfrac{C_B}{L/B}\right)^2$	シェーンヘルの公式
多賀野	$-0.087 + 8.91\dfrac{C_M}{\dfrac{L}{B}\sqrt{\dfrac{B}{d}C_B}} \cdot \dfrac{B}{L_R}$	シェーンヘルの公式

t：トリム，L_R：横切面積曲線を台形で近似したときの船尾部の長さ
l_{CB}：浮心位置，$r = (B/L)/\{1.3(1 - C_B) - 3.1 l_{CB}\}$：肥大度を表すパラメータ
$P : r$ の関数[参考文献2] として図で与えられる

例題 5-9 七海丸の形状影響係数を求めよ。七海丸は $L_{PP} = 40\,[\text{m}]$，$B = 7.8\,[\text{m}]$，$C_B = 0.582$ である。

解 グランビルの式より，$K = 18.7 \times \left(0.582 \times \dfrac{7.8}{40}\right)^2 \fallingdotseq 0.241$

例題 5-10 七海丸が船速 $10\,[\text{m/s}]$ で航走したときの形状抵抗を下記のシェーンヘルの表を用いて求めよ。浸水面積 $S = 375\,[\text{m}^2]$ である。なお，海水の動粘性係数は $1.18831 \times 10^{-6}\,[\text{m}^2/\text{s}]$，密度は $1{,}025.178\,[\text{kg/m}^3]$，水温 $15\,[\text{℃}]$ であるとする。

レイノルズ数	シェーンヘルの摩擦抵抗係数 $C_F = R_F/\left(\tfrac{1}{2}\right)\rho Sv^2$ の値				
Lv/ν	$n=5$	$n=6$	$n=7$	$n=8$	$n=9$
1.0×10^n	—	0.00441	0.003934	0.002072	0.001531
1.2×10^n	—	4258	0.002849	0.002020	0.001497
1.4×10^n	—	4135	0.002780	0.001978	0.001469
1.6×10^n	—	4035	0.002721	0.001942	0.001446
1.8×10^n	—	3948	0.002672	0.001911	0.001426
2.0×10^n	0.006138	3878	0.002628	0.001884	0.001408
2.5×10^n	0.005847	3719	0.002539	0.001828	0.001371
3.0×10^n	0.005624	3600	0.002470	0.001784	0.001343
3.5×10^n	0.005444	3504	0.002413	0.001748	0.001319
4.0×10^n	0.005294	3423	0.002365	0.001718	0.001239

解 $R_e = \dfrac{10 \times 40}{1.18831 \times 10^{-6}} \fallingdotseq 3.37 \times 10^8$，シェーンヘルの表より $C_F = 1.757 \times 10^{-3}$，例題 5-9 より $K = 0.241$，したがって

$$K \cdot R_F = K \cdot C_F \cdot \tfrac{1}{2}\rho Sv^2 = 0.241 \times 1.757 \times 10^{-3} \times 0.5 \times 1025.178 \times 375 \times 10^2 \fallingdotseq 8139.3\,[\text{N}]$$

(3) 粗度抵抗（Resistance increase due to roughness）：ΔR_F または ΔR_{F0}

船体表面は完全に平滑な相当平板に比べて，塗装，溶接跡などにより粗くなっている。加えて，錆，腐食，海洋生物などの付着による汚れにより船体表面は粗くなっていく。このため摩擦抵抗が増加する。この抵抗の増加量を粗度抵抗と呼び，粗度抵抗係数 ΔC_F の値で表現している。通常の船舶の新造船時の粗度抵抗係数 ΔC_F は 0.4×10^{-3} 程度である。

(4) 粘性抵抗のまとめ

ここで粘性抵抗についてまとめておく。粘性抵抗は次式のように表現される。

$$\text{粘性抵抗} = \text{相当平板の摩擦抵抗} + \text{形状抵抗} + \text{粗度抵抗}$$

$$R_V = R_F + K \cdot R_F + \Delta R_F = (1+K)R_F + \Delta R_F \quad \text{（ただし，} K: \text{形状影響係数）}$$

両辺を無次元化すると

$$\frac{R_V}{(1/2)\rho S V^2} = \frac{(1+K)R_F + \Delta R_F}{(1/2)\rho S V^2}$$

$$\text{粘性抵抗係数 } C_V = (1+K)C_F + \Delta C_F$$

大略値は $C_V = 1.35 \times C_F + 0.004$ （C_F はレイノルズ数 R_e より計算できる）

例題 5-11 垂線間長 37 [m]，浸水面積 345 [m²]，船速 5 [m/s] の船の摩擦抵抗，形状抵抗，粗度抵抗および粘性抵抗を求めよ。ただし，海水温 15 [℃] とする。15 [℃] の海水の動粘性係数は 1.18831×10^{-6} [m²/s]，密度は 1,025.178 [kg/m³] である。なお，この船の $C_B = 0.75$，船幅 $B = 10$ [m] とする。

解

$$R_e = \frac{5 \times 37}{1.18831 \times 10^{-6}} \fallingdotseq 155.6833 \times 10^6$$

摩擦抵抗係数 $C_F = 0.455 \times (\log_{10} R_e)^{-2.58} \fallingdotseq 0.002002$

$$\therefore R_F = C_F \times \frac{1}{2}\rho S v^2 \fallingdotseq 8851.0024 \,[\text{N}]$$

形状影響係数は，水槽試験により $K = 0.3$ とすると

$$\text{形状抵抗係数 } K \cdot C_F = 0.3 \times 0.002002$$

$$\therefore K \cdot R_F = K \cdot C_F \times \frac{1}{2}\rho S v^2 \fallingdotseq 2655.3 \,[\text{N}]$$

粗度抵抗係数 ΔC_F は，船の長さが 100 [m] 以下である場合，0.4×10^{-3} 程度である（5.4.3 項の (3) 参照）。

$$\text{粗度抵抗} \Delta R_F = 0.4 \times 10^{-3} \times \frac{1}{2}\rho S v^2 \fallingdotseq 1768.432 \,[\text{N}]$$

したがって

$$\text{粘性抵抗 } R_V = 8851.0024 + 2655.3 + 1768.432 = 13274.73 \,[\text{N}]$$

5.3.2 造波抵抗（Wave making resistance）：R_W

船が航走すると船側の流線運動により船体周りに圧力変動が生じる。水と空気の境界面を航走する船体にとって，この圧力変動は水面の昇降を起こすことになり，水の慣性と重力の作用で，これが波となって船から離れ去る。この波をつくるエネルギーに相当するものが造波抵抗 R_W となる。

(1) 船の造波現象

船のつくる波はどのような波の構成であり，どのような形となっているのだろうか。船のつくる波は，攪乱点が一定速度で移動するときに，攪乱点を中心とする円輪状の波を重ね合わせたものでる。このことを厳密に説いたのがケルビンであり，船のつくる波紋を**ケルビン波**と呼んでいる。ここで攪乱点とは，水の流れをかき乱す点のことである。ケルビン波を図 5.12 に示す。ケルビン波は，八字形に広がる**発散波**（Divergent wave）と進行方向に横に並ぶ**横波**（Transverse wave）により構成されている。

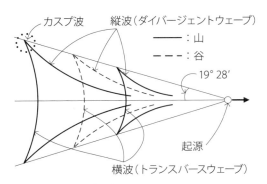
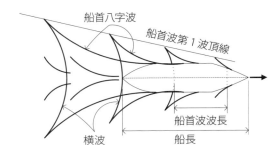

図 5.12　ケルビン波（出典：Naval Institute Press, August 4, 1982, Introduction to Naval Architecture, Thomas C. Gillmer）

これらの波の群速度，形はトロコイド波と同様になる。船体は無数の攪乱点から成り立っているが，代表的な大きな波をつくる部分は，船首，船尾，肩であり，各々の波を船首波（Bow wave），船尾波（Stern wave），肩波（Shoulder wave）と呼んでいる。

船は各攪乱点の起こす波を重ね合わせた波群（発散波，横波）を船首，船尾，肩などから生じ，それらがさらに重なり合った波群をつくるのである。船はこれらの波をつくりながら航走する。すなわち，船は波のエネルギーを与えながら（波面に仕事をしながら）進むのである。船がつくる波群を図 5.13 に示す。

図 5.13　船がつくる波群

(2) 船の造波抵抗の性質

① 造波抵抗とフルード数 F_n の関係

船の後ろにできた波を適当なところで切り取る。ここで，図 5.14 に示すように波長 λ，波高 a，幅 b とする。この波のエネルギー E は，位置エネルギーと運動エネルギーの和である。

$$E \propto \rho g a^2 b \lambda \tag{5.10}$$

船が 1 波長分の波をつくるために成した仕事は，造波抵抗 $R_W \times \lambda$ となる。ところが，波は後ろから $(1/2)c$ の波速で追いかけてきてエネルギーを注入する。その値も式 (5.10) と同じ形であり，比例定数が異なるだけである。したがって

$$R_W \times \lambda \propto \rho g a^2 b \lambda$$
$$R_W = \rho g a^2 b$$

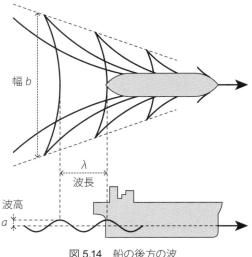

図 5.14　船の後方の波

ここで，波高 a は船首における水の盛り上がりに比例すると考える。

$$a \propto \frac{U^2}{2g} \quad (\text{ただし，}U:\text{船速})$$

また，b は発散波（八字波）内に入っているので

$$b \propto \lambda = \frac{2\pi c^2}{g} \propto \frac{2\pi U^2}{g}$$

$$\therefore R_W \propto \rho g \cdot \frac{U^2}{4g^2} \cdot \frac{2\pi U^2}{g}$$

$$\therefore C_W = \frac{R_W}{\rho U^2 L^2} \propto \frac{U^4}{g^2 L^2} = F_n{}^4$$

となる。すなわち，造波抵抗係数は $F_n{}^4$ に比例する。

② 船首波と船尾波の干渉

船のつくる波は船首と船尾から発生するとし，簡単のため横波だけを考えることにする。船首波は船首より多少後方で山となり，同様に船尾波も船尾より少し後方で山となる。この間の距離は船長 L より少し長く，mL と書くと $m = 1.0 \sim 1.15$ 程度であり，**造波長さ**（Wave making length）ともいう。

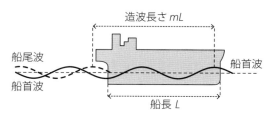

図 5.15 船首波と船尾波の干渉

船首波が船尾波の山の位置に来たとき，同位相で山となると合成された波の波高は大きくなり，逆位相になると波高は小さくなる。これらの波の干渉により，船首波のエネルギーが吸収されたり，船尾波に追加されたりして，後方に残り伝搬する。すなわち，波のエネルギーは変化するということである。

この干渉の状態は，船速により波速が変わり，波長が変化するため，ある船速では同相に，ある船速では逆相となる。すなわち，造波抵抗カーブに山と谷が現れることになる。この山と谷を造波抵抗曲線の Hump（ハンプ），Hollow（ホロー）という。

この山と谷を生じるフルード数 F_n は推定することができる。船長 L と船首波の波長 λ との比を Z とすると

$$\lambda = \frac{2\pi}{k} = \frac{2\pi}{\left(\frac{\omega^2}{g}\right)} = \frac{2\pi g}{\omega^2} = \frac{2\pi g}{\left(\frac{g}{c}\right)^2} = \frac{2\pi c^2}{g} \quad \text{より} \quad Z = \frac{L}{\lambda} = \frac{L}{\left(\frac{2\pi}{g}\right)c^2} = \frac{1}{2\pi} \cdot \frac{1}{F_n{}^2}$$

$$\therefore F_n = \sqrt{\frac{1}{2\pi Z}} \fallingdotseq \frac{0.4}{\sqrt{Z}}$$

ここで，k：波数，ω：波の円周波数，$c = \sqrt{g\lambda/2\pi}$：波速（水深 ∞）である。

Hump は，船首波が船尾において山となるときであるから，$Z = 1, 2, 3, \cdots$ となり，整数が対応する。Hollow は $Z = 1/2, 3/2, 5/2, \cdots$ となる。F_n が大きくなると Z が小さくなる。$F_n = 0.4$ で $\lambda = L$ となり，それ以上に F_n が大きくなると，もはや干渉を生じない。したがって，$F_n = 0.4$ のときの Hump を Last hump という。

Z に対応する F_n を表 5.2 に示す。

一般的には，谷のところを狙って船長を決めることになる。なお，m の値により F_n に多少のずれを生じる。また，船の各部で発生する波をうまく干渉させ，造波が少ない船もある。加えて，船尾部は，粘性境界層の発達により圧力損失が大きく，圧力があまり上昇しない。したがって，船尾部からの造波現象が小さい船もある。船首部からの造波を打ち消すために**船首バルブ**（バルバスバウ）を取り付ける船もある。バルバスバウを図 5.16 に示す。ここで，船首バルブとは水線下の船首部の前方に突出した膨らみである。船体のつくる波を船首バルブのつくる波との干渉で減少させる効果と，船首よどみ点近くでの流速の急激な減少による造波に対する抑制効果がある。

表 5.2 各 Z に対応する F_n

$Z = L/\lambda$	0.5	1	1.5	2	2.5	3	3.5	4
山・谷	谷	山	谷	山	谷	山	谷	山
F_n	0.57	0.4	0.33	0.28	0.25	0.23	0.21	0.2

図 5.16　バルバスバウ（弓削商船高等専門学校練習船 弓削丸）

　高速船のバルブは，バルブによる波と船体による波を干渉させるものである。しかしながら，タンカーなどの低速肥大船は元々造波現象が少ない。したがって，低速肥大船の船首バルブの多くは，造波干渉が目的ではなく，船首水面近くから船底に回り込む流れの整流効果による粘性剥離の減少効果を狙ったものである。

　バルブには船尾に付ける**船尾バルブ**（SB：Stern bulb）もある。これは主として船尾粘性流の整流効果による**プロペラ起振力**のキャビテーション（6.3.4 項参照）などの低減を狙ったものである。

5.4　抵抗および有効馬力の推定

　これまで船体抵抗について説明してきた。ここでは，船体抵抗を推定する手順について説明する。

5.4.1　2 次元外挿法による計算

　全抵抗を相当平板の摩擦抵抗とそれ以外の抵抗とに分離して計算する方法である。2 次元外挿法では，全抵抗 R_T から摩擦抵抗 R_F を差し引いた抵抗を剰余抵抗 R_R と呼び，この抵抗の係数 C_R（**剰余抵抗係数**）は，フルード数が等しい場合，実船も模型船も等しいものとする。すなわち，剰余抵抗には造波抵抗と形状影響による粘性抵抗の一部が含まれることになる。したがって，全抵抗 R は

$$R = R_F + R_R + \Delta R_F$$

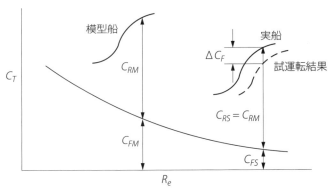

図 5.17　2 次元外挿法

となる。

　2 次元外挿法は，低速肥大船のような大きな船になると不具合を生じる。その不具合とは，**粗度修正量** ΔC_F が負になることである。摩擦抵抗係数 C_F は，模型船に比べてレイノルズ数 R_e が大きい分，実船のほうが小さくなる。したがって，形状抵抗係数（$K \times C_F$）は，実船のほうが模型船より小さくなる。しかしながら，2 次元外挿法では，形状抵抗（$K \times R_F$）は**剰余抵抗** R_R に含まれており，剰余抵抗係数 C_R は実船と模型船とで等しいとされている。すなわち，実船の剰余抵抗 R_R は大きく推定されていることになる。実船の試運転成績から求めた全抵抗係数 C_T より，水槽試験結果から求めた剰余抵抗係数 C_R と相当平板の摩擦抵抗係数 C_F を差し引いて ΔC_F を求めると，ΔC_F は，船が大きくなり摩擦抵抗係数 C_F が小さくなるにつれて負になることが多い。この ΔC_F が負になる不合理は，凸凹した船体表面のほうが，滑らかな平板より抵抗が少ないということから生じる。図 5.17 に 2 次元外挿法について図解する。なお，図中 M は模型船，S は実船を示す。

5.4.2 3次元外挿法による計算

2次元外挿法による不合理を解消するために3次元外挿法が考え出された。3次元外挿法は，船体表面の3次元曲面による粘性抵抗の影響を考慮したものである。平板に比べて膨らみのある船体に対して，粘性に起因する抵抗は形状により変化すると考え，全抵抗 R_T は

$$R_T = R_F + R_{VP} + R_W$$

ここで，R_F：摩擦抵抗，R_{VP}：粘性圧力抵抗，R_W：造波抵抗とする。したがって，全抵抗係数 C_T は無次元化され

$$C_T = C_F + C_{VP} + C_W$$

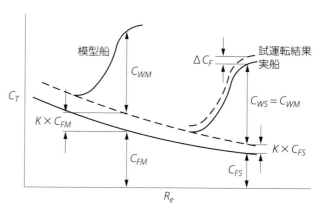

図 5.18 3次元外挿法

となる。ここで

$$C_F = (1 + K_F) \cdot C_{F0}, \quad C_{VP} = K_P \cdot C_{F0}$$

C_{F0}：相当平板の摩擦抵抗係数，K_P：圧力抵抗に対する形状影響係数，K_F：摩擦抵抗に対する形状影響係数とする。これら形状影響係数は形状のみの関数とする。粘性に起因する抵抗をまとめると，粘性抵抗係数 C_V は

$$C_V = (1 + K_F) \cdot C_{F0} + K_P \cdot C_{F0}$$
$$\therefore C_V = (1 + K) \cdot C_{F0}$$
$$K：形状影響係数 (K = K_F + K_P)$$

となる。図 5.18 に3次元外挿法について図解する。

5.4.3 各係数の推定

(1) 摩擦抵抗係数 C_F の推定

乱流域における摩擦抵抗係数 C_F の推定は 5.3.1 項の (1) で記載した式 (5.4)〜(5.9) により推定できる。主にシェーンヘルの式が用いられている。

層流域における摩擦抵抗係数 C_F の推定は

$$\text{ブラジウスの公式} \quad C_F = 1.328 R_e^{-1/2}$$

より推定できる。

遷移域（層流から乱流に移る場合）における摩擦抵抗係数 C_F の推定は

$$\text{シュリヒティングの公式} \quad C_F = \frac{0.455}{(\log R_e)^{2.58}} - \frac{1700}{R_e}$$

より推定できる。

(2) 形状影響係数 K の推定

形状影響係数 K の推定の簡素な手法としては，模型の水槽試験において，造波抵抗のほとんどない低速域では，全抵抗が粘性抵抗 $(1 + K)C_{F0}$ になることを利用して

$$C_T = (1 + K)C_{F0}$$
$$\therefore K = \frac{C_T}{C_{F0}} - 1$$

で求める。その他，多数の推定式がある（表 5.1 参照）。

(3) 粗度修正 ΔC_F の推定

粗度修正 ΔC_F の推定は，試験運転時に計測した馬力，回転数，船速を用いて，プロペラの性能を模型プロペラの性能より推定して，実船の抵抗も解析（逆算）した結果と模型実験により推定した値との差により与えられる。また，過去の実績により表 5.3，表 5.4 より ΔC_F の標準値が与えられる（模型実験では $\Delta C_F = 0$ とする）。

表 5.3 ΔC_F の標準値
（2 次元外挿法，シェーンヘル）

船の長さ [m]	$\Delta C_F \times 10^3$
100 以下	+0.4
100 〜 130	+0.3
130 〜 150	+0.2
150 〜 170	+0.1
170 〜 190	0
190 〜 210	−0.1
210 〜 230	−0.2
230 〜 250	−0.3
250 以上	−0.4

表 5.4 ΔC_F の標準値
（3 次元外挿法，シェーンヘル）

船の長さ [m]	$\Delta C_F \times 10^3$	
	満載状態	バラスト状態
125 以下	0.4	0.4
125 〜 250	直線的内挿	
250 以上	0.15	0.25

（注）小型船の場合の ΔC_F の値は別途考慮する。バラスト状態とは，満載排水量の 40 〜 60% の排水量に対するものをいう。

（出典：関西造船協会編「造船設計便覧（第 4 版）」海文堂出版）

(4) 表面積 S の近似的計算

表面積を近似的に計算する簡略計算式が提案されているので，いくつか紹介しておく。

$$\text{Denny の式} \quad S = (1.7d + C_B \cdot B) \cdot L$$

ただし，普通型船首の大型肥大船型では 1.7 の代わりに，満載時 1.81，半載時 1.76，軽荷時 1.75 とする。

$$\text{Olsen の式} \quad S = \nabla^{2/3} \cdot \left(3.4 + \frac{L}{2\nabla^{1/3}}\right) \quad （ただし，\nabla：排水容積）$$

その他，4.2.3 項および SR45 の図表 (参考文献 5) などから与えられるものがある。

(5) 剰余抵抗の推定

剰余抵抗の推定は，図表から与えられるものがいくつかあるので紹介しておく。山県の図表 (参考文献 1)，Taylor 水槽の図表（テイラーチャート）(参考文献 2)，Guldhammer の図表 (参考文献 3) などがあり，その他にも旧船舶技術研究所の大型肥大船（普通型船首）の図表 (参考文献 4)，SR45 の図表 (参考文献 5)，Todd の図表 (参考文献 6)，Lap の図表 (参考文献 7) などがある。

5.4.4 机上で可能な船体抵抗推定法

机上で可能な船体抵抗推定法として，**山県の図表**を用いた推定法を紹介しておく。山県の図表は

$$\text{全抵抗} = （フルードの式による摩擦抵抗）+（山県の図表からの剰余抵抗）$$

の抵抗区分を用いており，山県の図表は剰余抵抗の船型要素による変化を示す図表のことである。

$$R_T = R_F + R_R$$
全抵抗 = 摩擦抵抗 + 剰余抵抗

R_F についてまとめると

$$R_F = \gamma \times \lambda \times \{1 + 0.0043(15 - t)\} \times S \times v^{1.825} \quad (フルードの摩擦抵抗算式)$$

ここで，γ：流体の比重，$\lambda = 0.1392 + 0.2581/(2.68 + L)$，$L$：垂線間長 [m]，$S$：浸水面積 [m²]，$v$：船速 [m/s]，$t$：流体の温度 [℃]（通常，実船では 15 [℃] を用いる），R_F：摩擦抵抗 [kgw] である。

R_R についてまとめると

$$R_R = C_R \times \frac{1}{2} \times \rho \times \nabla^{2/3} \times v^2$$
$$C_R = C_{R0} + (\Delta C_R)_{B/L} + (\Delta C_R)_{B/d}$$

ここで，R_R：剰余抵抗 [kgw]，C_R：剰余抵抗係数，C_{R0}：標準船型に対する剰余抵抗係数，$(\Delta C_R)_{B/L}$：B/L が標準値と異なる場合の剰余抵抗係数の修正量，$(\Delta C_R)_{B/d}$：B/d が標準値と異なる場合の剰余抵抗係数の修正量，v：船速 [m/s]，∇：排水容積 [m³] である。

山県の図表は図 8.1（標準船型に対する剰余抵抗係数），図 8.2（B/L が標準値と異なる場合の剰余抵抗係数の修正），図 8.3（B/d が標準値と異なる場合の剰余抵抗係数の修正）に示す。

例題 5-12 七海丸が船速 10 [k't] で航走したときの抵抗を求めよ。七海丸の要目は，$L_{PP} = 40$ [m]，$S = 375$ [m²]，$B = 7.8$ [m]，$d = 2.85$ [m]，$\gamma = 1.025$，$C_B = 0.582$，$\Delta = 470$ [t]，$\rho = 104.61$ [kgw·s²/m⁴]，$t = 15$ [℃] である。

解 $v = 10$ [k't] $= 5.144$ [m/s] であり，水温 $t = 15$ [℃] であるから

$$R_F = 1.025 \times \left(0.1392 + \frac{0.258}{2.68 + 40}\right) \times 1 \times 375 \times 5.144^{1.825} = 1109.2 \text{ [kgw]} = 10870.2 \text{ [N]}$$

$$F_n = \frac{v}{\sqrt{gL}} = \frac{5.144}{\sqrt{9.8 \times 40}} \fallingdotseq 0.260$$

C_B と F_n を用いて C_{R0} 図表から C_{R0} を読み取る。

$$C_{R0} = 0.0058$$

同様に $(\Delta C_R)_{B/L}$，$(\Delta C_R)_{B/d}$ を各々の図表から読み取る。

$$\frac{(\Delta C_R)_{B/L}}{\frac{B}{L} - 0.1350} = 0.06$$

$$(\Delta C_R)_{B/L} = 0.06 \times \left(\frac{7.8}{40} - 0.1350\right) \fallingdotseq 0.0036$$

$$\frac{(\Delta C_R)_{B/d}}{\frac{B}{d} - 2.25} = 0.0006$$

$$(\Delta C_R)_{B/d} = 0.0006 \times \left(\frac{7.8}{2.85} - 2.25\right) \fallingdotseq 0.000292$$

$$\therefore C_R = C_{R0} + (\Delta C_R)_{B/L} + (\Delta C_R)_{B/d} = 0.0058 + 0.0036 + 0.000292 = 9.692 \times 10^{-3}$$

$$R_R = C_R \times \frac{1}{2} \times \rho \times \nabla^{2/3} \times v^2$$

$\Delta = 470$ [t] より $\nabla = \frac{470}{1.025} = 458.54$ [m³] であるから $\nabla^{2/3} = 59.46$ [m²] となる。

$$R_R = 9.692 \times 10^{-3} \times 0.5 \times 104.61 \times 59.46 \times 5.144^2 \fallingdotseq 797.6 \text{ [kgw]} \fallingdotseq 7816.5 \text{ [N]}$$

したがって，全抵抗 $R_T = 1109.2 + 797.6$ [kgw] $\fallingdotseq 10870.2 + 7816.5$ [N] となる。

5.4.5 有効出力の推定

実船における抵抗係数 C_{TS} が求められると，有効出力 EHP は次のように求めることができる．なお，有効出力については 6.2.1 項の (5) を参照してほしい．

$$R_{TS} = C_{TS} \times \frac{1}{2}\rho_S S_S V_S{}^2$$

$\therefore$ EHP $= \dfrac{1}{75} R_{TS} \cdot V_S$ [PS]　　（ただし，R_{TS} の単位は [kgw]，V_S の単位は [m/s]）

$\therefore$ EHP $= R_{TS} \cdot V_S$ [W]　　（ただし，R_{TS} の単位は [N]，V_S の単位は [m/s]）

例題 5-13（5.4 節に関する例題）　下記の表に模型船の船体抵抗試験結果とその状態を示す．低速 $0.6\,[\mathrm{m/s}]$ で行った実験結果 Model (2) より形状影響係数 K を求め，高速 $1\,[\mathrm{m/s}]$ で行った実験状態 Model (1) での実船（Ship）の船速 v_S，船体抵抗 R_{TS}，有効馬力 EHP を算出せよ．摩擦抵抗係数は式 (5.9) $C_F = 0.075 R_e{}^{-1/5}$ を用いよ．

	$v\,[\mathrm{m/s}]$	$R_T\,[\mathrm{N}]$	$L\,[\mathrm{m}]$	$S\,[\mathrm{m^2}]$	$\nu\,[\mathrm{m^2/s}]$	$\rho\,[\mathrm{kg/m^3}]$
Model (1)	1	20	4.0	3.5	1.0×10^{-6}	1,000
Model (2)	0.6	3.3	4.0	3.5	1.0×10^{-6}	1,000
Ship			200	8,750	1.2×10^{-6}	1,025

【解】

$$C_F = 0.075 R_e{}^{-1/5}$$
$$C_{TS} = (1+K)C_{F0} + \Delta C_F + C_W$$
$$R_{TS} = C_{TS} \times (1/2) \times \rho S v^2$$

であるから，Model (2) より

$$F_n = \frac{v}{\sqrt{gL}} = \frac{0.6}{\sqrt{4.0 \times 9.8}} = 0.096, \quad F_n < 0.1$$

であり，ほぼ造波がない状態であるので，このとき $C_W \cong 0$，よって

$$1+K = \frac{C_{TM}}{C_{F0}} = \frac{R_{TM}/\{(1/2)\rho S v^2\}}{0.075/\left(\dfrac{vL}{\nu}\right)^{1/5}} = \frac{3.3/\{(1/2)1000 \times 3.5 \times 0.6^2\}}{0.075/\left(\dfrac{0.6 \times 4.0}{1.0 \times 10^{-6}}\right)^{1/5}} \fallingdotseq 1.32$$

（模型船のときは $\Delta C_F = 0$）

Model (1) より

$$C_{TM} = (1+K)C_{F0} + C_W = 1.32 \times 0.075/\left(\tfrac{vL}{\nu}\right)^{1/5} + C_W = 1.32 \times 0.075/\left(\tfrac{1.0 \times 4.0}{1.0 \times 10^{-6}}\right)^{1/5} + C_W = 0.0047 + C_W$$

$$C_{TM} = R_{TM}/\{(1/2)\rho S v^2\} = 20/\{(1/2) \times 1000 \times 3.5 \times 1.0^2\} = 0.0114$$

$$C_W = 0.0114 - 0.0047 = 0.0067$$

Model (1) および Ship より，F_n が等しいことから

$$1.0/\sqrt{4.0 \times g} = v_S/\sqrt{200 \times g} \quad \therefore\ v_S \fallingdotseq 7.1\,[\mathrm{m/s}]$$

ここで，表 5.4 より $\Delta C_F = 0.00025$ である．

$$C_{TS} = 1.32 \times 0.075/\left(\frac{7.1 \times 200}{1.2 \times 10^{-6}}\right)^{1/5} + 0.0067 + 0.00025 \fallingdotseq 0.0015 + 0.0067 + 0.00025 = 8.45 \times 10^{-3}$$

$$R_{TS} = C_{TS} \times \frac{1}{2} \times \rho S v^2 = 0.00845 \times 0.5 \times 1025 \times 8750 \times 7.1^2 \fallingdotseq 1.91 \times 10^6\,[\mathrm{N}]$$

$$\mathrm{EHP} = R_{TS} \times v_S = 1.91 \times 10^6 \times 7.1 = 13.56 \times 10^6\,[\mathrm{W}]$$

まとめ

現在の抵抗区分では

$$全抵抗 = 粘性抵抗 + 造波抵抗$$

となる。したがって，全抵抗係数 C_T は

$$C_T = (1+k)C_{F0} + \Delta C_F + C_W$$

となる。

本章では，船がどのような抵抗を受けるのか，その発生原因は何かについて理解を深め，その抵抗の推定法について解説した。船員になると，船の修繕，中間検査，定期検査などで必ず造船所に船を着けることになる。船員は，造船学を学んだ造船技術者と対等に話す機会がある。CHAPTER 5 の内容は，造船技術者は深く理解している内容となっているので，商船学を学ぶ諸君も内容の把握に努めてほしい。

参考文献

1. 山県昌夫，船型学，抵抗編，天然社，1941
2. 造船設計便覧（第 4 版），第 3 編 6 抵抗及び推進，海文堂出版，1983
3. H. E. Guldhammer, Sv. Aa. Harvald, Akademisk Forlag, Copenhagen, 1965
4. 土田陽ほか，船研報告，1.6，1964
5. SR45，日本造船研究協会報告，45，1964
   SR45 研究部会，「Design Charts for the Propulsive Performances of High Speed Cargo Liners」，日本造船研究協会，1964
6. F. H. Todd ほか，Trans. SNAME, 65（1957），445
7. A. J. W. Lap, ISP, 1.4（1954），179
8. 鈴木敏夫，阪大，工学部船舶海洋工学，抵抗推進講義テキスト，1996
9. 日本船舶海洋工学会ほか監修，船体抵抗と推進，成山堂書店，2012
10. 池西憲治，概説 軸系とプロペラ，海文堂出版，1985
11. 大串雅信，理論船舶工学（下巻），海文堂出版，1958

練習問題

問 5-1 質量 50 [kg] の物体を 2 [m/s] で揚げるウインチの仕事率は何 [W] であるか求めよ。重力加速度は 9.8 [m/s^2] とする。

問 5-2 直径 1.2 [m] の巻き揚げドラムで重量 300 [N] の物体を 12 [rpm] で巻き揚げるウインチの仕事率は何 [W] か求めよ。

問 5-3 ある船が 7 [m/s] で航走するときの船体抵抗が 9,800 [N] である。この船がこの速度で航走するために船体が必要とする仕事率（有効出力）は何 [W] か。

問 5-4 ある川が 2 [m/s] で流れている。この川を対水速度 6 [m/s] で航走する船舶があり，そのときの抵抗が 58,000 [N] である。この船体の 20 分間の水に対する仕事量は何 [J] であり，逆行および順行するときの陸地に対する仕事量は何 [J] であるか求めよ。

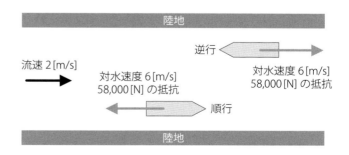

問 5-5 垂線間長 150 [m] の船が 18 [k't] で航走している。この船のレイノルズ数とフルード数を求めよ。海水の動粘性係数は 1.18831×10^{-6} [m^2/s] とする。

問 5-6　垂線間長 100 [m] の船の模型船の垂線間長が 1 [m] であるとする．実船の船速が 10 [m/s] のときと同じレイノルズ数，フルード数を模型船が得るには各々何 [m/s] で航走させればよいか．海水（実船の海域）と清水（模型船の実験用水槽）の動粘性係数はそれぞれ 1.18831×10^{-6}, 1.13902×10^{-6} [m²/s] とする．

問 5-7　平板の摩擦抵抗算式が与えられているとする．船体の垂線間長 $= 100$ [m]，浸水面積 $= 2510$ [m²]，海水の動粘性係数 $= 1.18831 \times 10^{-6}$ [m²/s]，密度 $= 1025.178$ [kg/m³] であり，船速が 12 [m/s] のときの摩擦抵抗を求めよ．

$$C_F = 0.455 \times (\log_{10} R_e)^{-2.58}$$

問 5-8　直径 3 [cm] の球が 10 [m/s] と 200 [m/s] で空気中を飛んでいるときと力学的に相似な流れを，清水中で直径 30 [cm] の球でつくるには，各々何 [m/s] でその球が移動しなくてはならないか求めよ．また，球の抵抗係数が下記のように与えられるとすると，それぞれの抵抗はいくらになるか求めよ．なお，球の表面積は $4\pi r^2$，清水と空気の動粘性係数はそれぞれ 1.13902×10^{-6}, 14.56×10^{-6} [m²/s]，密度はそれぞれ 998.326, 1.225 [kg/m³] とする．

$R_n = 10^4 \sim 2 \times 10^5$	$C_R = 0.47$
$R_n > 4 \times 10^5$	$C_R = 0.09$

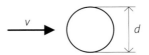

問 5-9　垂線間長 1.2 [m] の模型船が 1 [m/s] で航走したときの抵抗が 210 [g] を示した．この模型船は垂線間長 58.8 [m] の実船の模型船であり，浸水面積は 0.5 [m²] である．平板の摩擦抵抗係数は下式で与えられるものとし，清水と海水の密度をそれぞれ 998.326, 1,025.178 [kg/m³]，動粘性係数をそれぞれ 1.13902×10^{-6}, 1.18831×10^{-6} [m²/s] としたとき，実船の対応速度とそのときの全抵抗を求めよ．ただし，模型船は実験用水槽（清水）を航走し，実船は海面を航走するものとする．

$$C_F = 0.455 \times (\log_{10} R_e)^{-2.58}$$

問 5-10　New Nanami 丸が船速 10 [k't] で航走したときの抵抗を山県の図表を用いて求めよ．New Nanami 丸の要目は $L_{PP} = 37$ [m]，$S = 345$ [m³]，$B = 7.8$ [m]，$d = 2.85$ [m]，$\gamma = 1.025$，$C_B = 0.582$，$\Delta = 470$ [t]，$\rho = 104.61$ [kgw·s²/m⁴]，$t = 15$ [℃] である．

問 5-11　下記の表に模型船の船体抵抗試験結果とその状態を示す．低速 0.6 [m/s] で行った実験結果 Model (2) より形状影響係数 K を求め，高速 1 [m/s] で行った実験状態 Model (1) での実船（Ship）の船速 v_S，船体抵抗 R_{TS}，有効馬力 EHP を算出せよ．摩擦抵抗係数は $C_F = 0.075 R_e^{-1/5}$ を用いよ．

	v [m/s]	R_T [N]	L [m]	S [m²]	ν [m²/s]	ρ [kg/m³]
Model (1)	1	21	4.0	3.5	1.0×10^{-6}	1,000
Model (2)	0.5	3.0	4.0	3.5	1.0×10^{-6}	1,000
Ship			210	8,850	1.2×10^{-6}	1,025

CHAPTER 6

船の推進

　一般に船であることの要件の1つとして，水に浮かび移動できる能力である「移動性」が挙げられる。これを可能にする船の推進とは，抵抗と同じ作用線上に働く反対向きの力を発生し，船体に働く抵抗と釣り合って，船を前方へ推し進めることをいう。船の歴史上，移動するためのさまざまな推進方法が考案され，その時代の技術に応じてさまざまな装置が生み出されてきた。現在，最も広く採用されている推進器がスクリュープロペラである。効率が高く，構造があまり複雑でなく，堅牢であることがその理由である。

　ここでは船の推進方法を紹介し，そのなかでも主要な推進器であるスクリュープロペラについて詳しく述べる。

6.1　船の推進方法

　CHAPTER 2 で船の歴史について述べたように，推進のための動力としては，棹や櫂および櫓などによる人力に始まり，帆に風を受けて走る風力が利用されるようになり，そして蒸気船の時代にエンジン駆動の動力があわせて使用されるようになっていった。エンジン駆動のものとして，蒸気タービン，ディーゼルエンジン，ウォータージェット，タービン船でボイラが原子炉に置き換わった原子力船，ガスタービン，ディーゼルエレクトリックなど，さまざまな動力がある。またエンジン駆動の機械式推進器としては外輪，スクリュープロペラ，二重反転プロペラ，フォイトシュナイダープロペラ，ウォータージェットなどがあり，その他多くの推進器が開発および実用化されている。現在，一般商船で採用されている組み合わせとして最も実績が多いものは，ディーゼルエンジンとスクリュープロペラであろう。地球環境保護が強く求められるなか，この分野での研究，開発，製造の技術が進み，さらなる高効率化，環境負荷低減化が図られた推進システムが登場している。

　以下に，機械式推進器のうち，スクリュープロペラと関連する推進器および櫓櫂を含むその他の推進器について概説する。

6.1.1　スクリュープロペラと関連する推進器

（1）スクリュープロペラ

　軸の周りに翼を回転させることで揚力を生じ，これによって推進力を得る。2.5.3項でスクリュープロペラの発明について述べたが，初期のスクリュープロペラは，ねじ（Screw）が回ることにより水を前方から後方へと送り，その反動で船を前進させるものであった。このため当初は名前の通り長い螺旋形状であったが，やがて螺旋よりも翼型のほうが効率が良いことがわかり，現在のプロペラの原形となる翼を複数枚備えたスクリュープロペラが広く使われるようになっていった。図6.1に現在のスクリュープロペラの例を示す。スクリュープロペラは，プロペラ翼とボス部（ハブ）で構成され，プロペラ翼は推進力を生み出す部分であり，ボスはプロペラ翼を支持し，プロペラ軸に接合する部分である。以降，とくに断りがなければプロペラとはこのスクリュープロペラを指

図6.1　5翼のプロペラ〔提供：ナカシマプロペラ〕

(2) 可変ピッチプロペラ

スクリュープロペラを大別すると，**固定ピッチプロペラ**（FPP：Fixed pitch propeller）と**可変ピッチプロペラ**（CPP：Controllable pitch propeller）とがある。ここで，ねじにおける**ピッチ**とは，隣り合ったねじ山の中心から中心までの距離のことであり，ねじが1回転したときに進む距離である。プロペラの場合，プロペラが1回転したときにプロペラ翼の任意の点が軸方向に進む距離のことをいう（図6.2）。固定ピッチプロペラの場合，プロペラ翼がボスに固定されているのに対して，可変ピッチプロペラは，プロペラ翼のボスに対する取り付け角度を，操舵室からの遠隔操作により制御し，プロペラのピッチを所定の値に変えられる（変節という）ようにしたプロペラである（図6.3）。

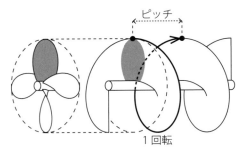

図6.2　プロペラのピッチ

可変ピッチプロペラには，次のような特長がある。

- 荒天時など負荷が大きくなっても主機のトルク制限値の影響を最小限とし，主機出力を有効に利用できる。
- 主機の燃料消費特性に合わせた馬力および回転数が選定できるため，燃料費の節減につながる。
- 自動化や遠隔操縦が容易であり，操舵室でのコントロールにより操船がしやすい。
- プロペラ翼損傷時，翼1枚の交換が可能であるため，損傷の状況によっては補修がしやすい。

他方，プロペラボス部に関して次のような欠点がある。

- ボス部に変節機構を組み込むため，構造が複雑になる。
- ボス部が大きくなり，ボス直径の増加やボス形状の不適により効率が低下する。

図6.3　可変ピッチプロペラ
〔提供：ナカシマプロペラ〕

その他，設計上の考慮すべき次のような点がある。

- 推進力を得る最適な翼形状とするため，通常，プロペラ翼のピッチ角は半径方向に変化させており，翼にねじれが加えられている。CPPの場合，常用出力付近だけでなく，低出力時のピッチを考慮し，基準ピッチと半径方向のピッチ分布を決定する必要がある。
- ピッチ分布の影響から，常用出力での最適直径で設計すると，後述するキャビテーションが起きやすくなることがあるため，キャビテーション防止のためFPPよりも小さめの直径を採用するなど，プロペラ直径を決めるにあたっては，使用状態全般にわたっての性能を，総合的に判断して選定する必要がある。

(3) ハイリースキュードプロペラ（HSP：Highly skewed propeller）

プロペラ翼の回転方向の反りである**スキュー**（Skew）を大きくしたプロペラである（スキューなどのプロペラの基礎用語については6.3節で述べる）。ハイスキュープロペラとも呼ばれ，船体振動の発生源の1つであるプロペラ起振力の低減に効果がある。HSPを図6.4に示す。プロペラ翼を後方から見たときの翼幅中心線を，回転の円周方向の後ろ向きに湾曲させることを**スキューバック**（Skew back）といい，基準線に対して湾曲している角度をスキュー角という。日本海事協会（NK，CHAPTER 1で述べた船級協会の1つ）の規則では，スキュー角25［°］を超えるプロペラをハイリースキュードプロペラと定めている。これに対し，スキュー角が25［°］以下のプロペラは通常プロペラ（CP：

Conventional propeller）などと呼ばれる（6.3.2項(2)の⑭参照）。

プロペラ起振力は2つに大別できる。1つは、不均一な船尾伴流（6.2.3項参照）のなかでプロペラが作動すると、プロペラ翼に働く力が変動するため、直接的にプロペラ軸を通じて船体に伝わる力の変動が生じ、起振力となる。これを Bearing force（ベアリングフォース）という。または Shaft force（シャフトフォース）ともいう。もう1つは、プロペラ翼の表面に生じる圧力分布が、空間的に変動することによって、付近の流体中の圧力の時間的変動を誘起し、間接的に船体および舵の表面から変動圧となって船体に伝わる起振力である。これを Surface force（サーフェスフォース）という。プロペラが不均一な流れのなかを横切るとき、従来型のプロペラは同時に翼全体が横切ることになり、この瞬間、プロペラ翼に働く力の変化が大きくなり、プロペラ全体の Bearing force も大きくなる。しかしながら、HSPではスキューを大きくすることで、半径方向の各翼素が伴流域に入る時間をずらすことができる（図6.5）。こうして揚力、抗力の変化が集中しないようにし、プロペラ全体として流体加速を均等にしている。HSPは、このような原理で Bearing force を減少させようとするプロペラである。同時に、翼全体の圧力変動も小さくすることができるため、船体振動に大きく影響する Surface force も軽減することができる。

図6.4　ハイリースキュードプロペラ
〔提供：ナカシマプロペラ〕

（本図は説明図であり、正確な伴流域とは異なる）
図6.5　船尾の伴流域

設計時に考慮すべき点としては、後進時の逆転性能が低下することが挙げられる。加えて、最大応力が生ずる翼面上の位置が通常プロペラと異なるため、最大応力が大きくなる。したがって、十分な翼強度の検討が必要である。

(4) 二重反転プロペラ（CRP：Contra rotating propeller）

プロペラには、運動量損失と粘性による損失をあわせたエネルギー損失がある。運動量損失のうち、回転方向の運動量損失は、プロペラのほか回転する流体機械に特有の損失である。単一のスクリュープロペラが作動すると、軸方向に直進流を与え、推力を得ると同時に、プロペラの各翼素で誘起される誘導速度の回転方向成分により回転流を生じる（6.3.1項参照）。通常、この回転流のほとんどのエネルギーはむだになってしまう。二重反転プロペラシステムは、前後に2個のプロペラを配置し、前プロペラで誘起された回転流に、後プロペラの回転方向を逆にして誘導速度に逆向きの回転方向成分を加え、全体として後流の回転方向成分をゼロにする。これにより、回転方向の運動量損失を回収し、相対的に効率を高めることを目的としている（図6.6）。

なお、単一のプロペラも、後方の回転流中の舵により、ある程度、回転方向の運動量損失を回収していることや、プロペラ翼数が増えることで

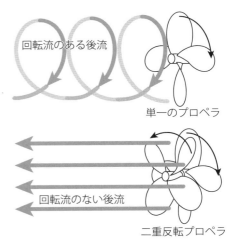

（本図は説明図であり、正確なプロペラ後流とは異なる）
図6.6　二重反転プロペラ説明図

単純には翼面の粘性抗力の増加が見込まれるため、本システム単独での効率向上と、全体の効率向上は必ずしも一致しない。

従来、一般商船における二重反転プロペラは、内側プロペラ軸が外側プロペラ軸を貫通し、反転歯車装置などを介して、前後のプロペラを互いに逆向きに回転させる特別なプロペラ軸系システムと、これを駆動させる主機関を組み合わせた方式である。単一プロペラと比べると過去の模型試験において船種毎に約6〜12％の推進効率の改善が報告され、

その後，実船に装備された後では，通常プロペラに比べて約15％の高い省エネルギー効果が示されている。しかし，構造が複雑なことや，導入時にかかる費用が大きいため，高い省エネルギー効果が見込まれる割に広く普及するには至っていない。

このようななか，従来の方式に加え，次に紹介する電気推進システムやアジマス推進器の利点を活用し，各方式の欠点を補いながら，高い省エネルギー効果がある新しい二重反転プロペラシステムの研究開発が進められている。その結果，さまざまな組み合わせで回転流損失を回収する二重反転プロペラシステムが実用化されている（図6.7，図6.8）。

図6.7　二重反転プロペラ式ポッド推進装置（ベベルギヤ方式）
〔提供：ナカシマプロペラ〕

図6.8　二重反転プロペラ式ポッド推進装置（電動機内蔵方式）
〔提供：ナカシマプロペラ〕

（5）ポッド推進装置

ポッド推進装置とは，ポッドと呼ばれる繭状の回転体型容器にプロペラが取り付けられ，これを電動モータなどの動力で駆動し，推進力を得る装置である。従来，動力伝達方向を直交させる軸系を船内に配置された主機関からストラット，そしてポッドへと組み込み，360[°]旋回可能とした**アジマススラスタ**と呼ばれる推進装置がある。また，電動モータが船内に設置され，機械的に回転力を伝達するものもあるが，近年，電動モータの大出力化や小型化が可能になり，電動モータがポッドに内蔵され，プロペラに直結されているものが実用化されている。この形式をもってポッド推進装置とする場合もあるが，ここでは広い意味でさまざまな形式をポッド推進装置としている（前出の図6.7，図6.8）。

ポッドがストラットを介して船体に固定されているものと，ストラットを軸にして360[°]旋回できるアジマススラスタの形式がある。また，プロペラをポッドの前に配置するものを**トラクタ型**（Tractor type），後ろに配置するものを**プッシャー型**（Pusher type）という。

電気推進の場合，推進のためのエネルギー変換損失は機械駆動に比べて大きいが，機関室がコンパクトになることで，推進性能向上に寄与する船型検討が可能となり，さらにCRPやCPPなど，従来のシステムとさまざまに組み合わせることで，全体の推進性能の向上や省エネルギー効果が上がることが期待される。また，ポッド推進装置を装備する船には，多くの場合，新船型が採用されるが，保針性能を確保するため，船尾にスケグや補助舵を備えることがある。

（6）複合材料製プロペラ

複合材料製プロペラとは，プロペラの材料として，従来，広く使用されてきたアルミニウム青銅などの銅合金鋳物の代わりに，**炭素繊維強化プラスチック**（CFRP：Carbon fiber reinforced plastic）をはじめとする複合材料を使用した

プロペラである（図6.9，図6.10）。CFRPはアルミニウム青銅と比較して比重は約1/5と軽量で，かつ同等以上の高い強度を持つ。そのため，プロペラ材料としてCFRPを採用すると，重量軽減による推進軸系の小径化，高い強度を活かして薄肉化・小翼面積化が実現でき，その結果，プロペラ効率の向上が期待できる。

図6.9　CFRP製固定ピッチプロペラ〔提供：ナカシマプロペラ〕
（ボス部のフィンは省エネ付加装置）

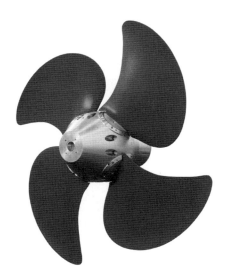

図6.10　CFRP製可変ピッチプロペラ
〔提供：ナカシマプロペラ〕

6.1.2　その他の推進器

(1) 櫓と櫂

　主に和船において，**櫓**（艪）と呼ばれるへの字型をした細長い棒を，艫や船べりの支点で支持した状態で漕ぎ手が操作し，推進力を得る。櫓は，漕ぎ手が操作する櫓腕部と，これに合わせて水中で作動する櫓下部とで構成される。櫓下の先端が平板翼の形状をしており，これを水中で往復運動させることによって推進力となる揚力を発生することができる。櫓の支点が艫にある場合，櫓は舵の役割もする。支点が舷側にある場合，櫓は主に推進力を得るために使われる。

　和船における**櫂**は，オールやパドルのように，水をかいてその反作用で推進力を得るものである。他方，櫓と同じように，平板翼の形状をした櫂の先端部を水中で8の字に往復運動させ，揚力を発生することで推進力を得る使い方もある。

　このように，和船における櫓と櫂は，古くから用いられてきた人力による推進器であるが，とくに櫓については，水中の櫓下に揚力を発生して推進力を得る特徴があるため，原理はスクリュープロペラと同じといえる。

(2) 外輪

　船体中央部両舷または船尾に，水車のような**外輪**（Paddle wheel，**外車**ともいう）を取り付け，これを回転させることで水を後方へかき，その反作用で推進力を得る。原理は，人力で櫂を漕いでいたときと基本的に同じである。2.5.1項や2.5.2項で述べたように，外輪は蒸気機関の実用化とともに開発され，歴史は古く，水深が浅い場所で，浅い喫水の状態でも推力を得ることができるという特長がある。反面，喫水が変化すると得られる推力が変わることや，波浪中での船体動揺などにより外輪が損傷を受けることがある。このような影響が少ない河川，湖沼で現在も使用されている。

(3) フォイトシュナイダープロペラ（VSP：Voith-Schneider propeller）

　船底に水平に回転する円盤を取り付け，この円盤の周縁に数枚の翼を垂直に装備した推進装置である（図6.11 (a)）。VSPはオーストリアのSchneiderが幾何学的原理を考案し，Voith社（ドイツ）が実用化したもので，造船分野の代表

的なサイクロイダルプロペラとして知られている。スクリュープロペラと同じように，推進器に揚力を発生させて推進力を得る。

円盤が回転すると翼も回転するが，同時に各翼の迎え角（流れの方向と翼のなす角）を調節し，揚力を任意の方向に変えることで推進力を得る（図6.11(b)）。このため，後進や旋回も推進器のみで可能である。この特長は先のポッド推進装置と同様であるが，スクリュープロペラに比べて機構が複雑になり，また推進のための揚力を発生しない翼がつねにあるため，推進効率は低くなる。

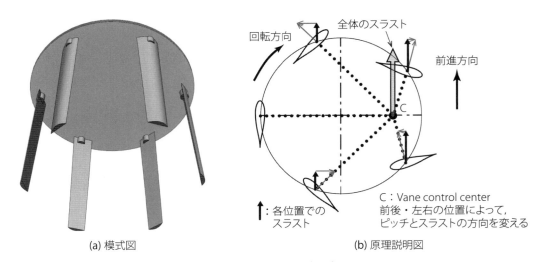

(a) 模式図　　(b) 原理説明図

図6.11　フォイトシュナイダープロペラ

（4）ウォータージェット推進器（Water jet propulsion system）

ポンプにより船底から水を吸い込み，後方のノズルから噴流（Jet flow）を噴出し，その反作用で推進力を得る。ウォータージェットは一種の軸流水ポンプの構造をしており，船底に取り付けたインテークを通して取り込まれた水はインペラで加圧（加速）される。ここで回転流となった流れをインペラ後方のステータにより整流し，ノズルにより絞って噴出する仕組みである（図6.12）。操船方法の一例を挙げると，ノズルから噴出された水流をデフレクタによって左右に転向させることで変針できる。また，バケット（リバーサ）を作動させて水流を後方から前方へ転向させることができるため，後進することができる。このバケットにより水流を中立に保ち，主機関回転時においても船体を停止状態にすることができる。

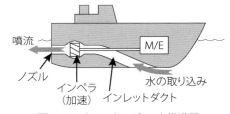

図6.12　ウォータージェット推進器

ウォータージェットは高速小型船に多く採用されているが，近年，軽量化・大出力化されたディーゼル機関やガスタービンを主機関とした，大型ウォータージェットを搭載する中型・大型の高速船が就航している。

6.2　船の出力と効率

3.2.3項において船における仕事と仕事率について，また1.3.10項では船の機関の出力の単位について述べた。船では仕事率のことを「動力（Power）」や「出力（Output）」，または「馬力（Horse power）」と表現し，船のエンジン出力表示には[kW]とともに[PS]（馬力）が記載されている場合があることなど，船における動力の取り扱いについて学んだ。

CHAPTER 6においても，「動力」「出力」そして「馬力」を，本来，正確な意味は異なるが，いずれも船の推進に必要な仕事率として推進分野で使われている表記方法であるため，表6.1に示すとおり併記して述べる。

表 6.1 船の「仕事率」の表し方

「仕事率」の表記	単位の記号	備考
動力（Power）	[W], [kW]（k：キロ（接頭語））	SI 単位の仕事率
出力（Output）	[W], [kW]（k：キロ（接頭語））	
馬力（Horse power）	[PS]（1[PS]＝0.7355[kW]）	仏馬力（メートル法の馬力） 他にヤード・ポンド法によるHP（英馬力）がある

　船体が抵抗と釣り合って，ある速度で航走するのに必要な仕事率が有効出力であるが，5.1 節で触れたように，機関で発生した出力がプロペラに伝達され，船が前進するための推力を得るまでには各種の損失があり，その出力の 100 ％ を船の推進に利用しているわけではない。

　ここでは，主要な推進器であるプロペラについて，推進性能に関する各種出力を整理し，有効に使われた出力と各部に供給された出力の比を各種の効率として，船の推進に関する諸効率の定義を説明する。加えて，効率に影響を与える船体とプロペラの相互作用について述べる。

6.2.1　出力

各種出力を，動力の流れに沿って図 6.13 に示す。

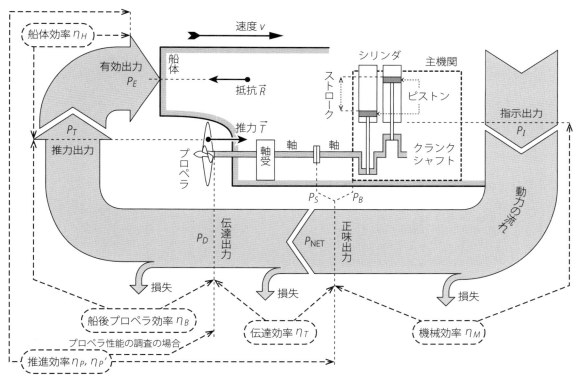

図 6.13　動力の流れと効率

① **指示出力** P_I（Indicated power, Indicated output, Indicated horse power：IHP）

機関のシリンダ内で発生する出力である。**図示出力**ともいう。シリンダ内で発生した圧力変化から平均有効圧力を測定し，次式で求められる。

$$P_I = \text{IHP} = \frac{p_e \cdot A \cdot L \cdot N}{60} \cdot n \, [\text{W}] \tag{6.1}$$

ここで，p_e：平均有効圧力 [N/cm^2]，L：ピストン行程（ストローク）[m]，A：ピストン断面積 [cm^2]，N：クランクシャフト毎分回転数 [RPM]，n：気筒数である。

② 正味出力 P_NET（Net power, Net output）

機関内の摩擦損失や，付属機械に消費される動力を差し引いて，機関から外部に伝達される出力である。

内燃機関では，**制動出力** P_B（Brake power, Brake output, Brake horse power：BHP）が正味出力である。蒸気タービンのように，軸系でのみ出力を測定する場合は，その**軸出力** P_S（Shaft power, Shaft output, Shaft horse power：SHP）を用いる。正味出力 P_NET をもって機関出力とする。

③ **伝達出力** P_D（Delivered power, Delivered output, Delivered horse power：DHP）

制動出力 P_B あるいは軸出力 P_S から，中間軸，軸受，船尾管の摩擦損失などのいろいろな損失を差し引き，最後にプロペラに伝達される出力である。プロペラの回転数を n [rps]，プロペラに伝えられるトルクを Q [N·m] とすると，次式で表せる。

$$P_D = \text{DHP} = 2\pi n Q \text{ [W]} \tag{6.2}$$

伝達出力 P_D のうち，推力を発生させるために使用される仕事率（伝達出力はプロペラを回転させるが，その一部の仕事率はプロペラを振動させたりして消費される）を**プロペラ出力**（Propeller horse power：PHP）といい，これを P_D' とする。

プロペラ出力 P_D' は，とくにプロペラが一様流中で単独で作動する場合のプロペラに伝達される出力とも定義されるが，この場合，プロペラ出力 P_D' と伝達出力 P_D の比を次のように表す。

$$\eta_R = \frac{P_D'(\text{単独状態})}{P_D} = \frac{\text{PHP}}{\text{DHP}} \tag{6.3}$$

この η_R を**プロペラ効率比**（Relative rotative efficiency）という。プロペラ効率比については後の 6.2.3 項の (3) にて，他の効率とともに説明する。

④ **推力出力** P_T（Thrust power, Thrust output, Thrust horse power：THP）

スラスト出力ともいい，プロペラが推力 T を発生して，**プロペラ前進速度** v_A を得るときの出力である。

$$P_T = \text{THP} = T \cdot v_A \text{ [W]} \tag{6.4}$$

ここで，T：プロペラの発生スラスト [N]，v_A：プロペラとその周辺の水の相対速度 [m/s] である。

なお，プロペラを作動させて船が前進するとき，プロペラ前進速度（周辺の水との相対速度）と船の速度は一致しない。このことについては 6.2.3 項で説明する。

⑤ **有効出力** P_E（Effective power, Effective output, Effective horse power：EHP）

船体が抵抗と釣り合い，ある速度で航走するのに必要な出力である。推力出力のうちの，船体に伝達された仕事率となる。これは，この船をその速度で曳航する場合に必要となる出力に相当する。

$$P_E = \text{EHP} = R \cdot v_S \text{ [W]} \tag{6.5}$$

ここで，R：抵抗 [N]，v_S：船速 [m/s] である。

6.2.2 効率

ここでは，機関出力として制動出力 P_B（BHP）を選んだとして，動力の流れに沿って各種効率を説明する。前出の図 6.13 に各出力と効率の関係を示す。

① **機械効率** η_M（Mechanical efficiency）

機関出力（正味出力）P_NET と指示出力 P_I の比を機械効率という。

$$\eta_M = \frac{P_\text{NET}}{P_I} = \frac{\text{BHP}}{\text{IHP}} \tag{6.6}$$

② **伝達効率** η_T（Transmission efficiency）

伝達出力 P_D と機関出力（正味出力）P_{NET} の比を伝達効率という。

$$\eta_T = \frac{P_D}{P_{\text{NET}}} = \frac{\text{DHP}}{\text{BHP}} \tag{6.7}$$

伝達効率の概略値としては，船尾機関の直結ディーゼル駆動のときで 1/1.03，中央部機関の直結ディーゼル駆動のときで 1/1.05 のようにとられている。

③ **船後プロペラ効率** η_B（Propeller efficiency behind hull）

プロペラが船体の後方で作動するときの，推力出力 P_T と伝達出力 P_D の比を船後プロペラ効率という。

$$\eta_B = \frac{P_T}{P_D} = \frac{\text{THP}}{\text{DHP}} \tag{6.8}$$

④ **船体効率** η_H（Hull efficiency）

有効出力 P_E と推力出力 P_T の比を船体効率（**船殻効率**）という。

$$\eta_H = \frac{P_E}{P_T} = \frac{\text{EHP}}{\text{THP}} \tag{6.9}$$

船体効率の概略値としては，一般商船でおよそ 1.01～1.04 となる。1.0 より大きくなるのは伴流の影響によるものと考えられる。詳しくは 6.2.3 項で述べる。

⑤ **推進効率** η_P（Propulsive efficiency）

有効出力 P_E と機関出力（正味出力）P_{NET} の比を推進効率という。

$$\eta_P = \frac{P_E}{P_{\text{NET}}} = \frac{\text{EHP}}{\text{BHP}} \tag{6.10}$$

推進効率は**推進係数** η_{PC}（Propulsive coefficient）ともいう。

なお，プロペラの性能を調査する際は，機関の種類によって効率が異なってしまうことを避けるため，有効出力 P_E とプロペラへ伝えられた伝達出力 P_D の比を推進効率としている。この場合の推進効率を η_{P}' とすると

$$\eta_{P}' = \frac{P_E}{P_D} = \frac{\text{EHP}}{\text{DHP}} \quad \text{（プロペラ性能の調査の場合）} \tag{6.11}$$

となる。η_{P}' の概略値はおよそ 0.65～0.75 とされる。プロペラ効率，船体効率については船体とプロペラの相互作用として次の 6.2.3 項で述べる。推進効率については自航要素とともに 6.4 節で述べる。

6.2.3 船体とプロペラの相互作用

プロペラは通常，船尾に配置され，一様流中ではなく，CHAPTER 5 で述べた発達した境界層のなか，正確にはその後流のなかで作動している。このため船体とプロペラとの間には複雑な相互作用がある。ここでは，船体がプロペラに与える影響と，プロペラが船体に与える影響について考える。

(1) **伴流**（Wake）

水中を物体が移動するとき，物体周囲の水に物体の進行方向の速度を持つ部分が生じる。これを**伴流**といい，船体の存在がプロペラに与える影響である。

船の推進に対しては，プロペラ位置での伴流の大きさが推進性能に大きく影響するが，船尾付近の船体形状によって伴流は複雑な分布になるため，伴流分布は船種毎に，また各船毎に特徴がある。

① **伴流の種類と伴流係数**

伴流は，その生じる要因により，次の 3 つに分類される。

a. ポテンシャル伴流（流線伴流）

5.2.2 項で完全流体中を移動する船の流線について述べた。水が粘性のない理想流体で，渦なしの流れを仮定したとき（**ポテンシャル流れ**という），船首尾付近では流線間隔が広がって水流が遅くなり，船体中央部側面付近では流線間隔が狭まり水流が速くなる。これは，圧力が船首部で上昇し，船側部では下降し，そして船尾部では上昇することを意味する。

すなわち，静止した流体中を船が動くと，船首で水を排除し，船尾では船の通ったあとを埋めるためについてくる水の速度があるため，これが船の進行方向と同じ方向の伴流となっている。また，船体中央部側面付近では逆方向の伴流を生じていることになる。これをポテンシャル伴流（流線伴流）といい，船首付近に吹き出しが，船尾付近に吸い込みがある流れに対応している。

船速を v_S とし，この伴流速度を v_P とすると，ポテンシャル伴流係数 $w_P = v_P/v_S$ となる。

b. **粘性伴流（摩擦伴流）**

船が前進するとき，実際の流体には粘性があるため，その影響により船体表面付近の流体が船に引きずられて前方へ進む。さらに流体どうしの内部摩擦により，船体近傍に**境界層**が形成される（5.2.1 項参照）。この領域は船尾に行くにつれて広くなり，船尾端で最大となる。境界層が船体表面から離れると，逆流や渦が生じる。これを**剥離**（はくり）といい，剥離が生じる位置を剥離点という。このようにして，船尾後流中の流速分布に速度が遅い部分ができる。

この引きずられて前方へ進む流れを粘性伴流（摩擦伴流）といい，その速度を v_ν（ν：ニュー）とすると，粘性伴流係数 $w_\nu = v_\nu/v_S$ となる。

物体が平板状のときは，後端では粘性伴流のみであるが，厚み，ふくらみがあるときは，ポテンシャル伴流と加算された流速が計測される。この分離は難しいが，一般には計測された流速から v_P を差し引いた残りを v_ν としている。

c. 波伴流（造波伴流）

船が水面近くを移動すると波が立つ。この波による流体粒子の運動（回転運動，オービタルモーションという）によって起こる速度があり，波頂部では波の進行方向の，波底部では逆方向の伴流を生じる。このため，プロペラ位置と波の山とが一致すると，船の進む方向の速度すなわちプラスの伴流を生じ，谷が来るとマイナスの伴流を生じる。これを波伴流（造波伴流）という。その速度を v_W とすると，波伴流係数 $w_W = v_W/v_S$ となる。

以上より，ポテンシャル伴流，粘性伴流，そして波伴流を加えたものが全体の伴流となるため，伴流係数 w もそれぞれ合計して，$w = w_P + w_\nu + w_W$ と表される。

プロペラの性能に関係するものは，プロペラの位置における伴流の値である。プロペラと流体との相対速度 v_A は

$$v_A = v_S - (v_P + v_\nu + v_W)$$

伴流係数は伴流の速度と船の速度の比であるため

$$w = \frac{v_S - v_A}{v_S} \tag{6.12}$$

または

$$1 - w = \frac{v_A}{v_S} \tag{6.13}$$

となる。

伴流係数 w を推定できれば，流体のプロペラへの流入速度を推定できるため，プロペラの設計には重要な意味を有する。伴流係数 w の近似式の例を以下に示す。

Taylor の式： 1軸船 $\quad w = 0.5C_B - 0.05 \quad$ (6.14)

Van Lammeren の式： 1軸船 $\quad w = \dfrac{3}{4}C_B - 0.24$

2軸船 $\quad w = \dfrac{5}{6}C_B - 0.353 \quad$ (6.15)

ここで，C_B：方形係数である．

なお，w を伴流率とし，$1-w$ を伴流係数と記述する場合もあるが，本書では伴流係数を w としている．

② 公称伴流と有効伴流

船がプロペラによって自航する場合，プロペラへの水の流入速度は，プロペラ単独で水中を進行するときのようにプロペラ作動面において一様にはなっていない．プロペラ軸方向の相対流速の変化以外に，半径方向および接線方向の流速成分も含まれているため，プロペラ作動面の位置によってその大きさも方向も変化している．この不均一な伴流の分布は，プロペラがないときと，プロペラがあり作動しているときでも異なる．

プロペラ回転円内における，プロペラがないときの流入速度を v_N とすると

$$1 - w_N = \frac{v_N}{v_S} \qquad (6.16)$$

と表される w_N を**公称伴流係数**（Nominal wake fraction）という．これは，プロペラが存在しないときのプロペラ作動面の流速分布から，プロペラ回転円内の伴流分布の平均値を求めたものである．この分布を公称伴流分布という．

次にプロペラが作動している場合，プロペラへの流入速度を v_E とすると

$$1 - w_E = \frac{v_E}{v_S} \qquad (6.17)$$

と表される w_E を**有効伴流係数**（Effective wake fraction）という．プロペラ作動時のプロペラ回転円内の伴流分布を有効伴流分布という．

有効伴流係数 w_E は直接計測することはできないため，推定計算により求める．v_E は，プロペラが船後と同一回転数で回転しているときに，船後における場合と同一のスラストまたはトルクを発生するような一様流速として与えられる．スラストを合わせて推定する方法を**スラスト一致法**といい，トルクを合わせて推定する方法を**トルク一致法**という（6.4.2 項参照）．

以上のことから，$w_N \neq w_E$ であり，ピトー管などによりプロペラ作動面の流速を計測し，さらにその結果から作成した伴流分布を解析して求められる公称伴流係数と，自航試験結果とプロペラ単独試験結果から求められる有効伴流係数は一般に一致しない．

(2) 推力減少（Thrust deduction）

プロペラが船尾で作動することによって，プロペラ前方では圧力が低下する（6.3 節参照）．船体後半部で，プロペラが作動しない場合より圧力が低下するときは，抵抗が増加したのと同じ作用となる．これを，プロペラが発生するスラストの一部が無効となっていると考え，**推力減少**といい，プロペラの存在が船体に与える影響を表す．

いま，ある速度で曳航されるときの船体抵抗を $R = R_O$ とすると，この速度を出すのに必要な推力 T は，3.2.2 項で述べたように，力の釣り合いから $T = R_O$ となるはずである．しかしながら，推力を発生するためにプロペラが船尾で作動する場合，プロペラ周囲の流場が変化し，船体の抵抗が曳航状態より増加する．このため，抵抗は $R = R_O + \Delta R$ となる．この抵抗に対して一定の速度で進んでいるため，推力 T を用いて

$$T = R_O + \Delta R \qquad (6.18)$$

と表せる。すなわち，T の推力を出しているのに，抵抗 R_O の船を前進させるために，ΔR だけ推力が減少しているように見えることから，ΔR と推力 T の比を

$$t = \frac{\Delta R}{T} = \frac{T - R_O}{T} \tag{6.19}$$

と表し，このときの t を**推力減少係数**（Thrust deduction coefficient）という。t の近似式の例を以下に示す。

$$\begin{array}{llll}
\text{Van Lammeren の式：} & 1\text{軸船} & t = 0.5C_B - 0.15 & \\
& 2\text{軸船} & t = \dfrac{5}{9}C_B - 0.205 & (6.20)
\end{array}$$

ここで，C_B：方形係数である。

また，推力減少係数 t と伴流係数 w の関係式の例を以下に示す。

$$\begin{array}{llll}
\text{Van Lammeren の式：} & 1\text{軸船} & t = (w/1.5) + 0.01 & (6.21) \\
\text{Schoenherr の式：} & 1\text{軸船} & t = kw & (6.22)
\end{array}$$

ここで，k の値は流線舵：0.5〜0.7，舵柱付複板舵：0.7〜0.9，単板舵：0.9〜1.05 である。

なお，t を推力減少率とし，$1 - t$ を推力減少係数と記述する場合もあるが，本書では推力減少係数を t としている。

（3）プロペラ効率とプロペラ効率比

プロペラが船体の後方の複雑な伴流中で作動する場合，プロペラへの水の流入速度は，一様流中でプロペラ単独で作動する場合のように一様にはなっていない。このため，たとえば同一回転数で同一推力を発生するとき，プロペラを回転させるのに要するトルクはそれぞれ異なる。

プロペラが一様流中で単独で作動する場合の推力出力と伝達出力の比は，伝達出力をプロペラ出力 $P_D{}'$（6.2.1 項参照）とすると

$$\eta_O = \frac{P_T}{P_D{}'} = \frac{\text{THP}}{\text{PHP}} \tag{6.23}$$

と表せる。このときの η_O を**単独プロペラ効率**（Propeller efficiency in open）という。

これに対して，6.2.2 項で述べたように，船体後方の不均一流中で作動する場合の推力出力と伝達出力の比は**船後プロペラ効率**であり，式 (6.8) より

$$\eta_B = \frac{P_T}{P_D} = \frac{\text{THP}}{\text{DHP}}$$

と表せた。

船後プロペラ効率と単独プロペラ効率の比を**プロペラ効率比** η_R（Relative rotative efficiency）といい，次式で定義される。

$$\eta_R = \frac{\eta_B}{\eta_O} = \frac{\text{THP}}{\text{DHP}} \Big/ \frac{\text{THP}}{\text{PHP}} = \frac{\text{PHP}}{\text{DHP}} \tag{6.24}$$

このように式 (6.3) の関係が得られる。η_R の概略値は 1 軸船でおよそ 1.0〜1.05，2 軸船でおよそ 0.95〜1.0 の値となる。

したがって船後プロペラ効率 η_B は，単独プロペラ効率とプロペラ効率比との関係式から

$$\eta_B = \eta_O \cdot \eta_R \tag{6.25}$$

と求めることができる。単独プロペラ効率は 6.3.3 項で説明する。

（4）船体効率と伴流利得

有効出力 P_E と推力出力 P_T の比を**船体効率**といい，全抵抗を R_T [N]，船速を v_S [m/s]，プロペラの推力を T [N]，プロペラと周囲の水との相対速度を v_A [m/s] とすると，式 (6.9) と式 (6.4) および式 (6.5) を組み合わせて

$$\eta_H = \frac{P_E}{P_T} = \frac{\text{EHP}}{\text{THP}} = \frac{R_T \cdot v_S}{T \cdot v_A} \tag{6.26}$$

となる。ここで，6.2.3 項で述べた伴流係数 w と推力減少係数 t を導入すると，上式は

$$\eta_H = \frac{1-t}{1-w} \tag{6.27}$$

となる。この式より，伴流係数 w を大きくするほど，また推力減少係数 t を小さくするほど船体効率が高くなるため，船体効率が伴流と推力減少の影響を受けることがわかる。

$\eta_H = \frac{1-t}{1-w}$ の値は，一般には 1.0 より大となっている場合が多い。標準的な値としては 1.025 くらいになる。これは，プロペラによる船体抵抗の増加を抑制しながら，船体の伴流を有効に利用していると考え，**伴流利得**と呼ばれる。船尾にプロペラを置く理由の 1 つである。ただし，その内容は，抵抗に含まれる船体周りの前向きの流れエネルギーを回収しているに過ぎない。

ここまで述べてきた伴流係数 w，推力減少係数 t およびプロペラ効率比 η_R を総称して「自航要素」という。

例題 6-1 ある船が船速 $V_S = 13.0\,[\text{k}'\text{t}]$ で航走しているとき，$1 - w$（w：伴流係数）の値が 0.67 であった。このときのプロペラの前進速度 V_A はいくらになるか。

解 式 (6.13) より，プロペラ前進速度は $V_A = V_S(1-w)$ である。それぞれの値を代入して求めると

$$V_A = V_S(1-w) = 13.0 \times 0.67 \fallingdotseq 8.7\,[\text{k}'\text{t}]$$

例題 6-2 ある船が，ある一定の速度で航走するときの船体抵抗が 80 [kN] であったとする。この船を同じ速度で航走させるために必要なプロペラの推力は 100 [kN] であった。このときの推力減少係数 t はいくらになるか。

解 $T = 100\,[\text{kN}]$ の推力を出して，抵抗 $R_O = 80\,[\text{kN}]$ の船を進ませていることから，$\Delta R = T - R_O$ だけ推力が減少していると考えて，式 (6.19) より

$$t = \frac{T - R_O}{T} = \frac{100 - 80}{100} = 0.20$$

6.3 スクリュープロペラ，単独効率とキャビテーション

船舶の推進装置として，スクリュープロペラが広く採用されている。その理由として，さまざまな推進装置のなかでも構造が比較的簡単で堅牢であり，推進効率に優れていることが挙げられる。

ここでは，プロペラの理想効率を理解するために基本となるプロペラ基礎理論を紹介し，続いてプロペラの基礎用語，単独プロペラ効率およびキャビテーションについて説明する。

6.3.1 プロペラ基礎理論

はじめに，推力発生の原理と理想効率について，運動量理論を用いて説明する。次に，プロペラが水中で作動するとき，各翼で生じる揚力および抗力からスラストとトルクを得ることを，翼理論を用いて簡単に説明する。加えて，翼素における効率について解説する。

（1）運動量理論

3.2.1 項で説明したように，運動量とは物体の質量と速度の積を用いて運動の大きさを定義するもので，その積を運動量という。この運動量理論によりプロペラの推力発生の原理を説明する。

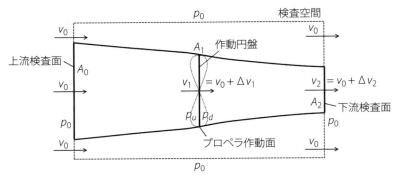

図 6.14 作動円盤と前後の流れ

理想流体が定常状態で流れている場合，図 6.14 に示すように，プロペラを囲む検査空間を取り出し，プロペラ作動円を通る水流が形成する流管について考える。プロペラは推力が円周方向に均等に分布する円盤（**作動円盤**）とみなし，後流の回転はないものと仮定する。この流管の内外では流れの出入りはないものとし，プロペラへ流れ込む上流と流れ去る下流の十分離れた位置にそれぞれ上流検査面，下流検査面を設定する。両検査面および外側部分はプロペラから十分離れたところにあるため，圧力は静水圧 p_0 に等しいとする。上流から検査空間へ流入する流体の軸方向速度を v_0，上流検査面の断面積を A_0，プロペラ作動面での流体の軸方向速度を v_1，速度変化量を Δv_1，断面積を A_1，下流検査面から流出する流体の軸方向速度を v_2，速度変化量を Δv_2，断面積を A_2 とする。以上の条件から，単位時間に流れる流体の質量（質量流量）$\dot{m}$ [kg/s] は変化しないため，流体の密度を ρ [kg/m^3] とすると次の式が成り立つ。

$$\dot{m} = \rho A_0 v_0 = \rho A_1 v_1 = \rho A_2 v_2 \\ = \rho A_1 (v_0 + \Delta v_1) = \rho A_2 (v_0 + \Delta v_2) \tag{6.28}$$

一方，流体の速度変化によって運動量は変化し，この変化に等しい力が考えている部分の流体に加えられた力である。この力の反作用として，プロペラには同じ大きさの推力が生じる。すなわち，上流検査面から流入する軸方向の運動量と，下流検査面から出ていく軸方向の運動量の，単位時間当たりの差がプロペラのスラストとなる。これを T とすると

$$T = \dot{m}(v_0 + \Delta v_2) - \dot{m} v_0 \\ = \dot{m} \Delta v_2 \\ = \rho A_1 (v_0 + \Delta v_1) \Delta v_2 \tag{6.29}$$

となる。

プロペラが作用するためにはプロペラの前面と後面で圧力差が必要で，プロペラ作動面の前後の圧力をそれぞれ p_u, p_d とする。水平流管を仮定し，管内でエネルギー損失はないものとすると，**ベルヌーイの式**がそれぞれ次のように成り立つ。

上流検査面からプロペラ前面まで
$$p_0 + \frac{1}{2}\rho v_0^2 = p_u + \frac{1}{2}\rho(v_0 + \Delta v_1)^2 \tag{6.30}$$

プロペラ後面から下流検査面まで
$$p_d + \frac{1}{2}\rho(v_0 + \Delta v_1)^2 = p_0 + \frac{1}{2}\rho(v_0 + \Delta v_2)^2 \tag{6.31}$$

これらの 2 式より圧力差を求めると

$$p_d - p_u = \frac{1}{2}\rho\left\{(v_0 + \Delta v_1)^2 - v_0^2\right\} \\ = \rho\left(v_0 + \frac{1}{2}\Delta v_2\right)\Delta v_2 \tag{6.32}$$

となる。プロペラが発生するスラスト T は，この圧力差にプロペラ作動面の断面積を乗じて次のように表すことができる。

$$T = (p_d - p_u)A_1$$
$$= \rho A_1 \left(v_0 + \frac{1}{2}\Delta v_2\right)\Delta v_2 \qquad (6.33)$$

ゆえに，先のスラスト T の式 (6.29) と比較すると

$$\Delta v_1 = \frac{1}{2}\Delta v_2 \qquad (6.34)$$

の関係式を得る．すなわち，プロペラの吸い込みにより，流体はプロペラ作動面前面までに半分だけ加速され，その後さらに加速されて後流になっていることがわかる．

次に，プロペラが静止流体中を速度 v_0 で前進するとき，スラスト T を発生していると考えると，単位時間の有効仕事は Tv_0 である．一方，プロペラが流体に与えたエネルギーは，流体が上流検査面を通過するときの運動エネルギーと下流検査面を通過するときの運動エネルギーの差であるため，プロペラの**理想効率** η_i（Ideal efficiency）は

$$\eta_i = \frac{Tv_0}{\frac{1}{2}\dot{m}(v_0 + \Delta v_2)^2 - \frac{1}{2}\dot{m}v_0{}^2} \qquad (6.35)$$

となる．したがって，式 (6.29)，式 (6.33) および式 (6.34) より

$$\eta_i = \frac{\rho A_1 \left(v_0 + \frac{1}{2}\Delta v_2\right)\Delta v_2 \cdot v_0}{\rho A_1 \left(v_0 + \frac{1}{2}\Delta v_2\right)^2 \Delta v_2} = \frac{v_0}{v_0 + \frac{1}{2}\Delta v_2} = \frac{1}{1 + \frac{\Delta v_2}{2v_0}} \qquad (6.36)$$

となる．この式は，後流の増速 Δv_2 が少ないほど効率が良いことを示している．ただし，スラスト T の式 (6.33) より，Δv_2 を小さくしながら同じ T を発生するには A_1 を大きくしなければならないことがわかる．

ここで無次元速度 a と**プロペラ荷重度** C_T（Thrust loading coefficient）を次のように定義する．

$$a = \frac{\Delta v_1}{v_0} = \frac{\Delta v_2}{2v_0} \qquad (6.37)$$
$$C_T = \frac{T}{\frac{1}{2}\rho A_1 v_0{}^2} \qquad (6.38)$$

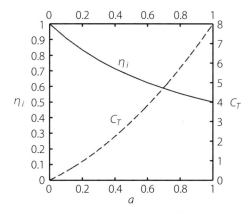

図 6.15 理想効率・プロペラ荷重度と軸方向干渉係数の関係

a は**軸方向干渉係数**と呼ばれる．プロペラ荷重度 C_T は作動円盤の単位面積当たりの推力を無次元化したものといえる．また両式と式 (6.33) より，$C_T = 4a(1+a)$ の関係式を得る．したがって，理想効率 η_i は

$$\eta_i = \frac{1}{1+a} = \frac{2}{1+\sqrt{1+C_T}} \qquad (6.39)$$

と表すことができる．ゆえに，プロペラ荷重度 C_T を小さくするほど効率が良いことがわかる．図 6.15 に η_i，C_T と a の関係を示す．図より，a を小さくするほど C_T が減少するため，v_0 に対する増速分 Δv_1 をできるだけ小さくすることにより効率が良くなる．

以上のことから，プロペラの理想効率をまとめると

- 大直径，低回転のプロペラにより効率が向上する．
- プロペラ荷重度が小さいほど効率が良い．ただし，抵抗と釣り合うためにはある一定のスラスト T が必要である．

実際のプロペラには，後流の回転エネルギー損失，翼面の粘性抵抗損失などがあるため，プロペラの効率は理想効率を超えることはない。

(2) プロペラ翼素に作用する力と効率

翼素理論とは，プロペラ翼を半径方向に多数の要素に分割し（これを**翼素**と呼ぶ）（図 6.16），それぞれに翼理論を適用し，生じる**揚力**と**抗力**から計算して得られる部分推力と部分トルクを翼全体にわたって積分することで，プロペラに働く力を調べる理論である。

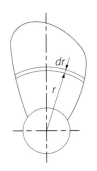

図 6.16　プロペラの翼素

図 6.17 において，プロペラの回転角速度 Ω，前進速度 v とする。半径 r のところの翼素を考えると，流入速度は v_r で，これにより揚力 dL と抗力 dD が生じる。プロペラ作動面と v_r のなす角を前進角 β とする。3.1.1項や 3.1.2 項を参考に解くと，図より，スラストは

$$dT = dL\cos\beta - dD\sin\beta \tag{6.40}$$

トルクは

$$dQ = r(dL\sin\beta + dD\cos\beta) \tag{6.41}$$

となるため，この翼全体のスラストとトルクを得るには，これらをそれぞれ積分すればよいことになる。

このとき，翼素における効率 $\eta_{(r)}$ は

$$\eta_{(r)} = \frac{v}{\Omega}\frac{dT}{dQ} \tag{6.42}$$

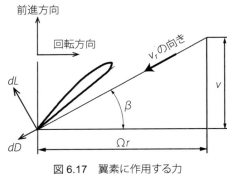

図 6.17　翼素に作用する力

と表せるため，式 (6.40)，式 (6.41) を代入すると

$$\eta_{(r)} = \frac{v}{\Omega r}\frac{dL\cos\beta - dD\sin\beta}{dL\sin\beta + dD\cos\beta}$$

となる。ここで，$dD/dL = \varepsilon$（抗揚比）$= \tan\gamma$ と置くと

$$\eta_{(r)} = \frac{v}{\Omega r}\frac{1 - \tan\beta\tan\gamma}{\tan\beta + \tan\gamma} \tag{6.43}$$

となる。図より，$\tan\beta = v/\Omega r$ であり，2 角の和は $\tan(x+y) = \frac{\tan x + \tan y}{1 - \tan x \tan y}$ により与えられるため，上式を整理して

$$\eta_{(r)} = \frac{\tan\beta}{\tan(\beta + \gamma)} \tag{6.44}$$

を得る。この式より，$\gamma = 0$（$dD \to 0$）で $\eta_{(r)} = 1.0$ となり，β によらず効率が一定となる。しかし，翼には**誘導速度**による**誘導抗力**が生じるため，$dD \neq 0$ である。この場合，β の大きさが効率に影響を与えることになる。

次に，誘導速度を考慮した関係を図 6.18 に示す。軸方向の誘導速度を u'，回転方向の誘導速度を w' とすると，これらの合速度は流入する速度 v_r' に垂直である。誘導速度は一般に下向きであり（吹き下ろしといわれる），迎え角が減少するため補正が必要となる。このときの β_i を水力学的ピッチ角という。

先ほどと同様に翼素における効率を求める。スラストは

$$dT = dL\cos\beta_i - dD\sin\beta_i \tag{6.45}$$

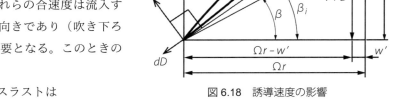

図 6.18　誘導速度の影響

トルクは
$$dQ = r(dL\sin\beta_i + dD\cos\beta_i) \tag{6.46}$$

となる。この場合も，この翼全体のスラストとトルクを得るには，これらをそれぞれ積分すればよいことになる。続いて先に解いたように効率を求めると

$$\eta_{(r)} = \frac{v}{\Omega}\frac{dT}{dQ} = \frac{v}{\Omega r}\frac{1}{\tan(\beta_i+\gamma)} \tag{6.47}$$

と整理できる。図より

$$\tan\beta_i = \frac{v+u'}{\Omega r - w'} \tag{6.48}$$

ここで，軸方向の誘導速度を $u' = av$，回転方向の誘導速度を $w' = a'\Omega r$ と，係数 a, a' を用いて表すと

$$\tan\beta_i = \frac{v(1+a')}{\Omega r(1-a)} \tag{6.49}$$

となる。ゆえに，式 (6.47) と式 (6.49) を組み合わせると

$$\eta_{(r)} = \frac{1}{1+a} \cdot (1-a') \cdot \frac{\tan\beta_i}{\tan(\beta_i+\gamma)} \tag{6.50}$$

の関係式を得る。この式の右辺の最初の部分は軸方向の誘導速度に関するもので，運動量理論における後流の回転がない状態の効率を意味し，a は**軸方向干渉係数**である。2番目の部分は回転方向の誘導速度に関するもので，a' は**回転方向干渉係数**である。a' は回転方向の誘導速度 w'，すなわち後流の回転を表すため，後流の回転を小さくすると効率が向上することがわかる。ここでは省略したが，このことは運動量理論からも導くことができる。そして，3番目の部分は誘導速度を考慮する前と同様の結果を β_i について示している。

したがって，プロペラ翼素理論に誘導速度を考慮して効率を考えると，運動量理論と翼素理論を組み合わせた効率のようになることがわかる。

ここで示したようなプロペラの基礎理論によって，推進器の基本的な特性を理解することができる。他方，プロペラ周りの複雑な流れや他の翼素の影響，翼の形状その他，厳密な検討のためには考えなければならないことが多くあるため，渦理論，無限翼数理論，揚力線理論，揚力面理論，揚力体理論など，推進・性能の分野でさまざまな理論が詳細な解析に用いられている。

6.3.2 プロペラの形状と基礎用語

(1) プロペラ各部の名称

6.1.1 項の (1) で述べたように，プロペラはねじ（Screw）の特性を活かした推進装置であり，推進力を発生する**プロペラ翼**（Blade）と，プロペラ翼を支持しプロペラ軸に接合する**ボス部**（Boss，または**ハブ**（Hub））で構成される（図 6.19）。

プロペラ翼を船尾から見て見える面を**圧力面**（**前進面**（Pressure surface）または**正面**（Face））という。圧力面の反対面を**背面**（**後進面**（Suction surface または Back））という。

プロペラ翼のボスへの接合部分を**翼根元**（Blade root）といい，翼の先の部分を**翼先端**（Blade tip）という。プロペラが前進するときに回転する方向のプロペラ翼の縁を**前縁**（Leading edge），後方の縁を**後縁**（Trailing edge）という。

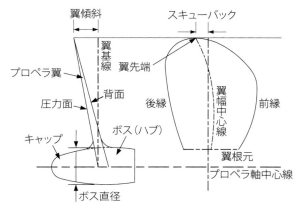

図 6.19 プロペラ主要部の名称

(2) プロペラ基礎用語

船舶の完成要目のうち、プロペラ要目としてプロペラ翼数、直径、ピッチ比、展開面積比などが記載される。プロペラ設計で用いられる用語は多くあるが、プロペラの性能を知る上で必要な主なものについて解説する。

① **プロペラ直径 D（Diameter）**

プロペラが回転するとき、プロペラ翼の先端が描く円の直径である。プロペラ軸の中心から、プロペラ翼の先端までの長さを R とすると $2R = D$ であり、これをプロペラ直径とする。

プロペラ性能上、最も効率の良い直径を採用するべきであるが、船尾変動圧力が問題とならないように、プロペラ翼先端部から直上の船尾骨材までの間隔（**チップクリアランス（Tip clearance）**）は、適度な量を確保する必要がある。

② **ピッチ P（Pitch）**

プロペラが 1 回転したとき、プロペラ翼の任意の点が軸方向に移動した距離をピッチという。実際にプロペラが水中を進むとき、ボルトとナットのピッチのように移動する距離ははっきりとはわからないが、プロペラが 1 回転で進む理論上の距離をプロペラのピッチとしている。また、プロペラ軸上に一端がある直線（母線とする）が、軸中心の周りを回転しながら前進するときに描く軌跡を**螺旋面**といい、基本的にプロペラ翼の圧力面はこの螺旋面の一部になっている（図 6.20）。

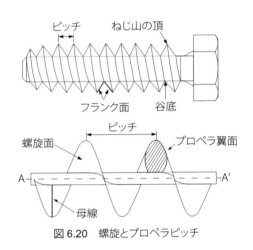

図 6.20　螺旋とプロペラピッチ

ピッチには**一定ピッチ**（Constant pitch）と**変動ピッチ**（Variable pitch）がある。プロペラ翼の半径方向にピッチ分布が一定のものを一定ピッチ、半径方向にピッチ分布を変化させているものを変動ピッチという。変動ピッチのうち、翼根元から翼先端へ行くにしたがってピッチがしだいに増加するものを**漸増ピッチ**（Increasing pitch），反対にピッチが減少するものを**漸減ピッチ**（Decreasing pitch）という。変動ピッチを表示する場合、一般に $0.7R$（R は軸中心からのプロペラ半径）の位置におけるピッチを、代表して**平均ピッチ**としている。

③ **ピッチ比（Pitch ratio）**

プロペラのピッチ P [m] と直径 D [m] との比をピッチ比という。すなわち、ピッチ比を r_P とすると

$$r_P = \frac{P}{D} \tag{6.51}$$

となる。プロペラの大きさが異なっていても、形状が相似であればピッチ比は同じであるため、プロペラの直径が決定していない初期計画時において、プロペラの性能を比べるのに常用される。

なお、ピッチを H，ピッチ比を p として

$$p = \frac{H}{D} \tag{6.52}$$

と表されることも多く、本章 6.5 節においても、プロペラ設計図表を用いてプロペラ主要目を推定する方法の説明のなかで使用している。

④ **全円面積 A_O（Disc area）**

プロペラが回転するとき、翼先端が描く円の面積を全円面積という。

⑤ **展開面積 A_E（Expanded area）**

プロペラ翼を一定の決まりにしたがって平面上に展開したときの面積である。ボスの面積を含まず、翼数全体の合計面積である。

まず、**伸張面積 A_D（Developed area）**について日本工業規格（JIS F 0024：1993）に基づき概説する。プロペラ軸

中心から半径 r の位置において，同心の円筒面がプロペラ翼を切断したと仮定する。②で述べたように，この円筒表面に現れる翼断面の，圧力面の曲線は螺旋となっている。設計中心線を軸として，この位置でのピッチ角 ϕ だけプロペラ翼を回転させたとき，プロペラ軸方向に見てこの翼断面がなす曲線を，ピッチ角 ϕ と半径 r から得られる曲率半径の円弧で近似して，プロペラ軸に垂直な平面上に描き表す。この円弧をそれぞれの半径位置の各翼断面について描き，これらの曲線によって構成される翼図形（伸張図）の面積をプロペラ翼伸張面積（Developed blade area）という。ボスの面積を含まず，翼数全体の合計面積を伸張面積 A_D という。

伸張図で，円弧上にある各翼断面を一直線に延ばした状態でのプロペラ翼の面積をプロペラ翼展開面積（Expanded blade area）といい，翼数全体を合計したものが展開面積 A_E である。

⑥　投影面積 A_P（Projected area）

プロペラ軸に垂直な平面にプロペラ翼を投影したときの面積である。ボス部の面積を含まず，翼数全体の合計面積である。

⑦　展開面積比 a_E（Expanded area ratio）

展開面積の全円面積に対する比を展開面積比という。$a_E = A_E/A_O$ と求められる。6.5 節に示すように，ピッチ比 p，翼数 Z とともに，プロペラの性能に最も影響を及ぼすプロペラ要目の 1 つである。

⑧　投影面積比 a_P（Projected area ratio）

投影面積の全円面積に対する比を投影面積比という。$a_P = A_P/A_O$ と求められる。

⑨　ボス比（Boss ratio）（またはハブ比（Hub ratio））

ボスの直径 D_B [m] とプロペラの直径 D [m] との比をボス比という。すなわち，ボス比を r_B とすると

$$r_B = \frac{D_B}{D} \tag{6.53}$$

となる。ボスの直径 D_B はプロペラ翼の中心線の位置で測る（前出の図 6.19 参照）。プロペラの直径が一定ならば，できるだけボス比を小さくするほうがプロペラの効率は良い。

⑩　翼傾斜（Blade rake）

一般的にプロペラ翼は，プロペラ軸の中心線に対して垂直ではなく，船尾側にある角度だけ傾斜している。この傾きを翼傾斜といい，傾いている角度を**傾斜角**（Rake angle）という（前出の図 6.19 参照）。翼傾斜は**翼レーキ**ともいう。推進性能の面から，翼を傾斜させることで船尾周りの流線に対して翼をできるだけ垂直にし，流入速度の均一化を図っている。加えて，船体とプロペラとの推進性能上の適度な距離を保つことができる。また，翼傾斜によって翼先端と船尾骨材との適度な間隔を確保し，プロペラ起振力などの影響がないようにしている。この他，船体との適度な距離を保つことはキャビテーション防止のためにも重要である。傾斜角は 10～15 [°] くらいのものが多い。

⑪　翼数 Z（Number of blades）

プロペラ翼数については，船体振動に大きく影響を及ぼすため，**プロペラ翼振動数**（Blade frequency）とプロペラ起振力を十分に考慮して決定される。翼数とプロペラ回転数の積で求められるプロペラ翼振動数が軸系の振動や船体振動と共振しないように，プロペラ翼数を選定することが必要である。

同一の出力を伝達する場合，翼数を増すと，プロペラ直径を小さく，1 翼当たりの発生スラストも小さくできるため，船体へ伝わる変動圧は減少する。スラスト変動も小さくなるため，6.1.1 項の (3) で述べた Bearing force および Surface force を軽減できる。

このように，プロペラ起振力の問題に留意した上で，より高い効率が得られる翼数とする。原則として，翼数は少ないほうが相互干渉が少なく，効率が良いとされるが，プロペラ直径や，プロペラと船体との間隔（**プロペラアパーチャ**（Propeller aperture））などの要素も含めて，総合的に全体の性能を評価することが必要である。

⑫　プロペラ毎分回転数（Propeller speed，Propeller RPM）

通常，主機関の連続最大出力および常用出力に対応する毎分回転数として要目に記載される（1.3.1 項，1.3.10 項参照）。

船舶は，就航後の船体およびプロペラの汚損などの経年変化や実際の気象・海象によって抵抗が増加すると，主機関回転速度が低下し，主機関のトルクが過度になり，いわゆる**トルクリッチ**の状態になることがある。したがって，1.3.11 項や 5.3 節において**シーマージン**について述べたが，経年変化などにより抵抗が増加した場合でも出力を確保するためには，回転数およびトルクに余裕を持たせておく必要がある。しかし，回転数の高いプロペラの効率は低下する傾向にあるため，必要最小限の回転数マージンとなるように設計される。

⑬　回転方向（Direction of rotation）

プロペラの回転方向は，前進回転のとき，船尾から見て時計回りをするプロペラを右回り（Right handed）のプロペラ，その反対のものを左回り（Left handed）のプロペラという。1 軸船では，一般に右回りのものが多い。

2 軸船では右舷を右回り，左舷を左回りとすることが多いが，これを外回り（Outward turning または Outer turning）といい，その反対のものを内回り（Inward turning または Inner turning）という。

⑭　スキュー角（Skew angle）

6.1.1 項の (3) で示したように，プロペラ翼を後方から見たときのプロペラ翼幅中心線を回転の円周方向の後ろ向きに湾曲させることを**スキューバック**（Skew back）といい，基準線に対して湾曲している角度をスキュー角という。図 6.21 に示すように，スキュー角は投影図において，プロペラ軸中心とプロペラ翼幅中心線の翼先端の点を結ぶ直線と，プロペラ軸中心からプロペラ翼幅中心線へ引いた接線とが成す角度で定義される。

スキューバックを設けることでプロペラスラストの変動を少なくし，船尾変動圧力の軽減に効果がある。NK の規則では，スキュー角 25 [°] を超えるプロペラをハイリースキュードプロペラ（HSP）と定義されている（6.1.1 項の (3) 参照）。HSP は通常プロペラに比べて，とくに翼先端部における応力が高くなるため，プロペラ翼の厚さや，プロペラ鋳物の溶接補修について，特別に規定されている。

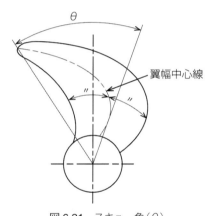

図 6.21　スキュー角（θ）

⑮　輪郭（Outline）

螺旋面の一部であるプロペラ翼の外形を輪郭という。輪郭には，**展開輪郭**（Expanded contour）と**投影輪郭**（Projected contour）があり，プロペラ翼面図に示される。展開形状はプロペラ設計図の基本図で，船尾から船首へ向かって見た図形を描く。

外形はいろいろあるが，主に楕円型，末広型，烏帽子型の 3 つに大別される。プロペラ翼の最大翼幅が半径方向のどの位置にあるかによって，楕円型と末広型の違いがある。楕円型にスキューバックをつけると烏帽子型になる。

⑯　スリップ（Slip）

プロペラが 1 回転したとき，理論的に進む距離がピッチ P [m] であった（② 参照）。プロペラの回転数を n [rps] とすると，1 秒間に $P \cdot n$ [m] 進むため，プロペラの進む速さは $P \cdot n$ [m/s] である。

しかし，実際にはプロペラは水のなかで回転しているためすべりがあり，さらに船の抵抗によって進む距離は $P \cdot n$ [m] より少なく，いくらかの遅れが生じる。この遅れを**見掛けのスリップ**（Apparent slip）という（図 6.22）。実際に船の進む速さを v_S [m/s] とすると

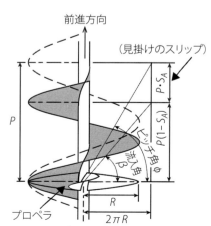

図 6.22　プロペラのピッチとスリップ

$$\text{見掛けのスリップ} = P \cdot n - v_S \, [\text{m/s}]$$

で表される。このとき，船の速さ v_S [m/s] に対して，$P \cdot n$ [m/s] をプロペラ速度という。

見掛けのスリップとプロペラ速度の比を**見掛けのスリップ比**（Apparent slip ratio）といい，S_A とすると

$$S_A = \frac{P \cdot n - v_S}{P \cdot n} \tag{6.54}$$

となる。

6.2.3 項で述べたように，船が航走するとき，船体の表面付近には伴流を生じるため，周囲の水を基準にプロペラを見ると，プロペラの前進速度は船の速度 v_S から伴流速度 v_W を差し引いたものとなる。すなわち，プロペラの前進速度を $v_A = v_S - v_W$ [m/s] とすれば，**真のスリップ**（Real slip）は

$$\text{真のスリップ} = P \cdot n - v_A \, [\text{m/s}]$$

で表される。真のスリップとプロペラ速度の比を**真のスリップ比**（Real slip ratio）といい，S_R とすると

$$S_R = \frac{P \cdot n - (v_S - v_W)}{P \cdot n} = \frac{P \cdot n - v_A}{P \cdot n} \tag{6.55}$$

と表される。

実船の場合，プロペラ付近の伴流速度を実測できないため，スリップ比といえば一般に見掛けのスリップ比のことを意味する。

⑰ **翼断面形状**（Blade section）

プロペラ翼の断面形状には，大別して**オジバル型断面**（Ogival section）（円弧型断面）と**エーロフォイル型断面**（Aerofoil section）とがある（図 6.23）。一般に飛行機翼の断面形状を翼型というが，船舶のプロペラの場合，これをエーロフォイル型と呼ぶ。

翼型の前縁と後縁を結ぶ線分を**翼弦**といい，その長さを**翼弦長**という。オジバル型が断面の中央に最大厚さがあるのに対し，エーロフォイル型では，最大厚さが前縁から翼弦長の約 1/3 付近にある。また，翼断面の圧力面の前縁および後縁を少しそぎ取って形状修正を施したものを**ウォッシュバック**（Wash back）という。エーロフォイル型で，前縁にウォッシュバックをつけたものが MAU 型であり，前縁と後縁にウォッシュバックをつけたものが**トルースト型**（Troost section）である。MAU 型は旧運輸技術研究所がメー

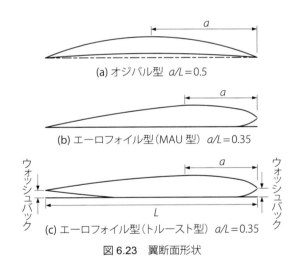

図 6.23 翼断面形状

カーと共同で開発した AU 型プロペラを，後の船舶技術研究所（現在の海上技術安全研究所）において改良したものである。トルースト型は Wageningen B 型プロペラとしても知られる。

一般にエーロフォイル型は効率の点で優れているため広く採用されている。とくにボスに近く周速度の遅い翼根元付近ではエーロフォイル型とし，ウォッシュバックをつける場合が多い。オジバル型はキャビテーション発生防止や，空気吸い込み現象の防止に有利な形状である。

6.3.3 単独プロペラ効率（Propeller efficiency in open）

(1) プロペラ単独性能

5.1.1 項で示したように，抵抗は一般性を持たせるために流体密度 ρ，物体の代表面積 S，船速 v を用いて無次元化され，抵抗係数の形で表された。プロペラを設計する際にも、相似プロペラ模型を使った水槽実験の結果を無次元量と

してデータベース化しておくことにより，実機プロペラの性能の推定に利用できる．このためにまとめられているプロペラ単独での性能を示す諸係数について説明する．

直径 D のプロペラが単独で一様流のなか，毎秒回転数 n で作動するときのスラストとトルクをそれぞれ T，Q とする．スラスト T について，抵抗の場合と同様に，スラストも $\rho S v^2$ に比例すると考えられるため，速度 v としてプロペラ先端の周速度 $\pi n D$ をとり，面積 S としてプロペラ回転円の面積 $\frac{\pi}{4} D^2$ をとると

$$T \propto \rho \cdot \frac{\pi}{4} D^2 \cdot (\pi n D)^2 \tag{6.56}$$

となる．これを代表物理量で整理すると

$$T \propto \rho n^2 D^4 \tag{6.57}$$

の関係を得る．ここで比例係数を K_T とすると

$$T = \rho n^2 D^4 K_T \tag{6.58}$$

と表せる．これより

$$K_T = \frac{T}{\rho n^2 D^4} \tag{6.59}$$

と得られる K_T を**スラスト係数**という．

次にトルク Q について，6.3.1 項の (2) で示したように，トルクはプロペラ翼の各翼素に生じる揚力および抗力の回転方向分力に半径を乗じたものを積分して得られた．すなわち，力として上記のスラスト T，距離として直径 D をとり，代表物理量で整理すると

$$Q \propto \rho n^2 D^4 \cdot D = \rho n^2 D^5 \tag{6.60}$$

の関係を得る．ここで比例係数を K_Q とすると

$$Q = \rho n^2 D^5 K_Q \tag{6.61}$$

と表せる．これより

$$K_Q = \frac{Q}{\rho n^2 D^5} \tag{6.62}$$

と得られる K_Q を**トルク係数**という．

さらに半径 r の位置の翼素について考える．いま，プロペラの前進速度を v_A とし，角速度を Ω とすると，回転方向の速度は $\Omega r = 2\pi n r$ である．この翼素は回転しながら前進するため，翼素の進む方向はこれらの合速度の方向となる（前出の図 6.17 参照）．前進方向の速度と回転方向の速度の比は $v_A / 2\pi n r$ と表せる．プロペラ翼先端位置については $r = D/2$ であり，π は定数であるため係数としては省略し，このときの比を J とすると

$$J = \frac{v_A}{nD} \tag{6.63}$$

となる．この比例係数 J を**プロペラ前進係数**といい，プロペラ前進速度とプロペラ翼先端の回転速度の比を表す．

ここまで説明してきた K_T，K_Q および J を用いて，最も基本的なプロペラ性能を表す単独プロペラ効率 η_O を求める．6.2.3 項の (3) でプロペラ効率について示したが，**単独プロペラ効率** η_O は式 (6.23) より次式となる．

$$\eta_O = \frac{P_T}{P_D{'}} = \frac{\text{THP}}{\text{PHP}} = \frac{T v_A}{2 \pi n Q} \tag{6.64}$$

したがって，式 (6.58) と式 (6.61) を代入して

$$\eta_O = \frac{K_T}{2\pi K_Q} \frac{v_A}{nD} \tag{6.65}$$

となる。ゆえに，プロペラ前進係数 $J = v_A/nD$ より

$$\eta_O = \frac{J}{2\pi}\frac{K_T}{K_Q} \tag{6.66}$$

の関係式が得られる。以上の結果，一様流中の単独状態のプロペラ性能を示す単独プロペラ効率 η_O は，無次元係数のプロペラ前進係数 J，スラスト係数 K_T，トルク係数 K_Q を使って表すことができる。

(2) プロペラ単独試験

プロペラが船体や舵の影響を受けずに，一様流中で作動するときの性能を調べるのが**プロペラ単独試験**（Propeller open test）である。プロペラ単独試験の結果は，実船のプロペラの単独特性を求めるためや，**自航試験**を解析するために使用される。

スラスト係数 K_T，トルク係数 K_Q はプロペラ前進係数 J の関数になることが知られている。8.2.1 項に多項式近似の例を示す。したがって，K_T，K_Q を構成する無次元量の J，そして**レイノルズ数** R_e および**フルード数** F_n（5.2.4 項参照）が等しければ，縮尺模型を使って実機の性能を推定することができる。しかしながら，R_e，F_n を合致させることはできない。そこで通常，R_e および F_n の影響がない状態とし，プロペラ前進係数を合わせて実験を行う方法か，または R_e を修正する方法がある。

プロペラ単独試験の解析の流れを図 6.24 に示す。この試験では，計測装置は必要であるが，できるだけプロペラが単独の状態とし，通常，ある一定のプロペラ回転数 n [rps]，プロペラ前進速度 v_A [m/s] のときにプロペラが発生するスラスト T [N]，トルク Q [N·m] をプロペラ動力計によって計測する。計測した n，v_A，T，Q を無次元化すると，プロペラの特性を表す重要な指標であるプロペラ前進係数 J，スラスト係数 K_T，トルク係数 K_Q を求めることができる。

J を横軸にとったときの K_T，K_Q および η_O との関係の一例を図 6.25 に示す。この図を**プロペラ単独性能曲線**という。

船体と主機関に適合した，できるだけ効率の高いプロペラを設計するために，翼数，面積比，ピッチ比を系統的に変化させたシリーズプロペラを用いて実施された模型試験結果から，**プロペラ設計図表**が整備されている。この図表を用いることにより，与えられた設計条件に適合した，最も効率の高いプロペラの検討が可能である。主な系統的試験として，Froude，Durand，Schaffran，Taylor，Troost による歴史的なものがあり，現在も活用されているものもある。国内では旧船舶技術研究所（船研）のものがある。シリーズプロペラとして，Troost による Wageningen B 型プロペラ，船研の MAU 型プロペラが広く知られている。

8.2.2 項に，代表的なプロペラ設計図表である B_P-δ 図表を示す。図に示されている出力係数 B_P と直径係数 δ は次のように定義される。

$$\text{出力係数 } B_P = \frac{NP^{0.5}}{V_A^{2.5}} = \frac{N(\text{DHP})^{0.5}}{V_A^{2.5}}$$

$$\text{直径係数 } \delta = \frac{ND}{V_A}$$

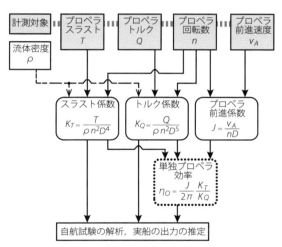

図 6.24　プロペラ単独試験の解析の流れ

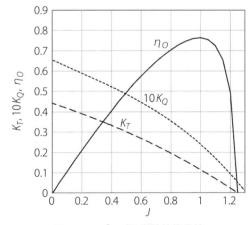

図 6.25　プロペラ単独性能曲線

ここで，N：プロペラ回転数，V_A：プロペラ前進速度，D：プロペラ直径である。

プロペラ主要目の推定については 6.5 節で詳しく述べる。

6.3.4 キャビテーション

水中でプロペラが作動するときにプロペラ翼の表面に発生する空洞現象のことを**キャビテーション**という。

プロペラ翼の断面に対して迎え角 α で水が流入しているとき，翼表面の圧力を計測すると，図 6.26 に示すような分布になる。プロペラ翼の表裏は，圧力が上昇する圧力面と，水の加速により圧力が低下する負圧面に区別される。大気圧下では水は 100 [℃] で飽和蒸気圧に達するが，水の圧力が低下すると，飽和蒸気圧はもっと低くなり，常温とほぼ同じ温度下で水が急激に気化し，翼表面に気泡を生じる。これがキャビテーションが発生する原理である。実際は，これに脱気現象により空気を多く含む気泡が加わり，空洞を形成している場合がある。気泡の種類は必ずしもはっきりと分けられないが，キャビテーションによる気泡が崩壊するときに生じる高い圧力波は，後述のエロージョンに大きな影響を与える。

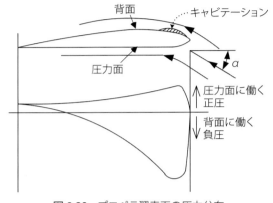

図 6.26　プロペラ翼表面の圧力分布

（1）キャビテーションの分類

キャビテーションの分類を図 6.27 に示す。**チップボルテックスキャビテーション**（Tip vortex cavitation）はプロペラの翼端渦の中心の圧力が低いために起こるものであり，比較的安定している。**シートキャビテーション**（Sheet cavitation）は急激な圧力降下があったときに起こるとされており，**バブルキャビテーション**（Bubble cavitation）は流れに沿った圧力変化が少ないときに起こるとされている。さらに，不均一流中では気泡の崩壊を伴う**クラウドキャビテーション**（Cloud cavitation）も生じる。他にも，プロペラボス部のプロペラキャップ後端から後方へ流れ去るハブ渦により，**ハブボルテックスキャビテーション**（Hub vortex cavitation）が生じる。

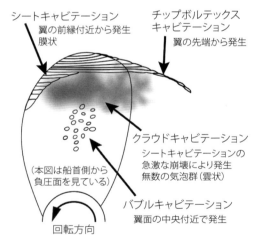

図 6.27　主なキャビテーションの種類

（2）キャビテーション発生に伴う現象

キャビテーション発生に伴う主な現象として次の 3 つが挙げられる。

- プロペラ翼に空洞が生じると，揚力が減少し，抗力が増加するため，推進性能が低下する。
- キャビテーションによる気泡の一部が翼の後縁に流れると，後縁部では気泡の発生箇所より圧力が高いため，気泡は急激に崩壊する。崩壊時に生じる高い圧力波が衝撃力となり，プロペラ翼面に**壊食**（**侵食**とする場合もある）が起こる。これを**エロージョン**（Erosion）という。エロージョンが進むと，翼が曲がったり，折損したりすることがある。
- 振動や騒音が発生する。

なお，前述のキャビテーションの分類のうち，とくにエロージョンを起こす原因とされるのは，バブルキャビテーションとクラウドキャビテーションである。

（3）キャビテーション防止のための対策

① プロペラの没水率を大きくする

プロペラ没水率（Propeller immersion ratio）とはプロペラが水面下にどれだけ入っているかを示す割合で，プロペラ下部先端深さを I [m]，プロペラ直径を D [m] とすると，I/D で表せる。この値が 1 以上であれば，プロペラが完全に水面下にあることを意味する。没水率が大きいほど，プロペラが水面から深い位置にあるため，水圧が増し，キャビテーションが発生しにくくなる。

② プロペラの直径を最適なものとする

たとえばプロペラ直径が小さめになると，同じ推力を得るためにはピッチを大きくする必要が生じる。ピッチ角が大となると，キャビテーションが発生しやすくなるため，キャビテーション防止のためにも最適なプロペラ直径とする。

③ プロペラの翼面積を大きくする

プロペラ翼の単位面積当たりの推力を小さくする。すなわち，翼断面の負圧を小さくすることになるため，キャビテーションが発生しにくくなる。

④ 船体の船尾形状を最適なものとする

船尾のプロペラ位置における伴流分布は不均一なため，プロペラ翼へ流入する水の迎え角に変動が生じる。するとキャビテーションが発生する場所もあれば，キャビテーションが消える場所もある。この現象はエロージョンの原因となることがある。キャビテーションのほか，振動の防止のためにも，できるだけ不均一な伴流分布とならないような船尾形状とすることが重要である。

⑤ プロペラの翼断面の形状を適切にする

一般商船におけるプロペラの基本的な翼断面形状としては，プロペラ翼先端部，すなわち周速度の速いところにはオジバル型を用い，また，周速度の遅いボス近くではピッチ角が大きくなっているため，ウォッシュバックをつけて，極端な負圧上昇を防ぐことを考慮している。

⑥ その他

図 6.28 に，チップレーキプロペラ（翼先端を曲げる形状）によるキャビテーションの改善の様子を示す。図 6.29 に，NHV プロペラによるハブボルテックスキャビテーションの改善の様子を示す。プロペラ幾何形状の変更により荷重分布を調整して、エネルギーロスとなるハブボルテックスを弱めている。

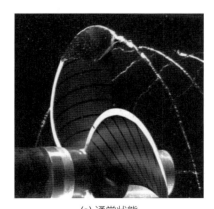 

(a) 通常状態　　　　　　　　　　　　　　(b) 改善後
一般的なプロペラのキャビテーション　　　チップレーキによりキャビテーションが改善された様子
　　　　　　　　　　　　　　　　　　　　（発生量が減っている）

図 6.28　キャビテーションの改善の様子〔提供：ナカシマプロペラ〕

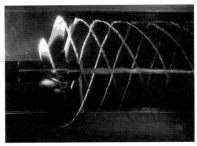
(a) ハブボルテックスあり

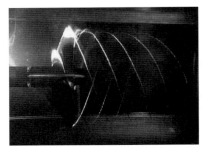
(b) ハブボルテックスなし

図 6.29 ハブボルテックスキャビテーションの改善の様子〔提供：ナカシマプロペラ〕

プロペラ設計とはキャビテーションを発生しない範囲で最高効率（最小の展開面積，翼数）のプロペラを得ることであり，これが低回転大直径プロペラとなる。

例題 6-3 MAU 型 4 翼，展開面積比 40％，ピッチ比 1.1 のプロペラのプロペラ単独性能曲線を右図に示す。次の各問いに答えなさい。

① この性能曲線で表されるプロペラの前進係数 J が 0.70 のとき，スラスト係数 K_T とトルク係数 K_Q を図から読み取り，単独プロペラ効率 η_O を求めなさい。

② この性能曲線で表されるプロペラの直径 $D = 8.0\,[\mathrm{m}]$，プロペラ回転数 $n = 1\,[\mathrm{rps}]$，プロペラ前進速度 $v_A = 6.0\,[\mathrm{m/s}]$ のとき，プロペラ前進係数 J，単独プロペラ効率 η_O，スラスト T，トルク Q，推力出力 P_T，プロペラ出力 $P_D{}'$ を求めなさい。ただし，海水密度 $\rho = 1025\,[\mathrm{kg/m^3}]$ とする。

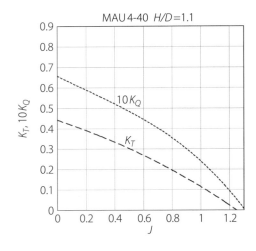

[解] ① プロペラ前進係数 $J = 0.70$ のときのスラスト係数 K_T とトルク係数 K_Q を図から読み取ると，$K_T = 0.23$，$10K_Q = 0.40$ である。単独プロペラ効率は式 (6.66) より

$$\eta_O = \frac{J}{2\pi}\frac{K_T}{K_Q} = \frac{0.70}{2\pi} \times \frac{0.23}{0.04} \fallingdotseq 0.641$$

と計算できる。ゆえに，求める単独プロペラ効率 $\eta_O \fallingdotseq 0.64$ となる。

② 式 (6.63) より，プロペラ前進係数は $J = v_A/nD$ である。それぞれ代入すると，$J = v_A/nD = 6.0/(1 \times 8.0) = 0.75$ と得られる。プロペラ前進係数 $J = 0.75$ のときのスラスト係数 K_T とトルク係数 K_Q を図から読み取ると，$K_T = 0.21$，$10K_Q = 0.38$ である。単独プロペラ効率は式 (6.66) より

$$\eta_O = \frac{J}{2\pi}\frac{K_T}{K_Q} = \frac{0.75}{2\pi} \times \frac{0.21}{0.038} \fallingdotseq 0.660$$

と計算できる。ゆえに，$\eta_O \fallingdotseq 0.66$ となる。スラスト T は式 (6.58) より $T = \rho n^2 D^4 K_T$ である。それぞれ代入すると

$$T = \rho n^2 D^4 K_T = 1.025 \times 10^3 \times 1^2 \times 8.0^4 \times 0.21 \fallingdotseq 882\,[\mathrm{kN}]$$

となる。トルク Q は式 (6.61) より $Q = \rho n^2 D^5 K_Q$ である。それぞれ代入すると

$$Q = \rho n^2 D^5 K_Q = 1.025 \times 10^3 \times 1^2 \times 8.0^5 \times 0.038 \fallingdotseq 1276\,[\mathrm{kN \cdot m}]$$

となる。推力出力 P_T は式 (6.4) より $P_T = \mathrm{THP} = T \cdot v_A$ である。それぞれ代入すると

$$P_T = T \cdot v_A = 8.82 \times 10^5 \times 6.0 = 5292000\,[\mathrm{W}] = 5292\,[\mathrm{kW}]$$

となる。プロペラ出力 $P_D{}'$ は式 (6.23) または式 (6.64) より $P_D{}' = P_T/\eta_O$ である。それぞれ代入すると

$$P_D{}' = \frac{P_T}{\eta_O} = \frac{52.92 \times 10^5}{0.660} \fallingdotseq 8018182\,[\mathrm{W}] \fallingdotseq 8018\,[\mathrm{kW}]$$

と求まる。

6.4 推進効率と自航要素

船舶の推進性能は船体抵抗と推進効率によって決まるといえる。このうち推進効率は，単独プロペラ効率，そして船体とプロペラの干渉による船体効率とプロペラ効率比とに分けられる。これまで述べてきた効率や船体とプロペラとの相互作用を，ここで推進効率としてまとめる。

6.4.1 推進効率

プロペラ性能における**推進効率**とは，6.2.2 項で示したように，船体が抵抗と釣り合って，ある速度で航走するのに必要な出力である有効出力 P_E と，プロペラに供給された伝達出力 P_D の比で表される。式 (6.11) と式 (6.2) および式 (6.5) より，推進効率 $\eta_{P'}$ は

$$\eta_{P}{}' = \frac{P_E}{P_D} = \frac{\mathrm{EHP}}{\mathrm{DHP}} = \frac{R \cdot v_S}{2\pi n Q} \quad (\text{プロペラ性能の調査の場合}) \tag{6.67}$$

となる。ここで，R：抵抗 [N]，v_S：船速 [m/s]，n：プロペラの回転数 [rps]，Q：プロペラに伝えられるトルク [N·m] である。

したがって，プロペラに供給され消費された伝達出力 P_D によりスラスト T [N] を発生するとき，プロペラ前進速度を v_A [m/s] とすると，式 (6.4) より推力出力 $P_T = \mathrm{THP} = T \cdot v_A$ であるため，上式は

$$\eta_{P}{}' = \frac{P_E}{P_D} = \frac{P_E}{P_T} \cdot \frac{P_T}{P_D} = \frac{R \cdot v_S}{T \cdot v_A} \cdot \frac{T \cdot v_A}{2\pi n Q} \tag{6.68}$$

となる。ここで，式 (6.19) より

$$R = T(1-t) \qquad t：推力減少係数 \tag{6.69}$$

また，式 (6.13) より

$$v_A = v_S(1-w) \qquad w：伴流係数 \tag{6.70}$$

であり，$T \cdot v_A / 2\pi n Q = P_T/P_D = \eta_B$ は船後プロペラ効率を表すため，推進効率 $\eta_{P}{}'$ は

$$\eta_{P}{}' = \frac{1-t}{1-w} \cdot \eta_B \tag{6.71}$$

となる。したがって，式 (6.27) より

$$\eta_{P}{}' = \eta_H \cdot \eta_B \tag{6.72}$$

となる。すなわち，推進効率は船体効率と船後プロペラ効率の積として表せる。ゆえに，式 (6.25) より，単独プロペラ効率 η_O とプロペラ効率比 η_R を使って表すと

$$\eta_{P}{}' = \eta_H \cdot \eta_O \cdot \eta_R \tag{6.73}$$

となる。この式から，推進効率を高めるには，プロペラ単独の効率 η_O だけでなく，船体とプロペラの相互作用の影響を示す船体効率 η_H およびプロペラ効率比 η_R を高める必要があることがわかる。6.2 節で示した 3 つの自航要素である伴流係数 w，推力減少係数 t およびプロペラ効率比 η_R が推進効率の構成要素として含まれるため，これらの自航 3 要素が推進性能に深く関係していることがわかる。

なお，推進効率として有効出力 P_E と機関出力（正味出力）P_{NET} の比を考える場合，伝達効率 η_T を含み

$$\eta_P = \frac{P_E}{P_{\text{NET}}} = \frac{P_E}{P_D} \cdot \frac{P_D}{P_{\text{NET}}} \tag{6.74}$$

となる．したがって，この場合の推進効率 η_P は式 (6.7) より

$$\eta_P = \frac{P_E}{P_{\text{NET}}} = \eta_H \cdot \eta_O \cdot \eta_R \cdot \eta_T \tag{6.75}$$

と表せる．

6.4.2 自航要素

船舶の推進性能を正確に推定するには，船体とプロペラとの相互作用など，船体周りの流場の情報を知り，総合的に性能を評価することが必要である．これまで述べてきたように，船体とプロペラとの複雑な相互作用の影響は自航 3 要素によって示される．ここでは，自航要素を調べるために実施される自航試験と，自航要素の求め方について簡単に説明する．

(1) 自航試験

船型，プロペラがともに実船と相似の模型を使用し，模型船をプロペラで実際に自航させ，そのときのプロペラスラスト，トルク，回転数などから自航要素を求める．試験結果を解析し，実船の自航要素を推定することや，馬力，回転数などを推定することもできる．

基本的な実施条件について説明する．実際の試験では，実機に相似か，それに近い模型プロペラが使用される．速度は抵抗試験と同様にフルード数 F_n を実船と一致させるが，F_n を一致させる場合，レイノルズ数 R_e は異なる．粘性抵抗係数は R_e の関数であることから（5.3.1 項参照），実船と模型船のそれぞれの値の差によって模型船の摩擦抵抗に尺度影響が生じるため，**摩擦修正**（SFC：Skin friction correction）を行う．具体的には，模型プロペラを所定の回転数で駆動し，模型船を抵抗検力計により一定の速度で曳航する．抵抗検力計とは，曳航点で模型船を曳航し，抵抗を計測する装置である．抵抗検力計の力が摩擦修正量に等しくなるようにプロペラ回転数を調整する．この摩擦修正量もまた SFC（または曳航する力 ΔR）と表す．通常，自航試験では，模型船と実船のプロペラ荷重度が一致しない．プロペラ荷重度はプロペラの吸い込み量に関係するため（6.3.1 項参照），伴流係数 w，推力減少係数 t に影響を及ぼすことになる．こうした点を加味して SFC が設定される．以上の条件で自航試験が行われる．

(2) 自航要素の求め方

自航試験により計測した模型船のスラスト，トルク，プロペラ回転数，速度をそれぞれ，T [N], Q [N·m], n [rps], v_M [m/s] とし，この結果を用いて自航要素を求める．ただし，自航要素を求めるには，船体の抵抗試験結果とプロペラ単独試験結果が必要である．

① 推力減少係数 t

抵抗試験によって求められた抵抗を R_O とすると，推力減少係数 t は

$$1 - t = \frac{R_O - \text{SFC}}{T} \tag{6.76}$$

により求められる．

② 有効伴流係数 w_E

まず，速度 v_M で模型船が自航するとき，回転数 n でプロペラスラスト T を計測したとして，式 (6.59) からスラスト係数 K_T を求める．次に，使用した模型プロペラのプロペラ単独性能曲線上から，K_T に対応するプロペラ前進係数

J を求める。式 (6.63) より，プロペラ流入速度 v_{AM} は

$$v_{AM} = J \cdot nD \tag{6.77}$$

である。上式と式 (6.17) を組み合わせて，有効伴流係数 w_E は

$$1 - w_E = J \cdot \frac{nD}{v_M} \tag{6.78}$$

により求められる。この方法をスラスト一致法という。

③ プロペラ効率比 η_R

先に求めたプロペラ前進係数 J から，プロペラ性能曲線によってトルク係数 K_{QO} を求める。また，自航試験で計測したトルク Q からトルク係数 K_{QB} を求めると，この比がプロペラ効率比として定義される。したがって，プロペラ効率比はトルクの比として次式で表すことができる。

$$\eta_R = \frac{K_{QO}}{K_{QB}} = \frac{Q_O}{Q} \tag{6.79}$$

以上に示したように，船体とプロペラとの相互作用である自航要素を，実験によって求めることができる。

例題 6-4 ある計画船について考える。船の速度 $13.0\,[\text{k't}]$ を得るのに必要な有効出力 P_E が $2{,}532\,[\text{kW}]$ とするとき，次の各問いに答えなさい。

① 推力減少係数 $t = 0.158$，伴流係数 $w = 0.255$，単独プロペラ効率 $\eta_O = 0.700$，プロペラ効率比 $\eta_R = 1.00$ と推定したとき，推進効率を求めなさい。

② プロペラに供給される伝達出力 P_D を求めなさい。

③ 伝達効率 η_T を 0.97 とするとき，制動出力 P_B を求めなさい。

解 ① 式 (6.73) より，$\eta_P' = \dfrac{1-t}{1-w} \cdot \eta_O \cdot \eta_R = \dfrac{1-0.158}{1-0.255} \times 0.700 \times 1.00 \fallingdotseq 0.791$

② 式 (6.67) より，$P_D = \dfrac{P_E}{\eta_{P'}} = \dfrac{2532}{0.791} \fallingdotseq 3201\,[\text{kW}]$

③ 式 (6.75) より，$\eta_P = \dfrac{P_E}{P_{\text{NET}}} = \eta_H \cdot \eta_O \cdot \eta_R \cdot \eta_T = \eta_{P'} \cdot \eta_T$ ∴ $P_B = P_{\text{NET}} = \dfrac{P_E}{\eta_{P'} \cdot \eta_T} = \dfrac{2532}{0.791 \times 0.97} \fallingdotseq 3300\,[\text{kW}]$

または式 (6.7) より，$P_B = \dfrac{P_D}{\eta_T} = \dfrac{3201}{0.97} = 3300\,[\text{kW}]$

例題 6-5 模型船で自航試験を行い，次の計測結果を得た。

模型船速度 $v_M : 1.20\,[\text{m/s}]$

プロペラ回転数 $n : 7\,[\text{rps}]$

試験時に加えた前進方向の力（SFC 相当分の力） $F : 12.5\,[\text{N}]$

模型プロペラの推力 $T : 14.5\,[\text{N}]$

抵抗試験で得られた船体抵抗 $R_{TM} : 25.0\,[\text{N}]$

プロペラ単独性能曲線から求めた，計測されたスラスト係数 K_T に対応する前進係数 $J = 0.60$，模型プロペラの直径を $200\,[\text{mm}]$ とするとき，次の各問いに答えなさい。

① 有効伴流係数 w_E を求めなさい。

② 推力減少係数 t を求めなさい。

解 ① 式 (6.78) より，有効伴流係数は $w_E = 1 - J \cdot \dfrac{nD}{v_M}$ である。それぞれの値を代入して求めると

$$w_E = 1 - J \cdot \frac{nD}{v_M} = 1 - 0.60 \times \frac{7 \times 0.20}{1.20} = 0.30$$

② 式 (6.76) より，推力減少係数は $t = 1 - \frac{R_O - \text{SFC}}{T}$ である。$R_O = R_{TM} = 25.0\,[\text{N}]$，$\text{SFC} = F = 12.5\,[\text{N}]$ として それぞれの値を代入して求めると

$$t = 1 - \frac{R_O - \text{SFC}}{T} = 1 - \frac{25.0 - 12.5}{14.5} \fallingdotseq 0.138$$

6.5　プロペラ主要目の推定

船舶には各船舶固有のプロペラが装備され，船体もプロペラもまったく同じ船舶はほとんどないといわれている。型式承認による性能と安全性の担保を前提としている飛行機，自動車などの他の移動体と大きく異なる点である。船舶を設計・建造する度に，船体のみならずプロペラも性能と安全性の両面から設計・製造されている。図 6.30 は船舶に装備されたプロペラであり，このプロペラも個別の設計・製造を経て装備されている。

本節ではこのプロペラの設計法について紹介する。初期計画段階のプロペラ設計法に着目し，船舶に装備するプロペラの主要目推定法を概説する。ある船舶の船速，主機関出力とプロペラ回転数などが与えられた

図 6.30　川崎汽船所有船プロペラ舵概観（プロペラ：JMU 製）
〔提供：ジャパンマリンユナイテッド〕

とき，この船舶に装備するプロペラの主要目と性能を如何にして求めているのか，例題を通して紹介する。机上で可能な簡便なプロペラ主要目推定法を解説し，船舶運航者として必要な船舶用プロペラの特徴，特性などの理解と把握の一助とするものである。

造船所，プロペラメーカーで実際に実施されている詳細な解析に基づくプロペラ設計法については参考文献に譲る。

6.5.1　船舶の抵抗，推進に関わる初期計画の概要

計画速力の確保は船舶設計上の最も重要な事項であり，船体の抵抗とプロペラの推力が釣り合うことで船速は維持されている。船舶を設計することは，用途を含めた要求仕様から船体形状を計画し，計画船体の抵抗性能などとプロペラを推定し，抵抗と推進の性能上の妥当性を検証することを繰り返し，仕様を満たす範囲で可能な限り少ない船体抵抗と高い推進効率を求めることに帰結する。

船舶の初期設計で実施されるのが船舶の抵抗，推進に関わる初期計画であり，図 6.31 は机上で行えるデータベースなどを用いた初期計画の流れを示したものであり，概要を以下に記す。

（1）抵抗性能などの初期推定

計画船舶の船体形状から抵抗性能（R_T-V_S）を推定し，計画速力 V_S を確保するための速力馬力曲線（BHP-V_S）を推定するものである。

5.4.4 項で紹介した山県の図表などの系統的模型抵抗試験結果（抵抗データベース）による抵抗推定法を適用し，計画船舶の船体形状と船速 V_S などから全抵抗 R_T と有効馬力 EHP を求め，6.2 節で示された推進関連効率（$\eta = \eta_T \cdot \eta_R \cdot \eta_O \cdot \eta_H$）の概略値を設定し，制動出力 BHP（EHP/$\eta$）を推定する。

造船所では計画船舶の模型試験の実施や，過去の模型試験や設計・建造実績に基づく膨大な抵抗・推進効率などのデータベースを活用することで高い推定精度を確保している。

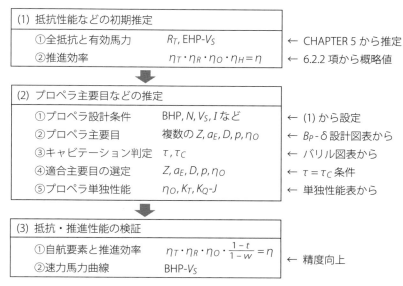

図 6.31 船舶の初期計画の流れ

(2) プロペラ主要目などの推定

計画船舶の想定主機関の制動出力 BHP とプロペラ回転数 N で，(1) で推定した速力馬力曲線（BHP-V_S）を実現するプロペラ主要目を推定するものである。

6.3.3 項で紹介した系統的なプロペラ模型試験結果（MAU など）やキャビテーション試験結果（バリルなど）などのプロペラデータベースによる設計法を適用し，計画船速 V_S 時の想定主機関の制動出力 BHP と回転数 N，プロペラ没水深度 I などから適合するプロペラ主要目（母型，翼数 Z，展開面積比 a_E，直径 D，ピッチ比 p）を選定し，選定プロペラの単独性能（K_T, K_Q, η_O）を把握する。

造船所やプロペラメーカーでは計画プロペラの模型試験（単独，船後）の実施や，過去の模型試験や設計・製造実績に基づく多くのプロペラ・自航要素などのデータベースを活用することで高い推定精度を確保している。

(3) 推進・抵抗性能の検証

計画船舶の船体形状から推定した抵抗性能（R_T-V_S）と (2) で選定したプロペラの単独性能（K_T, K_Q, η_O）から精度の高い速力馬力曲線（BHP-V_S）を推定し直し，計画船舶の想定主機関の制動出力 BHP と回転数 N で計画船速 V_S を実現できるか，検証を行うものである。

仕様の確認に足る精度の推進・抵抗性能を求めるとともに，より少ない船体抵抗 R_T と高い推進効率 η を求め，(1) 抵抗性能などの推定，(2) プロペラ主要目などの推定，(3) 推進・抵抗性能の検証を繰り返し実施する。

以上が船舶の初期計画の概要である。

本節ではこの船舶の初期計画で実施されている (2) プロペラ主要目などの推定に着目し，プロペラデータベースによる机上で行える簡便なプロペラ設計法を紹介，解説する。

6.5.2 プロペラ主要目などの推定方法

プロペラの設計において重要な視点となるものは以下の 4 項目であるといわれている。

a. 与えられた機関出力を最も有効に推力に変えること（推進効率）
b. キャビテーション（空洞現象）が発生しないこと
c. プロペラの回転に伴う振動（船体，舵）をできるだけ小さくすること

d. 強度が十分であること

本節で対象としている船舶の初期計画段階のプロペラ設計で重要となるのは性能確保であり，上記項目の a と b の項目に該当する。c と d の項目に関する検討は初期計画後に行われている。

船舶の初期計画段階で行われているプロペラ設計とはプロペラ主要目などの推定であり，その内容を単純に整理すれば「キャビテーションを発生しない範囲で最高の単独プロペラ効率のプロペラ主要目を求めること」である。この内容を以下に順を追って解説する。

(1) プロペラデータベースに基づく主要目推定

プロペラの性能に最も影響を及ぼすプロペラ要目としては翼数 Z，展開面積比 a_E，ピッチ比 p などが考えられるため，これらを系統的にいろいろ変えて水槽試験を行って結果を整理しておけば，任意の船舶に適合したプロペラの性能を推定することができる。この目的のために作成されたものが**プロペラデータベース**であり，表 6.2 に示す MAU（母型）シリーズなどが代表的なものである。

表 6.2 MAU シリーズ・プロペラデータベース

翼数 Z	展開面積比 a_E	ピッチ比 $p=H/D$
3	0.35, 0.50	0.4〜1.2
4	0.30, 0.40, 0.55, 0.70	0.5〜1.6
5	0.35, 0.50, 0.65, 0.80, 0.95, 1.10	0.4〜1.6
6	0.55, 0.70, 0.85	0.5〜1.5

プロペラデータベースとしては 6.3.3 項で紹介したプロペラ単独性能曲線（図 6.25）と単独性能を設計用にまとめた B_P-δ **設計図表**（図 8.5 など）があり，主要目が特定されたプロペラの性能を把握するにはプロペラ単独性能曲線図が利用され，計画船舶のプロペラを設計するには B_P-δ 設計図表が用いられている。

プロペラ図表は翼数 Z と展開面積比 a_E 毎に MAU 5-65（母型 翼数-展開面積比）などの名称を付して整理されている。8.2 節のプロペラ参考図集に MAU 4-40, 55, 70, MAU 5-50, 65, 80 の 6 種の単独性能の多項式近似表と B_P-δ 設計図表を掲載している。

プロペラの主要目を決定する場合は B_P-δ 設計図表が便利であり，計画船舶の諸条件から机上計算でプロペラ主要目を求めることができる。B_P-δ 設計図表によるプロペラ主要目の推定法について以下に概説する。

B_P-δ 設計図表は図 6.32 に示すように横軸を**出力係数** B_P の平方根，縦軸をピッチ比 $p=H/D$ とし，その空間に**単独効率** η_O と**直径係数** δ のコンター（値の等しい曲線）群，および最高単独効率を示す点を結んだ曲線を示したものである。

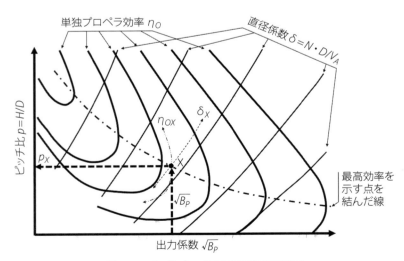

図 6.32 B_P-δ プロペラ設計図表の解説図

船舶の航海速力 V_S，そのときの主機関出力（常用出力 NOR）BHP とプロペラ回転数 N，伴流係数 w，伝達効率 η_T とプロペラ効率比 η_R を設計条件として求めた出力係数 B_P の平方根 $\sqrt{B_P}$ を横軸の値とし，B_P-δ 設計図表の最高単独効率を示す点を結んだ曲線との交点 X を得る。この交点 X を通る単独効率 η_O と直径係数 δ のコンターから単独効率 η_{OX} と直径係数 δ_X が，縦軸数値としてピッチ比 p_X が求まり，直径係数 δ_X からプロペラ直径 $D_X = V_A \cdot \delta_X / N$ が得られる。設計条件において，対象 B_P-δ 設計図表の母型，翼数 Z と展開面積比 a_E の最高単独プロペラ効率 η_{OX} を示すプロペラの主要目（母型，翼数 Z，展開面積比 a_E，プロペラ直径 D_X，ピッチ比 p_X）を簡便に求めることができる。

出力係数 B_P と直径係数 δ，各係数の定義は以下のとおりである。

B_P：出力係数 $\qquad B_P = NP^{0.5}/V_A^{2.5}$

δ：直径係数 $\qquad \delta = ND/V_A$

N：プロペラ毎分回転数 [RPM] $\qquad P$：プロペラ出力（PHP $=$ BHP $\cdot \eta_T \cdot \eta_R$ [PS]）

V_A：プロペラ前進速度 [k't] $\qquad V_A = V_S(1-w)$

V_S：船速 [k't] $\qquad w$：伴流係数

η_T：伝達効率 $\qquad \eta_R$：プロペラ効率比

D：プロペラ直径 [m] $\qquad H =$ プロペラピッチ [m]

$H/D = p$：ピッチ比

B_P-δ 設計図表によるプロペラ主要目の推定方法の理解と有用性を理解するために例題演習を行う。

例題 6-6 主機関の常用出力が 14,400 [PS]，プロペラ回転数が 117 [RPM] の船舶が航海速力 15.2 [k't] を確保するための，MAU 型 4 翼の展開面積比 a_E が 0.40, 0.55, 0.70 の各プロペラを設計せよ。ただし，伴流係数は 0.35，伝達効率は 0.97，プロペラ効率比 1.00 とする。

解 MAU 4-40, 55, 70 の B_P-δ 設計図表を用いて，MAU 型 4 翼の展開面積比が 0.40, 0.55, 0.70 のプロペラの最高単独効率を示す主要目を求める。プロペラデータベースは過去からの蓄積に基づくため，使用単位系が工学単位系（PS, kgw など）であることが多く，本例題も工学単位系を用いて解いている。

B_P-δ 設計図表の入力条件である出力係数 B_P を計算し，次に，前述の解説にしたがって，8.2 節に示す MAU 4-40, 55, 70 の B_P-δ 設計図表から最高単独効率を示すプロペラの単独効率 η_{OX}，直径係数 δ_X，ピッチ比 $p_X = H/D_X$ を読み取り，直径係数 δ_X から直径 D_X を計算し，展開面積比毎の最高効率を示すプロペラの主要目を求めればよい。エクセルで解いた計算過程を以下に示す。

① 設計条件を整理

BHP：制動出力 [PS]	14,400	V_S：船速 [k't]	15.2
N：プロペラ回転数 [RPM]	117.0	w：伴流係数	0.35
η_T：伝達効率	0.97	η_R：プロペラ効率比	1.00

② B_P-δ 設計図表の入力である出力係数 B_P の平方根 $\sqrt{B_P}$ を計算

P：プロペラ出力 [PS]	13,968	$P =$ BHP $\cdot \eta_T \cdot \eta_R$
V_A：プロペラ前進速度 [k't]	9.88	$V_A = (1-w)V_S$
B_P：出力係数	45.07	$B_P = NP^{0.5}/V_A^{2.5}$
$\sqrt{B_P}$：出力係数の平方根	6.71	$\sqrt{B_P}$

③ 出力係数の平方根 $\sqrt{B_P}$ に基づき，8.2 節に示す B_P-δ 設計図表からプロペラ主要目を読み取る

	母型	MAU		
	Z：翼数	4		
	a_E：展開面積比	0.40	0.55	0.70
B_P-δ 設計図表からの読み取り値	η_O：単独プロペラ効率	0.550	0.534	0.514
	p：ピッチ比	0.635	0.685	0.690
	δ：直径係数	77.7	75.5	75.0
D：プロペラ直径 [m]	$D = \delta V_A/N$	6.56	6.38	6.33

図 6.33 は B_P-δ 設計図表による主要目推定により求めた3 種の展開面積比のプロペラ主要目をプロットしたものであり，MAU の 4 翼プロペラの各展開面積比 a_E における最高単独効率を示すプロペラの主要目を示している。展開面積比 a_E を横軸とし，左縦軸が単独効率 η_O とピッチ比 p の目盛りを，右縦軸が直径 D の目盛りを示している。

図において単独効率 η_O を重視すれば，展開面積比 a_E が最小の 0.4 のプロペラとなるが，有効に機能するのであろうか。他の展開面積比 a_E のプロペラは何のために存在するのか，疑問が残る。

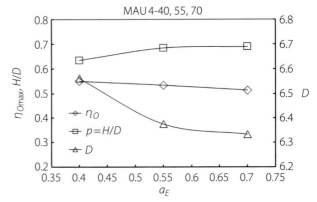

図 6.33　B_P-δ 設計図表による主要目推定結果

水のなかで働くプロペラには特殊な現象，すなわち 6.3.4 項で紹介したキャビテーションが発生することがあり，キャビテーションは極端な単独効率減少を伴い，プロペラが有効に機能するにはキャビテーション発生防止が不可欠となっている。

したがって，プロペラ主要目を選定するには，もう 1 つの大きな評価項目としてキャビテーション発生防止の確認が必要となる。次にプロペラのキャビテーション判定法を解説し，例題 6-6 で求めた複数のプロペラ主要目にキャビテーション判定法を適用し，最適なプロペラ主要目を求める。

(2) キャビテーション判定による主要目の選定

プロペラにキャビテーションが発生すると，推力低下のみならず，船体の振動・騒音の発生やエロージョン（機械的侵食，6.3.4 項参照）まで生ずることなどから，キャビテーション発生を抑えるプロペラ設計法が開発され，確立されている。**バリル（Burrill）のキャビテーション判定図表**によるプロペラ展開面積比決定法がよく用いられている。

バリルのキャビテーション判定図表は，図 6.34 に示すように，横軸が**キャビテーション数** $\sigma_{0.7R}$，縦軸が**推力荷重係数** τ_C であり，実験や実績から得られたキャビテーション判定曲線が示されている。

プロペラの設計条件からキャビテーション数 $\sigma_{0.7R}$ と推力荷重係数 τ を計算し，バリルのキャビテーション判定図表のキャビテー

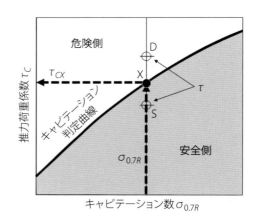

図 6.34　バリルのキャビテーション判定図表の解説図

ション判定曲線との交点 X を求め，その縦軸数値が判定基準となる推力荷重係数 τ_{CX} である。プロペラの推力荷重係数 τ が，図の D のように判定基準の推力荷重係数 τ_{CX} よりも大きければプロペラはキャビテーションを発生し（危険側），図の S のように小さければ発生しない安全側にあると判断するものである。

バリルのキャビテーション判定図表の各係数の定義，求め方と物理的な意味は以下のとおりである。8.2 節のプロペラ参考図集の図 8.11 にバリルのキャビテーション判定図表を掲載している。

$\sigma_{0.7R}$：キャビテーション数　　　　　　　　　　$\sigma_{0.7R} = P_0/(1/2\,\rho V_{0.7R}{}^2)$

　キャビテーション数とは流体が気化（飽和蒸気圧以下）するまでの余裕圧力と動圧の比であり，キャビテーション現象の力学的相似性を示す無次元値である。キャビテーション数が低いことは，環境圧力（気化までの余裕圧力）が相対的に小さく，キャビテーション発生までの余裕が少ないことを意味する。

P_0：プロペラ環境圧力 [kgw/m^2]　　　　　　　$P_0 = p - e = 10340 + 1025 \cdot I$

p：プロペラ軸での静水圧 [kgw/m^2]　　　　　e：水の飽和蒸気圧 [kgw/m^2]

ρ：水の密度 [kgws^2/m^4] $= 104.51$　　　　　　I：プロペラ軸の没水深度 [m]

$V_{0.7R}$：$0.7R$ のプロペラ流入流速 [m/s]　　　　$V_{0.7R}{}^2 = v_A{}^2 + u^2$

v_A：プロペラ前進速度 [m/s]$= V_A \cdot 1852/3600$　　V_A：プロペラ前進速度 [k$'$t]

u：$0.7R$ のプロペラ周速 [m/s]　　　　　　　　$u = 0.7 \cdot \pi D \cdot N/60$

R：プロペラ半径 [m]$= D/2$　　　　　　　　　D：プロペラ直径 [m]

N：プロペラ毎分回転数 [RPM]

τ：推力荷重係数　　　　　　　　　　　　　　$\tau = (T/A_P)/(1/2\,\rho V_{0.7R}{}^2)$

　推力荷重係数とはプロペラの単位面積当たりの推力（スラスト）とプロペラ周りの流体の動圧との比を示す無次元値である。推力がプロペラ翼両面間の圧力差の積分であることから，推力荷重係数が大きいことは，プロペラ背面側の圧力低下が大きく，キャビテーション発生の恐れが高いことを意味する。また，この推力荷重係数は 6.3.1 項で紹介しているプロペラ荷重度 C_T と同義であり，値が小さいほど単独プロペラ効率が高くなることが知られている。

T：プロペラ発生推力 [kgw]　　　　　　　　　$T = \mathrm{PHP} \cdot \eta_O \cdot 75/v_A$

η_O：単独プロペラ効率　　　　　　　　　　　PHP：プロペラ出力 $= P$ [PS]

A_P：プロペラ投影面積 [m^2]　　　　　　　　　$A_P = a_P \cdot \pi R^2$

a_P：プロペラ投影面積比　　　　　　　　　　$a_P = a_E(1.067 - 0.229 H/D)$

a_E：プロペラ展開面積比　　　　　　　　　　H/D：プロペラピッチ比

　次に，例題 6-6 で得られた最高単独効率を示す 3 種の展開面積比 a_E のプロペラについて，バリルのキャビテーション判定図表によるプロペラ展開面積比決定法を適用し，キャビテーションを発生しない最高単独効率のプロペラ主要目を選定する。

例題 6-7　例題 6-6 で得られた MAU 型 4 翼の 3 種の展開面積比 a_E の各プロペラについてキャビテーション判定を行い，最適なプロペラ主要目を求めよ。ただし，プロペラ軸の没水深度は $7\,[\mathrm{m}]$ であり，他の数値は例題 6-6 と同じとする。

解　例題 6-6 で推定した MAU 型 4 翼の展開面積比が 0.40，0.55，0.70 のプロペラの最高単独効率を示す主要目についてキャビテーション判定を行い，キャビテーションを発生しない展開面積比の最高単独効率のプロペラ主要目を選定する。

　推定した 3 種の主要目のプロペラについてキャビテーション数 $\sigma_{0.7R}$ と推力荷重係数 τ を計算し，前述の解説にしたがって，8.2 節に示されているバリルのキャビテーション判定図表（図 8.11）からキャビテーション発生基準となる判定曲線（NSMB LINE）の推力荷重係数 τ_C を計算し，キャビテーションを発生しないプロペラの展開面積比 a_E を求め，その主要目を選定する。エクセルで解いた計算過程を以下に示す。

① 対象プロペラのキャビテーション数 $\sigma_{0.7R}$ と推力荷重係数 τ を計算

PHP：プロペラ出力 [PS]	13,968	N：プロペラ回転数 [RPM]		117
I：プロペラ軸の没水深度 [m]	7	ρ：水の密度 [kgws^2/m^4]		104.51
P_O：プロペラ環境圧力 [kgw/m^2]	17,515	$P_0 = p - e = 10340 + 1025 \cdot I$		
v_A：プロペラ前進速度 [m/s]	5.083	$v_A = V_A \cdot 1852/3600$		
MAU 型 4 翼の展開面積比 0.40, 0.55, 0.70 のプロペラの最高単独効率を示す主要目一覧	母型	MAU		
	Z：翼数	4		
	a_E：展開面積比	0.40	0.55	0.70
	η_O：単独プロペラ効率	0.550	0.534	0.514
	H/D：ピッチ比	0.635	0.685	0.690
	D：プロペラ直径 [m]	6.56	6.38	6.33
u：0.7R のプロペラ周速 [m/s]	$u = 0.7 \cdot \pi D \cdot N/60$	28.137	27.340	27.159
$V_{0.7R}^2$：0.7R 流入流速の 2 乗 [m^2/s^2]	$V_{0.7R}^2 = v_A^2 + u^2$	817.51	773.32	763.45
$\sigma_{0.7R}$：キャビテーション数	$\sigma_{0.7R} = P_0/(1/2 \rho V_{0.7R}^2)$	0.410	0.434	0.439
T：プロペラ発生推力 [kgw]	$T = \mathrm{PHP} \cdot \eta_O \cdot 75/v_A$	113,361	110,063	105,941
a_P：投影面積比	$a_P = a_E(1.067 - 0.229 H/D)$	0.369	0.501	0.636
A_P：投影面積 [m^2]	$A_P = a_P \cdot \pi D^2/4$	12.46	15.98	20.05
τ：推力荷重係数	$\tau = (T/A_P)/(1/2 \rho V_{0.7R}^2)$	0.213	0.170	0.132

② キャビテーション数 $\sigma_{0.7R}$ に基づきバリルのキャビテーション判定図表（図 8.11）から判定基準となる推力荷重係数 τ_C の近似値を計算し，対象プロペラの推力荷重係数 τ とともにグラフ化し，キャビテーションを発生しない展開面積比 a_E とその主要目を選定・決定する。

バリルのキャビテーション判定図表の判定曲線（NSMB LINE）の近似式	$\tau_C = -0.1417\sigma_{0.7R}^2 + 0.3998\sigma_{0.7R} + 0.0361$			
τ_C：判定基準の推力荷重係数	判定曲線（NSMB LINE）の近似値	0.176	0.183	0.184

求めたプロペラ主要目，判定基準となる推力荷重係数 τ_C と対象プロペラの推力荷重係数 τ をプロットしたものが図 6.35 である．MAU の 4 翼プロペラの各展開面積比 a_E における最高単独効率を示すプロペラの主要目（η_O, p, D）と 2 種の推力荷重係数（τ, τ_C）を示している．展開面積比 a_E を横軸とし，左縦軸が単独効率 η_O，ピッチ比 p，推力荷重係数 τ と τ_C の目盛りを，右縦軸が直径 D の目盛りを示している．

図中の X 点が判定基準となる推力荷重係数 τ_C と対象プロペラの推力荷重係数 τ の交点を示す．この X 点より右側はプロペラ推力荷重係数 τ が判定基準の推力荷重係数 τ_C よりも低く，キャビテーションを発生しない安全側であり，X 点よりも左側はプロペラ推力荷重係数 τ が判定基準推力荷重係数 τ_C よりも高く，危険側と判断される．この X 点を含む安全側において最高単独効率を示す主要目

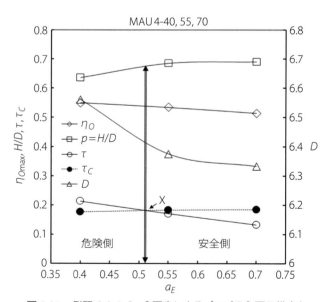

図 6.35　例題 6-6 の B_P-δ 図表によるプロペラ主要目推定と例題 6-7 のバリルのキャビテーション判定によるプロペラ主要目選定結果

が最適な主要目となる。

X 点の展開面積比 a_E の主要目（η_O, p, D）を内挿法で求め，表 6.3 に示す。この表が例題 6-7 の解である。

B_P-δ 設計図表とキャビテーション判定図表によるプロペラ設計法の概要と原理を把握し，合理性と有用性の高さを認識できたかと思う。

表 6.3　例題 6-7 の解
（B_P-δ 設計図表とバリルのキャビテーション判定図表により選定したプロペラ主要目）

母型	MAU
Z：翼数	4
a_E：展開面積比	0.51
H/D：ピッチ比	0.675
D：プロペラ直径 [m]	6.41
η_O：単独プロペラ効率	0.54

（3）選定プロペラの単独性能と形状

選定した主要目のプロペラの単独性能と形状を推定することができる。

プロペラ単独性能は 8.2 節の多項式近似係数表を用いて求め，MAU プロペラはボス比 0.18，翼レーキ 10 [°]，翼厚比 0.05，一定ピッチ分布のため，形状は参考文献などに示されたプロペラ形状を内挿することで得られる。

選定した主要目のプロペラの単独性能を図 6.36 に，形状を図 6.37 に示す。

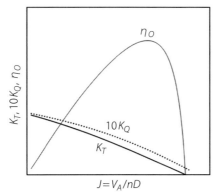

図 6.36　MAU4-51，H/D 0.675 プロペラの単独性能

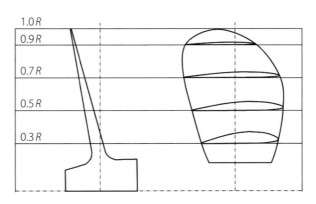

図 6.37　MAU4-51，H/D 0.675 プロペラの形状

6.5.3　現代のプロペラ設計法

ここまで机上でも可能なプロペラデータベースによるプロペラ設計法を紹介してきた。プロペラデータベースは一様流中（流体の流速と流向が一定）のプロペラに関する実験・解析結果を集積したものである。プロペラを設置するプロペラ回転円の実際の流れ（伴流）は図 6.38 の例のように複雑なものとなっている。本節で紹介したプロペラ設計法はこれらの複雑な回転円流れを平均的に一定であるとして構築されたものである。

現代のプロペラ設計にはこの複雑な伴流分布に対応できるより高度な設計法が適用されている。伴流分布を流速計測やシミュレーション（CFD：Computational fluid dynamics）により把握し，図 6.39 に示すように伴流分布も含めたシミュレーションによりプロペラ翼周りの圧力分布を推定し，プロペラ設計に活かしている。

伴流分布に対応させて半径方向にピッチを変化させたプロペラや，1 回転におけるプロペラ翼圧力変動を緩和することで振動やキャビテーション発生を抑止するハイリースキュードプロペラは，現代のプロペラ設計法の成果である。2.5.3 項で紹介したスミスのネジ式スクリューの発明から 2 世紀弱，多くの先人たちの叡智と努力がスクリュープロペラを大きく進化させている。

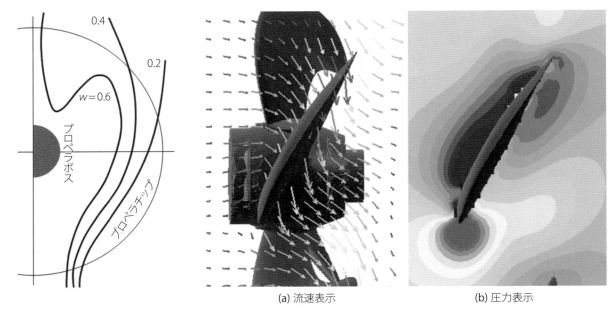

図 6.38　プロペラ回転円の伴流分布例　　図 6.39　プロペラ翼(0.7R)周り流体の CFD(数値流体力学)解析例

(a) 流速表示　　(b) 圧力表示

まとめ

　本章では，さまざまな船の推進器を知り，最も広く採用されているスクリュープロペラについて概要を学んだ．推進効率の向上のためには，プロペラ単独の性能だけを考えればよいわけではなく，自航要素と呼ばれる船体とプロペラとの相互作用が推進効率に大きく影響することを理解した．また，与えられた条件のもと，どのようにプロペラ主要目が選定されるか，初期設計の流れも確認することができた．各項目の詳細な内容や，ここで取り上げなかった軸系装置，保守，整備などについては他の専門書を参照されたい．本章の内容がこれから船舶工学を学ぼうとするみなさんの，推進器および推進性能理解の一助になることを願う．

参考文献

1. 大串雅信，理論船舶工学（下巻），海文堂出版，1958
2. 造船テキスト研究会，商船設計の基礎（上巻），成山堂書店，1979
3. 関西造船協会編，造船設計便覧（第 4 版），第 3 編 6 抵抗及び推進，海文堂出版，1983
4. 鈴木他，船舶海洋工学シリーズ②「船体抵抗と推進」，成山堂書店，2012
5. 萩原他，船舶海洋工学シリーズ⑪「船舶性能設計」，成山堂書店，2013
6. 野澤和男，船 この巨大で力強い輸送システム，大阪大学出版会，2006
7. 鈴木和夫，流体力学と流体抵抗の理論，成山堂書店，2006
8. 田中一朗・永井實，抵抗と推進の流体力学—水棲動物の高速遊泳能力に学ぶ—，シップ・アンド・オーシャン財団，1996
9. 野原威男，海技入門選書 船用プロペラ，天然社，1959
10. 池西憲治，概説 軸系とプロペラ，海文堂出版，1985
11. 隈本士，新訂 船用プロペラと軸系，成山堂書店，1976
12. 青木健，プロペラと軸系装置，海文堂出版，1979
13. 石原里次，船舶の軸系とプロペラ（改訂版），成山堂書店，2002
14. 野原威男・庄司邦昭，航海造船学（二訂 5 版），海文堂出版，2014
15. 面田信昭，船舶工学概論（改訂版），成山堂書店，2002
16. 商船高専キャリア教育研究会編，船舶の管理と運用，海文堂出版，2012
17. 福島他，流体力学の基礎と流体機械，共立出版，2015
18. 馬場栄一・池田勉，プロペラ後流に及ぼす舵の影響に関する実験的調査，西部造船会会報第 59 号，1980

19. 造船協会, 舶用プロペラに関するシンポジウム, 造船協会, 1967
20. 日本造船学会試験水槽委員会, 抵抗・推進シンポジウム, 日本造船学会, 1968
21. 日本造船学会試験水槽委員会, 第 2 回舶用プロペラに関するシンポジウム, 日本造船学会, 1971
22. 日本造船学会試験水槽委員会, 肥大船の推進性能に関するシンポジウム, 日本造船学会, 1975
23. 日本造船学会試験水槽委員会第 1 部会, 船型設計のための抵抗・推進理論シンポジウム, 日本造船学会, 1979
24. 日本造船学会試験水槽委員会第 1 部会, 船型開発と試験水槽シンポジウム, 日本造船学会, 1983
25. 日本造船学会推進性能研究委員会, 第 3 回舶用プロペラに関するシンポジウム(第 2 回推進性能研究委員会シンポジウム), 日本造船学会, 1987
26. 日本造船学会推進性能研究委員会, 船体まわりの流れと流体力(第 3 回推進性能研究委員会シンポジウム), 日本造船学会, 1986
27. 日本造船学会推進性能研究委員会, 次世代船開発のための推進工学シンポジウム(第 4 回推進性能研究委員会シンポジウム), 日本造船学会, 1991
28. 日本造船学会推進性能研究委員会, 船体まわりの流れと船型開発に関するシンポジウム(第 5 回推進性能研究委員会シンポジウム), 日本造船学会, 1993
29. 日本造船学会推進性能研究委員会, 実海域における船の推進性能(第 6 回推進性能研究委員会シンポジウム), 日本造船学会, 1995
30. 日本造船学会推進性能研究委員会, 第 7 回シンポジウム「コンピュータ時代の船型開発技術」, 第 7 章「曳航水槽における実験システム」, 日本造船学会, 1997
31. 横尾幸一・矢崎敦生, 中小型船舶 プロペラ設計法と参考図表集 第 I 編プロペラ設計法, 成山堂書店, 1973
32. 横尾幸一・矢崎敦生, 中小型船舶 プロペラ設計法と参考図表集 第 II 編参考図表集, 成山堂書店, 1973
33. 日本海事協会, 鋼船規則 D 編 機関 7 章プロペラ, 日本海事協会, 2016

練習問題

問 6-1 伝達出力とはどのような出力か。また, 伝達効率を軸出力と伝達出力を用いて表しなさい。

問 6-2 推力出力とはどのような出力か。また, プロペラ効率 (船後) について説明しなさい。

問 6-3 プロペラ効率とプロペラ効率比について説明しなさい。

問 6-4 例題 6-3 に示した, MAU 型 4 翼, 展開面積比 40%, ピッチ比 1.1 のプロペラのプロペラ単独性能曲線 (右に再掲) を参照し, 次の各問いに答えなさい。

① この性能曲線で表されるプロペラの前進係数 J が 0.80 のとき, スラスト係数 K_T とトルク係数 K_Q を図から読み取り, 単独プロペラ効率 η_O を求めなさい。

② この性能曲線で表されるプロペラの直径 $D = 9.0\,[\mathrm{m}]$, プロペラ回転数 $n = 1\,[\mathrm{rps}]$, プロペラ前進速度 $v_A = 5.0\,[\mathrm{m/s}]$ のとき, プロペラ前進係数 J, 単独プロペラ効率 η_O, スラスト T, トルク Q, 推力出力 P_T, プロペラ出力 $P_D{}'$ を求めなさい。ただし, 海水密度 $\rho = 1025\,[\mathrm{kg/m^3}]$ とする。

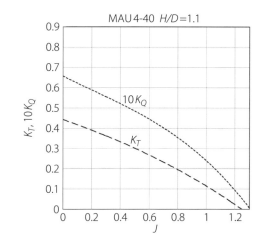

問 6-5 ある船が機関出力 (制動出力) 65 [kW] のとき, 速度 $v_S = 8.0\,[\mathrm{m/s}]$ で航走している。このときの船体抵抗 R は 5,500 [N] であった。この船の有効出力と推進効率を求めなさい。

問 6-6 ディーゼル主機関とスクリュープロペラを装備する 1 軸船の機械効率をおよそ 0.85〜0.87 とするとき, 次の①〜③の効率を 6.2.2 項と 6.2.3 項に示す概略値を参考に推定しなさい。

① 推進効率
② 総合効率 (機関内部で発生した出力から有効出力までの効率)
③ 単独プロペラ効率を 0.60 と求めたときの総合効率

問 6-7　ある船が速度 12.0 [k′t] で航走するとき，船体が受ける抵抗が 11,000 [kgf] であった。この船の伝達効率 η_T は 0.98，プロペラ効率比 η_R は 1.0，単独プロペラ効率 η_O は 0.58，伴流係数 w は 0.27，推力減少係数 t は 0.18 である。この船の船体効率 η_H と，搭載する主機関の所要出力（制動出力）を単位 [kW] で求めなさい。

問 6-8　主機関の常用出力が 1,275 [PS]，プロペラ回転数が 246 [RPM] の長さ 78 [m] の船舶が航海速力 10.6 [k′t] を確保するための MAU 型の 4 翼プロペラを設計せよ。ただし，伴流係数は 0.35，伝達効率は 0.97，プロペラ効率比 1.00，プロペラ軸の没水深度は 3.9 [m] とする。

CHAPTER 7

船の構造と強度

　たとえば，身近にあるダンボールは，一見すると1枚の分厚い紙であるかのように思われるが，分解してみると，薄い紙どうしを組み合わせてつくられていることがわかる。薄い紙であっても，それらを工夫して組み合わせることで，ダンボールのような丈夫な製品にすることができる。

　船の場合，その多くは鉄でつくられているが，その鉄板の厚さは船の大きさに比べると非常に薄い。全長が300 [m] に達する船であっても，その外板の厚さは数十 [mm]（数 [cm]）である。このような薄い鉄板どうしを効果的に組み合わせることで，航海に耐えうる船体が形成されている。この効果的な組み合わせを「構造」といい，これを理解することは船そのものを知ることにつながる。また船体の維持に必要な強度は構造によって得られており，船体の構造を理解し，それを健全な状態に保つことが，船の安全運航のために必要不可欠である。

　本章では，船体の主要な構造について解説するが，そのために必要な知識として，船体構造に用いられる材料，船体に必要な強度についても説明する。

7.1　船体材料

　船体は主に鉄鋼材料（鋼材）を用いて建造される。船体材料に求められる条件として，強度および剛性が大きく靭性（粘り強さ）にも優れること，加工および接合が容易であること，水密性や耐食性を有することが求められ，さらに安価で大量かつ安定的な供給が可能であることが挙げられる。現在，これらの条件に最もよく適合する材料が鉄鋼材料である。

7.1.1　化学組成による鉄鋼材料の分類

　一般に鉄鋼と呼ばれる材料は鉄（Fe）を主成分とし，炭素（C），ケイ素（Si），マンガン（Mn），リン（P），硫黄（S）を含有する合金である。鉄鋼に含有される鉄以外のこれら5つの元素は鋼の5元素と呼ばれ，これらの含有量によって鋼材の性質は左右される。とくに炭素の含有量が鋼材の性質に大きく影響するため，鋼材は炭素の含有量によって分類されることが多い。一般的に，炭素の含有量が多いほど引張強さは向上し硬くなるが，靭性は低下する。一方，炭素の含有量が少ないほど靭性は向上し軟らかくなるが，引張強さは低下する。また炭素の含有量が多いと溶接欠陥を生じやすくなることから，一般には炭素の含有量が少ないほうが溶接性が良いとされる。鉄を主成分として，含有される炭素量が2％以下のものを総称して鋼（Steel）といい，含有される炭素量が0.02〜2％の範囲の鋼を炭素鋼（Carbon steel）という。なお，含有される炭素量が0.02％以下かつその他の不純物元素が非常に少ないものを純鉄（Pure iron）といい，含有される炭素量が2％を超えるものを鋳鉄（Cast iron）という。化学組成による鋼の一般的な分類の例を次に示す。

(1) 軟鋼（Mild steel）

　炭素鋼のうち，炭素の含有量が0.13〜0.20％程度のものを軟鋼（または低炭素鋼）という。船体の構造用材料として広く用いられる。造船分野では，引張強さが400〜490 [N/mm^2] の鋼材を総称して軟鋼という。

(2) 合金鋼（Alloy steel）

　炭素鋼にニッケル（Ni），クロム（Cr），モリブデン（Mo）などの合金元素を含有させ，特定の性質を持たせたもの

を合金鋼といい，その用途に応じてさまざまな合金鋼が存在する。たとえば，合金元素としてクロムおよびモリブデンを含有するクロムモリブデン鋼は焼入れ性が良く，焼入れによる表面硬化によって磨耗や疲労に耐性を持たせやすいため，工業用部品の材料として広く利用されている。舶用機器においてもボルトなどに利用されることがある。また，ステンレス鋼は合金元素としてクロムを一定量含有させた合金鋼であり，耐食性に優れた特性を持つ。

(3) 高張力鋼 (High tensile steel)

炭素の含有量を抑えた状態で各種合金元素を少量ずつ含有させることで，靭性を確保しつつ引張強さを高めたものを高張力鋼（または低合金高張力鋼）といい，軟鋼とともに船体の構造用材料として用いられる。とくに，せん断力や曲げモーメントの影響を大きく受ける船体中央部の外板および強力甲板に用いられることが多い。また High tensile steel を略して「ハイテン」とも呼ばれる。造船分野では，降伏点 315 [N/mm^2] 以上かつ引張強さ 440 [N/mm^2] 以上の鋼材を高張力鋼という。

7.1.2 成形法による鉄鋼材料の分類

鋼材は製造過程における成形方法によってもいくつかに分類される。

(1) 圧延鋼材 (Rolled steel)

鋼材の製造過程において，炉から取り出した鋼塊をロールによって圧延して成形したものを圧延鋼材という。船体の構造用材料として最も一般的に使用される。

(2) 鋳鋼 (Cast steel)

炉で溶かした鋼を鋳型に流し込み，冷やして固めることで成形したものを鋳鋼という。鋳型を用いることで，複雑な形状であっても容易に成形することができる。船体においては，船尾管などの複雑な形状箇所が鋳鋼でつくられる。

7.1.3 鉄鋼材料の記号分類

鉄鋼材料は製造技術の進歩とともに，用途に応じた数多くの材料がつくられている。単に圧延鋼材といってもその種類は数十種類に及び，それらは材料記号によって区別される。

(1) 日本工業規格による記号分類

鉄鋼をはじめとするさまざまな材料は，その組成や製法などについて，JIS（日本工業規格：Japanese Industrial Standards）によって詳細に規定されている。JIS で規定される材料には，その性質に応じて材料記号が設定されており，その材料の材質を表す名称として用いられる。

材料記号にはさまざまなものがあるが，ここでは一例として船舶をはじめとする構造物に用いる一般構造用の圧延鋼材について，JIS による規格 G 3101 によって規定されるものを表 7.1 に示す。表中の t は鋼材の厚さを示す。また厚さが 40 [mm] を超える場合については省略する。

材料記号の表し方について，SS400 を例として説明する。

$$\underset{①}{S} \quad \underset{②}{S} \quad \underset{③}{400}$$

表 7.1 一般構造用圧延鋼材の種類

材料記号	降伏点または耐力 [N/mm^2]		引張強さ [N/mm^2]
	$t \leq 16$ [mm]	$16 < t \leq 40$ [mm]	
SS330	205 以上	195 以上	330〜430
SS400	245 以上	235 以上	400〜510
SS490	285 以上	275 以上	490〜610
SS540	400 以上	390 以上	540 以上

まず，材料記号は原則として①から③の 3 つの部分から構成されている。①は材料を表す記号であり，S は Steel

（鋼）の頭文字を示す。②は材料の形状や用途を表す記号であり，S は Structural（構造用）の頭文字を示す。③は材料の性質を表す記号であり，引張強さの最低値を示す。つまり材料記号 SS400 は，JIS に基づいて製造され，検査に合格した材料であり，最低引張強さ 400 [N/mm^2] の一般構造用の鋼材であることを意味している。

（2）日本海事協会による記号分類

造船用の材料については，JIS とは別に各船級協会で定める規格が用いられる。ここでは NK（日本海事協会）で定める船体用圧延鋼材に関する記号分類について説明する。NK による圧延鋼材に関する規格は，含有する化学成分について，JIS における一般構造用圧延鋼材に比べて，より細かく規定され，より厳しい規格となっている。NK 鋼船規則（K 編）によって規定される船体用圧延鋼材の材料記号について，鋼材の厚さが 50 [mm] 以下の軟鋼および高張力鋼に関するものを表 7.2 に示す。

NK における材料記号の表し方については，材料によって異なる場合もあるが，圧延鋼材の場合について KA32 を例として説明する。

$$\underset{①}{K} \quad \underset{②}{A} \quad \underset{③}{32}$$

①は NK 規格材であることを表す記号であり，必ず K の文字が先頭に使用される。②は鋼材のグレードを表す記号であり，軟鋼の場合は A，B，D，E の 4 つのグレードに分類される。高張力鋼の場合は A，D，E，F の 4 つのグレードに分類される。これらのグレードは，含有する化学成分や熱処理の方法などにも違いがあるが，シャルピー衝撃試験での吸収エネルギー値によって区分され，靭性の優劣を示すものである。アルファベット順に A が最も脆く，F が最も粘り強い。③は鋼材の降伏点または耐力を表す記号であり，降伏点または耐力の最低値を旧単位系の値 32 [kgw/mm^2] で示している。なお，軟鋼の場合は省略される。つまり材料記号 KA32 は，NK 規格に基づいて製造され，検査に合格した鋼材であり，降伏点または耐力が 315 [N/mm^2] 以上，靭性のグレードは A 級の圧延鋼材であることを意味している。

表 7.2 船体用圧延鋼材の種類

	材料記号	降伏点または耐力 [N/mm^2]	引張強さ [N/mm^2]
軟鋼	KA	235 以上	400 ～ 520
	KB		
	KD		
	KE		
高張力鋼	KA32	315 以上	440 ～ 590
	KD32		
	KE32		
	KF32		
	KA36	355 以上	490 ～ 620
	KD36		
	KE36		
	KF36		
	KA40	390 以上	510 ～ 650
	KD40		
	KE40		
	KF40		

なお，船の外板は数多くの鋼板を溶接でつなぐことによって形成されているが，それらは一律に同じ鋼板ではない。必要な強度が場所毎に異なるため，配置される場所に応じて板厚や材料強度の異なる鋼板が使用される。曲げモーメントが最も大きく作用する船体中央においては，作用する応力に耐えられる強度を確保するために，必要な板厚は大きなものとなるが，船体中央から船首尾に向かうにつれて必要な板厚は小さくなる。ただし鋼板には厚さが増すと靭性が低下する性質があるため，一般的に板厚の大きい箇所では靭性に優れる D〜E 級鋼が選定され，板厚の小さい箇所では A 級鋼が選定される傾向がある。このような船体における鋼材の配置については，後に 7.4.1 項で説明する船体構造図に図示されている。

7.1.4 鉄鋼材料の腐食

鉄鋼材料は，環境によっては腐食され，錆を生じる。海水中に浮かんでいる船体はつねに腐食環境にさらされており，また海水の漲排水が繰り返されるバラストタンク内部はとくに腐食されやすい。船体を構成する材料の腐食が進行し，必要以上に板厚が衰耗すると，構造としての本来の強度が失われ，船体が破損に至るおそれがある。ここでは，鉄鋼材料が腐食するメカニズムと，腐食への対策について説明する。

（1）腐食のメカニズム

鉄鋼材料が腐食する条件は，腐食の対象となる材料が電気伝導体（移動可能な電荷を含む，電気を通しやすい物質）であることに加え，周囲に酸素および水が存在することである。

鉄鋼材料には，周囲の温度差や金属中の不純物，残留応力などさまざまな要因によって，表面に電位の異なる部位が生じている。そこに海水などの電解液が触れた場合，電位の異なる部位どうしが陽極（電位が低い箇所）と陰極（電位が高い箇所）をつくり出し，局部電池となる。このとき陽極において，鉄鋼を組成する鉄（Fe）がイオン化し，陽イオンである鉄イオン（Fe^{2+}）が電解液中に溶出するとともに，陰イオンである電子（e^-）が鉄鋼材料中を陰極へ移動し，局部電流が鉄鋼材料中を陰極から陽極（電子の移動と反対方向）に向かって流れる。つまり鉄イオンの溶出によって陽極部分が腐食されたことになる。陰極においては，鉄鋼材料中を移動してきた電子が周囲の酸素と反応し，電解溶液中に水酸化イオン（OH^-）が生成される。陰極で生じた水酸化イオンは電解溶液中を陽極側へ移動し，陽極から溶出した鉄イオンと反応し，酸化鉄（錆）が生成される。また，このとき陰イオンである水酸化イオンの移動と反対方向（陽極から陰極へ向かう方向）に電流が電解溶液中を流れる。この電流を腐食電流という。

（2）防食法

腐食を防止することを防食という。船体の構造材料の防食のために，まず塗装によって材料の表面を塗膜で覆うこと（有機被覆）により，腐食のために必要な酸素および水を遮断することが行われる。構造材料が腐食されやすい環境に置かれる場合には，加えて本項で説明する電気防食が施される。電気防食の方法には，流電陽極法と外部電源防食法とがある。バラストタンクの防食には流電陽極法が用いられる。船体外板の防食には，流電陽極法が用いられる場合と，外部電源防食法が用いられる場合の2通りがある。

図7.1　犠牲陽極（流電陽極法）

図7.2　外部陽極（外部電源防食法）〔提供：日本防蝕工業株式会社〕

①　流電陽極法

前述したように，腐食は電位の異なる部位の間で陽極と陰極が生じ局部電流が流れることで生じる。よりイオン化しやすい（電位の低い）場所が陽極となり，腐食は陽極において生じる。ここで，鉄鋼材料よりもイオン化しやすい物質が電気的に接続されていると，その物質が陽極となり優先的に腐食することになる。また陽極から腐食電流が陰極に向かって流れることで，陰極の電位が下がり，陽極と陰極との電位差がなくなり，腐食が生じなくなる。このような防食方法を流電陽極法という。このときの陽極は犠牲陽極と呼ばれ，鉄よりもイオン化傾向が大きい亜鉛やアルミニウムが使用される。犠牲陽極は単に陽極という意味の「アノード」とも呼ばれる。

②　外部電源防食法

外部電源防食法は，外部の電源から電流を供給することで被防食体の電位をコントロールし，腐食が生じないようにする方法である。主に船体の外板を防食する目的で使用される。船体外板の外部電源防食装置の構成は，主に船内の自動制御式直流電源装置と，船体外板を貫通して取り付けてある陽極と照合電極，防食される船体外板からなる。陽極は

直流電源装置から直流電流を受け，海水を通して船体外板へ防食電流を流す。照合電極は船体外板の電位を連続検知し，その信号を直流電源装置の自動制御回路へ送る。直流電源装置は船の環境に応じた腐食傾向を照合電極から入力され，適切な防食電流を陽極へ出力する。これらのフィードバック回路により，常時，船体外板が最適防食状態に保たれる。（日本防蝕工業株式会社の技術資料より）

（3）腐食予備厚

船体を構成する鉄鋼材料は，必要な強度を確保するために適切な厚みを有している。その厚みは強度上必要とされる厚みだけでなく，経年によって腐食される衰耗量を予測し，それを腐食予備厚として加味した厚みとしている。腐食予備厚は，船の設計寿命を 25 年とする考えから，就航して 25 年後の腐食状態において十分な構造強度が残存するように設定される。

7.2 船体強度

船の役割は，ただ静水面上に浮かぶことだけではない。少し荷を積んだだけで壊れるような船や，小さな波を受けたとたんに壊れるような船では，実際の航海では困るだろう。どのような力の作用に，どこまで耐えることができるかによって，その船の強度が評価される。

7.2.1 船体の横強度

船に荷が積み込まれると，作用する重力の大きさ（すなわち船の重量）が増すとともに，相応の喫水まで船は沈み込む。このとき水面下の船体の表面には，あらゆる方向からの水圧が作用する（図 7.3）。このうち下からの水圧は，浮力として船を支える働きをする一方で，上からの荷重とともに船体を高さ方向に押しつぶそうとするかのように作用する。

加えて前後左右からの水圧は，船体を幅方向に押しつぶそうとするかのように作用する。水圧による力は，それが作用する面の広さに比例する。船体は一般に船首尾方向に細長い物体であるので，前後左右からの水圧による力のうち，とくに左右からの水圧

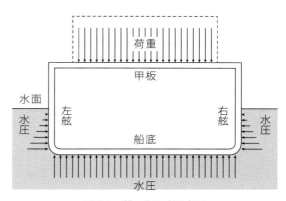

図 7.3　船に作用する水圧

による力の作用を強く受ける。この幅方向の力に耐えて形状を保つための強度が，船には必要である。

このように，船体の横断面形状を変形させようとする外力に対する強度を**横強度**という。

7.2.2 船体の縦強度

船が静かな海面上に，傾くことなく浮かんでいる場合，喫水（水面から船底までの深さ）は船首付近でも船体中央付近でも船尾付近でも，ほぼ等しくなっている。ゆえに船底に作用する下からの水圧の大きさは，どの部分でもほぼ均等である。この水圧の垂直方向成分は，水線面における単位面積当たりに作用する浮力の大きさを表すものとなる。底面と水線面の形状があまり変わらない船の場合，浮力は水線面の全体に分散して，ほぼ均等な作用で船を支えてくれることになる。

しかし一方で，船を沈み込ませようとする重力の作用の分布は，均等とは限らない。単位体積当たりに作用する重力の大きさは，その部分の比重量に等しい。ゆえに，比重量の大きな鉄の塊であるエンジン部分には，比重量の小さな空気で満たされている船室部分よりも，強く重力が作用することになる。また，複数に区切られた船倉のうち，荷で満たされている船倉では，空気で満たされている船倉よりも強く重力が作用することになる。

いま，静かな海面に浮かぶ長い船の中央付近に，重量の大きな荷を1つだけ積み込んだとしよう（図7.4）。この場合，船を持ち上げようとする浮力が船首付近にも中央付近にも船尾付近にも分散して作用する一方，船を沈み込ませようとする重力は船体の中央付近にだけ集中して強く作用することになる。その結果，船体の中央部だけを沈み込ませ，船首部と船尾部を持ち上げようとする，つまり船体を曲げようとする作用が生じる。この作用は先に3.3.3項で学んだ曲げモーメントである。

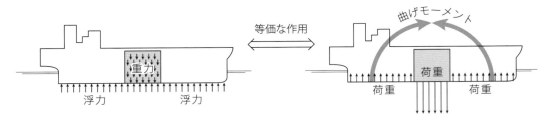

図7.4 重力が集中した場合の作用

ここで，船体は幅や深さに比べて船首尾方向に長い形状であるため，船体全体を1つの梁とみなすことができる。船体全体を船首尾方向に長い1つの梁とみなしたとき，その梁を**船体梁**（Hull girder）という。船体梁は，船体の自重や積載物の重量による荷重を受け，それらが浮力によって支持される両端自由な梁である。

ゆえに，船体梁に作用する荷重（重力や浮力）について，縦方向（長さ方向）の分布がわかれば，3.3.3項で学んだ梁における計算と同様に，せん断力図（SFD）を作成し，さらに曲げモーメント図（BMD）を作成し，最大曲げモーメントを求めることができる。一方，船体が耐えられる曲げモーメントの限界値は，船体の断面係数と材料の耐力によって決まる。それらを比較することにより，その船体がその荷重に耐えられるかどうかを考えることができる。

このような，力の縦方向（長さ方向）の分布によって生じるモーメントに耐えて形状を保つための強度を，船の**縦強度**という。

例題 7-1 図7.5のような，長さ150 [m]，幅15 [m]の箱型船が，静かな水面上に浮かんでいる。この箱型船には，長さ方向を30 [m]毎に等分割するように5つの船倉が設けられており，船首側から順に番号が振られている。いま，一様な比重量を持つ荷で第1・第3・第5船倉を満たし，第2・第4船倉を空の状態としたところ，船の喫水はどの場所でも等しく6 [m]となった。箱型船

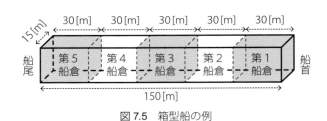

図7.5 箱型船の例

の形状は直方体とし，船の自重や板厚は無視されるものとし，船が浮かぶ水域の水の比重は1.000（容積1 [m^3]当たり重量1 [tw]）であるものとする。この船について，せん断力図（SFD）と曲げモーメント図（BMD）を作成し，この船に作用する最大曲げモーメントを求めよ。

解 この船の排水容積は $150 \times 15 \times 6 = 13500$ [m^3]と計算される。この体積に水の比重量を乗ずることにより，この船に作用する浮力は13,500 [tw]，この船の全重量は13,500 [tw]であることがわかる。

荷で満たされている船倉の重量は，それぞれ $13500 \div 3 = 4500$ [tw]である。ゆえに，荷で満たされている船倉における長さ1 [m]当たりの重量は $4500 \div 30 = 150$ [tw/m]である。なお，空にされている船倉における長さ1 [m]当たりの重量は0 [tw/m]である。

一方，この船の底面は水線面と同じ形状であり，浮力は底面の全体に均等に作用している。船の幅は全長にわたって等しく，ゆえに船の長さ1 [m]当たりの底面の面積は全長にわたって等しい。したがって，長さ1 [m]当たりに作用する浮力の大きさは，全長にわたって等しく $13500 \div 150 = 90$ [tw/m]である。

これらの単位長さ当たりの重量と浮力の分布をグラフに描くと図7.6(a)のようになる。なおグラフの横軸 x は，船尾からの距離によって表される縦方向（長さ方向）の座標である。この下向きの重力と上向きの浮力の合力として，船体に作用する下向きの荷重（＝重量－浮力）が求まる。単位長さ当たりの下向きの荷重の分布 $f(x)$ をグラフに描くと図7.6(b)のようになる。$0 \leq x \leq 30$ の範囲では $f(x) = 150 - 90 = 60$ となり，$30 \leq x \leq 60$ の範囲では $f(x) = -90$ となる。

荷重の関数 $f(x)$ の 0 から x までの定積分として，それぞれの縦位置 x におけるせん断力 $Q(x) = \int_0^x f(x)dx$ が求まる。せん断力図（SFD）は図7.6(c)のようになる。$0 \leq x \leq 30$ の範囲では $Q(x) = \int_0^x 60dx = 60x$ となり，$30 \leq x \leq 60$ の範囲では $Q(x) = \int_0^{30} 60dx + \int_{30}^x (-90)dx = -90x + 4500$ となる。

せん断力の関数 $Q(x)$ の 0 から x までの定積分として，それぞれの縦位置 x における曲げモーメント $M(x) = \int_0^x Q(x)dx$ が求まる。曲げモーメント図（BMD）は図7.6(d)のようになる。$0 \leq x \leq 30$ の範囲では $M(x) = \int_0^x 60xdx = 30x^2$ となり，$30 \leq x \leq 60$ の範囲では $M(x) = \int_0^{30} 60xdx + \int_{30}^x (-90x + 4500)dx = -45x^2 + 4500x - 67500$ となる。

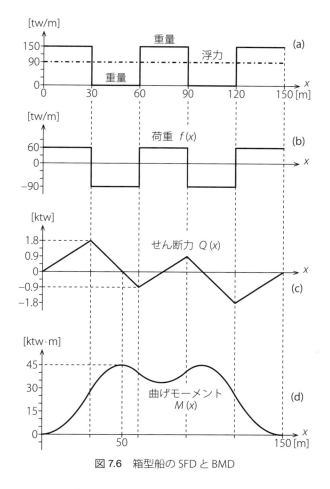

図 7.6　箱型船の SFD と BMD

グラフから曲げモーメントの絶対値の最大値を読み取ることで，最大曲げモーメントが求まる。なお，曲げモーメントが極大あるいは極小となる点では，せん断力はゼロとなっているはずである。この船に作用する最大曲げモーメントは $M(50) = 45000 \,[\text{tw·m}]$ である。

このような計算によって，船を壊すことなく荷を運ぶためには，どのように荷を積めばよいのかを考えることができる。最大曲げモーメントを小さく抑えるためには，なるべく荷を分散して積めばよいことがわかる。しかし，たとえばタンカーに中途半端な量の荷を各タンクに均等に分散して積むと，4.4.2項で学んだとおり，その自由水の運動の影響によって船の復原力が悪化するため，あえて一部のタンクに荷を集中させておいたほうがよい場合もある。状況に応じて，さまざまな影響を考慮しつつ，船の安全運航のための判断を行う必要がある。

以上のように，機関室や居住区の配置，貨物の積み付けの状態などにより，船体内部の重量は場所毎に異なって作用する。一方，浮力は水線面下の形状に応じて作用する。そのため，船体梁における重量分布と浮力分布とが異なり，場所によって重量と浮力との間に不均衡を生じる。その結果，船体梁に生じる曲げモーメントを**静水中曲げモーメント**という。

さらに，船が波浪中を航行する場合，波の影響によって浮力分布が場所毎に変化するため，船体の場所によって重量と浮力との間に不均衡を生じる。そのために船体梁に生じる曲げモーメントを**波浪中曲げモーメント**という。波浪中を航行する船に対しては，静水中曲げモーメントに加え，波浪中曲げモーメントが同時に作用することになる。また，静水中曲げモーメントは船内の重量配置を変えないかぎりつねに一定であるのに対し，波浪中曲げモーメントは波との出会いにより時々刻々と変化し，また繰り返し作用する。

たとえば，大きな波の立つ荒れた海面上を船が航行しているとき，船体中央部が波の山の位置に，船首部と船尾部が波の谷の位置に来たとする（図7.7(a)）。この瞬間，船体中央部の船底から水面までの高さは大きく，船首部と船尾部

の船底から水面までの高さは小さくなる。ゆえに船底に作用する下からの水圧の大きさは，船体中央部では大きく，船首部と船尾部では小さくなる。この場合，船を持ち上げようとする浮力は，船体の中央付近に集中して強く作用することになる。その結果，船体の中央部だけを持ち上げ，船首部と船尾部を沈み込ませようとする曲げモーメントが生じる。一方，船体中央部が波の谷の位置に，船首部と船尾部が波の山の位置に来た瞬間には，逆方向の曲げモーメントが生じることになる（図 7.7(b)）。

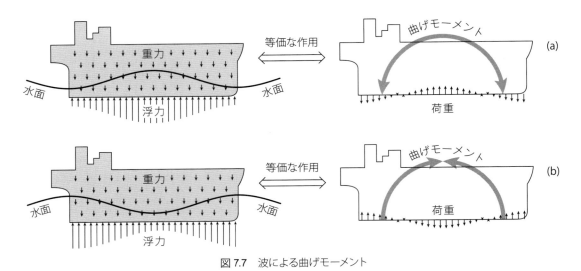

図 7.7　波による曲げモーメント

これらの静水中曲げモーメントや波浪中曲げモーメントにより船体が撓むことを**ホギング**（Hogging）あるいは**サギング**（Sagging）といい，図 7.8 および図 7.9 に示すような撓みの方向によって区別する。このとき，ホギング状態にある船体では，船底側で圧縮応力が，甲板側で引張応力が生じる。またサギング状態にある船体では，船底側で引張応力が，甲板側で圧縮応力が生じる。

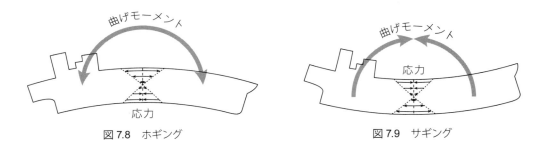

図 7.8　ホギング　　　　　　　　　　　　図 7.9　サギング

また，とくに波浪中曲げモーメントによる応力のように，時間とともに向きや大きさを変える応力が，長い期間にわたって繰り返し金属材料に作用し続けた場合，その耐力より小さな応力であっても，応力の集中する箇所に亀裂が生じることがある。また，このような亀裂が発生した構造部材に，さらに変動応力が作用し続けた場合，亀裂が進展し，破断に至ることがある。このような現象を疲労破壊という。船において，このような亀裂が外板に進展した場合には，浸水や船体折損といった重大な事故につながる危険がある。

7.2.3　船体の断面と強度

船体の外郭は一般的に，その全体の巨大さに比べて非常に薄い板部材でつくられている。また，船体内に配置されるさまざまな骨部材も，その長さに比べて断面積の小さなものとなっている。ここでは，どれくらいの厚さの板を，どのように組み合わせれば，どれくらいまでの曲げモーメントに耐えられる船をつくることができるのかについて，単純な例において考えてみる。

先に 3.3.3 項で学んだとおり，最大曲げモーメント $M_{\max}$ によって生じる最大応力 $\sigma_{\max}$ は，一般に $\sigma_{\max} = M_{\max}/Z$ と与えられ，ここで断面係数 Z は断面の形状と曲げモーメントの方向によって決まる値である。たとえば，幅が b，高さが h である長方形の断面を持つ長い梁において，高さ方向の荷重が長さ方向に不均等に分布することによって曲げモーメントが生じている場合は，断面 2 次モーメントが $I = bh^3/12$ となり，最大応力の生じる点の図心からの垂直距離は $h_{\max} = h/2$ となり，断面係数は $Z = I/h_{\max} = bh^2/6$ となる。

材料の耐えられる応力の上限（いわゆる耐力）が決まっているなら，断面係数の大きな構造ほど，より大きな曲げモーメントに耐えられる。また，断面の高さや図心の高さが同じであれば，断面 2 次モーメントの大きな構造ほど，より大きな曲げモーメントに耐えられる。

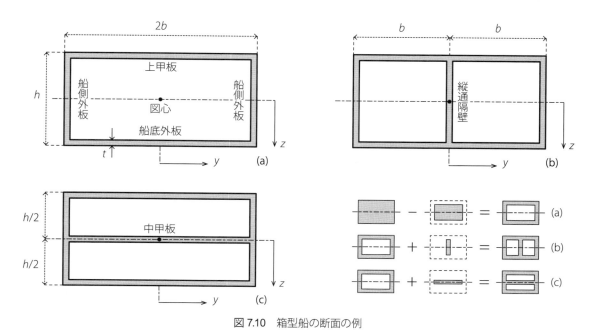

図 7.10　箱型船の断面の例

図 7.10 (a) のような断面を持つ直方体の船体について考える。この船体の半幅は b（全幅は $2b$），深さは h であり，甲板や外板の厚さはすべて t である。この船体の断面は，大きな長方形（幅 $2b$，高さ h）から，図心の高さが同じである小さな長方形（幅 $2b - 2t$，高さ $h - 2t$）を差し引いたものとなっている。この場合の断面 2 次モーメント I_a は，式 (7.1) のとおり，大きな長方形の断面 2 次モーメント I_1 から，小さな長方形の断面 2 次モーメント I_2 を差し引くことで得られる。一般に，図心の高さが同じ図形の間であれば，断面 2 次モーメントの足し合わせや差し引きが可能である。

$$I_1 = \int_{-b}^{b} dy \int_{-h/2}^{h/2} z^2 dz = \frac{2bh^3}{12}, \quad I_2 = \int_{-b+t}^{b-t} dy \int_{-h/2+t}^{h/2-t} z^2 dz = \frac{(2b-2t)(h-2t)^3}{12}$$

$$I_a = \left(\int_{-b}^{-b+t} dy + \int_{b-t}^{b} dy \right) \int_{-h/2}^{h/2} z^2 dz + \int_{-b+t}^{b-t} dy \left(\int_{-h/2}^{-h/2+t} z^2 dz + \int_{h/2-t}^{h/2} z^2 dz \right)$$

$$= \int_{-b}^{b} dy \int_{-h/2}^{h/2} z^2 dz - \int_{-b+t}^{b-t} dy \int_{-h/2+t}^{h/2-t} z^2 dz$$

$$= I_1 - I_2 = \frac{2bh^3}{12} - \frac{(2b-2t)(h-2t)^3}{12} \tag{7.1}$$

ここで，板の厚さ t が，船体の半幅 b や深さ h に比べて十分に薄い場合には，上の式 (7.1) において t の高次項（t^2 や t^3 や t^4 に比例する項）を無視することができ，式 (7.2) の近似式を得られる。

$$I_a \fallingdotseq \frac{2bh^3}{12} - \frac{2bh^3 - 12bh^2 t - 2h^3 t}{12} = bh^2 t + \frac{th^3}{6} \tag{7.2}$$

この式 (7.2) を変形することにより，断面 2 次モーメント I_a は式 (7.3) のように近似されることがわかる。この式の

第 1 項と第 2 項は，上甲板と船底外板による断面 2 次モーメントへの寄与であり，その断面積 $2bt$ と図心からの垂直距離の自乗 $(h/2)^2$ の積として表されるものとなっている。一方，第 3 項と第 4 項は，両舷の船側外板による断面 2 次モーメントへの寄与である。

$$I_a \fallingdotseq (2bt)\left(\frac{h}{2}\right)^2 + (2bt)\left(\frac{h}{2}\right)^2 + \frac{th^3}{12} + \frac{th^3}{12} \tag{7.3}$$

次に，図 7.10 (b) のような断面を持つ，縦通隔壁のある船体について考える。この船体の断面は，図 7.10 (a) の断面に，図心の高さが同じである縦通隔壁の断面（幅 t，高さ $h-2t$）を足し合わせたものとなっている。この場合の断面 2 次モーメント I_b は，図 7.10 (a) の断面 2 次モーメント I_a に，縦通隔壁の断面 2 次モーメントを足し合わせることで，式 (7.4) のように得られる。

$$I_b = I_a + \frac{t(h-2t)^3}{12} \fallingdotseq I_a + \frac{th^3}{12} \tag{7.4}$$

この船体の断面 2 次モーメントにおける縦通隔壁の寄与（上の式 (7.4) の第 2 項）は，両舷の船側外板の寄与（式 (7.3) の第 3 項や第 4 項）と同等のものとなる。このことから，船体の縦強度において，縦通隔壁が重要な役割を果たしていることがわかる。なお縦通隔壁による断面 2 次モーメントへの寄与は，その横方向位置によらず一定である。

今度は，図 7.10 (c) のような断面を持つ，中甲板のある船体について考える。この船体の断面は，図 7.10 (a) の断面に，図心の高さが同じである中甲板の断面（幅 $2b-2t$，高さ t）を足し合わせたものとなっている。この場合の断面 2 次モーメント I_c は，図 7.10 (a) の断面 2 次モーメント I_a に，中甲板の断面 2 次モーメントを足し合わせることで，式 (7.5) のように得られる。

$$I_c = I_a + \frac{(2b-2t)t^3}{12} \tag{7.5}$$

この船体の断面 2 次モーメントにおける中甲板の寄与（上の式 (7.5) の第 2 項）は t^3 や t^4 に比例するものであり，板の厚さ t が船体の深さ h に比べて十分に薄い場合には，ほとんど無視できるほど小さなものとなる（すなわち $I_c \fallingdotseq I_a$ となる）。このことから，この船体の縦強度において，中甲板が上甲板ほどの役割を果たしていないことがわかる。ただし，船体の横強度には中甲板も有意に寄与する。

例題 7-2 耐力 200 [MPa]，厚さ 12 [mm] の鋼板を使って，幅 15 [m]，深さ 10 [m] の箱型船をつくる。その船は，船底外板と船側外板および上甲板に加えて，いくつかの縦通隔壁を持つものとなる。想定される最大曲げモーメント 500 [MN·m] に耐えられる構造とするためには，いくつの縦通隔壁が必要か考えよ。

解 最大曲げモーメント $M_{\max} = 500$ [MN·m] による最大応力 $\sigma_{\max} = M_{\max}/Z$ が，耐力 200 [MPa] を超えないために必要な断面係数 Z の最小値は，$Z_{\min} = 500 \div 200 = 2.5$ [m^3] である。いま考えている箱型船の断面の図心は上甲板や船底外板から等距離の位置にあるから，最大応力が生じる部分の図心からの垂直距離 $h_{\max}$ は深さ $h = 10$ [m] の半分の距離，すなわち $h_{\max} = h/2 = 5$ [m] である。したがって，必要な断面 2 次モーメント $I = Zh_{\max}$ の最小値は $I_{\min} = Z_{\min}h_{\max} = 2.5 \times 5 = 12.5$ [m^4] と見積もられる。

一方，上甲板や船底外板（幅 $2b = 15$ [m]，厚さ $t = 12$ [mm] $= 0.012$ [m]）による断面 2 次モーメントへの寄与は，それぞれ $(2bt)(h/2)^2 = 15 \times 0.012 \times 5^2 = 4.5$ [m^4] である。また，船側外板や縦通隔壁（高さ $h = 10$ [m]，厚さ $t = 0.012$ [m]）による断面 2 次モーメントへの寄与は，それぞれ $th^3/12 = 0.012 \times 10^3 \div 12 = 1$ [m^4] である。したがって，縦通隔壁がない場合の断面 2 次モーメントは $I = 4.5 + 4.5 + 1 + 1 = 11$ [m^4] と求まる。また，縦通隔壁が 1 つの場合の断面 2 次モーメントは $I = 4.5 + 4.5 + 1 + 1 + 1 = 12$ [m^4] と求まる。さらに，縦通隔壁が 2 つの場合の断面 2 次モーメントは $I = 4.5 + 4.5 + 1 + 1 + 1 + 1 = 13$ [m^4] と求まる。

ゆえに，想定される曲げモーメントに耐えるためには，すなわち断面 2 次モーメント I が $I_{\min}$ よりも大きく確保されるためには，少なくとも 2 つの縦通隔壁が必要であるとわかる。

7.3 船体構造

船体の構造に必要な条件として，まず水密を維持できること，そして堪航性を満足させるための十分な強度を有することが挙げられる。船体の外郭は板部材で囲うように構成され，水密が保たれる。船体の外郭を構成する板部材のうち，底部（船底）から側面（船側）を構成するものを**外板**（Shell）といい，頂部を構成するものを**甲板**（Deck）という。ただし，これら板部材のみで船体を構成することは，相応の強度を得るために著しく厚い板部材が必要となってしまうため，現実的ではない。実際の船体においては，薄い板部材が使用され，その板部材の内側に多数の骨部材が取り付けられることによって，必要な強度が確保されている。板部材を補強するために取り付けられる骨部材を**防撓材**（Stiffener）という。このように，船体構造は基本的には板部材と骨部材との組み合わせによって構成されている。外板をはじめとする板部材と骨部材などからなる船体構造全体を**船殻**（Hull）という。

さらに，船体はただ頑丈につくられているだけでなく，損傷時の区画水密などの安全性や，貨物区画の確保および荷役時の能率など，さまざまな要素を考慮して設計される。船体の構造を決定するにあたって守られるべきものとして，船舶の安全性を確保するための国際条約があり，また国内法が存在する。国連の専門機関である IMO によって取り決められた国際条約（SOLAS 条約，MARPOL 条約など）があり，それらを実施するために各国において必要な国内法が制定されている。船舶に関連する国際条約および国内法については 1.4 節で述べたとおりである。また，船級協会においても船体構造に関する技術上の基準を定めており，船舶が登録した船級協会毎に運用される。日本海事協会においては鋼船規則が定められ，船体構造については NK 鋼船規則（C 編）が適用される。

また，1990 年代を中心に老朽化したばら積貨物船および油タンカーの折損事故が相次いだことを背景として，それまで各国の船級協会が独自に定めていた船級協会規則を世界的に統一，強化する目的で，IACS（国際船級協会連合）によって共通構造規則（Common Structural Rule : CSR）が作成された。現在，ばら積貨物船および油タンカーに対する共通構造規則が定められ，各国の船級協会規則において運用されている。

7.3.1 外板

船体の頂部を除く外郭を構成する板部材を総称して外板と呼ぶ。外板は船体の水密を保つとともに船体の縦強度を受け持つ。外板は場所によって図 7.11 に示すように呼称される。

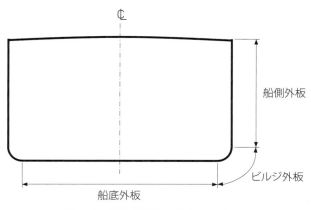

図 7.11 船体の外郭の構成（Section）

(1) 平板竜骨（Plate keel）

竜骨（Keel）は本来，船体構造において背骨を意味する重要な部材であった。現在の一般的な鋼船では，船底外板において船体中心線部分を構成する板部材を単に平板竜骨と呼ぶのみである。

(2) 船底外板（Bottom shell plating）

船底の平坦な部分を構成する外板を船底外板という。平板竜骨は船底外板に含まれる。水圧の影響を大きく受ける部材であり，船首部においてはスラミングによる衝撃荷重を受けることがある。また入渠時には，船体を支持する船底盤木から大きな反力を受けることになる。盤木との接触部分には塗装が施工できず，塗膜による保護が十分でない箇所が生じるが，入渠する度に盤木の配置を変えるなどの配慮がなされる。また船底を水平とせず，ある程度の勾配が設けられる場合があり，これを**船底勾配**（Rise of floor）という。

(3) 船側外板 (Side shell plating)

船体の側面を構成する外板を船側外板という。主として側面からの水圧や波浪の衝撃による荷重を受ける。また，岸壁防舷物との接触やタグボートによる操船支援時の接触などにより，局部的な荷重を受けることがある。

(4) ビルジ外板 (Bilge shell plating)

船体のビルジ部（湾曲部）を構成する外板である。NK 鋼船規則（CSR-B 編 第 1 章 4 節）によると，船底平行部においては，船底ビルジ部の下端の曲がり部における板の曲がり始める点から，船側外板ビルジ部の上端の曲がり部における板の曲がりが終わる点までとすると定義されている。

ビルジ外板の船体中央部付近には，横揺れの軽減を目的として**ビルジキール**（Bilge keel）が取り付けられる（図 7.12）。ビルジキールそのものには船体強度を受け持つ役割はないが，波浪の影響や浮遊物との接触などにより損傷を受けやすい部材である。ビルジキールが損傷し，亀裂を生じた場合，亀裂が船体外板にまで進展するおそれがあるため，外板との間に比較的厚めの板部材を介して取り付けられる。

図 7.12 ビルジキール

(5) 外板の板厚について

鋼板の厚みのことを板厚という。外板をはじめとする板部材において，その板厚は船体強度に直接影響を与える重要な要素である。外板の板厚は，縦強度だけでなく，水圧や波の衝撃に対する局部強度，船の主要寸法，肋骨心距，腐食予備厚などを考慮して定められる。NK 鋼船規則（C 編 16 章）では，外板の最小板厚の規定として，強力甲板より下方の外板の厚さは $\sqrt{L}$ [mm]（L は垂線間長を [m] の単位で表した数値）以上としなければならないと定められている。さらにさまざまな条件に応じて前述の各要素を加味した上で，外板の場所毎に確保すべき板厚が詳細に定められている。また板厚に応じて使用すべき鋼材の等級が定められている。

7.3.2 甲板

甲板部分は，暴露部においては水密を確保し，貨物区画や居住区画などさまざまな場所において床面あるいは天井を形成する。甲板上の構造や積載物による荷重を受け持ち，また船体梁においても縦強度および横強度に対する強度を受け持つ部材となる。

通常，満載喫水線規則によって定められる乾舷甲板を**上甲板**（Upper deck）という。外板が達する最上層の甲板を**強力甲板**（Strength deck）といい，船体縦強度に寄与する重要な役割を果たすが，一般的には上甲板が強力甲板となる。上甲板は船体最上層に配置され，一般的には風雨や波浪に曝される暴露甲板でもある。また一般的に暴露甲板には**梁矢**（りょうし）（Camber）と呼ばれる曲がりがある。梁矢を設けることによって甲板の強度が向上し，また甲板上の排水を容易にする。

7.3.3 隔壁

船体内部の区画（貨物倉やタンクなど）を形成する仕切り壁を**隔壁**（Bulkhead）という（図 7.13）。船体内部において比較的大きな構造部材であり，配置される方向に応じて縦強度あるいは横強度に大きく寄与する。船体の横方向に配置された隔壁を**横隔壁**（Transverse bulkhead）といい，船体の横強度の大部分を受け持つ重要な構造となる。外板にタグプッシュマークが表示されている箇所は通常，その内側に横隔壁が配置されている。船体の縦方向に配置された隔

壁を**縦通隔壁**（Longitudinal bulkhead）といい，船体の縦強度に寄与する。

また，船体を区分した区画に水密性を持たせるような構造の隔壁を**水密隔壁**（Watertight bulkhead）といい，船体が損傷し，浸水が生じた場合に，他の区画への浸水を防ぐ役割を果たすとともに，その水圧に耐える強度を有している。区画水密の観点から，船体の安全性においてとくに重要な位置付けとなる船首尾隔壁および機関室隔壁については，SOLAS条約（第II-1章 第12規則）により規定が設けられている。ここでは，これらの主要な隔壁に関する規定について解説する。

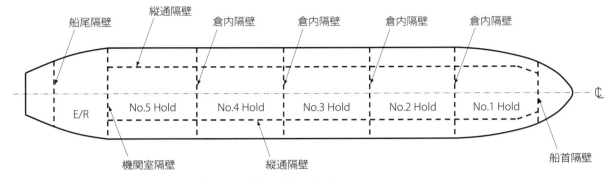

図 7.13　隔壁の配置の例（Upper deck plan）

（1）船首隔壁（Fore peak bulkhead）

衝突隔壁（Collision bulkhead）ともいう。船首部は衝突の際には破損に至ることが想定され，また波浪による衝撃荷重を受ける機会が多い箇所でもある。そのような負荷に耐え，また船首部が損傷し浸水に至った場合には健全な区画への浸水を阻止するため，船舶には船首隔壁が備えられなければならない。この隔壁は衝突の際に船首部外板と同時に損傷しないよう，また浸水時に船内に大量の水を取り込むことがないよう，船首垂線から近すぎず遠すぎない適度な間隔を設けた位置に配置される。ただし，球状船首のように船首垂線より前方に張り出した構造がある場合については別途規定がある。

（2）船尾隔壁（Aft peak bulkhead）

船尾隔壁は船尾の適当な位置に設けられなければならない。船尾隔壁により船尾部分を水密区画とすることで船尾管（Stern tube）を閉囲し，船尾管より浸水があった場合に他の区画への浸水を防ぐことになる。

（3）機関室隔壁（Engine room bulkhead）

機関室の前後端には，機関室とそれ以外の区画とを区分する水密隔壁が設けられなければならない。船尾に機関室を持つ船であれば，後端の機関室隔壁は船尾隔壁を兼ねることができる。

（4）倉内隔壁（Hold bulkhead）

NK鋼船規則（C編13章）では，一般の貨物船には，以上の(1)〜(3)のほかに，貨物区画に隔壁を適当な間隔で設け，水密区画の総数を表7.3に掲げるもの以上とするように規定している。このように貨物区画に設けられて貨物倉を区分する水密隔壁を倉内隔壁という。とくにばら積貨物船の倉内隔壁においては，ばら積貨物が構造部材の間に滞留することを避けるため防撓材での補強はせず，隔壁構造を図7.14のような**波形隔壁**（Corrugated bulkhead）とすることで強度を確保している。また荒天時などにヘビーバラスト状態とする場合には，貨物倉内にバラストを漲水することがあり，その水圧に耐えうる強度を確保している。

表 7.3　水密隔壁の総数

L [m]	水密隔壁の総数
$90 \leq L < 102$	5
$102 \leq L < 123$	6
$123 \leq L < 143$	7
$143 \leq L < 165$	8
$165 \leq L < 186$	9
$186 \leq L$	船毎に NK が認める数

図 7.14　波形隔壁

7.3.4　船底構造

船底部分は，船の外側からは水圧を受け，また船の内側からは積載物の荷重を受ける．船底構造はそれらの荷重を受け持ち，また船体梁においても縦強度および横強度を受け持つ重要な構造である．船底構造の方式は二重底構造（図7.15）と単底構造（図7.16）とに大別される．

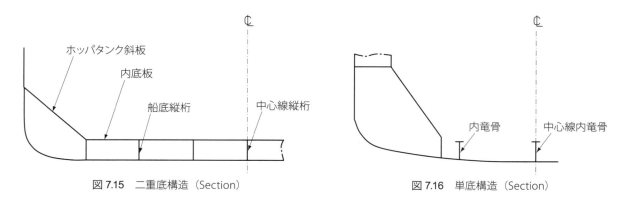

図 7.15　二重底構造（Section）　　　　　図 7.16　単底構造（Section）

(1) 二重底構造（Double bottom construction）

二重底構造とは，船底外板の上部に**内底板**（Inner bottom plating）が設けられ，船底外板と内底板との間が水密区画とされた構造である．二重底構造は，座礁などにより船底を損傷した場合でも，内底板が損傷していなければ貨物倉への浸水あるいは貨物の流出を防ぐことができる．また，内底板は船体強度の向上に寄与する．さらに二重底区画はバラストタンクなどに利用できるなど多くの利点を持つ．

船底構造において二重底構造を採用することは，いくつかの規則によって定められているが，安全性の観点から船体の区画水密を確保することを目的として規定される場合（SOLAS 条約 第 II-1 章 第 9 規則）と，環境保護の観点からとくに原油をはじめとする貨物の流出を防止することを目的として規定される場合（MARPOL 73/78 附属書 I 第 4 章 第 19 規則）などがある．

NK 鋼船規則（C 編 6 章）では，船舶には船首隔壁から船尾隔壁まで，水密構造の二重底を設けなければならないと定められている．二重底の高さについても規定があり，構造上必要な強度が確保されることに加え，人が立ち入る場合の作業性などを考慮して定められている．また二重底構造を構成する構造諸材の板厚についても，確保されるべき板厚が詳細に定められている．

(2) 単底構造（Single bottom construction）

単底構造とは，船底外板の上部に内底板が設けられない構造である．船底には**内竜骨**（Keelson）と呼ばれる部材が配置され，縦強度に寄与するとともに，その他の部材を支持する役割を担う．NK 鋼船規則（C 編 6 章）では，総トン

数500トン未満の船舶においては，二重底の一部または全部が省略されても差し支えないと規定している。また，それ以外の船舶においても，水密区画であり容積が過大でない箇所において，船底または船側に損傷を受けても船舶の安全性が害されないことを条件に，二重底を省略しても差し支えないと定められている。このような条件の下，比較的小型の船舶においては，単底構造が採用されている場合がある。なお単底構造においても，単底を構成する構造諸材それぞれについて確保されるべき板厚が定められている。

7.3.5 船側構造

船側部分は，船の外側からは水圧を受け，また上部からは甲板構造の荷重を受ける。ばら積貨物を積載する場合には，貨物による横方向の荷重を受ける。船側構造はそれらの荷重を受け持ち，船体梁においては船底構造と甲板構造とを結合する役割を果たし，縦強度および横強度を受け持つ。船側構造は船側外板および船側外板を支持する諸部材によって構成される。ここでは，とくにばら積貨物船の貨物倉における構造について解説する。船側構造の方式は，図 7.17 のような**二重船側構造**（Double side skin construction）と図 7.18 のような**単船側構造**（Single side skin construction）とに大別される。NK 鋼船規則（CSR-B 編 第 1 章 4 節）によると，二重船側構造の貨物倉とは二重船側で閉囲されたものをいう。ホッパタンクおよびトップサイドタンクを設けた場合，それらは二重船側構造に含まれる。一方，単船側構造の貨物倉とは，内底板またはホッパタンクを設けた場合はホッパタンク斜板の上端から，上甲板またはトップサイドタンクを設けた場合はトップサイドタンク斜板の下端までの部分が船側外板で閉囲されているものをいう。なお，図 7.18 の単船側構造は一般的なばら積貨物船に多く見られる構造であり，ホッパタンクとトップサイドタンクはパイプなどを介してつながっており，ともにバラストタンクとして用いられる。

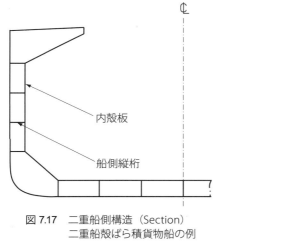

図 7.17 二重船側構造（Section）
二重船殻ばら積貨物船の例

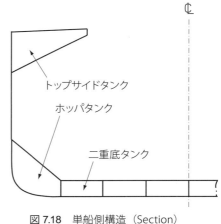

図 7.18 単船側構造（Section）
一般的なばら積貨物船の例

7.3.6 二重船殻構造

とくに油タンカーについては，船体損傷による貨物油の流出を防止するため，船底部分および船側部分を**二重船殻構造**（Double hull construction）とすることが定められている。MARPOL 条約（附属書 I 第 4 章 第 19 規則）では，油タンカーの貨物区域についての要件として，貨物区画の全域がバラストタンクまたは他の閉囲場所により保護されていなければならないと定めている。

このため油タンカーにおいては，船底部分が二重底構造とされ，また船側外板の内側に船側の全深さまたは二重底の頂板から上甲板までの深さにわたる縦通隔壁が設けられ，この隔壁と船側外板との間をバラストタンク（または他の閉囲場所）とする二重船殻構造が採用されている。

二重船殻構造の船側部分におけるバラストタンク（または他の閉囲場所）の幅や，船底部分における二重底の高さについても，船の大きさに応じた規定がある。

また油タンカー以外の船舶についても，たとえば一部の液化ガスばら積船については，貨物の漏洩が生じた場合に低温の貨物から船体を保護するために，二重船殻構造とされることがIGCコードによって規定されている。コンテナ船については，船体中央部に縦強度を確保するために，NK鋼船規則（C編32章）によって，貨物区画においてはなるべく図7.19のような二重船殻構造を採用することが推奨されている。

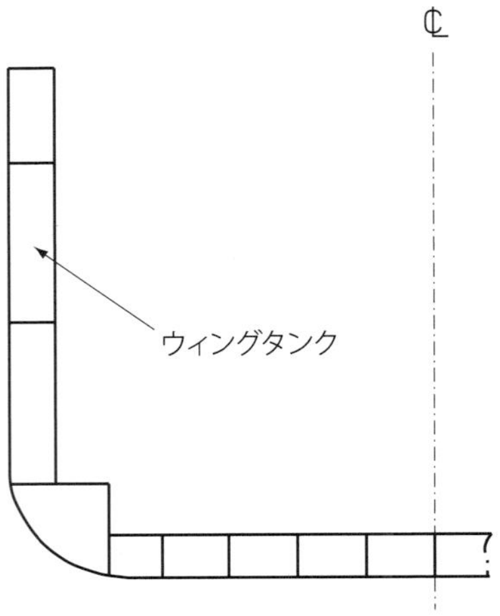

7.3.7 船体構造方式

ここまでに述べたように，船体はその外郭を外板および甲板によって構成され，内側は隔壁や甲板によって補強され，また区画される。さらに，これらの板部材を防撓するために骨部材が取り付けられる。この骨部材を防撓材といい，船体の構造方式は，防撓材を板部材に配置する方向によって，横式構造と縦式構造とに大別される。

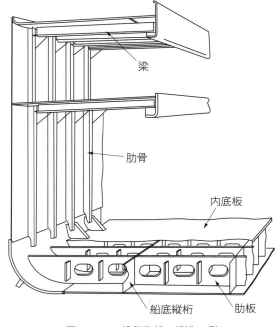

図7.19 二重船殻構造（Section）コンテナ船の例

(1) 横式構造（Transverse system）

横式構造は，肋骨をはじめとする比較的大きな部材を横方向に配置することによって外板を防撓する構造方式である。これらの部材は配置される場所によって区別され，船側外板に付くものは**肋骨**（Frame），船底外板に付くものは**肋板**（Floor），甲板に付くものは**梁**（Beam）と呼ばれる。これらの部材は船の長さ方向に一定の間隔で配置され，その間隔は**肋骨心距**（Frame space）と呼ばれる。

また，これらの横方向に配置された部材を支持し，さらに縦強度を受け持つために**縦桁**（Girder）と呼ばれる比較的大きめの骨部材が配置される。これらの部材は配置される場所によって区別され，船側外板に付くものは**船側縦桁**（Side stringer），船底外板に付くものは**船底縦桁**（Bottom girder），甲板に付くものは**甲板縦桁**（Deck girder）と呼ばれる。とくに船体中心線上に付く縦桁は**中心線縦桁**（Center girder）と呼ばれる。

図7.20に一般貨物船の構造の例を示す。このような一般貨物船は，船の専用化にともない現在では見られなくなったが，ここでは横式構造のわかりやすい例として紹介する。船体内部の構造は，肋骨，肋板，梁の横部材を中心に構成され，それらを縦部材である縦桁と船側外板，各層の甲板が支持するものとなっている。なおこの例では二重底構造かつ単船側構造であり，また二層甲板となっている。

図7.20 一般貨物船の構造の例

(2) 縦式構造（Longitudinal system）

横強度を重視した横式構造は古くから船の構造に用いられてきた構造方式であり，比較的小型の船についてはこの構造方式が採用されうる。しかし，船が大型化するにつれて，船体中央部に作用する縦曲げ応力が大きくなり，縦強度を重視した構造方式である縦式構造が採用されるようになった。

縦式構造は，**縦通材**（Longitudinal）という小さな骨部材を縦方向に数多く配置することによって外板を防撓する構造方式である。縦通材は配置される場所によって区別され，船側外板に付くものは**船側縦通材**（Side longitudinal），船底外板に付くものは**船底縦通材**（Bottom longitudinal），甲板に付くものは**甲板縦通材**（Deck longitudinal）と呼ばれる。これら縦通材について一般的には，縦通材の英語表記である Longitudinal を略して「ロンジ」と呼称することが多い。

また，これらの縦方向に配置された部材を支持し，さらに横強度を受け持つために，**横桁**（Transverse）と呼ばれる比較的大きめの骨部材が配置される。これらの部材は配置される場所によって区別され，船側外板に付くものは**船側横桁**（Side transverse），船底外板に付くものは**船底横桁**（Bottom transverse），甲板に付くものは**甲板横桁**（Deck transverse）と呼ばれる。

図 7.21 に**単船殻構造**（Single hull）と呼ばれる単底構造かつ単船側構造の油タンカーの構造の例を示す。1990 年代前半以前に建造された油タンカーに多く見られた構造であるが，MARPOL 条約による油タンカーの二重船殻構造の強制化によって，現在では見られなくなった。ここでは縦式構造のわかりやすい例として紹介する。この例の場合，横桁は**支材**（Cross tie）とともに**トランスリング**（Transverse ring）と呼ばれるリング状の大きな横部材を形成している。

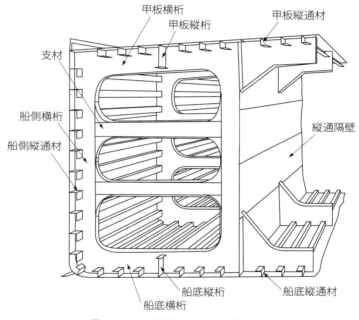

図 7.21　旧式の油タンカーの構造の例

（3）一般的なばら積貨物船の構造の例

一般的には，船体中央部において縦曲げモーメントに対する十分な縦強度を得るために，縦式構造が採用される。その上で，とくに一般的なばら積貨物船の設計においては，二重底タンクやトップサイドタンクなどのバラストタンクの内側を縦式構造として十分な縦強度を確保した上で，貨物倉を横式構造とするなど，区画によって構造方式が使い分けられる。これは，仮に貨物倉内を縦式構造とした場合，縦通材間に積み荷が滞留しやすく，荷役に支障をきたすからである。図 7.22 はトップサイドタンクとホッパタンクを有する一般的なばら積貨物船の構造の例である。二重底構造かつ単船側構造となっている。単船側構造のため，船側外板を防撓するための肋骨が船側外板内側の貨物倉内に配置されている。

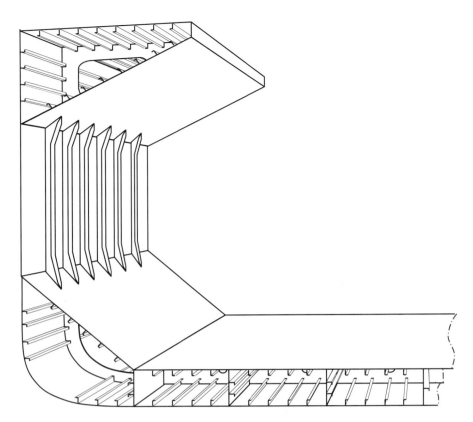

図 7.22　ばら積貨物船の構造の例

7.4　船体構造図の見方

　たとえば，航海中にバラストタンク内部の点検が乗組員によって実施されることがある。タンクの内部をくまなく点検するためには，その構造を十分に理解しておく必要がある。そのためには，まず船の構造に関する図面を読むことが必要である。また点検によって損傷などの異常を発見した場合には，その場所を特定するために図面と照合する作業が必要になる。

　船の構造を図面で確認したいと思ったとき，まずは数多くの図面のなかから目的の構造が記載されている図面を探さなければならない。また図面の読み方についても理解しておく必要がある。図面にはいくつもの種類があり，またそれらは不文律ともいうべき一定の法則に基づいて作図されているため，それを理解していなければ正しく図面を読むことはできない。

　ここでは船の構造に関する主要な図面について説明し，それらがどのような基準に沿って作図されているのか解説する。実際に船の構造を図面で確認する際の参考としてほしい。

7.4.1　船体構造図

　船殻図ともいう。船体構造に関する図面は，船を設計・建造する過程において数多く出図されるが，就航後の船に備え置かれる図面は**完成図書**（Finished plan）と呼ばれる図面のみである。完成図書は完成した船を説明するための図面であり，設計図とは異なる。完成図書において船体構造を表した図面はいくつかあるが，そのなかでも主要な構造部材の配置を示した基本図を次に挙げる。

（1）外板展開図（Shell expansion）

横軸をフレーム番号，縦軸を外板の胴周り長さ（Girth length）として，船体の外板形状を表した図である。一般的には右舷側の外板が描かれ，外板の内側に配置された構造部材についても図示されている。

（2）中央横断面図（Midship section）

船体中央における横断面を示した図である。ここで Section は横断面図を意味する。

（3）鋼材配置図（Construction profile and deck plan）

船体の主要構造部材の配置を示した図である。ここで Profile は縦断面図（側面図）を，Plan は平面図を意味する。船体を縦断面で見た場合および甲板を平面として上から見た場合の部材の配置が図示されている。

7.4.2 基準線

船体構造図にはいくつかの種類があるが，これらはすべて共通した基準線を用いることにより，相互に関連性を持たせている。船体に対して図 7.23 に示すような座標系を設定したとき，それぞれの座標における基準線について説明する。

船体の長さの方向である x 軸での基準線は，**肋骨線**（Frame line）が基準となる。肋骨線は，船尾垂線を基準として，船の長さ方向に対して一定の間隔で設けられる，肋骨の取り付け位置を示しており，基線に対して垂直な線で表される。肋骨線は船体の長さ方向における座標として利用され，x 軸上の位置は近傍の肋骨線からの水平距離で示される。船体の幅の方向である y 軸での基準線は船体中心線を基準とし，y 軸上の位置は船体中心線からの水平距離で示される。船体の深さの方向である z 軸での基準線は基線を基準とし，z 軸上の位置は基線からの垂直距離で示される。

このように，船体構造図においては，基線，船体中心線，肋骨線を基準線としている。

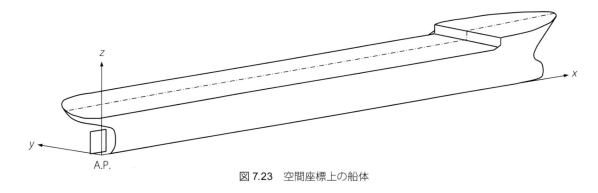

図 7.23 空間座標上の船体

7.4.3 モールドライン

4.1.1 項において，船体形状を表すものとして線図（Lines）について述べた。線図によって表現される船体の表面形状は，外板や甲板などの船体の外郭を形成する鋼板の板厚を含まない型表面（Molded surface）を表しており，その線をモールドライン（Molded line）と呼ぶ。船の主要寸法における型深さや型幅はモールドラインを基準とした寸法である。基線，船体中心線，肋骨線もモールドラインであり，船体構造におけるすべての部材の配置は，これらのモールドラインが基準となる。

船体の構造を図面で表そうとするとき，図面の縮尺によっては，鋼板や型鋼などの構造部材の厚みまで十分に描ききれない場合がある。そのような場合には，船体構造部材は板厚を含まないモールドラインとして簡略化して表現される。

船体の横断面における構造部材の配置について，モールドラインで表現したものを図 7.24 に示す。また，同じ構造について部材の板厚を描いて表現したものを図 7.25 に示す。図 7.25 ではモールドラインを太い線で示している。図に示すように，外板や甲板は，船体の内側になる面をモールドラインに合わせる。基線および船体中心線が基準となっており，基線および船体中心線から遠ざかる方向に厚みが出る（これを「**板逃げ**」という）ような配置とする。ただし中心線縦桁のように船体中心線上に配置される部材については，例外的に板厚の中心をモールドラインに合わせる。船首尾方向におけるモールドラインの基準については，たとえば横隔壁の場合は防撓材の付く面をモールドラインに合わせるなど，建造時の作業性を考慮して，その場所毎に適切に判断して決定されることが一般的である。

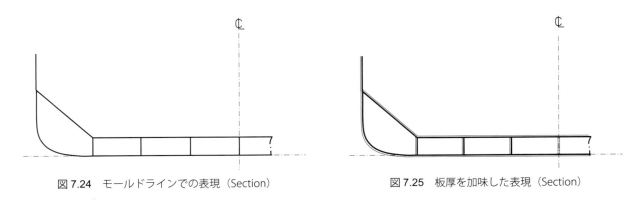

図 7.24　モールドラインでの表現（Section）　　　図 7.25　板厚を加味した表現（Section）

7.4.4　図面の約束事

船の図面を作図する際の慣習として一般的には次のようなものが挙げられる。

（1）船体構造の図示について

1. 平面図および縦断面図においては，船尾が左側，船首が右側になるよう図示される。
2. 船の構造は船体中心線に対して左右対称であるため，平面図や横断面図において，左舷側あるいは右舷側の一方だけを図示すればよい場合，一般的には左舷側が図示される。
3. 横断面図においては，その後面が図示される。すなわち船体横断面を船尾側から船首側に向かって見る方向に図示される。これにより，左舷は左側に，右舷は右側に図示される。
4. 縦断面図においては，船体縦断面を右舷側から左舷側に向かって見る方向に図示される。
5. フレーム番号は，後部垂線を 0 として船尾側から船首側に向かって，決まった間隔で付けられる。

（2）寸法について

一般的に寸法は [mm] で記載され，その単位は省略される。

（3）実線，点線，一点鎖線の用法について

船体構造図においては実線，点線，一点鎖線の 3 種類の線が主に使用される。実線は，図示された面において直接見える部材の形状を表す場合に使用される。また寸法の引き出し線などにも用いられる。点線は，図示された面の裏側に配置されるなど，直接見えない部材の形状を表す場合に使用される。一点鎖線は主に想像線として用いられ，タンクなどの区画を表すときや，基線や船体中心線などの基準線を表すときにも用いられる。

まとめ

7.1 節では船体材料として鉄鋼材料について解説した。船体構造に使われる材料の性質は，船体の強度に直結する重要な要素である。そのため船体の構造材料には，検査に合格した船級規格材が使用される。

7.2 節では船に必要な強度について説明し，簡単な例による梁理論を用いた縦曲げモーメントの計算方法を示した。船体構造は一見すると複雑に思えるが，簡単な例に置き換えることができれば，梁理論を用いて大まかな強度計算ができる。

7.3 節では船の構造について基本的なところを解説した。構造設計の背景として，とくに安全に関わるものは SOLAS 条約によって定めがあるが，より細かな技術的な指標は船級協会によって規定されていることが多い。さらに詳しいことを知る必要がある場合には，船級規則を参照することを勧める。また，船体構造を説明するための図中の部材の名称については，表現を統一するためにすべて日本語による名称で表記したが，実際には英語による名称で呼称されることが多い。本文中に英語での名称を併記しているので，参考にしてほしい。

7.4 節では，船の構造を知るための手段として，図面の見方についても解説した。

船体構造を理解する上で大事なことは，まず実物を自分の目で見るということである。そして図面と比較し，それを何度も繰り返すことで初めて理解できるものである。その理解の手助けとなるように，本書では基本的なところを解説した。本書がこれから船体構造を学ぼうとする読者諸氏の手助けになれば幸いである。

参考文献

1. 2014 年海上人命安全条約，海文堂出版，2014
2. 海洋汚染防止条約 2013 年改訂版，海文堂出版，2013
3. 日本工業規格，G 0203 鉄鋼用語（製品及び品質），2015
4. 日本工業規格，G 3101 一般構造用圧延鋼材，2015
5. 日本工業規格，F 0010 造船用語一般，1997
6. 日本海事協会，鋼船規則 C 編 船体構造及び船体艤装，2016
7. 日本海事協会，鋼船規則 K 編 材料，2016
8. 日本海事協会，鋼船規則 N 編 液化ばら積船，2016
9. 日本海事協会，鋼船規則 CSR-B 編 ばら積貨物船のための共通構造規則，2016
10. 関西造船協会編，造船設計便覧（第 4 版），海文堂出版，2011
11. 外山嵩，船舶構造，丸善，1992
12. 恵美洋彦，英和版 船体構造イラスト集（新装版），成山堂書店，2010
13. 藤久保他，船舶海洋工学シリーズ⑥ 船体構造 構造編，成山堂書店，2012
14. 日本防蝕工業株式会社，技術資料

練習問題

問 7-1 右の図のような箱型船が水に浮いている。箱型船には 3 つの Hold があり，No.1 Hold および No.3 Hold には貨物を積んでおり，No.1 Hold および No.3 Hold でそれぞれ 75 [tw] の荷重が作用している。No.2 Hold には何も入っていない。この箱型船を 1 つの梁とみなし，その梁の SFD および BMD を作図し，最大曲げモーメントを求めよ。ただし，箱型船の自重や板厚は無視できるものとする。また，箱型船に生じる曲げモーメントは，箱型船をホギングあるいはサギングのどちらになるように作用するか判定せよ。

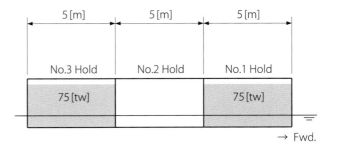

問 7-2 右の図のような箱型船が水に浮いている。箱型船には 3 つの Hold があり，No.2 Hold には貨物を積んでおり，No.2 Hold に 75 [tw] の荷重が作用している。No.1 Hold および No.3 Hold には何も入っていない。この箱型船を 1 つの梁とみなし，その梁の SFD および BMD を作図し，最大曲げモーメントを求めよ。ただし，箱型船の自重や板厚は無視できるものとする。また，箱型船に生じる曲げモーメントは，箱型船をホギングあるいはサギングのどちらになるように作用するか判定せよ。

問 7-3 右の図のような箱型船が水に浮いている。箱型船には 3 つの Hold があり，すべての Hold に貨物を積んでおり，それぞれの Hold に 75 [tw] の荷重が作用している。この箱型船を 1 つの梁とみなし，その梁の SFD および BMD を作図し，最大曲げモーメントを求めよ。ただし，箱型船の自重や板厚は無視できるものとする。また，右の図と問 7-1，問 7-2 の場合では，梁に作用する曲げモーメントが大きいのはどの場合か，またなぜそのような結果になるのか，理由とともに述べよ。

CHAPTER 8
参考資料

8.1 山県の図表

山県の図表は

$$全抵抗 = (フルードの式による摩擦抵抗) + (山県の図表からの剰余抵抗)$$

の抵抗区分を用いている。山県の図表は剰余抵抗の船型要素による変化を示す図表である。この図表を用いることにより机上で船体抵抗の推定が可能となる。

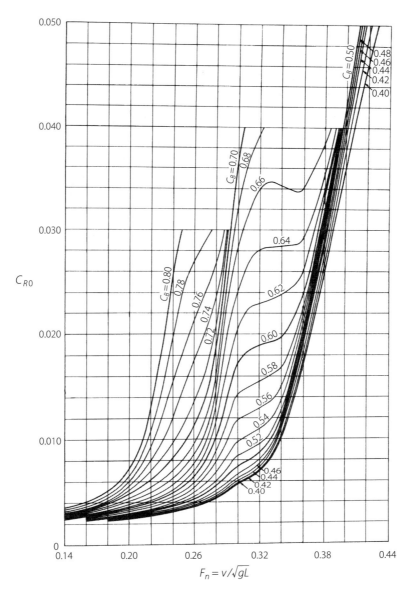

図 8.1　標準船型に対する剰余抵抗係数（山県の図表）〔出典：関西造船協会編「造船設計便覧（第 4 版）」海文堂出版〕

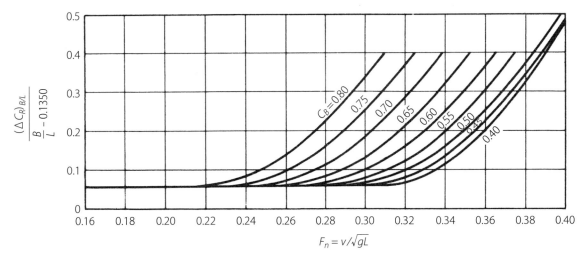

図 8.2　B/L が標準値と異なる場合の剰余抵抗係数の修正（山県の図表）〔出典：関西造船協会編「造船設計便覧（第 4 版）」海文堂出版〕

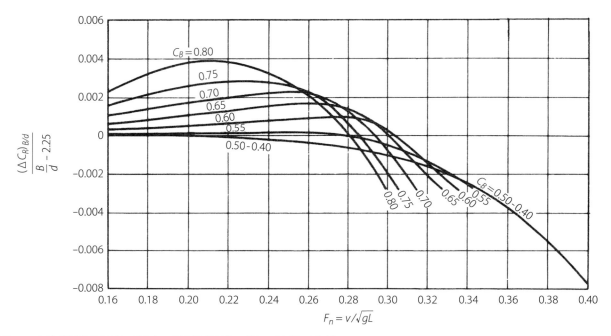

図 8.3　B/d が標準値と異なる場合の剰余抵抗係数の修正（山県の図表）〔出典：関西造船協会編「造船設計便覧（第 4 版）」海文堂出版〕

8.2　プロペラ参考図表

　プロペラ主要目からの単独性能推定，主機関出力や船速などからのプロペラ主要目推定などの際に利用するデータベースのいくつかをプロペラ参考図表として以下に示す。

　プロペラの主要目推定や性能を把握することはプロペラの理解につながるので，例題，練習問題などを通して本プロペラ参考図表を活用することを望む。

　母型の変更，翼数や展開面積の適用範囲を広げたりする場合には下記参考文献を参照すること。

1. 横尾，矢崎，中小型船舶 プロペラ設計法と参考図表集，成山堂書店，1976
2. 関西造船協会編，造船設計便覧（第 4 版），海文堂出版，1983
3. 萩原他，船舶海洋工学シリーズ⑪「船舶性能設計」，成山堂書店，2013

4. 野澤和男，船 この巨大で力強い輸送システム，大阪大学出版会，2006

8.2.1 プロペラ単独性能

上記の参考文献 3 には，MAU 型プロペラのすべての翼数と展開面積の単独性能多項式近似式とその係数表が，表 8.1 に示すように記されている。

図 8.4 は MAU 4-55 の単独性能曲線を表 8.1 の多項式近似係数表に基づき計算したものである。

このように MAU 型プロペラの主要目から単独性能を把握することが可能となっている。

（1）プロペラ単独性能曲線

プロペラ単独性能曲線に用いられている軸，曲線の意味と利用法については 6.3.3 項の単独プロペラ効率を参照のこと。

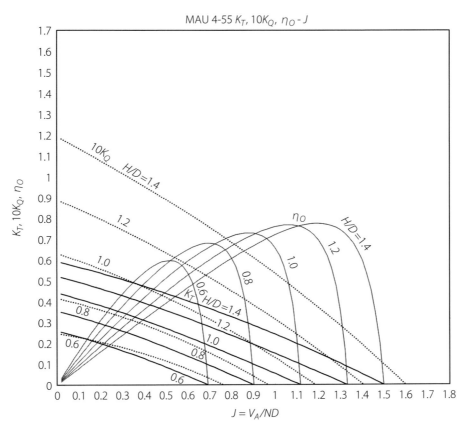

図 8.4　プロペラ単独性能（MAU 4-55）の例

（2）単独性能の多項式近似

上記の参考文献 3 に，MAU プロペラの単独性能 K_T, K_Q を次式により多項式近似する係数 A_{ij}, B_{ij} が示されている。

$$K_T = \sum_{i=0}^{2}\sum_{j=0}^{3} A_{ij}(H/D)^i J^j, \quad 10K_Q = \sum_{i=0}^{2}\sum_{j=0}^{3} B_{ij}(H/D)^i J^j$$

MAU 4，5 のプロペラ単独性能を多項式近似する係数表を表 8.1 に例示する。

表 8.1　プロペラ単独性能の多項式近似係数表 (MAU 4, 5) の例

N	MAU 4-40		MAU 4-55		MAU 4-70		i	j
	A_{ij}	B_{ij}	A_{ij}	B_{ij}	A_{ij}	B_{ij}		
1	-0.02973	-0.01214	-0.08299	0.00109	-0.13077	-0.05052	0	0
2	-0.13202	0.19408	-0.18006	-0.01799	0.05077	0.23126	0	1
3	-0.58444	-0.61204	-0.1607	0.01177	-0.59397	-0.09925	0	2
4	0.27782	-0.06724	-0.07043	-0.26804	0.2473	-0.31326	0	3
5	0.52324	0.16691	0.63472	0.07994	0.72197	0.17534	1	0
6	-0.17606	-0.54248	-0.19351	-0.1693	-0.77046	-0.88633	1	1
7	0.72736	1.05557	-0.12464	-0.43699	0.84887	0.08	1	2
8	-0.46222	-0.22388	0.2854	0.49297	-0.3624	0.47774	1	3
9	-0.08535	0.40069	-0.10873	0.5509	-0.11923	0.56827	2	0
10	0.06601	0.04521	0.09865	-0.15709	0.40523	0.22953	2	1
11	-0.22993	-0.37954	0.12303	0.27432	-0.44105	-0.15287	2	2
12	0.17477	0.12822	-0.16722	-0.23226	0.1816	-0.14386	2	3

N	MAU 5-50		MAU 5-65		MAU 5-80		i	j
	A_{ij}	B_{ij}	A_{ij}	B_{ij}	A_{ij}	B_{ij}		
1	-0.03104	0.03302	-0.08847	0.00925	-0.09989	-0.02652	0	0
2	-0.21965	-0.03182	-0.11228	0.18864	0.0357	0.37895	0	1
3	-0.35413	-0.0973	-0.47577	-0.47736	-0.95131	-0.74162	0	2
4	0.00414	-0.26321	0.06667	0.06907	0.47424	0.34978	0	3
5	0.55948	0.08684	0.66977	0.1084	0.64656	0.12836	1	0
6	-0.04194	-0.11251	-0.37493	-0.80782	-0.63317	-1.23972	1	1
7	0.27626	-0.22613	0.60055	0.82228	1.3157	1.17978	1	2
8	0.01127	0.38028	-0.13524	-0.34103	-0.73854	-0.63038	1	3
9	-0.07466	0.51816	-0.10066	0.57294	-0.04965	0.6227	2	0
10	0.01561	-0.15092	0.1834	0.21685	0.26468	0.46122	2	1
11	-0.04934	0.24935	-0.24194	-0.406	-0.52573	-0.6621	2	2
12	-0.01845	-0.2038	0.06714	0.19754	0.30349	0.31704	2	3

〔出典：萩原他「船舶海洋工学シリーズ⑪ 船舶性能設計」成山堂書店〕

8.2.2　$B_P\text{-}\delta$ 型式プロペラ設計図

MAU 型プロペラのすべての翼数と展開面積についての $B_P\text{-}\delta$ 型式プロペラ設計図が与えられている。

上記の参考文献 2 には，MAU 型プロペラの $B_P\text{-}\delta$ 型式プロペラ設計図が掲載されており，MAU 4, 5 の例を図 8.5〜8.10 に示す。

主機関出力，回転数と船速などの設計条件からプロペラの主要目を選定することが可能となっている。

$B_P\text{-}\delta$ 型式プロペラ設計図に用いられている軸，曲線の意味と利用法については 6.5 節のプロペラ主要目の推定を参照のこと。

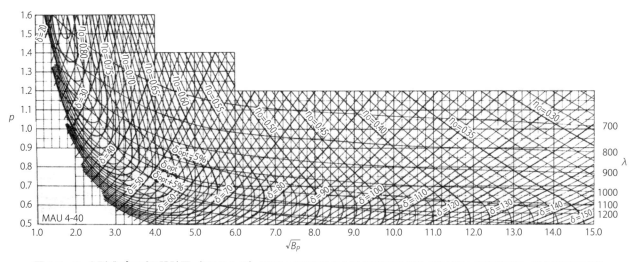

図 8.5　B_P-δ 型式プロペラ設計図（MAU 4-40）〔出典：関西造船協会編「造船設計便覧（第 4 版）」海文堂出版，図 8.10 まで同じ〕

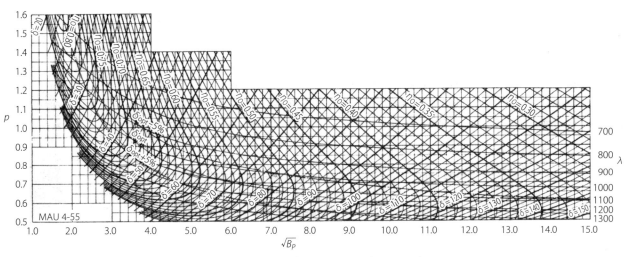

図 8.6　B_P-δ 型式プロペラ設計図（MAU 4-55）

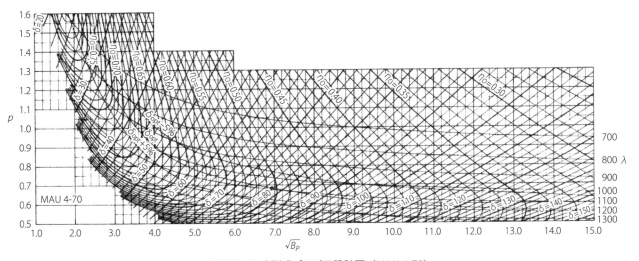

図 8.7　B_P-δ 型式プロペラ設計図（MAU 4-70）

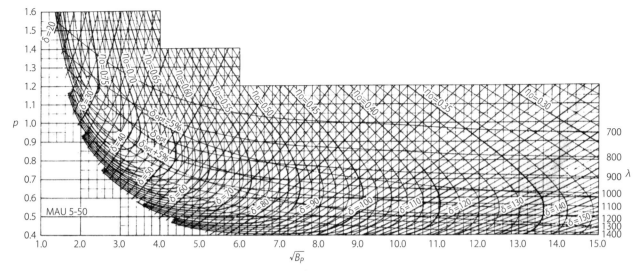

図 8.8　B_P-δ 型式プロペラ設計図（MAU 5-50）

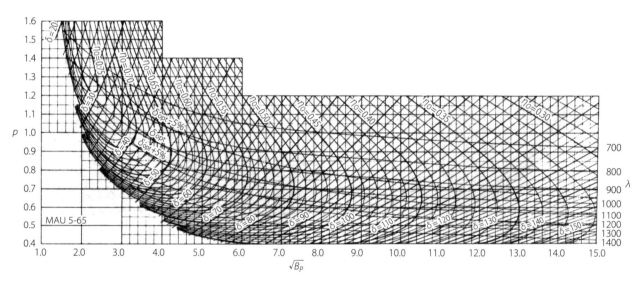

図 8.9　B_P-δ 型式プロペラ設計図（MAU 5-65）

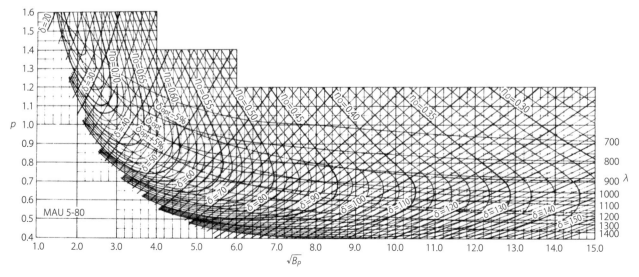

図 8.10　B_P-δ 型式プロペラ設計図（MAU 5-80）

8.2.3 バリルのキャビテーション図

プロペラにキャビテーションが発生するかの判定にバリルのキャビテーション図がよく用いられている。プロペラの主要目，回転数，船速と没水深度などの設計条件からキャビテーションの発生可能性を推定することが可能となっている。

図 8.11 は上記の参考文献 4 に記されているバリルのキャビテーション図，判定曲線としての NSMB LINE とその近似式を示している。NSMB とはオランダの海事研究機関 Netherlands Ship Model Basin のことであり，現在はMARIN（Maritime Research Institute Netherlands）と名称変更されている。

バリルのキャビテーション図に用いられている軸，曲線の意味と利用法については 6.5 節のプロペラ主要目の推定を参照のこと。

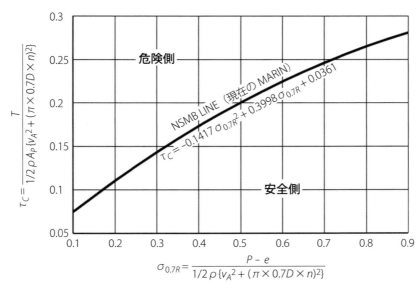

図 8.11　バリルのキャビテーション図〔出典：野澤和男「船 この巨大で力強い輸送システム」大阪大学出版会〕

8.3　記号と略語

船舶でよく使う記号と略語の代表例を以下に示す。これらの記号と略語は世界共通であり，本書でも使用しているので，意味・定義を理解し，慣れることを望む。

A	area, in general	一般的な面積
A_E	expanded area of propeller blades	プロペラ翼の展開面積
A_M	area, midship-section	中央断面積
A_O	area of propeller disk	プロペラ全円面積
A_P	projected area of a foil or propeller disk	翼，プロペラなどの投影面積
A_W	area, waterplane	水線面積
A.P.	after perpendicular	後部垂線
a	area (generally a small area within a system)	面積（一般的に一部の小面積）
a	linear acceleration	加速度
a_E	expanded area ratio of propeller blades	プロペラ翼の展開面積比　$a_E = A_E/A_O$
a_P	projected area ratio of a foil or propeller disk	翼，プロペラなどの投影面積比　$a_P = A_P/A_O$
B or B_{MLD}	breadth or molded breadth of a ship	船体の幅，型幅

B	position of center of buoyancy	浮心位置
B′, B″	changed positions of the center of buoyancy	移動した浮心位置
BHP	brake power	制動出力
$\overline{BM}$	transverse metacenter above center of buoyancy	横メタセンタの浮心からの高さ　I_T/V
$\overline{BM_L}$	longitudinal metacenter above center of buoyancy	縦メタセンタの浮心からの高さ　I_L/V
C_B	block coefficient	方形係数　V/LBd
C_F	frictional-resistance coefficient	船体の摩擦抵抗係数　$R_F/\frac{1}{2}\rho Sv^2$
C_M	midship-section coefficient	中央横断面係数　A_M/Bd
C_P	prismatic coefficient	柱形係数　$V/A_M L$
C_R	residual-resistance coefficient	船体の剰余抵抗係数　$R_R/\frac{1}{2}\rho Sv^2$
C_T	total-resistance coefficient	船体の全抵抗係数　$R_T/\frac{1}{2}\rho Sv^2$
C_V	viscous-resistance coefficient	船体の粘性抵抗係数　$R_V/\frac{1}{2}\rho Sv^2$
C_W	wavemaking-resistance coefficient	船体の造波抵抗係数　$R_W/\frac{1}{2}\rho Sv^2$
C_W	waterplane-area coefficient	水線面積係数　A_W/LB
CL or ℄	centerline	船体中心線
D	diameter, generally	一般的な直径
D	diameter of propeller	プロペラ直径
D or D_{MLD}	depth or molded depth of a ship hull	船体の深さ，型深さ
DHP	delivered power	伝達出力　$2n\pi Q_D$
DWL	designed load waterline	計画満載喫水線
DWT	deadweight tons	載貨重量トン数
d	draft	喫水
d_A	draft, aft	船尾（後部）喫水
d_F	draft, forward	船首（前部）喫水
d_M	mean draft	平均喫水　$(d_A + d_F)/2$
E	energy, generally	一般的なエネルギー
EHP	effective power	有効出力　$R_T v_S$
F	position of center of flotation (centroid of waterplane)	浮面心位置（水線面の面心）
F′, F″	changed position of the center of flotation	移動した浮面心位置
F	force, generally	一般的な力
F_B	buoyancy force	浮力
F_n	Froude number	フルード数　$v/\sqrt{gL}$
F.P.	forward perpendicular	前部垂線
FW	fresh water	清水
G	position of ship's center of gravity	船体重心位置
G′, G″	changed position of ship's center of gravity	移動した重心位置
$\overline{GG'}$	distance through which the ship's center of gravity moves	重心の移動距離
$\overline{GM}$	transverse metacentric height, height of M above G	横メタセンタ高さ（重心からの高さ）
$\overline{GM_L}$	longitudinal metacentric height, height of M above G	縦メタセンタ高さ（重心からの高さ）
$\overline{GZ}$	righting arm (perpendicular distance of a couple formed by weight and buoyancy force); horizontal distance from G to Z	

		復原挺（重量と浮力からなる偶力の垂線間距離）；重心からZまでの水平距離
g	acceleration of gravity	重力加速度　$9.8\,[\mathrm{m/s^2}]$
g	position of center of gravity of a component weight	重量要素（貨物など）の重心位置
h	depth of water or of submergence	水深
I	moment of inertia, generally	一般的な慣性モーメント
I_L	longitudinal moment of inertia of waterplane	水線面の縦方向2次モーメント
I_T	transverse moment of inertia of waterplane	水線面の横方向2次モーメント
I	moment of inertia of hull girder section about neutral axis 構造材の中性軸周りの断面2次モーメント	
J	propeller advance coefficient　プロペラ前進係数　v_A/nD	
K	any point in a horizontal plane through the baseline (keel)　基線水平面の点（キール）	
K_Q	propeller torque coefficient　プロペラトルク係数　$Q/\rho n^2 D^5$	
K_T	propeller thrust coefficient　プロペラスラスト係数　$T/\rho n^2 D^4$	
$\overline{\mathrm{KB}}$	distance from the keel (baseline) to the center of buoyancy キール（基線）から浮心までの距離	
$\overline{\mathrm{KG}}$	distance from the keel (baseline) to the center of gravity キール（基線）から重心までの距離	
$\overline{\mathrm{KM}}$	distance from the keel (baseline) to the transverse metacenter キール（基線）から横メタセンタまでの距離	
$\overline{\mathrm{KM_L}}$	distance from the keel (baseline) to the longitudinal metacenter キール（基線）から縦メタセンタまでの距離	
$\overline{\mathrm{Kg}}$	distance from the keel (baseline) to the center of gravity of a component weight キール（基線）から重量要素の重心までの距離	
k	form factor for hull forms　形状影響係数　$(C_V - C_F)/C_F$	
L	length, generally　一般的な長さ	
L	reference length of a ship　船の代表的長さ	
L_{OA}	length of a ship, overall　全長	
L_{PP}	length of a ship between perpendiculars　垂線間長	
LCB	position of longitudinal center of buoyancy　浮心の縦方向位置	
LCF	position of longitudinal center of flotation　浮面心の縦方向位置	
LCG	position of longitudinal center of gravity　重心の縦方向位置	
LWL	load, or design, waterline　満載喫水線	
l_x, l_y, l_z	longitudinal, transverse and vertical distance through which a weight is moved 重量の縦(x)，横(y)，鉛直(z)方向の移動距離	
M	moment, generally　一般的なモーメント	
M	position of transverse metacenter　横メタセンタの位置	
$\mathrm{M_L}$	position of longitudinal metacenter　縦メタセンタの位置	
M_R	righting moment (a couple of weight and buoyancy force) 復原モーメント（重量と浮力の偶力）　$\Delta\overline{\mathrm{GZ}} = W\overline{\mathrm{GZ}}$	
M_x	bending moment at any section in a ship's length　船体縦方向位置における曲げモーメント	
MTC	moment to change trim one cm　毎センチトリムモーメント　[tw·m/cm]	

M or m	mass, generally	一般的な質量
NA	neutral axis	中性軸
N or n	revolutions per unit time	単位時間当たりの回転数
N	propeller rpm	プロペラ毎分回転数
n	propeller rps	プロペラ毎秒回転数
P	power, generally	一般的な動力（仕事率）
P or H	pitch of a propeller	プロペラピッチ
PHP	propeller power	プロペラ出力　$2n\pi Q_O$
p	pressure, generally	一般的な圧力
p	pitch ratio	ピッチ比　$p = P/D = H/D$
Q	torque, generally	一般的なトルク（モーメント）
Q_D	torque delivered to the propeller	船後プロペラに伝達されたトルク
Q_O	open-water propeller torque	単独プロペラのトルク
q	dynamic pressure	動圧　$\frac{1}{2}\rho v^2$
R	radius of a propeller	プロペラ半径
R	resistance, in general	一般的な抵抗
R_F	frictional resistance	船体の摩擦抵抗
R_R	residual resistance	船体の剰余抵抗　$R_T - R_F$
R_T	total resistance	船体の全抵抗　$R_V + R_W = R_R + R_F$
R_V	viscous resistance	船体の粘性抵抗　$(1+k)R_F$
R_W	wave-making resistance	船体の造波抵抗
R_e	Reynolds number	レイノルズ数　vL/ν
RPM	revolutions per minute	毎分回転数
rps	revolutions per second	毎秒回転数　RPM/60
S	wetted-surface area	船体の浸水面積
SW	salt water	海水
s_A	apparent slip ratio of a propeller	見掛けのプロペラスリップ比　$1 - v_S/Pn$
s_R	real slip ratio of a propeller	真のプロペラスリップ比　$1 - v_A/Pn$
T	propeller thrust	プロペラ推力
TPC	tons-per-cm immersion	毎センチ排水トン数 [tw/cm]
THP	thrust power	推力出力　$v_A T$
t	time, generally	一般的な時間
t	thrust-deduction fraction	推力減少係数　$(T - R_T)/T$
V	volume, in general	一般的な容積
V or v	linear velocity in general	一般的な速度
V_A	speed of advance of a propeller in knots	プロペラ前進速度 [k't]
V_M	model speed in knots	模型船の船速 [k't]
V_S	ship speed in knots	実船の船速 [k't]
v_A	propeller advancing velocity in m/s	プロペラ前進速度 [m/s]
v_M	model velocity in m/s	模型船の船速 [m/s]
v_S	ship velocity in m/s	実船の船速 [m/s]

VCB	vertical position of center of buoyancy	浮心の鉛直方向位置
VCG	vertical position of center of gravity	重心の鉛直方向位置
W	weight in general	一般的な重量
W	weight of a ship in tons salt water	船舶重量　Δ
WL	any waterline parallel to the baseline	基線に平行な水線
WL′, WL″	changed position of WL	傾斜した水線
w	weight of an individual item	重量要素の重量
w	wake fraction	伴流係数　$1 - V_A/V_S$
Z	intersection point of the horizontal line from G with the line of buoyancy force from B	重心からの水平線と浮心からの浮力線との交点

Special Naval Architectural Symbols　特殊な造船記号

CL or ℄	centerline	船体中心線
BL or ♭	baseline	基線
M or ⊗	midship-section designation	船体中央
$\overline{\text{MF}}$ or $\overline{\otimes\text{F}}$	longitudinal distance from midship to center of flotation, F	浮面心の船体中央からの縦距離
V	volume of displacement	排水容積　Δ/γ_{SW}

Greek Symbols　ギリシャ文字の記号

α (alpha)	angle of incidence; angle of attack	入射角；向角
β (beta)	angle of attack or drift angle	向角または横流れ角
γ (gamma)	specific weight	比重量，単位体積当たりの重量 [tw/m^3]
γ_{FW}	specific weight of FW	清水比重量　1.000 [tw/m^3]
γ_{SW}	specific weight of SW	海水比重量　1.025 [tw/m^3]
Δ (Delta)	displacement in tons salt water	排水量トン数　$W = V g_{SW}$
σ_R	rudder angle	舵角
η (eta)	efficiency, generally	一般的な効率
η_B	propeller efficiency behind hull	船後プロペラ効率　THP/DHP
η_H	hull efficiency	船体効率　EHP/THP $= (1-t)/(1-w)$
η_O	propeller efficiency in open	単独プロペラ効率　THP/PHP $= K_T J/2\pi K_Q$
η_P	propulsive efficiency	推進効率　EHP/BHP $= \eta_T \cdot \eta_R \cdot \eta_O \cdot \eta_H$
η_R	relative rotative efficiency	プロペラ効率比　PHP/DHP $= \eta_B/\eta_O$
η_T	transmission efficiency	伝達効率　DHP/BHP
θ (theta)	angle of heel or trim	横または縦の傾斜角
λ (lambda)	linear scale ratio, ship to model	実船の模型船に対する縮率
ν (nu)	coefficient of kinematic viscosity	動粘性係数
ρ (rho)	mass density, mass per unit volume	密度，単位体積当たりの質量 [kg/m^3]
ρ_{FW}	mass density of FW	清水密度　1,000 [kg/m^3]
ρ_{SW}	mass density of SW	海水密度　1,025 [kg/m^3]
σ (sigma)	normal stress	応力
ω (omega)	angular velocity	角速度

8.4 SI単位系と工学単位系

世界的にもSI単位系の力学表記が推奨され，定着している．本書においてもSI単位系を推奨しているが，長い歴史を有する造船学・船舶工学の分野では力学表記に工学単位系が長い間使われて来たこともあり，SI単位系と工学単位系が混在しているのが実情である．本節では船舶で使用される単位系を正確に把握するために，SI単位系と工学単位系の差異と換算法を紹介する．

8.4.1 SI単位と工学単位の差異

SI単位系は長さ[m]，時間[s]，質量[kg]，電流[A]，熱力学温度[K]，物質量[mol]，光度[cd]を基本単位としてさまざまな量を定義する単位系で，国際単位系とも呼ばれている．力学表記では長さ[m]，時間[s]，質量[kg]を基本単位としてさまざまな力学量を定義している．

工学単位系は重力単位系とも呼ばれ，SI単位系の質量[kg]の代わりに重量（力）[kgw]を基本単位とし，重力を力の単位とするもので，重力が加わっている天体（地球）上のみで用いることができるものである．

SI単位系と工学単位系の差異を明示的に示す例を次に示す．

月の重力加速度$g_{\text{MOON}}\,[\text{m/s}^2]$は地球の重力加速度$g\,[\text{m/s}^2]$の1/6である．SI単位系で質量$M\,[\text{kg}]$のある物体の工学単位系の質量は地球では$M/g\,[\text{kgw·s}^2/\text{m}]$となるが，同じ物体が，質量が変わらないにもかかわらず，月では$M/g_{\text{MOON}} = M/(g/6)\,[\text{kgw·s}^2/\text{m}]$，すなわち6倍の質量数値を示すことになる．一方，SI単位系では質量$M[\text{kg}]$の物体は宇宙のどの天体に行っても同じ質量$M[\text{kg}]$であり，矛盾なく取り扱うことができる．

力学表記においてはSI単位系を用いることが原則となる．

工学単位系を用いる場合にはSI単位系との差異，換算法を確実に把握しておくことが必要となる．

SI単位と工学単位の差異を表として以下に示す．

	量	SI単位	工学単位	
			SIとの併用可能	SIとの併用不可能
基本単位	長さ	[m]	[m]	
	質量	[kg]	基本単位ではない	
	力	基本単位ではない		[kgw] 重力加速度$g\,[\text{m/s}^2]$の基で
	時間	[s]	[s]	
組立単位の例	質量	基本単位で定義		$[\text{kgw·s}^2/\text{m}]=\text{kgw}/g$
	力	$[\text{N}]=\text{kg·m/s}^2$	基本単位で定義	
	圧力，応力	$[\text{Pa}]=\text{N/m}^2$		$[\text{kgw/mm}^2]$, $[\text{kgw/cm}^2]$
	仕事，エネルギー，熱量	$[\text{J}]=\text{N·m}$	[W·h]	[kgw·m], [cal]
	仕事率，動力	$[\text{W}]=\text{J/s}$	[W]	[kgw·m/s], [PS], [cal/s]
	角度	[rad]	[rad], [°], ['], ['']	
	面積	$[\text{m}^2]$	$[\text{m}^2]$	
	体積	$[\text{m}^3]$	$[\text{m}^3]$, $[\ell]$	
	速度	[m/s]	[m/s]	
	角速度	[rad/s]	[rad/s], [°/s]	
	加速度	$[\text{m/s}^2]$	$[\text{m/s}^2]$	
	角加速度	$[\text{rad/s}^2]$	$[\text{rad/s}^2]$, $[°/\text{s}^2]$	
	周波数	$[\text{Hz}]=1/\text{s}$	$[\text{min}^{-1}]$, [r/min]	

8.4.2 SI単位と工学単位の換算法

SI単位系による表記が原則であるが，造船学・船舶工学の分野では工学単位系が用いられることも多い，そこでSI単位と工学単位の換算法，とくに力，圧力，応力，仕事，仕事率に関する換算表を以下に示す。1 [kgw] を [N] に，1 [cal] を [J] に，1 [PS] を [kgw·m/s] と [W] に換算するときに役立つ代表的な換算率は覚えておくことを薦める。

質量	
SI単位	工学単位
[kg]	[kgw·s^2/m]=kgw/g
1	0.102
9.807	1

力	
SI単位	工学単位
[N]=kg·m/s^2	[kgw]
1	0.102
9.807	1

圧力		
SI単位	工学単位	
[Pa]=N/m^2	[kgw/cm^2]	[bar]
1	1.02×10^{-5}	1×10^{-5}
9.807×10^4	1	0.9807
1×10^5	1.02	1

応力		
SI単位	工学単位	
[Pa]=N/m^2	[kgw/mm^2]	[MPa] or [N/mm^2]
1	1.02×10^{-7}	1×10^{-6}
9.807×10^6	1	9.807
1×10^6	0.102	1

仕事		
SI単位	工学単位	
[J]=N·m	[kgw·m]	[cal]
1	0.102	0.2389
9.807	1	2.343
4.186	0.4269	1

仕事率				
SI単位	工学単位			
[W]=J/s=N·m/s	[kgw·m/s]	[cal/s]	[PS]	
1	0.1002	0.2389	0.00136	
9.807	1	2.342	1.333×10^{-2}	
4.186	0.426	1	5.692×10^{-3}	
735.5	75	175.7	1	

[mm], [km], [hPa] の単位における m（ミリ），k（キロ），h（ヘクト）のように，単位には接頭辞がよく使われる。単位に用いる接頭辞を以下に示す。$10^{-12} \sim 10^9$ はよく使うので覚えておくことを薦める。

単位に用いる接頭辞															
a	f	p	n	μ	m	c	d	da	h	k	M	G	T	P	E
アト	フェムト	ピコ	ナノ	マイクロ	ミリ	センチ	デシ	デカ	ヘクト	キロ	メガ	ギガ	テラ	ペタ	エクサ
10^{-18}	10^{-15}	10^{-12}	10^{-9}	10^{-6}	10^{-3}	10^{-2}	10^{-1}	10	10^2	10^3	10^6	10^9	10^{12}	10^{15}	10^{18}

練習問題の解答

CHAPTER 1

解 1-1 例題 1-1 と同様に解くことができる。
① 0.780 ② 529.9 [m²] ③ 0.980 ④ 0.796

解 1-2 コンテナ船は高速船に分類することができ，方形係数（C_B）はおおよそ 0.58 とすることができる。型排水量 ∇ は $\nabla = L_{PP} \times B_{MLD} \times d_{MLD} \times C_B = 208278\,[\mathrm{m}^3]$ と求まる。これに標準海水比重 1.025 を掛けると排水容積 Δ を求めることができる。

$$\Delta = \nabla \times 1.025 = 213485.0\,[\mathrm{tw}]$$

解 1-3 WNA は冬期北大西洋（Winter North Atlantic）での最大許容喫水を示している。冬期の北大西洋では夏期やその他の海域と比べ，厳しい気象・海象条件に遭遇する可能性があることを考慮し，船が十分に安全な乾舷を確保することのできるように他の季節・海域と比べて最も浅い喫水となっている。

解 1-4 例題 1-2 と同様に解くことができる。国際総トン数は 36,000 [T] となる。

解 1-5 試運転速力は機関出力が MCR のときの速力であるので，図 1.28 の機関出力 55,000 [PS] の速力は 28.0 [k't] と求まる。航海速力の出力は NOR/(1 + 0.15) = 40870 [PS] となるので，図 1.28 より航海速力は 24.2 [k't] と求まる。

CHAPTER 2

解 2-1 SOLAS 条約の正式名称は「海上における人命の安全のための国際条約（International Convention for the Safety of Life at Sea）」であり，その目的は船体の構造，救命設備，無線設備などの船舶の安全性確保であり，犠牲者が 1,500 人を超える史上最大の惨事となった 1912 年の「タイタニック」の衝突・沈没事故が本条約採択の契機となった。

解 2-2 1845 年，イギリス海軍はスクリューと外輪の性能上の優劣をつけるために，同形同出力のスクリュー船「ラトラー」と外輪船「アレクト」の綱引き実験を行い，スクリュー船「ラトラー」が外輪船「アレクト」を引きずる結果となった。スクリュープロペラの性能の良さが明らかとなり，この実験以降，汽船の推進器はスクリュープロペラとなっていった。

解 2-3 1897 年に，イギリスのチャールズ・パーソンズは新しい蒸気機関として蒸気タービンを開発し，初めての蒸気タービン船「タービニア」を建造し，ヴィクトリア女王の観艦式でデモンストレーションを行った。

当時，往復動蒸気機関（レシプロ）の高出力化が頂点に達し始めており，蒸気タービン機関は往復動蒸気機関よりも小型で高馬力であり，高出力機関を求めていた船舶機関に瞬く間に広がり，20 世紀後半まで，大型船の主機関の主流となった。

解 2-4 MARPOL 条約の正式名称は「船舶による汚染の防止のための国際条約（International Convention for the Prevention of Pollution from Ships）」であり，その目的は船舶の航行や事故による海洋汚染の防止である。大規模な環境汚染を発生した 1989 年の「エクソン・バルディーズ」の原油流出事故が契機となり，タンカーの油流出事故の再発防止対策が検討され，1992 年に MARPOL 条約が改正され，タンカーの二重船殻構造が強制化された。

解 2-5 コロンブスは当時最新のトスカネリの海図（図 2.10 参照，アメリカ大陸が発見されておらず，表記されていな

い）を信じ，スペインから西に進めばジパング（日本），カタイ（中国）とインドに到達すると考え，パロスの港を出発し，現在のカリブ海の島々を発見した。上陸した島の住民の肌の色を見て，インド（当時の「インド」とはインダス川以東のアジアを指す）に到達したと誤解したことに由来して，コロンブスが発見したカリブ海の島々が西インド諸島と呼ばれるに至っている。

CHAPTER 3

解 3-1 ① 例題 3-7 の①と同様である。原点から作用点 A へのベクトルは $\vec{r_A} = (0, 0.3, 0)$，作用点 A に作用する力は $\vec{F_A} = (0, 0, -19.6)$ であるから，求めるモーメントは $\vec{M_A} = \vec{r_A} \times \vec{F_A} = (-5.88, 0, 0)$ となる。

② 原点から作用点 B へのベクトルは $\vec{r_B} = (0, -0.3, 0)$，作用点 B に作用する力は $\vec{F_B} = (0, 0, -9.8)$ であるから，求めるモーメントは $\vec{M_B} = \vec{r_B} \times \vec{F_B} = (2.94, 0, 0)$ となる。

③ 糸から天秤に作用する力を $\vec{F_C}$ とすると，釣り合いの条件より $\vec{F_A} + \vec{F_B} + \vec{F_C} = \vec{0}$ であるから，$\vec{F_C} = -\vec{F_A} - \vec{F_B} = (0, 0, 29.4)$ である。求める張力の大きさは $\vec{F_C}$ の大きさに等しく，$29.4\,[\mathrm{N}]$ である。

④ 原点から作用点 C へのベクトルを $\vec{r_C} = (0, c_y, 0)$ とすると，支点 C に作用する力 $\vec{F_C}$ による原点を中心としたモーメントは $\vec{M_C} = \vec{r_C} \times \vec{F_C} = (c_y \times 29.4, 0, 0)$ である。釣り合いの条件より $\vec{M_A} + \vec{M_B} + \vec{M_C} = \vec{0}$ であるから，$-5.88 + 2.94 + c_y \times 29.4 = 0$ が成り立ち，$c_y = 0.1$ と解ける。ゆえに求める距離は $0.1\,[\mathrm{m}]$ となる。

解 3-2 ① 推進の仕事率がエンジンの出力に等しいなら，$F_D v = 1.00 \times 10^6\,[\mathrm{W}]$ が成り立つ。また $F_D = 2500 v^2$ より，$2500 v^3 = 1.00 \times 10^6$ となる。これを解くと，$v^3 = 400$，$v = \sqrt[3]{400} = 7.37\,[\mathrm{m/s}]$ となる。

② 同様にして，$2500 v^3 = 2.00 \times 10^6$，$v^3 = 800$，$v = 9.28\,[\mathrm{m/s}]$ である。

③ 求める距離を x とすると，その距離の推進の仕事は搭載していた燃料のエネルギーに等しく，$F_D x = 800 \times 10^9\,[\mathrm{J}]$ が成り立つ。また，①より $F_D = 2500 v^2 = 2500 \times 7.37^2 = 136 \times 10^3\,[\mathrm{N}]$ である。ゆえに $x = (800 \times 10^9)/(136 \times 10^3) = 5.88 \times 10^6\,[\mathrm{m}] = 5.88 \times 10^3\,[\mathrm{km}]$ である。

④ ②より，$F_D = 2500 \times 9.28^2 = 215 \times 10^3\,[\mathrm{N}]$ である。③と同様にして，求める距離は $(800 \times 10^9)/(215 \times 10^3) = 3.72 \times 10^6\,[\mathrm{m}] = 3.72 \times 10^3\,[\mathrm{km}]$ である。

解 3-3 ① 梁の面積は $0.2 \times 5 = 1\,[\mathrm{m}^2]$ であるから，梁の長さ $1\,[\mathrm{m}]$ 当たりの重量は $1 \times 8000 \times 9.8 = 7.84 \times 10^4\,[\mathrm{N}]$ である。

② 例題 3-13 と同様，梁の一方の端に原点を定めるとする。原点から梁の長さ方向に $x\,[\mathrm{m}]$ の距離にある梁の断面におけるせん断力は $Q(x) = (7.84 \times 10^4) \times (25 - x)\,[\mathrm{N}]$ となる。この断面における曲げモーメントは $M(x) = (7.84 \times 10^4) \times (25x - \frac{1}{2}x^2)\,[\mathrm{N \cdot m}]$ となる。最大曲げモーメントの大きさは $M_{\max} = M(25) = (7.84 \times 10^4) \times 312.5 = 2.45 \times 10^7\,[\mathrm{N \cdot m}]$ となる。

③ 式 (3.84) より，断面 2 次モーメントは $5 \times 0.2^3/12 = 3.33 \times 10^{-3}\,[\mathrm{m}^4]$，断面係数は $(3.33 \times 10^{-3})/0.1 = 3.33 \times 10^{-2}\,[\mathrm{m}^3]$ となる。

④ 最大応力は $(2.45 \times 10^7)/(3.33 \times 10^{-2}) = 7.35 \times 10^8\,[\mathrm{Pa}] = 735\,[\mathrm{MPa}]$ である。これは耐力 $200\,[\mathrm{MPa}]$ よりも大きいため，この梁は両端を支持された状態を保つことが不可能である。

⑤ 断面 2 次モーメントは $0.2 \times 5^3/12 = 2.083\,[\mathrm{m}^4]$，断面係数は $2.08/2.5 = 0.833\,[\mathrm{m}^3]$，最大応力は $(2.45 \times 10^7)/0.833 = 2.94 \times 10^7\,[\mathrm{Pa}] = 29.4\,[\mathrm{MPa}]$ である。これは耐力 $200\,[\mathrm{MPa}]$ よりも小さいため，この梁は両端を支持された状態を保つことが可能である。

解 3-4 求める深さを $d\,[\mathrm{m}]$ とすると，直方体のうち水面下にある部分の体積は $4 \times 5 \times d = 20d\,[\mathrm{m}^3]$ と表される。これはすなわち，直方体によって置き換えられたと考えられる水の体積である。その水の質量は $20d \times 1000 = 20000d\,[\mathrm{kg}]$，その水に作用するはずであった重力の大きさは，重力加速度を仮に $g\,[\mathrm{m/s}^2]$ とすると $20{,}000\,dg\,[\mathrm{N}]$ と表される。これはすなわち，直方体に作用する浮力の大きさである。その浮力は，直方体に作用する重力と釣り合っていると考えら

れ，その重力の大きさは $36,000\,g\,[\mathrm{N}]$ である．ゆえに $20000\,dg = 36000\,g$ が成り立ち，これを解くと $d = 1.8\,[\mathrm{m}]$ と求まる．

CHAPTER 4

解 4-1 4.7.1 項の (2) の公式を使い，4.7.2 項の (1) の例題と同様にして解く．$\overline{\mathrm{KG'}} = 6.41\,[\mathrm{m}]$，横メタセンタ高さは $1.69\,[\mathrm{m}]$ となる．

解 4-2 4.7.1 項の (4) と (5) の公式を使い，4.7.2 項の (2) の例題と同様にして解く．
① $\overline{\mathrm{GG'}}_z = 0.044\,[\mathrm{m}]$, $\overline{\mathrm{GG'}}_y = 0.030\,[\mathrm{m}]$, $\overline{\mathrm{G'M}} = 0.856\,[\mathrm{m}]$ である．
② $\tan\theta = 0.0350$，ゆえに $\theta = 2.00\,[°]$ となる．

解 4-3 4.7.1 項の (4) の公式を使い，4.7.2 項の (3) の例題と同様にして解く．$w \leq 473\,[トン]$ となる．

解 4-4 4.7.1 項の (3) と (5) の公式を使い，4.7.2 項の (4) の例題と同様にして解く．$\overline{\mathrm{GG'}}_z = 0.098\,[\mathrm{m}]$, $\overline{\mathrm{GG'}}_y = 0.075\,[\mathrm{m}]$, $\tan\theta = 0.0681$, $\theta = 3.9\,[°]$ である．

解 4-5 4.7.1 項の (3) と (5) の公式を使い，4.7.2 項の (5) の例題と同様にして解く．$w = 131\,[トン]$ となる．

解 4-6 4.7.1 項の (9) の公式を使い，4.7.3 項の (1) の例題と同様にして解く．$\sum_{i=1}^{n} w_i = 400\,[トン]$, $\sum_{i=1}^{n} w_i l_{ix} = 13250\,[トン\cdot\mathrm{m}]$, $\mathrm{MTC} = 220.5\,[トン\cdot\mathrm{m/cm}]$，船首喫水は $8.11\,[\mathrm{m}]$，船尾喫水は $8.71\,[\mathrm{m}]$ である．

解 4-7 4.7.1 項の (8) の公式と 4.7.1 項の (10) の公式を使い，4.7.3 項の (2) の例題と同様にして解く．
① $l_x = -10.0\,[\mathrm{m}]$，船体中央から前方 $7.0\,[\mathrm{m}]$ の位置．
② 船首喫水は $6.45\,[\mathrm{m}]$ である．

解 4-8 4.7.3 項の (3) の例題と同様にして解く．$802\,[トン]$ を移送すればよい．

解 4-9 3.2.2 項の例題と同様にして解く．$2.4\,[トン]$ が解答．

CHAPTER 5

解 5-1 $F = ma = 50 \times 9.8\,[\mathrm{N}]$, $P = F \times v = 50 \times 9.8\,[\mathrm{N}] \times 2\,[\mathrm{m/s}] = 980\,[\mathrm{W}]$ となる．

解 5-2 $F = 300\,[\mathrm{N}]$，巻き揚げ速度 $[\mathrm{m/s}]$ = ドラムの円周 $[\mathrm{m}]$ × 毎秒回転数 $[1/\mathrm{s}]$ = 半径 $[\mathrm{m}]$ × 角速度 $[1/\mathrm{s}]$ = $0.754\,[\mathrm{m/s}]$ であるから，$P = 300 \times 0.754 = 226.2\,[\mathrm{W}]$ となる．

解 5-3 $\mathrm{EHP} = 9800\,[\mathrm{N}] \times 7\,[\mathrm{m/s}] = 68.6\,[\mathrm{kW}]$ である．

解 5-4 水に対する仕事量 = 抵抗 × 対水速度 × 時間 = $58000\,[\mathrm{N}] \times 6\,[\mathrm{m/s}] \times 20\,[\min] \times 60\,[\mathrm{s/min}] = 4.176 \times 10^5\,[\mathrm{kJ}]$ となる．

陸地に対する仕事量 = 抵抗 × 対地速度 × 時間 であるから

$$逆行 = 58000 \times (6-2) \times 20 \times 60 = 2.784 \times 10^5\,[\mathrm{kJ}]$$
$$順行 = 58000 \times (6+2) \times 20 \times 60 = 5.568 \times 10^5\,[\mathrm{kJ}]$$

解 5-5 $L = 150\,[\mathrm{m}]$, $v = 18\,[\mathrm{k't}] \times (1852\,[\mathrm{m}]/3600\,[\mathrm{s}]) = 9.26\,[\mathrm{m/s}]$ であるから

$$F_n = \frac{v}{\sqrt{gL}} = \frac{9.26}{\sqrt{9.8 \times 150}} \fallingdotseq 0.2415$$
$$R_e = \frac{vL}{\nu} = \frac{9.26 \times 150}{1.18831 \times 10^{-6}} \fallingdotseq 1.169 \times 10^9$$

解 5-6 R_e を同値とする．$R_{eS} = \frac{100 \times 10}{1.18831 \times 10^{-6}} = R_{eM} = \frac{1 \times v}{1.13902 \times 10^{-6}}$ より，$v \fallingdotseq 958\,[\mathrm{m/s}]$ となる．

F_n を同値とする。$F_{nS} = 10/\sqrt{g \times 100} = F_{nM} = v/\sqrt{g \times 1}$ より，$v = 1\,[\mathrm{m/s}]$ となる。

解 5-7 $R_e = \frac{12 \times 100}{1.18831 \times 10^{-6}} = 1009.8375 \times 10^6$，$C_F = 0.0015687$ より

$$R_F = C_F \times \frac{1}{2}\rho S v^2 \fallingdotseq 290633.3\,[\mathrm{N}] = 290.633\,[\mathrm{kN}]$$

解 5-8 力学的に相似な流れは，R_e が同値であればよいから

$$R_{e(10\,[\mathrm{m/s}])} = \frac{0.03 \times 10}{14.56 \times 10^{-6}} \fallingdotseq 2.06 \times 10^4 \quad \rightarrow \quad C_R = 0.47$$

$$R_{e(200\,[\mathrm{m/s}])} = \frac{0.03 \times 200}{14.56 \times 10^{-6}} \fallingdotseq 4.121 \times 10^5 \quad \rightarrow \quad C_R = 0.09$$

$10\,[\mathrm{m/s}]$ と相似な流れの場合　$R_e = \frac{0.03 \times 10}{14.56 \times 10^{-6}} = \frac{0.3 \times v}{1.13902 \times 10^{-6}}$　$\therefore\ v \fallingdotseq 0.07823\,[\mathrm{m/s}]$

$200\,[\mathrm{m/s}]$ と相似な流れの場合　$R_e = \frac{0.03 \times 200}{14.56 \times 10^{-6}} = \frac{0.3 \times v}{1.13902 \times 10^{-6}}$　$\therefore\ v \fallingdotseq 1.5646\,[\mathrm{m/s}]$

各々の抵抗は，$3\,[\mathrm{cm}]$ の球の空気抵抗は

$10\,[\mathrm{m/s}]$ のとき　$R = C_R \times \frac{1}{2}\rho S v^2 = 0.47 \times 0.5 \times 1.225 \times 4\pi \times 0.015^2 \times 10^2 \fallingdotseq 0.0814\,[\mathrm{N}]$

$200\,[\mathrm{m/s}]$ のとき　$R = C_R \times \frac{1}{2}\rho S v^2 = 0.09 \times 0.5 \times 1.225 \times 4\pi \times 0.015^2 \times 200^2 \fallingdotseq 6.2313\,[\mathrm{N}]$

$30\,[\mathrm{cm}]$ の球の水抵抗は

$0.07823\,[\mathrm{m/s}]$ のとき　$R = 0.47 \times 0.5 \times 998.326 \times 4\pi \times 0.3^2 \times 0.07823^2 \fallingdotseq 1.6230\,[\mathrm{N}]$

$1.5646\,[\mathrm{m/s}]$ のとき　$R = 0.09 \times 0.5 \times 998.326 \times 4\pi \times 0.3^2 \times 1.5646^2 \fallingdotseq 124.3150\,[\mathrm{N}]$

解 5-9 二次元外挿法によると，全抵抗 = 摩擦抵抗 + 剰余抵抗 + 粗度修正量（粗度抵抗）となる。

$$R_{TM} = R_{FM} + R_{RM} \quad (\text{模型船では}\Delta R_F = 0)$$

$$R_{RM} = R_{TM} - R_{FM} = R_{TM} - C_{FM} \times \frac{1}{2}\rho S v^2$$

ここで，$C_{FM} = 0.455(\log_{10} R_e)^{-2.58}$，$R_{eM} = v_M \times L_M / \nu_M = \frac{1.2 \times 1}{1.13902 \times 10^{-6}} \fallingdotseq 1.053537 \times 10^6$ より

$$C_{FM} = 4.4275 \times 10^{-3}$$

$$\therefore\ R_{RM} = 0.21 \times 9.8 - C_{FM} \times \frac{1}{2} \times 998.326 \times 0.5 \times 1^2 \fallingdotseq 2.058 - 1.1050 = 0.953\,[\mathrm{N}]$$

F_n が同値であることから，$1/\sqrt{g \times 1.2} = v_S/\sqrt{g \times 58.8}$ より，$v_S = 1 \times \sqrt{49} = 7\,[\mathrm{m/s}]$

$$R_{RS} = \frac{R_{RM}}{\frac{1}{2}\rho_M S_M v_M^2} \times \frac{1}{2}\rho_S S_S v_S^2 = R_{RM} \times \lambda^3 \times \frac{\rho_S}{\rho_M} = 0.953 \times 49^3 \times \frac{1025.178}{998.326} \fallingdotseq 115.135\,[\mathrm{kN}]$$

ここで，縮尺 $\lambda = 58.8/1.2 = 49$ を用いた。

また，$R_{eS} = \frac{58.8 \times 7}{1.18831 \times 10^{-6}} \fallingdotseq 346.4 \times 10^6$ より，$C_{FS} = 0.0017985$ と算出できる。

$$R_{FS} = C_{FS} \times \frac{1}{2} \times \rho_S S_S v_S^2 = 0.0017985 \times 0.5 \times 1025.178 \times 0.5 \times \lambda^2 \times 7^2 \fallingdotseq 54.230\,[\mathrm{kN}]$$

ΔR_F は，5.4.3 項の (3) 表 5.3 より

$$\Delta R_F = \Delta C_F \times \frac{1}{2} \times \rho_S S_S v_S^2 = 0.0004 \times 0.5 \times 1025.178 \times 0.5 \times \lambda^2 \times 7^2 \fallingdotseq 12.061\,[\mathrm{kN}]$$

$$\therefore\ R_{TS} = R_{FS} + R_{RS} + \Delta R_F = 54.230 + 115.135 + 12.061 = 181.426\,[\mathrm{kN}]$$

解 5-10 $v = 10\,[\text{k't}] = 5.144\,[\text{m/s}]$ であり，水温 $t = 15\,[\text{℃}]$ であるから

$$R_F = 1.025 \times \left(0.1392 + \frac{0.258}{2.68 + 37}\right) \times 1 \times 345 \times 5.144^{1.825} \fallingdotseq 1023.6\,[\text{kgw}] \fallingdotseq 10031.28\,[\text{N}]$$

$$F_n = \frac{v}{\sqrt{gL}} = \frac{5.144}{\sqrt{9.8 \times 37}} \fallingdotseq 0.270$$

C_B と F_n を用いて C_{R0} 図表から C_{R0} を読み取る。

$$C_{R0} = 0.0071$$

同様に $(\Delta C_R)_{B/L}$, $(\Delta C_R)_{B/d}$ を各々の図表から読み取る。

$$\frac{(\Delta C_R)_{B/L}}{\dfrac{B}{L} - 0.1350} = 0.06$$

$$(\Delta C_R)_{B/L} = 0.06 \times \left(\frac{7.8}{37} - 0.1350\right) \fallingdotseq 0.0046$$

$$\frac{(\Delta C_R)_{B/d}}{\dfrac{B}{d} - 2.25} = 0.0006$$

$$(\Delta C_R)_{B/d} = 0.0006 \times \left(\frac{7.8}{2.85} - 2.25\right) \fallingdotseq 0.000292$$

$$\therefore C_R = C_{R0} + (\Delta C_R)_{B/L} + (\Delta C_R)_{B/d} = 0.0071 + 0.0046 + 0.000292 = 11.992 \times 10^{-3}$$

$$R_R = C_R \times \frac{1}{2} \times \rho \times \nabla^{2/3} \times v^2$$

$\Delta = 470\,[\text{t}]$ より $\nabla = 470/1.025 = 458.54\,[\text{m}^3]$ であるから $\nabla^{2/3} = 59.46\,[\text{m}^2]$ となる。

$$R_R = 11.992 \times 10^{-3} \times 0.5 \times 104.61 \times 59.46 \times 5.144^2 \fallingdotseq 986.9\,[\text{kgw}] \fallingdotseq 9671.62\,[\text{N}]$$

したがって，全抵抗 $R_T = 1023.6 + 986.9\,[\text{kgw}] \fallingdotseq 10031.28 + 9671.62\,[\text{N}]$ となる。

解 5-11

$$C_F = 0.075\,R_e^{-1/5}$$
$$C_{TS} = (1+k)C_{F0} + \Delta C_F + C_W$$
$$R_{TS} = C_{TS} \times \frac{1}{2} \times \rho S v^2$$

であるから，Model (2) より，$F_n = v/\sqrt{gL} = 0.5/\sqrt{4.0 \times 9.8} = 0.0798$，$F_n < 0.1$ であり，ほぼ造波がない状態であるので，このとき $C_W \cong 0$，よって

$$1 + K = \frac{C_{TM}}{C_{F0}} = \frac{R_{TM}/\left(\dfrac{1}{2}\rho S v^2\right)}{0.075/\left(\dfrac{vL}{\nu}\right)^{1/5}} = \frac{3.0/\left(\dfrac{1}{2} \times 1000 \times 3.5 \times 0.5^2\right)}{0.075/\left(\dfrac{0.5 \times 4.0}{1.0 \times 10^{-6}}\right)^{1/5}} \fallingdotseq 1.6645 \quad (\text{模型船のときは}\Delta C_F = 0)$$

Model (1) より

$$C_{TM} = (1+k)C_{F0} + C_W = 1.6645 \times 0.075/\left(\frac{vL}{\nu}\right)^{1/5} + C_W$$

$$= 1.6645 \times 0.075/\left(\frac{1.0 \times 4.0}{1.0 \times 10^{-6}}\right)^{1/5} + C_W \fallingdotseq 0.0060 + C_W$$

$$C_{TM} = R_{TM}/\{(1/2)\rho S v^2\} = 21/\{(1/2) \times 1000 \times 3.5 \times 1.0^2\} = 0.0120$$
$$C_W = 0.0120 - 0.0060 = 0.0060$$

Model (1) および Ship より，F_n が等しいことから

$$1.0/\sqrt{4.0 \times g} = v_S/\sqrt{210 \times g} \quad \therefore \quad v_S \fallingdotseq 7.25\,[\text{m/s}]$$

ここで，表 5.4 ΔC_F の標準値（三次元外挿法）より $\Delta C_F = 0.00023$ である。

$$C_{TS} = 1.6645 \times 0.075 \bigg/ \left(\frac{7.25 \times 210}{1.2 \times 10^{-6}}\right)^{1/5} + 0.0060 + 0.00023 \fallingdotseq 0.00189 + 0.0060 + 0.00023 = 8.12 \times 10^{-3}$$

$$R_{TS} = C_{TS} \times \frac{1}{2} \times \rho S v^2 = 0.00812 \times 0.5 \times 1025 \times 8850 \times 7.25^2 \fallingdotseq 1.936 \times 10^6\,[\text{N}]$$

$$\text{EHP} = R_{TS} \times v_S = 1.936 \times 10^6 \times 7.25 = 14.036 \times 10^6\,[\text{W}]$$

CHAPTER 6

解 6-1 伝達出力とは，いろいろな損失を差し引き，最後にプロペラに伝達される出力である。プロペラの回転数を $n\,[\text{rps}]$，プロペラに伝えられるトルクを $Q\,[\text{N·m}]$ とすると，伝達出力 P_D は次式で表せる。

$$P_D = \text{DHP} = 2\pi n Q\,[\text{W}]$$

また，伝達効率 η_T は伝達出力 P_D と機関出力（正味出力）P_{NET} の比であるため，これを軸出力 P_S と伝達出力 P_D で表すと

$$\eta_T = \frac{P_D}{P_{\text{NET}}} = \frac{P_D}{P_S} = \frac{\text{DHP}}{\text{SHP}}$$

となる。

解 6-2 推力出力とは，プロペラが推力 $T\,[\text{N}]$ を発生して，プロペラ前進速度 $v_A\,[\text{m/s}]$ を得るときの出力である。推力出力を P_T とすると

$$P_T = \text{THP} = T \cdot v_A\,[\text{W}]$$

となる。また，推力出力 P_T と伝達出力 P_D の比を船後プロペラ効率といい，これを η_B とすると

$$\eta_B = \frac{P_T}{P_D} = \frac{\text{THP}}{\text{DHP}}$$

となる。

解 6-3 プロペラ効率にはプロペラが船体の後方で作動するときの効率と，一様流中で単独で作動するときの効率との 2 通りがある。

どちらも同一推力を発生するとする。船尾にプロペラが取り付けられたとき，推力出力 P_T と伝達出力 P_D の比を船後プロペラ効率といい，これを η_B とすると

$$\eta_B = \frac{P_T}{P_D} = \frac{\text{THP}}{\text{DHP}}$$

となる。プロペラが一様流中で単独で作動する場合の推力出力と伝達出力の比は単独プロペラ効率といい，これを η_O と表す。このときの伝達出力をプロペラ出力 $P_D{'}$ とすると

$$\eta_O = \frac{P_T}{P_D{'}} = \frac{\text{THP}}{\text{PHP}}$$

となる。これら両者の比がプロペラ効率比であり，これを η_R とすると次式で表される。

$$\eta_R = \frac{\eta_B}{\eta_O} = \frac{\text{THP}}{\text{DHP}} \bigg/ \frac{\text{THP}}{\text{PHP}} = \frac{\text{PHP}}{\text{DHP}}$$

また，プロペラ効率比 η_R は自航試験の結果から，プロペラが単独で作動する場合のトルク Q_O と，自航試験で計測したトルク Q（船後で作動する場合のトルク）の比として表すことができる。

$$\eta_R = \frac{K_{QO}}{K_{QB}} = \frac{Q_O}{Q}$$

K_{QO}：単独でのトルク係数（プロペラ単独性能曲線より）

K_{QB}：船後でのトルク係数（自航試験の結果より）

η_R の概略値は，1軸船でおよそ 1.0～1.05，2軸船でおよそ 0.95～1.0 の値となる。

解 6-4 ① プロペラ前進係数 $J = 0.80$ のときのスラスト係数 K_T とトルク係数 K_Q を図から読み取ると，$K_T = 0.20$, $10 K_Q = 0.35$ である。単独プロペラ効率は本文中の式 (6.66) より

$$\eta_O = \frac{J}{2\pi} \frac{K_T}{K_Q} = \frac{0.80}{2\pi} \times \frac{0.20}{0.035} \fallingdotseq 0.728$$

と計算できる。ゆえに，求める単独プロペラ効率 $\eta_O \fallingdotseq 0.73$ となる。

② 式 (6.63) より，プロペラ前進係数は $J = v_A/nD$ である。それぞれ代入すると，$J = v_A/nD = 5.0/(1 \times 9.0) \fallingdotseq 0.556$ と得られる。

プロペラ前進係数 $J = 0.556$ のときのスラスト係数 K_T とトルク係数 K_Q を図から読み取ると，$K_T = 0.28$, $10 K_Q = 0.46$ である。単独プロペラ効率は式 (6.66) より

$$\eta_O = \frac{J}{2\pi} \frac{K_T}{K_Q} = \frac{0.556}{2\pi} \times \frac{0.28}{0.046} \fallingdotseq 0.539$$

と計算できる。ゆえに，$\eta_O \fallingdotseq 0.54$ となる。スラスト T は式 (6.58) より $T = \rho n^2 D^4 K_T$ である。それぞれ代入すると

$$T = \rho n^2 D^4 K_T = 1.025 \times 10^3 \times 1^2 \times 9.0^4 \times 0.28 \fallingdotseq 1883 \, [\text{kN}]$$

となる。トルク Q は式 (6.61) より $Q = \rho n^2 D^5 K_Q$ である。それぞれ代入すると

$$Q = \rho n^2 D^5 K_Q = 1.025 \times 10^3 \times 1^2 \times 9.0^5 \times 0.046 \fallingdotseq 2784 \, [\text{kN·m}]$$

となる。推力出力 P_T は式 (6.4) より $P_T = \text{THP} = T \cdot v_A$ である。それぞれ代入すると

$$P_T = T \cdot v_A = 18.83 \times 10^5 \times 5.0 = 9415000 \, [\text{W}] = 9415 \, [\text{kW}]$$

となる。プロペラ出力 $P_D{'}$ は式 (6.23) または式 (6.24) より $P_D{'} = P_T/\eta_O$ である。それぞれ代入すると

$$P_D{'} = \frac{P_T}{\eta_O} = \frac{94.15 \times 10^5}{0.539} \fallingdotseq 17467532 \, [\text{W}] \fallingdotseq 17468 \, [\text{kW}]$$

と求まる。

解 6-5 有効出力 P_E は次式で表せる。

$$P_E = \text{EHP} = R \cdot v_S \, [\text{W}] \qquad R：抵抗 [\text{N}], \quad v_S：船速 [\text{m/s}]$$

したがって，それぞれ代入すると

$$P_E = R \cdot v_S = 5.5 \times 10^3 \times 8.0 = 44000 \, [\text{W}] = 44 \, [\text{kW}]$$

となる。次に推進効率 η_P は有効出力 P_E と機関出力（正味出力）P_{NET} の比として，次式で表せる。

$$\eta_P = \frac{P_E}{P_{\text{NET}}} = \frac{\text{EHP}}{\text{BHP}}$$

ゆえに，それぞれ代入すると

$$\eta_P = \frac{\text{EHP}}{\text{BHP}} = \frac{4.4 \times 10^4}{6.5 \times 10^4} \fallingdotseq 0.677$$

となる。

解 6-6 ① 推進効率 η_P は有効出力 P_E と機関出力（正味出力）P_{NET} の比であり，次式で表せる．

$$\eta_P = \frac{P_E}{P_{\text{NET}}} = \eta_H \cdot \eta_O \cdot \eta_R \cdot \eta_T \tag{1}$$

このうち，有効出力と伝達出力の比はプロペラ性能の調査の場合の推進効率として

$$\eta_P' = \eta_H \cdot \eta_O \cdot \eta_R \tag{2}$$

と表せる．ここで本文 6.2.2 項より，η_P' の概略値はおよそ 0.65〜0.75，伝達効率 η_T の概略値は船尾機関の直結ディーゼル駆動のときで 1/1.03 である．ゆえに，η_P' の中央値を 0.70 と仮定しこれを採用すると，式 (1) と式 (2) より推進効率 η_P は

$$\eta_P = \eta_P' \cdot \eta_T = 0.70 \times 0.97 = 0.679 ≒ 0.68$$

と推定される．

② 機械効率は正味出力 P_{NET} と指示出力 P_I の比であり，これを η_M とする．ここで，求める総合効率を η とすると

$$\eta = \eta_M \cdot \eta_P \tag{3}$$

となる．ゆえに，問いの条件より η_M は 0.85〜0.87 であるため，①で示した推定値より総合効率 η は

$$\eta = \eta_M \cdot \eta_P = 0.86 \times 0.679 ≒ 0.584 ≒ 0.58$$

と推定される．

③ 単独プロペラ効率 η_O を 0.60 と求めたときの総合効率を推定する．式 (1) と式 (3) より総合効率 η は

$$\eta = \eta_M \cdot \eta_P = \eta_M \cdot \eta_H \cdot \eta_O \cdot \eta_R \cdot \eta_T \tag{4}$$

となる．ここで本文 6.2.3 項より，船体効率 $\eta_H = (1-t)/(1-w)$ の値は，一般には 1.0 より大となっている場合が多く，標準的な値としては 1.025 くらいである．プロペラ効率比 η_R の概略値は，一軸船でおよそ 1.0〜1.05 である．したがって，η_H として 1.025，η_R として 1.00 を採用し，①より伝達効率 η_T を 0.97 とすると，式 (4) より

$$\eta = \eta_M \cdot \eta_H \cdot \eta_O \cdot \eta_R \cdot \eta_T = 0.86 \times 1.025 \times 0.60 \times 1.00 \times 0.97 ≒ 0.513 ≒ 0.51$$

と推定される．なお，本問の条件における総合効率 η の概略値としては，およそ 0.40〜0.70 とされている．比較的効率が良いとされる直結ディーゼル駆動の 1 軸プロペラ船であるが，各部でさまざまな損失があることがわかる．

解 6-7 船体効率 η_H は次式で表せる．

$$\eta_H = \frac{1-t}{1-w}$$

したがって，それぞれ代入すると

$$\eta_H = \frac{1-t}{1-w} = \frac{1-0.18}{1-0.27} ≒ 1.123$$

となる．

次に機関出力を求める．有効出力 P_E と機関出力（正味出力）P_{NET} の比は推進効率 η_P であり，次式で表せる．

$$\eta_P = \frac{P_E}{P_{\text{NET}}} = \eta_H \cdot \eta_O \cdot \eta_R \cdot \eta_T \tag{1}$$

式 (1) より制動出力 P_B を求めると

$$P_B = P_{\text{NET}} = \frac{P_E}{\eta_H \cdot \eta_O \cdot \eta_R \cdot \eta_T} \tag{2}$$

となる．ここで，有効出力 P_E は

$$P_E = \text{EHP} = R \cdot v_S \,[\text{W}] \qquad R：抵抗\,[\text{N}], \quad v_S：船速\,[\text{m/s}]$$

したがって，$v_S = 12.0 \times 1852/3600 \fallingdotseq 6.17\,[\mathrm{m/s}]$，$1\,[\mathrm{kgf}] = 9.807\,[\mathrm{N}]$ より，それぞれ代入すると

$$P_E = R \cdot v_S = 11 \times 10^3 \times 9.807 \times 6.17 \fallingdotseq 665601\,[\mathrm{W}] \fallingdotseq 666\,[\mathrm{kW}]$$

となる。ゆえに，式 (2) へそれぞれ代入すると

$$P_B = \frac{P_E}{\eta_H \cdot \eta_O \cdot \eta_R \cdot \eta_T} = \frac{6.66 \times 10^5}{1.123 \times 0.58 \times 1.0 \times 0.98} \fallingdotseq 1043375\,[\mathrm{W}] \fallingdotseq 1043\,[\mathrm{kW}]$$

となる。

解 6-8 例題 6-6, 6-7 にしたがって計算過程と解を示す。

設計条件に基づき出力係数の平方根 $\sqrt{B_P}$ を求め，B_P-δ 設計図表からプロペラ主要目を読み取る。				
MAU 型 4 翼の展開面積比 0.40, 0.55, 0.70 のプロペラの最高単独効率を示す主要目一覧	母型	MAU		
	Z：翼数	4		
	a_E：展開面積比	0.40	0.55	0.70
	η_O：単独プロペラ効率	0.493	0.475	0.460
	H/D：ピッチ比	0.600	0.625	0.635
	D：プロペラ直径 [m]	2.596	2.549	2.534
設計条件に基づき対象プロペラのキャビテーション数 $\sigma_{0.7R}$ と推力荷重係数 τ を計算し，バリルのキャビテーション判定図表の判定基準となる推力荷重係数 τ_C を近似計算する。				
$\sigma_{0.7R}$：キャビテーション数		0.489	0.507	0.513
τ：推力荷重係数		0.224	0.170	0.132
τ_C：判定基準の推力荷重係数	判定曲線（NSMB LINE）の近似値	0.198	0.202	0.204
対象プロペラの主要目（a_E, H/D, D, η_O），推力荷重係数 τ と判定基準となる推力荷重係数 τ_C を下図のようにグラフ化し，キャビテーションを発生しない展開面積比 a_E とその主要目を選定・決定する。				

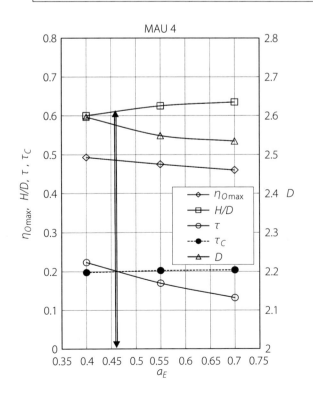

<練習問題の解>
B_P-δ 設計図表とバリルのキャビテーション判定図表により選定したプロペラ主要目

母型	MAU
Z：翼数	4
a_E：展開面積比	0.46
H/D：ピッチ比	0.615
D：プロペラ直径 [m]	2.57
η_O：単独プロペラ効率	0.48

CHAPTER 7

解 7-1 SFD の作図

$Q(x) = 5x \quad (0 \leq x \leq 5)$

$Q(x) = -10x + 75 \quad (5 \leq x \leq 10)$

$Q(x) = 5x - 75 \quad (10 \leq x \leq 15)$

BMD の作図

$M(x) = 2.5x^2 \quad (0 \leq x \leq 5)$

$M(x) = -5x^2 + 75x - 187.5 \quad (5 \leq x \leq 10)$

$M(x) = 2.5x^2 - 75x + 562.5 \quad (10 \leq x \leq 15)$

最大曲げモーメント

$M_{\max} = M(7.5) = 93.75 \,[\text{tw·m}]$

曲げモーメントはホギング側に作用する。

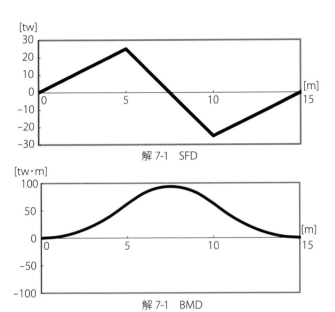

解 7-1　SFD

解 7-1　BMD

解 7-2 SFD の作図

$Q(x) = -5x \quad (0 \leq x \leq 5)$

$Q(x) = 10x - 75 \quad (5 \leq x \leq 10)$

$Q(x) = -5x + 75 \quad (10 \leq x \leq 15)$

BMD の作図

$M(x) = -2.5x^2 \quad (0 \leq x \leq 5)$

$M(x) = 5x^2 - 75x + 187.5 \quad (5 \leq x \leq 10)$

$M(x) = -2.5x^2 + 75x - 562.5 \quad (10 \leq x \leq 15)$

最大曲げモーメント

$M_{\max} = M(7.5) = -93.75 \,[\text{tw·m}]$

曲げモーメントはサギング側に作用する。

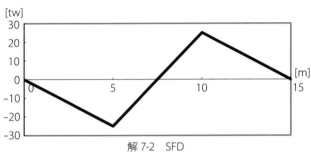

解 7-2　SFD

解 7-3 SFD の作図（図は省略する）

$Q(x) = 0 \quad (0 \leq x \leq 15)$

BMD の作図（図は省略する）

$M(x) = 0 \quad (0 \leq x \leq 15)$

最大曲げモーメント

$M_{\max} = 0 \,[\text{tw·m}]$

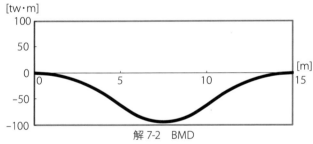

解 7-2　BMD

問 7-3 では曲げモーメントは作用しないため，問 7-3 と比較して曲げモーメントが大きくなるのは問 7-1（ホギング側の曲げモーメント）および問 7-2（サギング側の曲げモーメント）の場合である。問 7-1 および問 7-2 の場合，船体内部の重量配置と浮力との間に不均衡が生じ，静水中曲げモーメントが生じるためである。

索　引

《アルファベット》
AIS　35
BHP　166
BMD　69
B_P-δ 設計図表　190
CFRP　162
CPP　160
CRP　161
DHP　166
ECDIS　35
EHP　166
FPP　160
GMDSS　35
HSP　160
IHP　165
IMO　16, 35
ISM　35
LL 条約　18
LNG 船　3, 33
MARPOL 条約　18, 36
PHP　166
PSC　35
SFC　186
SFD　70
SHP　166
SOLAS 条約　17, 35
STCW 条約　19, 36
TEU　3
THP　166
TONNAGE 条約　19
VSP　163

《あ》
アークコサイン　40
アークサイン　40
アークタンジェント　40
アジマススラスタ　162
圧延鋼材　200
圧縮応力　65
圧縮強さ　68
圧縮ひずみ　65
圧力　75
圧力水頭　79
圧力抵抗　135, 139, 140
圧力面　175
アルキメデスの原理　77

《い》
板逃げ　218
位置エネルギー　58
1 次モーメント　60
位置水頭　80
一様流　78

一定ピッチ　176

《う》
ウォータージェット推進器　164
ウォーターライン　85
ウォッシュバック　179
運動エネルギー　58
運動量　49
運動量保存の法則　50
運動量理論　171

《え》
永久ひずみ　67
エクソン・バルディーズ　35
エネルギー　58
エネルギー保存の法則　58
エロージョン　182
エーロフォイル型断面　179
円弧型断面　179

《お》
応力　65
応力ひずみ線図　67
オジバル型断面　179
オフセットテーブル　85

《か》
櫂　163
外車　163
海上保険　34
壊食　182
外積　42
回転方向　178
回転方向干渉係数　175
外板　209
外板展開図　217
外部電源防食法　202
外力　64
外輪　163
外輪蒸気船　30
角運動量　51
角速度　51
隔壁　210
荷重　65
加速度　50
型喫水　8
型排水容積　9
型排水量　9
型幅　7
型深さ　8
可変ピッチプロペラ　160
貨物倉容積　11

カラック船　27
カラベル船　27
ガレオン船　28
ガレー船　24
乾舷　9
完成図書　216
慣性の法則　50
慣性モーメント　51, 63

《き》
機械効率　166
機関室隔壁　211
基線　8, 85
喫水　4, 8
喫水標　9
逆三角関数　40
キャビテーション　152, 182
キャビテーション数　192
キャビテーション判定図表　192
境界層　138, 168
境界層の厚さ　138
強力甲板　210
極限強さ　68
曲率　70
曲率半径　70
キール　85

《く》
偶力　54
クラウドキャビテーション　182
クリッパー　29
グレーン　11
クロノメータ　29

《け》
軽荷重量　11
軽荷重量トン数　13
傾斜角　177
傾斜試験　114
形状影響係数　147, 153
形状抵抗　135, 144, 146
ゲージ圧　76
ケルビン波　150
舷弧　15
原始関数　46

《こ》
後縁　175
航海速力　14
航海暦　28
合金鋼　199

鋼材配置図　217
公称伴流　169
公称伴流係数　169
後進面　175
航走波　140
高張力鋼　200
甲板　209, 210
甲板室　5
甲板縦通材　215
甲板縦桁　214
甲板横桁　215
降伏　67
降伏点　67
抗力　174
合力　54
国際海事機関　16, 35
国際総トン数　12
コサイン　39
固定ピッチプロペラ　160
弧度法　40
コロンブス交換　27
コンテナ船　2, 33

《さ》
載貨重量　3, 11
載貨重量トン数　13
載貨容積トン数　13
最大喫水　8
最大復原てこ　110
最大復原力角　110
最大曲げモーメント　69
細長物体　140
サイン　39
サギング　206
作動円盤　172
サーフェスフォース　161
作用線　51
作用点　51
作用反作用の法則　50
三角関数　39
3 次元外挿法　153

《し》
試運転速力　14
軸出力　166
軸方向干渉係数　173, 175
軸力　66
自航試験　181, 186
自航要素　186
仕事　57
仕事率　57, 137
支材　215
指示出力　165

質量　49
自動車専用船　3
シートキャビテーション　182
シーマージン　14, 135, 178
尺度影響　138
シャフトフォース　161
重心　52, 55, 61, 96
自由水　109
縦通隔壁　211
縦通材　215
重量トン数　13
出力　59
出力係数　190
純トン数　12
蒸気タービン機関　32
蒸気タービン船　31
上甲板　210
衝突隔壁　211
正味出力　166
正面　175
正面線図　83
常用出力　14
剰余抵抗　152, 154
剰余抵抗係数　152
侵食　182
浸水面積　90
伸張面積　176
真のスリップ　179
真のスリップ比　179
シンプソンの法則　48

《す》
水圧　76
推進係数　167
推進効率　167, 185
水線　85
垂線間長　7, 136
水線長　7
水線面　91
水線面積　91
水線面積係数　10, 85
水槽試験　31
垂直応力　66
垂直ひずみ　66
水頭　76
水密隔壁　211
推力荷重係数　192
推力減少　169
推力減少係数　170, 186
推力出力　166
スエズ運河　29
スキュー　160
スキュー角　178
スキューバック　160, 178
スクエアステーション　83
スクリュープロペラ　30, 159
図示出力　165
図心　60
スラスト一致法　169
スラスト係数　180

スラスト出力　166
スリップ　178

《せ》
静圧　79
正弦　39
静水圧　76
静水中曲げモーメント　205
正接　39
制動出力　166
積分　46
積分法　46
絶対圧　76
前縁　175
全円面積　176
船級　20
船級協会　20, 34
船橋楼　5
漸減ピッチ　176
船殻　209
船殻効率　167
船後プロペラ効率　167, 170
船首隔壁　211
船首喫水　115
船首垂線　7
船首トリム　115
船首波　151
船首バルブ　151
船首楼　5
前進面　175
線図　83
全水頭　80
漸増ピッチ　176
船側外板　210
船側構造　213
船側縦通材　215
船側縦桁　214
船側横桁　215
船体構造図　216
船体構造方式　214
船体効率　167, 170
船体中央　7, 84
船体中心線　7, 84
船体抵抗推定法　154
船体梁　204
センターライン　84
せん断応力　66, 138
せん断強さ　68
せん断ひずみ　66
せん断力　66
せん断力図　70
全長　7
船底外板　209
全抵抗　135
船底構造　212
船底勾配　15, 209
船底縦通材　215
船底縦桁　214
船底横桁　215
船舶安全法　19
船尾隔壁　211

船尾喫水　115
船尾垂線　7
船尾トリム　115
船尾波　151
船尾バルブ　152
船尾楼　5
全幅　8
船楼　5

《そ》
総圧　79
双胴船　107
相当平板　144
総トン数　12
倉内隔壁　211
造波現象　140
造波抵抗　138, 140, 143, 144, 149
造波長さ　151
造波伴流　168
層流　78
層流境界層　138
速度　44
速度水頭　80
速力　14
塑性変形　67
粗度修正　154
粗度修正量　152
粗度抵抗　144, 149

《た》
大気圧　76
台形法則　48
大航海時代　26
体積中心　61
タイタニック　34
耐力　67
縦強度　203, 204
縦桁　214
縦式構造　214
縦弾性係数　65
たて柱形係数　10, 85
縦メタセンタ　94
縦メタセンタ半径　94, 108
ダランベールの背理　136
タンカー　3
タンジェント　39
弾性変形　67
単船殻構造　215
単船側構造　213
炭素繊維強化プラスチック　162
単底構造　212
単独プロペラ効率　170, 180
断面係数　71
断面2次モーメント　71

《ち》
力　49
力の合成　53
力の分解　55

チップクリアランス　176
チップボルテックスキャビテーション　182
中央断面係数　10
中央横断面係数　85
中央横断面図　217
柱形係数　10, 85
鋳鋼　200
中心線縦桁　214
直径係数　190

《つ》
釣り合い　54

《て》
抵抗　55, 135
定常流　78
定積分　46
ディーゼル船　32
低速大型ディーゼル機関　32
展開面積　176
展開面積比　177
展開輪郭　178
伝達効率　167
伝達出力　166

《と》
動圧　79
投影面積　177
投影面積比　177
投影輪郭　178
導関数　45
等喫水　115
動力　59
登録長　7
度数法　40
トラクタ型　162
トランスリング　215
トリーキャニオン　35
トリム　116
トルク一致法　169
トルク係数　180
トルクリッチ　178
トン数　12

《な》
内積　42
内底板　212
内竜骨　212
内力　64
波形隔壁　211
波伴流　168
軟鋼　199

《に》
2次元外挿法　152
2次モーメント　62
二重船殻構造　36, 213
二重船側構造　213
二重底構造　212
二重反転プロペラ　161

索引　247

入力　59
ニュートンの運動方程式　50
ニュートンの第1法則　50
ニュートンの第2法則　50
ニュートンの第3法則　50

《ね》
粘性　80
粘性圧力抵抗　140, 143, 144, 146
粘性抵抗　143, 144, 149
粘性伴流　168
粘度　80

《の》
ノット　14
伸び　65

《は》
バイキング船　25
排水容積　89
排水量　89
排水量等曲線図　85
背面　175
ハイリースキュードプロペラ　160
剥離　168
パスカルの原理　75
八分儀　29
発散波　150
ハブ　175
ハブ比　177
ハブボルテックスキャビテーション　182
バブルキャビテーション　182
ばら積貨物船　4
梁　214
バリル　192
バルバスバウ　151
波浪中曲げモーメント　205
反作用　50
半幅平面図　85
ハンプ　151
伴流　167
伴流係数　167
伴流利得　171

《ひ》
ひずみ　65
肥せき係数　9
ピッチ　160, 176
ピッチ比　176
引張応力　65
引張強さ　68
引張ひずみ　65
非定常流　78
微分　45
微分係数　44
微分法　45
ビルジ外板　210

ビルジキール　210
ビルジサークル　16
ビルジ半径　16

《ふ》
フォイトシュナイダープロペラ　163
復原てこ　104
復原てこ曲線　110
復原モーメント　104
復原力　104
復原力曲線　110
復原力消失角　110
複合材料製プロペラ　162
腐食予備厚　203
浮心　55, 77, 92
フックの法則　65
プッシャー型　162
浮面心　91, 116
浮力　76
フルード　31
フルード数　141, 142, 181
フルードの相似則　142
プロペラアパーチャ　177
プロペラ荷重度　173
プロペラ起振力　152, 161
プロペラ効率比　166, 170, 187
プロペラ出力　166
プロペラ設計図表　181
プロペラ前進係数　180
プロペラ前進速度　166
プロペラ単独試験　181
プロペラ単独性能　179
プロペラ単独性能曲線　181
プロペラ直径　176
プロペラデータベース　190
プロペラ没水率　183
プロペラ毎分回転数　178
プロペラ翼　175
プロペラ翼振動数　177
分力　55

《へ》
ベアリングフォース　161
平均速度　44
平均沈下量　119
平均ピッチ　176
平行沈下　119
平板竜骨　209
ベクトル　41
ベースライン　85
ベール　11
ベルヌーイの式　172
ベルヌーイの定理　79, 140
変位　44
変動ピッチ　176

《ほ》
方形係数　9, 85
冒険貸借　34

防食法　202
防撓材　209
補間法　48
ホギング　206
ボス比　177
ボス部　175
ポッド推進装置　162
ポテンシャル流れ　168
ポテンシャル伴流　168
ホロー　151

《ま》
毎センチトリムモーメント　96, 118
毎センチ排水トン数　91, 119
曲げ　68
曲げモーメント　69
曲げモーメント図　69
摩擦修正　186
摩擦抵抗　135, 143, 144, 145, 147
摩擦抵抗係数　153
摩擦伴流　168
満載喫水　8
満載喫水線　8
満載喫水線標識　8
満載喫水標　8
満載排水量　9
満載排水量トン数　13

《み》
見掛けのスリップ　178
見掛けのスリップ比　179
メタセンタ　94, 105
メタセンタ高さ　105
メタセンタ半径　94, 105
メルカトル図法海図　28

《も》
モーメント　51
モールドライン　217

《や》
山県の図表　154
ヤング率　65

《ゆ》
有効出力　156, 166
有効伴流　169
有効伴流係数　169, 186
誘導抗力　174
誘導速度　174

《よ》
容積トン数　12
揚力　136, 174
翼型　179
翼傾斜　177
翼弦　179
翼弦長　179
翼数　177

翼先端　175
翼素　174
翼素理論　174
翼断面形状　179
翼根元　175
翼レーキ　177
余弦　39
横隔壁　210
横強度　203
横桁　215
横式構造　214
横弾性係数　67
横波　150
横メタセンタ　94, 105
横メタセンタ高さ　105
横メタセンタ半径　94, 105
予備浮力　9

《ら》
螺旋面　176
ラテンセール　26
乱流　78
乱流境界層　138

《り》
理想効率　173
流跡線　78
流線　78
流線型　139
流線伴流　168
流速　78
流体　75
流電陽極法　202
梁矢　15, 210
輪郭　178

《れ》
レイノルズ数　138, 141, 181
レイノルズの相似則　141
連続最大出力　14

《ろ》
櫓　163
ロイド船級協会　34
肋板　214
肋骨　214
肋骨心距　214
肋骨線　217
ロード・レイリー法　140

<編者紹介>
商船高専キャリア教育研究会
商船学科学生のより良きキャリアデザインを構想・研究することを目的に、2007年に結成。
富山・鳥羽・弓削・広島・大島の各商船高専に所属する教員有志が会員となって活動している。
2023年は広島商船高等専門学校が事務局を担当している。
連絡先：〒725-0231
　　　　広島県豊田郡大崎上島町東野4272-1
　　　　広島商船高等専門学校 商船学科 気付

ISBN978-4-303-22420-2
マリタイムカレッジ シリーズ
これ一冊で船舶工学入門

2016年12月20日　初版発行	Ⓒ 2016
2023年 4月10日　3版発行	

編　者　商船高専キャリア教育研究会　　　　　検印省略
発行者　岡田雄希
発行所　海文堂出版株式会社
　　　　本社　東京都文京区水道2-5-4（〒112-0005）
　　　　　　　電話 03（3815）3291㈹　FAX 03（3815）3953
　　　　　　　http://www.kaibundo.jp/
　　　　支社　神戸市中央区元町通3-5-10（〒650-0022）
日本書籍出版協会会員・工学書協会員・自然科学書協会会員

PRINTED IN JAPAN　　　　　　　　　印刷　東光整版印刷／製本　誠製本

JCOPY　<出版者著作権管理機構 委託出版物>
本書の無断複製は著作権法上での例外を除き禁じられています。複製される場合は，そのつど事前に，出版者著作権管理機構（電話03-5244-5088，FAX03-5244-5089, e-mail: info@jcopy.or.jp）の許諾を得てください。